房地产管理系列丛书

建筑材料与房屋构造

上海大学房地产学院
马光红 主编
吴 颖 周亚健 邵志伟 副主编
王增忠 主审

中国建筑工业出版社

图书在版编目（CIP）数据

建筑材料与房屋构造/马光红主编. —北京：中国建筑工业出版社，2007
（房地产管理系列丛书）
ISBN 978-7-112-09501-8

Ⅰ. 建… Ⅱ. 马… Ⅲ. ①建筑工程-高等学校-教材②建筑构造-高等学校-教材 Ⅳ. TU5　TU22

中国版本图书馆 CIP 数据核字（2007）第 112550 号

本书分上下两篇，上篇为建筑材料，系统地介绍了常用的建筑材料的技术性能、分类及用途等内容；下篇为建筑设计概述与房屋构造，主要讲述了建筑平面的功能分析和平面的组合设计、建筑各部分高度的确定和剖面设计、建筑体型组合设计、基础、墙体、楼地面、装饰、楼梯、屋面、变形缝等内容。本书取材恰当，内容精练，重点突出，图文并茂，深入浅出，以理论联系实际、实用为原则，注重基础性、前瞻性，增加了遮阳设施、玻璃幕墙等方面的内容，以丰富广大学生和工程技术人员的知识面。本书可供普通高等院校房地产类相关专业师生教学或教学参考使用。

* * *

责任编辑：滕云飞
责任设计：董建平
责任校对：王　爽　陈晶晶

房地产管理系列丛书
建筑材料与房屋构造
上海大学房地产学院
马光红　主编
吴　颖　周亚健　邵志伟　副主编
王增忠　主审

*

中国建筑工业出版社出版、发行（北京西郊百万庄）
各地新华书店、建筑书店经销
霸州市顺浩图文科技发展有限公司制版
廊坊市海涛印刷有限公司印刷

*

开本：787×1092毫米　1/16　印张：25¼　字数：611千字
2007年12月第一版　2017年11月第四次印刷
定价：42.00元
ISBN 978-7-112-09501-8
（16165）

版权所有　翻印必究
如有印装质量问题，可寄本社退换
（邮政编码 100037）

《房地产管理系列丛书》编委会

主　任：唐　豪

副主任：徐勇谋　郭世民

委　员：史东辉　钱国靖　严国樑　陆歆弘　马光红

　　　　马锦华　周建华　庄呈君　邢元志　房　林

序

随着中国房地产业的发展以及发展中各种新情况的出现，有关房地产的探讨、争论持续不断，并始终能引起业界、政府和民众的极大兴趣。在此过程中，国内诸多高等院校根据产业发展和市场需要，开始招收房地产专业或专业方向的本专科生，为房地产企业提供专业人才，并围绕专业需要进行课程建设和教材编写。

事实上，国外高等院校以房地产命名的专业设置是并不多见的，我国教育部也将该专业置于基本目录以外的特批专业。凡设有房地产或类似专业的院校，一般是以建筑学、土木工程、工程管理、经济学或工商管理等专业提供学科基础支撑，也有某些院校在投资学科中引出房地产开发投资专业方向。因此，不同院校因支撑房地产专业或专业方向的学科基础的不同，围绕该专业或专业方向设定的主要课程便存在较大的差别。在这方面，国内外院校间的情况大同小异。

上海大学房地产学院是上海大学与上海市房屋土地资源管理局合作共建的一所专业学院。学院依托上海大学综合性学科优势，形成了以商学与工程管理两类教学科研人员为主的师资结构，在土地资源管理、房地产经济、房地产企业经营管理和建筑工程管理等专业或专业方向开展教学和应用性学术研究工作。经过几年的尝试和探索，积累了一定的经验，形成了些许理性认识。2006年，学院组织、动员了10多位专业教师，在充分讨论、研究并向专家咨询的基础上，提出并确定了《房地产管理系列丛书》及其各分册的名称、主要内容和章节编排等。至2007年下半年，本丛书编写完毕，由中国建筑工业出版社出版。

本丛书共收录10个分册。《房地产经济学》是在现代经济学原理的基础上，结合房地产业特点写就的专业基础课程教材。《房地产管理》以管理学原理为依据，是为房地产行业度身定制的应用性教科书。《房地产开发与经营》以现代营销学理论方法为主要内容，引入诸多行业实例作实证分析，应用性较强。《房地产金融学》与《房地产评估》和《建筑工程造价》则以投融资原理和财务、会计方法，介绍、解析了现代房地产项目的资金筹措和物业价值。而《建筑材料与房屋构造》和《房屋建筑力学与结构基础》是为非建筑学专业学生掌握基本知识而编写的通读性教材，内容虽浅，但较适合非理工科类专业方向的教学需要。《物业管理》主要讲述房地产业链的下游业务环节内容，十分重要，而现有图书往往忽略了商务物业的营运管理需要，该书在这方面作了必要的补充。值得一提的是，《房地产经济与管理专论》是本丛书唯一一本专著。史东辉教授以深厚的产业经济学理论功底，对房地产业的理论、政策和政府管理作了富有意义的研究探讨，使本丛书在学术性方面提升了一大步。

由于房地产开发与经营的关联性强，对专业人才的理论、知识、技能的类别有多样性要求，加之该专业在国内外高校中尚未形成相对公认的课程体系，因此，要编写好这套丛书是相当困难的。可喜的是，参与丛书编写的所有同志都以十分认真负责的态度，付出了心血，尽了最大的努力，完成了这项艰巨的任务，值得庆贺！

唐　豪

2007年6月

前　言

编写本教材的目的在于为广大读者和高校相关专业的学生提供一本既有基础理论知识，又有一定的实践经验总结，并且兼具简明性和实用性的一本教材或者参考书，旨在使学生能够在较短的时间内掌握建筑材料、房屋构造等方面的基本知识，从而提高其知识水准。本书分上下两篇，上篇为建筑材料，系统地介绍了常用的建筑材料的技术性能、分类及用途等内容；下篇为建筑设计概述与房屋构造，主要讲述了建筑平面的功能分析和平面的组合设计、建筑各部分高度的确定和剖面设计、建筑体型组合设计、基础、墙体、楼地面、装饰、楼梯、屋面、变形缝等内容。

本书在编写过程中，力求取材恰当，内容精练，重点突出，图文并茂，深入浅出，以理论联系实际、实用为原则，注重基础性、前瞻性，增加了遮阳设施、玻璃幕墙等方面的内容，以丰富广大学生和工程技术人员的知识面。在标准和规范方面，全部采用国家以及部颁最新标准，采用了规范化的名词和术语。

本书由马光红、吴颖、周亚健、刘文燕、邵志伟、朱再新、郑红共同编写，马光红任主编，吴颖、周亚健、邵志伟任副主编。具体分工为：上篇建筑材料，第1~5章由刘文燕编写，第6~9章由朱再新和吴颖共同编写；下篇建筑设计概述与房屋构造，第1章由邵志伟编写，第2~5章由马光红编写，第6、10章由郑红编写，第7~9章由马光红、周亚健、邵志伟共同编写。全书由王增忠担任主审，借此机会向王增忠对本书提出的宝贵意见致以衷心的感谢。本书在编写过程中，参考了国内许多学者编写的教材和专著，在此向他们表示感谢。

由于编者水平有限，书中难免存在错误与不足，敬请广大读者提出批评。

编　者
2007年6月

目　录

上篇　建筑材料

1 建筑材料的基本性质 ………………………………………………………………… 3
　1.1　概述 ……………………………………………………………………………… 3
　1.2　材料的基本物理性质 …………………………………………………………… 3
　1.3　材料的力学性质 ………………………………………………………………… 10
　1.4　材料的耐久性 …………………………………………………………………… 13
2 天然石材 ……………………………………………………………………………… 15
　2.1　岩石的形成与分类 ……………………………………………………………… 15
　2.2　建筑石材的技术性质 …………………………………………………………… 16
　2.3　建筑常用石材 …………………………………………………………………… 17
　2.4　人造装饰石材 …………………………………………………………………… 18
3 胶凝材料 ……………………………………………………………………………… 20
　3.1　概述 ……………………………………………………………………………… 20
　3.2　气硬性胶凝材料 ………………………………………………………………… 20
　3.3　水泥 ……………………………………………………………………………… 30
　3.4　掺混合材料的硅酸盐水泥 ……………………………………………………… 40
4 混凝土 ………………………………………………………………………………… 52
　4.1　概述 ……………………………………………………………………………… 52
　4.2　混凝土组成材料 ………………………………………………………………… 54
　4.3　普通混凝土的主要技术性质 …………………………………………………… 70
　4.4　普通混凝土的配合比设计 ……………………………………………………… 82
　4.5　混凝土的质量控制与评定 ……………………………………………………… 90
　4.6　其他品种混凝土 ………………………………………………………………… 94
5 建筑砂浆 ……………………………………………………………………………… 103
　5.1　砂浆的基本组成与性质 ………………………………………………………… 103
　5.2　砌筑砂浆和抹面砂浆 …………………………………………………………… 105
　5.3　其他种类砂浆 …………………………………………………………………… 112
6 墙体材料与屋面材料 ………………………………………………………………… 113
　6.1　砌墙砖 …………………………………………………………………………… 113
　6.2　建筑砌块 ………………………………………………………………………… 123
　6.3　墙体板材 ………………………………………………………………………… 127
　6.4　屋面材料 ………………………………………………………………………… 130
7 金属材料 ……………………………………………………………………………… 132

	7.1	钢材的冶炼和分类	132
	7.2	建筑钢材的主要技术性能	133
	7.3	钢材的冷加工与热处理	137
	7.4	常用建筑钢材	138
	7.5	钢材的锈蚀、防锈与防火	146
8	沥青及其制品		148
	8.1	石油沥青及煤沥青	148
	8.2	沥青的应用及制品	152
	8.3	沥青砂浆和沥青混凝土	157
9	建筑装饰材料		159
	9.1	建筑装饰材料的分类	159
	9.2	建筑装饰材料的功能	159
	9.3	建筑装饰材料的基本要求	160
	9.4	建筑装饰材料的选用原则	161
	9.5	常用装饰材料	162
	9.6	建筑装饰材料的发展方向——绿色装饰材料	177

下篇 建筑设计概述与房屋构造

1	建筑设计概述		183
	1.1	前言	183
	1.2	建筑平面的功能分析和平面组合设计	185
	1.3	建筑物各部分的高度确定和剖面设计	196
	1.4	建筑物体型组合及立面设计	207
2	民用建筑构造概述		222
	2.1	建筑构件的组成及其作用	222
	2.2	影响构造设计的因素	223
	2.3	建筑构造的设计原则	224
	2.4	民用建筑的分类	225
	2.5	建筑模数制	232
3	基础与地下室		236
	3.1	基本概念	236
	3.2	地基的分类及地基的设计要求	236
	3.3	基础	238
	3.4	地下室的防潮与防水	248
	3.5	地下室采光井的设置	251
4	墙体		252
	4.1	墙体的分类	252
	4.2	墙体的设计要求	253
	4.3	砖墙构造	253
	4.4	砌体结构墙体抗震构造措施	258

4.5	砌块墙	263
4.6	墙体的保温	267

5 楼板与地坪 ... 271
- 5.1 概述 ... 271
- 5.2 楼板的类型 ... 273
- 5.3 楼板层的防水做法 ... 284
- 5.4 地坪层的构造 ... 284
- 5.5 阳台与雨篷 ... 285
- 5.6 遮阳设施 ... 289

6 饰面装修 ... 296
- 6.1 概述 ... 296
- 6.2 墙面装修 ... 297
- 6.3 地面装修 ... 305
- 6.4 顶棚装修 ... 311
- 6.5 幕墙 ... 317

7 楼梯及其他垂直交通设施 ... 325
- 7.1 概述 ... 325
- 7.2 楼梯设计 ... 327
- 7.3 钢筋混凝土楼梯构造 ... 333
- 7.4 室外台阶与坡道 ... 340
- 7.5 有高差处的无障碍设计 ... 341
- 7.6 电梯与自动扶梯 ... 343

8 屋顶 ... 347
- 8.1 概述 ... 347
- 8.2 平屋顶构造 ... 349
- 8.3 屋顶的保温与隔热 ... 358

9 变形缝 ... 364
- 9.1 变形缝的概念 ... 364
- 9.2 变形缝的设置要求 ... 365
- 9.3 变形缝的构造 ... 366
- 9.4 变形缝的盖缝处理 ... 369
- 9.5 不设变形缝对抗变形的措施 ... 371

10 门和窗 ... 374
- 10.1 概述 ... 374
- 10.2 木门窗 ... 377
- 10.3 金属和塑钢门窗 ... 384

参考文献 ... 394

上 篇
建 筑 材 料

1 建筑材料的基本性质

1.1 概　　述

建筑材料是指建筑物或构筑物所用材料的总称。具体包括石材、石灰、水泥、混凝土、钢材、木材、防水材料、建筑塑料、建筑装饰材料等。建筑材料是建筑工程的重要组成部分，在任何一项建筑工程中，建筑材料的费用都占很大比重，约占总造价的50%～60%。建筑材料的品种、规格、性能、质量直接影响或决定建筑结构的形式、建筑物造型及各项建筑工程的坚固性、耐久性、适用性和经济性，并在一定程度上影响建筑工程施工方法。建筑工程中许多技术问题的突破，往往是新的建筑材料产生的结果，而新材料的出现又促进了建筑设计、结构设计和施工技术的发展，也使建筑物各项性能得到进一步改善。因此，建筑材料的生产、应用和科学技术的迅速发展，对于我国的经济建设起着十分重要的作用。

建筑物是由各种建筑材料建造而成的，用在建筑物的各个部位的材料均要承受各种不同的作用，因此，要求建筑材料必须具备相应的基本性质。例如结构材料必须具有良好的力学性能，墙体材料应具有绝热、隔声性能，屋面材料应具有抗渗防水性能，地面材料应具有良好的耐磨损性能，等等。另外，由于建筑物长期暴露在大气中，经常要受到风吹、雨淋、日晒、冰冻等自然条件的影响，故还要求建筑材料应具有良好的耐久性能。

建筑材料的性质是多方面的，某种建筑材料应具备何种性质，这要根据它在建筑物中的作用和所处环境来决定。一般来说，建筑材料的性质主要包括物理性质、力学性质、耐久性等。

1.2 材料的基本物理性质

材料的基本物理性质是表征质量与体积之间关系的参数：密度、表观密度、堆积密度、密实度、孔隙率、空隙率及填充率等。

1.2.1 密度、表观密度与堆积密度

1.2.1.1 密度

材料在绝对密实状态下单位体积的质量称为密度，即：

$$\rho = \frac{m}{V}$$

式中　ρ——材料的密度（g/cm³）；

　　　m——材料在干燥状态下的质量（g）；

　　　V——干燥材料在绝对密实状态下的体积（g）。

绝对密实状态下的体积是指不包括材料内部孔隙在内的体积。除钢材和玻璃等少数材料外，绝大多数建筑材料都含有一定的孔隙。在密实度测定中，应把含有孔隙的材料破碎并磨成细粉，烘干后用李氏比重瓶测定其密度。材料磨得越细，测得的密度值越精确。砖石等材料常采用这种方法测密度。

1.2.1.2 表观密度

材料单位表观体积所具有的质量称为表观密度或视密度。表观体积是指材料的实际体积和闭口孔隙体积之和。表观密度可用下式表示：

$$\rho' = \frac{m}{V'} = \frac{m}{V + V_C}$$

式中　ρ'——材料的表观密度（kg/m³）；
　　　m——材料的质量（kg）；
　　　V'——材料的表观体积（m³）；
　　　V_C——材料体积内封闭孔隙体积（m³）。

对于外形规则的材料，其表观密度测定很简单，只要测得材料的质量和体积（用尺量测），即可算得。不规则材料的体积要采用排水法测得，但材料表面应预先涂上蜡，以防水分渗入材料内部而使测值不准。工程上常用的砂、石的表观密度可近似地作其密度，称为视密度。

由于大多数材料或多或少均含有一些孔隙，故一般材料的表观密度总是小于其密度，即 $\rho_0 < \rho$。

材料的表观密度的大小与其含水情况有关。当材料含水时，其质量和体积均会有所变化。因此测定材料表观密度时，须同时测定其含水率，并予以注明。通常材料的表观密度是指气干状态下的表观密度。材料在烘干状态下的表观密度称干表观密度。进行材料对比试验时，以干表观密度为准。

1.2.1.3 容重

材料在自然状态下，单位体积的质量称为容重，即：

$$\rho_0 = \frac{m}{V_0} = \frac{m}{V + V_C + V_B}$$

式中　ρ_0——材料的容重（kg/m³）；
　　　V_B——开口孔隙体积（m³）；
　　　V_0——材料在自然状态下的体积或称表观体积（m³），包括固体物质所占体积 V，开口孔隙体积 V_B 和封闭孔隙体积 V_C，如图1-1所示。

材料的自然状态体积包括孔隙在内，当开口孔隙内含有水分时，材料的质量将发生变化，因而会影响材料的容重值。材料在烘干至恒重状态下测定的表观密度称为干容重。一般测定容重时，以干容重为准，而对含水状态下测定的容重，应注明含水情况。

1.2.1.4 堆积密度

散粒材料在自然堆积状态下单位体积的质量称为堆积密度，如图1-2所示，即：

散粒材料在自然堆积状态下的体积是指其既含颗粒内部的孔隙，又含颗粒之间空隙在内的总体积。测定散粒材料的体积可通过已标定容积的容积计量而得。测定砂子、石子的堆积密度即用此法。若以捣实体积计算时，则称紧密堆积密度。

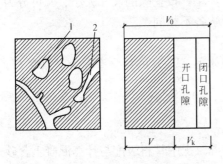 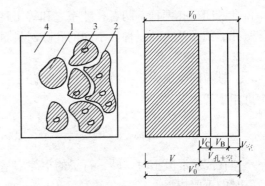

图 1-1 材料组成示意图
1—空隙；2—开口孔

图 1-2 散粒材料松散体积组成示意图
1—颗粒中的固体物质；2—颗粒开口孔隙；
3—颗粒闭口孔隙；4—颗粒间空隙

建筑工程中在计算材料用量、构件自重、配料、材料堆场体积或面积，以及计算运输材料的车辆时，均需要用到材料的上述参数。常用建筑材料的密度、表观密度和堆积密度见表 1-1。

常用建筑材料的密度、表观密度和堆积密度　　　　　表 1-1

材料名称	密度/(g/cm³)	表观密度/(kg/m³)	堆积密度/(kg/m³)
石灰岩	2.6	1800~2600	—
花岗岩	2.8	2500~2900	—
碎石	2.6	—	1400~1700
砂	2.6	—	1450~1650
黏土	2.6	—	1600~1800
普通黏土砖	2.5	1600~1800	—
黏土空心砖	2.5	1000~1400	—
水泥	3.1	—	1200~1300
普通混凝土	—	2100~2600	—
轻骨料混凝土	—	800~1900	—
木材	1.55	400~800	—
钢材	7.85	7850	—
泡沫塑料	—	20~50	—
沥青	约 1.0	约 1000	—

1.2.2　材料的孔隙率与空隙率

1.2.2.1　孔隙率

材料内部孔隙的体积占材料总体积的百分率，称为材料的孔隙率 P。可用下式表示：

$$P = \frac{V_0 - V}{V_0} \times 100\% = \left(1 - \frac{V}{V_0}\right) \times 100\% = \left(1 - \frac{\rho}{\rho_0}\right) \times 100\%$$

材料孔隙率的大小直接反映材料的密实程度，孔隙率大则密实度小。孔隙率相同的材料，它们的孔隙特征（即孔隙构造和孔径）可以不同。按孔隙构造，材料的孔隙可分为开口孔和闭口孔两种，两者孔隙率之和等于材料的总孔隙率。按孔隙的尺寸大小，又可分为微孔、细孔及大孔三种。不同的孔隙对材料的性能影响各不相同。

1.2.2.2 空隙率

颗粒间空隙体积占散粒材料（如砂、石子）堆积体积（V_0'）的百分率称为空隙率P'。可用下式表示：

$$P' = \frac{V_0' - V}{V_0'} \times 100\% = \left(1 - \frac{\rho_0'}{\rho_0}\right) \times 100\%$$

在配制混凝土时，砂、石子的空隙率是作为控制混凝土中骨料级配与计算混凝土含砂率时的重要依据。

1.2.3 与水有关的性质

1.2.3.1 亲水性和憎水性

当材料与水接触时，有些材料能被水润湿，而有些材料则不能被水润湿，对这两种现象，工程中称前者为亲水性，后者为憎水性。材料具有亲水性或憎水性的根本原因在于材料的分子组成。亲水性材料与水分子之间的分子亲和力大于水分子本身之间的内聚力；反之，憎水性材料与水分子之间的亲和力小于水分子本身之间的内聚力。

材料被水湿润的情况可用润湿边角θ表示。当材料与水接触时，在材料、水、空气三相的交点处，作沿水滴表面的切线，此切线与材料和水接触面的夹角θ称为润湿边角，如图1-3所示。θ角越小，表明材料越易被水润湿。试验证明，当$\theta \leq 90°$时，如图1-3a所示，材料表面吸附水，材料能被水润湿而表现出亲水性。当$\theta > 0°$时，如图1-3b所示，材料表面不易吸附水，称憎水性材料。当$\theta = 0°$时，表明材料完全被水润湿。上述概念也适用于其他液体对固体的润湿情况，相应称为亲液材料和憎液材料。

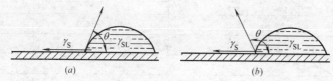

图1-3 材料润湿示意图

亲水性材料易被水润湿，且水能通过毛细管作用而被吸入材料底部。憎水性材料则能阻止水分渗入毛细管中，从而降低材料的吸水性。憎水性材料常被用作防水材料，或用作亲水性材料的表面处理，以提高其防水、防潮性能。建筑材料大多为亲水性材料，如水泥、混凝土、砂、石、砖、木材等，只有少数材料如沥青、石蜡及某些塑料等为憎水性材料。

1.2.3.2 吸水性

材料在浸水状态下吸收水分的能力称为吸水性，吸水性的大小用吸水率表示，吸水率有两种表示方法。

（1）质量吸水率：材料吸水饱和时，其吸收水分的质量占材料干燥时质量的百分率。

$$W_{质} = \frac{m_{湿} - m_{干}}{m_{干}} \times 100\%$$

式中　$W_{质}$——质量吸水率（%）；

$m_{湿}$——材料在吸水饱和状态下的质量（g）；

$m_{干}$——材料在绝对干燥状态下的质量（g）。

（2）体积吸水率：材料吸水饱和时，其吸收水分的体积占干燥材料自然体积的百分率。

$$W_{体}=\frac{V_{水}}{V_0}\times 100\%=\frac{m_{湿}-m_{干}}{V_0}\times\frac{1}{\rho_{水}}\times 100\%$$

式中 $W_{体}$——体积吸水率（%）；

V_0——干燥材料在自然状态下的体积（cm^3）；

$\rho_{水}$——水的密度（g/cm^3）。

工程用建筑材料一般均采用质量吸水率。质量吸水率与体积吸水率存在下列关系：

$$W_{体}=W_{质}\,\rho_0$$

式中 ρ_0——材料在干燥状态下的表观密度（kg/cm^3）。

对于轻质多孔的材料如加气混凝土、软木等，由于吸入水分的质量往往超过材料干燥时的自重，所以 $W_{体}$ 更能反映其吸水能力的强弱，因为 $W_{体}$ 不可能超过 100%。

材料吸水率的大小不仅取决于材料本身是亲水还是憎水的，而且与材料孔隙率的大小及孔隙特征密切相关。一般孔隙率越大，吸水率也越大；孔隙率相同的情况下，具有细小连通孔的材料比具有较多粗大开口孔隙或闭口孔隙的材料吸水性更强。

1.2.3.3 吸湿性

材料在潮湿的空气中吸收空气中水分的性质称为吸湿性。吸湿性的大小用含水率表示。含水率为材料所含水的质量占材料干燥质量的百分数。即：

$$W_{含}=\frac{m_{含}-m_{干}}{m_{干}}\times 100\%$$

式中 $W_{含}$——材料的含水率（%）；

$m_{含}$——材料含水时的质量（g）；

$m_{干}$——材料干燥至恒重时的质量（g）。

材料的吸湿性随空气的湿度和环境温度的变化而改变，当空气湿度较大且温度较低时，材料的含水率就大，反之则小。材料中所含水分与空气的湿度相平衡时的含水率称为平衡含水率。具有微小开口孔隙的材料，吸湿性特别强，如木材及某些绝热材料，在潮湿空气中能吸收很多水分，这是由于这类材料的内表面积大，吸附水的能力强所致。

材料的吸水性和吸湿性均会对材料的性能产生不利影响。材料的吸湿性还会引起其体积变形，影响使用。不过，利用材料的吸湿可起除湿作用，常用于保持环境的干燥。

1.2.3.4 耐水性

一般材料吸水后，水分会分散在材料内微粒表面，削弱其内部结合力，强度有不同程度的降低。当材料内含有可溶性物质（如石膏、石灰等）时，吸入的水分还可能溶解部分物质，造成强度的严重降低。

材料长期在水作用下不破坏，强度也不显著降低的性质称为耐水性。材料的耐水性用软化系数表示，即：

$$K_{软}=\frac{f_{饱}}{f_{干}}$$

式中　$K_软$——材料软化系数；
　　　$f_饱$——材料在饱水状态下的抗压强度（MPa）；
　　　$f_干$——材料在干燥状态下的抗压强度（MPa）。

软化系数的大小表明材料在浸水饱和后强度降低的程度。一般来说，材料被水浸湿后，强度均会有所降低。这是因为水分被组成材料的微粒表面吸附，削弱了微粒间的结合力所致。软化系数越小，表示材料吸水饱和后强度下降越大，即耐水性越差。材料的软化系数在0～1之间。对于经常位于水中或处于潮湿环境中的重要建筑物所选用的材料要求其软化系数不得低于0.85；对于受潮较轻或次要结构所用材料，软化系数允许稍有降低但不宜小于0.75。软化系数大于0.85的材料，通常认为是耐水材料。

1.2.3.5　抗渗性

材料抵抗压力水渗透的性质为抗渗性。材料的抗渗性有两种不同的表示方式：渗透系数和抗渗等级。

（1）渗透系数

渗透系数的物理意义是：一定厚度的材料，在单位压力水头作用下，在单位时间内透过单位面积的水量。用公式表示为：

$$K=\frac{Qd}{Ath}$$

式中　K——渗透系数（cm/h）；
　　　Q——渗透水量（cm³）；
　　　d——材料的厚度（cm）；
　　　A——渗水面积（cm²）；
　　　t——渗水时间（h）；
　　　h——材料两侧水压差（cm）。

K值越大，表示材料渗透的水量越多，即材料的抗渗性越差。

（2）抗渗等级

材料的抗渗等级是指用标准方法进行透水试验时，材料标准试件在透水前所能承受的最大水压力，并以字母P及可承受的水压力（以0.1MPa为单位）来表示抗渗等级。如P4、P6、P8等分别表示材料最大能承受0.4MPa、0.6MPa、0.8MPa的水压而不渗水。可见，抗渗等级越高，抗渗性越好。

材料的抗渗性与其孔隙率和孔隙特征有关。细微连通的孔隙水易渗入，这种孔隙越多，材料抗渗性越差。闭口孔不能渗入水，因此闭口孔隙率大的材料抗渗性依然良好。开口大孔最易渗入水，抗渗性最差。

抗渗性是决定建筑材料耐久性的重要因素。在设计地下建筑、压力管道、容器等结构时，均要求所用材料必须具有良好的抗渗性能。抗渗性也是检验防水材料产品质量的重要指标。

1.2.3.6　抗冻性

抗冻性是指材料在吸水饱和状态下，能经受反复冻融循环作用而不破坏，强度也不显著降低的性能。

抗冻性以试件按规定方法进行冻融循环试验，以质量损失不超过5%，强度下降不超过25%，所能经受的最大冻融循环次数来表示，或称为抗冻等级。材料的抗冻等级可分为 F15、F25、F50、F100、F200 等，分别表示此材料能承受 15 次、25 次、50 次、100 次、200 次的冻融循环。

材料在冻融循环作用下产生破坏的原因，一方面是由于材料内部孔隙中的水在受冻结冰时产生的体积膨胀（约 9%）对材料孔壁造成巨大的冰晶压力，当由此产生的拉应力超过材料的抗拉极限强度时，材料内部即产生微裂纹，引起强度下降；另一方面是在冻结和融化过程中，材料内外的温差引起的温度应力会导致内部微裂纹的产生或加速原来微裂纹的扩展，而最终使材料破坏。显然，这种破坏作用随冻融作用的增多而加强。材料的抗冻等级越大，其抗冻性越好，材料可经受的冻融循环次数越多。

实际应用中，抗冻性的好坏取决于材料的孔隙率及孔隙特征，并且还与材料受冻前的吸水饱和程度、材料本身的强度以及冻结条件（如冻结温度、速度、冻融循环作用的频繁程度）等有关。对于受大气和水作用的材料，抗冻性往往决定了它的耐久性，抗冻等级越高，材料越耐久。对抗冻等级的选择应根据工程种类、结构部位、使用条件、气候条件等因素来决定。

1.2.4 与热有关的性质

1.2.4.1 导热性

当材料两侧存在温差时，热量将由温度高的一侧传递到温度低的一侧，材料的这种传导热量的能力称为导热性。

材料的导热性可用导热系数表示。导热系数的物理意义是：厚度为 1m 的材料当温度改变 1℃时，在 1s 时间内通过 $1m^2$ 面积的热量。用公式表示为：

$$\lambda = \frac{Qd}{At(T_1-T_2)}$$

式中　　λ——材料的导热系数 [W/(m·K)]；

　　　　Q——传导的热量（J）；

　　　　d——材料的厚度（m）；

　　　　A——材料传热面积（m^2）；

　　　　t——传热时间（h）；

(T_1-T_2)——材料两侧温差（℃）。

材料的导热系数越小，表示其绝热性能越好。各种材料的导热系数差别很大，如泡沫塑料 $\lambda=0.035W/(m·K)$，而大理石 $\lambda=3.48W/(m·K)$。工程中通常把 $\lambda<0.23 W/(m·K)$ 的材料称为绝热材料。

1.2.4.2 热容量与比热

热容量是指材料受热时吸收热量和冷却时放出热量的性质，可用下式表示：

$$Q = m \cdot C \cdot (T_1-T_2)$$

式中　　Q——材料的热容量（kJ）；

　　　　m——材料的质量（kg）；

　　　　C——材料的比热 [kJ/(kg·K)]；

(T_1-T_2)——材料受热或冷却前后的温差（K）。

材料比热的物理意义是指 1kg 重的材料在温度改变 1K 时所能吸收或放出的热量。用公式表示为：

$$C=\frac{Q}{m\cdot(T_1-T_2)}$$

式中各参数同上。

材料的导热系数和热容量是设计建筑物围护结构（墙体、屋盖）进行热工计算时的重要参数，设计时应选用导热系数较小而热容量较大的建筑材料，以使建筑物保持室内温度稳定。同时，导热系数也是工业窑炉热工计算和确定冷藏库绝热层厚度的重要依据。几种典型材料的热工性质指标如表1-2所示。

几种典型材料的热工性质指标　　　　　　　　表1-2

材　料	导热系数 [W/(m·K)]	比热 [kJ/(kg·K)]	材　料	导热系数 [W/(m·K)]	比热 [kJ/(kg·K)]
铜	370	0.38	松木（横纹）	0.15	1.63
钢	55	0.46	泡沫塑料	0.03	1.30
花岗岩	2.9	0.80	冰	2.20	2.05
普通混凝土	1.8	0.88	水	0.6	4.19
烧结普通砖	0.55	0.84	静止空气	0.025	1.00

1.3　材料的力学性质

1.3.1　强度与等级

1.3.1.1　强度

材料在外力作用下抵抗破坏的能力称为材料的强度。当材料受到外力作用时（图1-4），内部产生应力，外力增加，应力相应增大直至材料内部质点间结合力不足以抵抗外力时，材料即发生破坏。材料破坏时，应力达极限值，这个极限应力值就是材料的强度，也称极限强度。

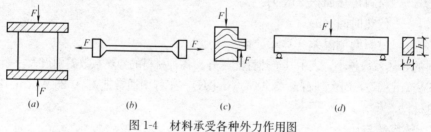

图1-4　材料承受各种外力作用图
(a) 受压；(b) 受拉；(c) 受剪；(d) 受弯

根据外力作用形式的不同，材料的强度有抗压强度、抗拉强度、抗弯强度及抗剪强度等。这些强度值都是通过静力试验测定的，故总称为静力强度。材料的抗压、抗拉和抗剪强度的计算公式为：

$$f=\frac{P}{A}$$

式中　f——材料的极限强度（抗压、抗拉或抗剪）（N/mm²）；

P——试件破坏时的最大荷载（N）；
A——试件受力面积（mm²）；

材料的抗弯强度与试件的几何外形及荷载施加的情况有关，对于矩形截面的条形试件，当其两支点间的中间作用一集中荷载时，其抗弯极限强度按下式计算：

$$f_{tm}=\frac{3Pl}{2bh^2}$$

式中　f_{tm}——材料的抗弯极限强度（N/mm²）；
　　　　P——试件破坏时的最大荷载（N）；
　　　　l——试件两支点的距离（mm）；
　　　　b、h——分别为试件截面的宽度和高度（mm）。

当在试件支点间的三分点处作用两个相等的集中荷载时，其抗弯强度的计算公式为：

$$f_{tm}=\frac{Pl}{bh^2}$$

式中各符号意义同上。

材料的强度与其组成及结构有关，即使材料的组成相同，其构造不同，强度也不一样。材料的孔隙率越大，强度越小。对于同一品种材料，强度与孔隙率之间存在近似直线的反比关系，如图1-5所示。一般表观密度大的材料，强度也大。晶体结构的材料强度还与晶粒粗细有关，其中细晶粒材料强度高。玻璃原是脆性材料，抗拉强度很小，但当制成玻璃纤维后则成了很好的抗拉材料。

材料的强度还与其含水状态及温度有关，含有水分的材料强度比干燥时低。材料强度一般随温度升高而降低，沥青混凝土尤其明显。

材料的强度与测试所用试件形状、尺寸有关，也与试验时加荷速度及试件表面性状有关。相同的材料采用小试件测得的强度比大试件高，加荷速度快者强度高，试件表面不平比表面涂润滑剂时所测强度值低。

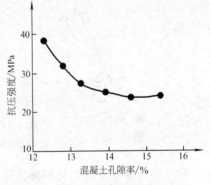

图1-5　材料强度与孔隙率的关系

由此可知，材料强度是在特定条件下测定的数值。为了使试验结果准确，且具有可比性，各国都制定了统一的材料试验标准，在测定材料强度时，必须严格按照规定的试验方法进行。材料的强度是大多数材料划分等级的依据。常用建筑材料的强度见表1-3。

常用建筑材料的强度/MPa　　表1-3

材料	抗压强度	抗拉强度	抗弯强度
花岗岩	100～250	5～8	10～14
烧结普通砖	10～30	—	—
普通混凝土	10～80	1～4	—
松木（顺纹）	30～50	80～120	60～100
建筑钢材	235～1600	235～1600	—

1.3.1.2 等级

各种材料的强度差别很大。建筑材料常按其强度值的大小划分为若干个等级，如烧结普通砖按抗压强度分为 5 个强度等级；硅酸盐水泥按抗压和抗折强度分为 6 个强度等级；普通混凝土按其抗压强度分为 14 个强度等级。建筑材料按强度划分等级对生产者和使用者均有重要意义，它可使生产者在生产中控制质量时有据可依，从而保证产品质量；对使用者则有利于掌握材料的性质指标，以便合理选用材料、正确进行设计和控制工程施工质量。

1.3.1.3 比强度

不同强度材料进行比较时可采用比强度这个指标。比强度是按单位体积质量计算的材料强度指标，其值等于材料强度与其表观密度之比。优质结构材料的比强度较高。玻璃钢和木材是轻质高强高效材料，而普通混凝土为质量大而强度较低的材料，所以努力促进普通混凝土向轻质、高强方向发展是一项十分重要的工作。

1.3.2 弹性与塑性

材料在外力作用下发生变形，当外力取消后，材料能完全恢复原来形状和尺寸的性质称为弹性。这种可以完全恢复的变形称为弹性变形（或瞬时变形），如图 1-6a 所示。

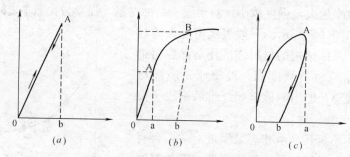

图 1-6 材料的弹、塑性变形曲线
(a) 材料的弹性变形；(b) 材料的弹性与塑性变形；(c) 材料弹塑性变形

明显具有弹性变形的材料称为弹性材料。这种变形是可逆的，其数值的大小与外力成正比，比例系数 E 为弹性模量。弹性范围内，弹性模量 E 为常数，是应力与应变的比值，即：

$$E = \frac{\sigma}{\varepsilon}$$

式中 E——材料的弹性模量（MPa）；
σ——材料的应力（MPa）；
ε——材料的应变。

弹性模量是衡量材料抵抗变形能力的一个指标，E 越大，材料越不易变形。

实际上材料受力后所产生的变形比较复杂，纯弹性与纯塑性材料是不存在的，不同的材料在力的作用下表现出不同的变形特征。例如低碳钢在受力不大时仅产生弹性变形，此时，应力与应变比值为一常数。随着外力增大直至超过弹性极限时，不仅出现弹性变形，而且出现塑性变形。对于沥青混凝土，在它受力开始，弹性变形和塑性变形便同时发生，除去外力后，弹性变形可以恢复，但塑性变形不能恢复。其应力应变如图 1-6c 所示。具有上述变形特征的材料称为弹塑性材料。

1.3.3 脆性和韧性

材料受外力作用达一定数值时，突然发生破坏，且破坏时无明显变形，这种性质为脆性。具有这种性质的材料称为脆性材料。脆性材料的抗压强度远大于其抗拉强度，所以不能承受振动和冲击荷载，也不宜用于受拉部位，只适用作受压构件。建筑材料中大部分无机非金属材料均为脆性材料，如天然岩石、陶瓷、玻璃、普通混凝土等。

材料在冲击或动力荷载作用下，能吸收较大能量而不破坏的性能称为韧性或冲击韧性。韧性以冲击韧性指标表示，冲击韧性指标是指试件破坏时单位面积所消耗的功。建筑工程中使用的木材、钢材属于韧性材料。韧性材料的特点是塑性变形大，受力时产生的抗拉强度接近于或高于抗压强度。对于要求承受冲击荷载和有抗震要求的结构，如吊车梁、桥梁、路面等所用的材料均应有较高的韧性。

1.3.4 硬度和耐磨性

硬度是指材料表面抵抗硬物压入或刻划的能力。材料的硬度越大，强度越高，耐磨性越好。

测定材料硬度的方法有多种，通常采用的刻划法、压入法和回弹法，不同材料测定方法不同。刻划法常用于测定天然矿物的硬度，按硬度递增顺序分为10级，即滑石、石膏、方解石、萤石、磷灰石、正长石、石英、黄玉、刚玉、金刚石。钢材、木材及混凝土等的硬度常用压入法测定，比如布氏硬度就是以压痕单位面积上所受压力来表示的。回弹法常用于测定混凝土构件表面的硬度，并以此估算混凝土的抗压强度。

耐磨性是材料表面抵抗磨损的能力，一般用耐磨度表示。即：

$$I=\frac{\sqrt{R}}{P}$$

式中 I——材料的耐磨度；

R——磨头转数（千转）；

P——磨槽深度（mm）。

材料的耐磨度越大，耐磨性越好。材料的耐磨性与材料组成成分、结构、强度、硬度有关。在土木建筑工程中，用于道路、地面、踏步等部位的材料均应考虑其硬度和耐磨性。一般来说，强度较高且密实的材料硬度较大，耐磨性较好。

1.4 材料的耐久性

材料的耐久性是指材料在使用条件下，受各种内在或外在自然因素及有害介质的作用，能长久地保持其使用性能的性质。耐久性是衡量材料在长期使用条件下的安全性能的一项综合指标，包括抗冻性、抗渗性、抗化学侵蚀性、抗碳化性能、大气稳定性、耐磨性等多种性质。

材料在建筑物之中，除要受到各种外力的作用之外，还经常要受到环境中许多自然因素的破坏作用。这些破坏作用包括物理、化学、机械及生物作用。

物理作用有干湿变化、温度变化及冻融变化等。这些作用将使材料发生体积胀缩或导致内部裂缝的扩展。一段时间后会使材料逐渐破坏。在寒冷地区，冻融变化对材料会起着显著的破坏作用。经常处于高温状态的建筑物或构筑物所选用的材料要具有耐热性能。民用和公共建筑中，还应考虑安全防火要求，则须选用具有抗火性能的难燃或不燃的材料。

化学作用包括大气、环境水以及使用过程中酸、碱、盐等液体或有害气体对材料的侵蚀作用。

机械作用包括荷载持续作用、交变荷载引起材料疲劳、冲击、磨损、磨耗等。

生物作用包括菌类、昆虫等的作用而使材料腐朽、蛀蚀而破坏。

砖、石、混凝土等材料多由物理作用而破坏，也可能同时会受到化学作用的破坏。金属材料的破坏主要是由于化学作用引起的腐蚀。木材等有机质材料常因生物作用而破坏。沥青材料、高分子材料在阳光、空气和热的作用下，会逐渐老化而变脆或开裂。

材料的耐久性指标是根据结构所处的环境条件来决定的。例如处于冻融环境的结构，所用材料的耐久性以抗冻性指标来表示。处于暴露环境的有机材料，其耐久性以抗老化能力来表示。由于耐久性是一项长期性质，所以对材料耐久性最可靠的判断是在使用条件下进行长期的观察和测定，这样做需要很长时间。通常是根据使用要求，在实验室进行快速试验，并对耐久性作出判断。实验室快速试验包括：干湿循环、冻融循环、加湿与紫外线干燥循环，碳化、盐溶液浸渍与干燥循环，化学介质浸渍等。

应当指出，上述快速试验是在相当严格的条件下进行的，虽然也可得到定性或定量的试验结果，但这种试验结果与实际工程使用下的结果并不一定有明确的相关性。因此，评定建筑工程材料的耐久性仍需要根据材料的使用条件和所处的环境情况，做具体的分析和判断，才能得出正确的结论。

2 天然石材

建筑用石材分天然石材和人造石材。天然岩石经过机械加工或不经过加工而制得的材料统称为天然石材。人造石材主要是指人们采用一定的材料、工艺技术，仿造天然石材的花纹和纹理，人为制作的合成石材。本章只介绍天然石材。

天然石材是古老的建筑材料，来源广泛，使用历史悠久。国内外许多著名的古建筑如意大利比萨斜塔、埃及金字塔、我国的赵州桥等是由天然石材建造而成的。由于天然石材具有很高的抗压强度、良好的耐久性和耐磨性，经加工后表面花纹美观、色泽艳丽、富有装饰性等优点，虽然作为结构材料已在很大程度上被钢筋混凝土、钢材所取代，但在现代建筑中，特别是在建筑装饰中得到了广泛的应用。

2.1 岩石的形成与分类

岩石是由各种不同的地质作用形成的天然矿物的集合体。组成岩石的矿物称造岩矿物。由一种矿物组成的岩石称为单成岩，如石灰岩是由方解石矿物组成的，这种岩石的性质由其矿物成分及结构构造决定。由两种或更多种矿物构成的岩石称为复成岩，如花岗岩是由长石、石英、云母等几种矿物组成的，这种岩石的性质由其组成矿物的相对含量及结构构造决定。天然岩石按照地质形成条件分为岩浆岩、沉积岩和变质岩三大类。

2.1.1 岩浆岩

岩浆岩又称为火成岩，它是熔融岩浆由地壳内部上升，冷却而成。岩浆岩是组成地壳的主要岩石，占地壳总量的 89%。根据冷却条件的不同，岩浆岩又分为以下三类：

(1) 深成岩。是岩浆在地壳深处受很大的上部覆盖压力作用，缓慢且较均匀的冷却而成的岩石。其特点是矿物全部结晶且晶粒较粗，呈块状，构造致密；具有抗压强度高，吸水率小，表观密度大和抗冻性、耐磨性和耐水性好等性质。建筑上常用的深成岩有花岗岩、辉长岩、闪长岩等。

(2) 喷出岩。是岩浆岩喷出地表后，在压力骤减和冷却较快的条件下形成的岩石。喷出岩结晶不完全，有玻璃质结构。当由喷出的岩浆所形成的岩层很厚时，其结构较致密，性能接近深成岩。当喷出凝固成比较薄的岩层时，常呈多孔构造，近于火山岩。工程上常用的喷出岩有玄武岩、安山石和辉绿岩等。玄武岩和辉绿岩十分坚硬，难以加工，常用作耐酸和耐热材料，也是生产铸石和岩棉的原料。

(3) 火山岩。是岩浆被喷到空中，急速冷却条件下形成的多孔散粒状岩石。火山岩为玻璃体结构且多呈多孔构造，如火山灰、火山渣、浮石和凝灰岩等。火山灰和火山渣可作为水泥的混合材料，浮石是配制轻质混凝土的一种天然轻骨料。火山凝灰岩容易分割，可用于砌筑墙体等。

2.1.2 沉积岩

沉积岩又称水成岩，它是由露出地表的各种岩石（母岩）经自然风化、风力搬运、流水冲移等作用后再沉淀堆积，在地表及离地表不太深处形成的岩石。沉积岩为层状构造，其各层的成分、结构、颜色、层厚等均不相同。与岩浆岩相比，沉积岩的表观密度小，密实度较差，吸水率较大，强度较低，耐久性也较差。

沉积岩分机械沉积岩（如砂岩）、生物沉积岩（如石灰岩）和化学沉积岩（如菱镁矿、石膏岩）等三种，其中石灰岩虽仅占地壳总量的5%，但在地表面分别很广，约为地表面积的75%。石灰岩是建筑上用途最广、用量最大的岩石，它不仅是制造石灰和水泥的主要原料，而且是普通混凝土常用的骨料。石灰岩还可砌筑基础、勒脚、墙体、柱、路面等。

2.1.3 变质岩

变质岩是由岩浆岩或沉积岩在地壳运动过程中，受到地壳内部高温、高压的作用，使岩石原来的结构发生变化，产生熔融再结晶作用而形成的岩石。通常沉积岩变质后，结构较原岩致密，性能变好，而岩浆岩变质后，有时构造不如原岩坚实，性能变差。建筑上常用的变质岩为大理岩、石英岩、片麻岩等。其中大理岩自古以来就被视作是一种高级的建筑饰面材料，它在我国资源丰富，几乎遍及各省、市、自治区，最有名的是云南大理的大理石。石英岩十分耐久，常用于重要建筑的饰面、地面、踏步等，同时它也是陶瓷、玻璃等工业的原料。

2.2 建筑石材的技术性质

石材的技术性质决定于其组成矿物的种类、特性和其结合状态。

2.2.1 物理性质

2.2.1.1 表观密度

天然石材表观密度与其矿物组成和孔隙率有关。致密的石材，如花岗岩、大理石等，其表观密度接近于密度，约为 $2500 \sim 3100 kg/m^3$，而孔隙率较大的石材，如火山凝灰岩、浮石等，其表观密度约为 $500 \sim 1700 kg/m^3$。

天然石材按表观密度大小可分为重石和轻石，表观密度大于 $1800 kg/m^3$ 的石材为重石，表观密度小于 $1800 kg/m^3$ 的石材为轻石。重石可用于建筑物的基础、贴面、地面、房屋外墙、桥梁及水工构筑物等，轻石主要用作墙体材料。

2.2.1.2 吸水性

石材的吸水性主要与其孔隙率及孔隙特征有关。深成岩以及许多变质岩孔隙率都很小，因而吸水率也很小。例如花岗岩的吸水率通常小于0.5%。沉积岩由于形成条件的不同，胶结情况和密实程度也不同，因而孔隙率与孔隙特征的变化很大，其吸水率的波动也很大，例如致密的石灰岩，吸水率可小于1%，而多孔的贝壳石灰岩，吸水率高达15%。

2.2.1.3 耐水性

石材的耐水性用软化系数（K）表示。根据软化系数的大小，石材可分为高、中、低耐水性三等。$K>0.9$ 的石材为高耐水性石材，$K=0.7\sim0.9$ 的石材为中耐水性石材，$K=0.6\sim0.7$ 的石材为低耐水性石材。一般 $K<0.8$ 的石材不允许用于重要建筑。

2.2.1.4 耐久性

石材的耐久性包括抗冻性、抗风化性、耐火性和耐酸性等。水、冰、化学等因素造成岩石开裂或剥落，称为岩石的风化。孔隙率的大小对风化有很大的影响，吸水率较小的岩石抗冻性和抗风化能力较强。一般认为，当岩石的吸水率小于 0.5% 时，岩石的抗冻性合格。当岩石内含有较多的黄铁矿、云母时，风化速度快。此外，由方解石、白云石组成的岩石在含有酸性气体的环境中也易风化。

2.2.2 力学性质

2.2.2.1 抗压强度

石材的强度主要取决于其矿物组成、结构及孔隙构造。石材的强度等级是根据三个 70mm×70mm×70mm 立方体试块的抗压强度平均值，划分为 MU100、MU80、MU60、MU50、MU40、MU30、MU20 共七个等级。

2.2.2.2 冲击韧性

天然岩石的抗拉强度比抗压强度小得多，约为抗压强度的 $1/20\sim1/10$，是典型的脆性材料。这是石材与金属材料和木材相区别的重要特征，也是限制其使用范围的重要原因。

岩石的冲击韧性决定于其矿物组成与结构。石英岩、硅质砂岩有很高的脆性，含暗色矿物较多的辉长岩、辉绿岩等具有相对较好的韧性。通常，晶体结构的岩石较非晶体结构的岩石韧性好。

2.2.2.3 硬度

岩石的硬度以莫氏或肖氏硬度表示。它取决于岩石组成矿物的硬度与构造。凡由致密、坚硬矿物组成的石材硬度较高。岩石的硬度与抗压强度有很好的相关性，一般抗压强度高的石材硬度也大。岩石的硬度越大，其耐磨性和抗刻划性能越好，但表面加工越困难。

2.2.2.4 耐磨性

耐磨性是指石材在使用条件下抵抗摩擦、边缘剪切以及冲击等复杂作用的性质。石材的耐磨性以单位面积磨耗率表示。石材耐磨性与其组成矿物的硬度、结构、构造特征以及石材的抗压强度和冲击韧性有关。组成矿物越坚硬，构造越致密以及石材的抗压强度和冲击韧性越高，则石材的耐磨性越好。

2.3 建筑常用石材

建筑工程中常用的石材主要有毛石、片石、料石和石板等。

2.3.1 毛石

岩石被爆破后直接得到的形状不规则的石块称为毛石。根据表面平整度不同，毛石有乱毛石和平毛石之分。乱毛石形状不规则，平毛石虽然形状不规则，但它有大致平行的两个面。建筑工程中使用的毛石高度一般不小于15cm，一个方向的尺寸可达30~40cm。毛石的抗压强度不低于10MPa，软化系数应不小于0.75。毛石常用来砌筑基础、勒脚、墙身、挡土墙等。

2.3.2 片石

片石也是由爆破而成的，形状不受限制，但薄片者不得使用。一般片石的尺寸应不小于15cm，体积不小于0.01m³，每块质量一般在30kg以上。用于圬工工程主体的片石抗压强度不低于30MPa。用于其他圬工工程的片石抗压强度不低于20MPa。片石主要用于砌筑屋盖工程、护坡、护岸等。

2.3.3 料石

料石由人工或机械开采出较规则的六面体块石，再经人工略加凿琢而成，依其表面加工的平整程度而分为毛料石、粗料石、半细料石和细料石等四种。制成长方形的称为条石，长、宽、高大致相等的称为方石，楔形的称为拱石。料石一般由致密的砂岩、石灰岩、花岗岩加工而成，用于建筑工程结构物的基础、勒脚、墙体等部位。

2.3.4 石板

石板是用致密的岩石凿平或锯解而成的厚度不大的石材。饰面用石板或地面板，要求耐磨、耐久、无裂缝或水纹、色彩美观，一般采用花岗岩和大理石制成。花岗岩板材主要用于建筑工程的室外饰面，大理石板材可用于室内装饰，当空气中含有二氧化碳时遇水会生成亚硫酸，以后变成硫酸，与大理石中的碳酸钙反应，生成易溶于水的石膏，使表面失去光泽，变得粗糙多孔而降低其使用价值。

2.4 人造装饰石材

天然浮石又称浮岩，是一种火山喷出的多孔状玻璃质酸性岩石。因气孔较多，与水的相对密度较小，能浮于水上，故得名。在自然界里常以白色、灰色出现，无光泽，相对密度0.3~0.4，含二氧化硅65%~75%，三氧化二铅9%~20%，常呈皮壳覆于较致密的熔岩上。可作为轻质混凝土材料，具有保温、隔热、隔声等性能。还可作为洗涤剂、橡胶的填料，陶瓷、釉彩、珐琅的拼料。

人造浮石是将浮石粉碎配以多种辅料搅拌成混凝土，经浇注、振动、脱模而成。由于在其中加入各种石料，做出的效果具有仿真石、仿鹅卵石、仿碎石、仿化石等多种品种。经切割磨抛可获得多种样式的装饰板材。还可在模具中浇铸出各种材质浮雕，其细腻程度近似石膏的浇铸效果。由于质轻，密度只有0.04g/cm³，不到天然石材的1/6，对减轻建筑物的质量有着积极的作用。人造浮石既是一种新型的装饰石材，也是一种新型的建筑石材。

人造石材饰面一般根据胶结料不同分4类：有机型人造石饰面，无机型人造石饰面，烧结型人造石饰面和复合型饰面。

有机型人造石饰面的生产方式有两种。一种是直接浇注制成装饰板,另一种是浇注成块,再锯切磨光。前者直接成板,二次加工量较少,产品一般分为面层和结构层,成本较低,但较易变形。后者加工成本高,但产品质量稳定,色彩花纹仿真性、自然感较强。

无机型人造石饰面以无机胶凝材料为胶结剂,掺入各种装饰骨料、颜料,经配料、搅拌、成型、养护、磨光制成。无机胶凝材料常用白水泥、高铝水泥或氯氧镁水泥(菱苦土)为原料,用白水泥生产工艺较易控制,产品质量稳定。用铝酸盐水泥制作人造大理石时,由于铝酸盐水泥的主要矿物组成为 $CaO \cdot Al_2O_3$,水化产生了氢氧化铝胶体。在凝结过程中,它与光洁的模板表面接触,形成氢氧化铝凝胶层,与此同时,氢氧化铝胶体在硬化过程中不断填塞大理石的毛细孔隙,形成致密的结构,因此,表面光滑,甚至呈现半透明状。氯氧镁水泥生产成本低,加入的 $MgCl_2$ 易反卤,产品稳定性较差。

目前烧结型人造石材制作方法主要有两种:玻璃陶瓷混合技术和陶瓷面砖生产工艺。前者就是微晶玻璃装饰板,后者实质是陶瓷面砖,主要是仿天然大理石、花岗石板材。微晶玻璃装饰板的结构均匀致密,吸水率低,表观密度 $2.7g/cm^3$,力学性能好,抗折、抗压和抗冲击强度高于天然花岗石和大理石。硬度与花岗岩相当。耐酸碱、抗腐蚀能力强。其晶体界面的花纹色彩通过透明玻璃体表现出的质感非常强烈,其装饰效果高雅庄重。

3 胶凝材料

3.1 概述

建筑上用来将散粒材料（如砂、石子等）或块状材料（如砖、石块等）粘结成为整体的材料统称为胶凝材料。胶凝材料按其化学成分可分为无机胶凝材料和有机胶凝材料两类，前者如水泥、石膏、石灰等，后者如沥青、树脂等。无机胶凝材料在建筑工程中应用更加广泛，按其硬化条件的不同又可分为气硬性和水硬性两类。气硬性胶凝材料只能在空气中硬化，也只能在空气中保持或继续发展强度，一般只适合于地上或干燥环境，不宜用于潮湿环境，更不可用于水中。水硬性胶凝材料不仅能在空气中而且能在水中很好的硬化、保持并发展其强度。水硬性胶凝材料既适用于地上，也适用于地下或水中。

3.2 气硬性胶凝材料

3.2.1 石膏

以石膏作为原材料可制成多种石膏胶凝材料，其中使用最多的是建筑石膏、高强石膏和硬石膏水泥等。石膏属气硬性胶凝材料。由于其具有轻质、高强、隔热、耐火、吸声、容易加工等一系列优良性能，因而在建筑材料中占有重要地位。近年来，石膏板、建筑饰面板等石膏制品发展很快，展示十分广阔的应用前景。

3.2.1.1 石膏的生产

生产石膏的原材料主要是天然二水石膏（又称软石膏或生石膏），是含两个结晶水的硫酸钙（$CaSO_4 \cdot 2H_2O$）所组成的沉积岩石。根据 JC 16—82，按 $CaSO_4 \cdot 2H_2O$ 含量可将其分 5 个等级，见表 3-1。

天然二水石膏的等级　　　　表 3-1

等级	一	二	三	四	五
$CaSO_4 \cdot 2H_2O$ 含量/%	>95	94~85	84~75	74~65	64~55

生产普通石膏时，采用四级以上的生石膏，二级以上者可用来生产高强石膏。天然二水石膏常被用作硅酸盐系列水泥的调凝剂，也用于配置自应力水泥。

天然二水石膏加热到 65℃时，开始脱水。在 107~170℃时，生成半水石膏。温度升至 200℃的过程中，脱水加速，半水石膏变为结构基本相同的脱水半水石膏，而后成为可溶性硬石膏，它与水调和后仍能很快凝结硬化。当温度升至 250℃时，石膏中只残留很少的水分。当温度超过 400℃时，完全失去水分，形成不溶性硬石膏，也称过火石膏，它难溶于水，失去凝结硬化的能力。温度继续升高超过800℃时，部分石膏分解出氧化钙，使产物又具有凝结硬化的能力，这种产品称煅烧石膏（过烧石膏）。

根据加热方式不同，半水石膏又有α型和β型两种形态。将二水石膏经0.13MPa的水蒸气（124℃）蒸压脱水，则生成α型半水石膏；在非密闭的窑炉中加热得到的是β型半水石膏，它比α型半水石膏晶体要细，调制成可塑性浆体的需水量较多。

3.2.1.2 石膏的制备

生产石膏胶凝材料的主要工序是破碎、加热与磨细，随着制备方法、加热方式和温度的不同，可生产出不同性质和质量的石膏胶凝材料。

石膏的制备方法主要有：

（1）煅烧块石膏后再粉碎成细粉。这种方法是将块石膏置于土窑、室窑或立窑中进行煅烧，然后在轮碾机或球磨机等粉碎设备中粉碎和筛分，便得到所需粒度的熟石膏粉。这种方法的优点是设备简单、烧后的块石膏粉效率高。缺点是石膏煅烧不均匀，容易造成局部过火和欠火现象，同时也容易混入煤灰等杂质。

（2）煅烧已粉碎的石膏粉。这种方法是把生石膏先破碎并在轮碾机或鼠笼式粉碎机内粉碎，然后送到炒膏锅或转窑内煅烧，烧后再进行筛分使用。这种方法的优点是粉磨过的颗粒烧得比较完全，质量较高。缺点是生石膏的水分大，粉碎效率低，炒石膏时不易搅拌均匀。

（3）生石膏的粉磨和煅烧同时进行。这种方法是把粗碎的块石膏送入风扫式快转粉磨机中粉碎，悬浮状态的石膏粉在热气烧管中呈悬浮状态煅烧，再经风力选粉而制得所需石膏粉。这种方法的优点是产量大，效率高，所得快速炒制的熟石膏凝结快，强度低，但设备复杂。

（4）先将石膏粉碎成细颗粒，然后炒制，炒制后再进行粉碎机筛分。用一般鼠笼式粉碎机粉碎，风选筛分。这种方法的优点是具有前两种方法的优点，但工艺过程较复杂。

（5）蒸压法炒膏。这种方法先把粗碎后块度为25～50mm的生石膏先在60℃的热气中预热。然后放在压力锅内以0.13MPa饱和过热蒸汽（125℃）密闭蒸煮5～7h，然后再通入200℃的热干气，直至排出的是热干气为止。此时得到的是α型半水石膏。

3.2.1.3 石膏的品种

（1）建筑石膏。在常压下加热温度达到107～170℃时，二水石膏脱水变成β型半水石膏（熟石膏），其反应式为：

$$CaSO_4 \cdot 2H_2O \xrightarrow{107\sim170℃} \beta\text{-}CaSO_4 \cdot \frac{1}{2}H_2O + 1\frac{1}{2}H_2O$$

（2）高强石膏。将二水石膏在压蒸条件下（0.13MPa、125℃）则生成α型半水石膏（高强石膏），其反应式为：

$$CaSO_4 \cdot 2H_2O \xrightarrow{125℃(0.13MPa)} \alpha\text{-}CaSO_4 \cdot \frac{1}{2}H_2O + 1\frac{1}{2}H_2O$$

虽然α型和β型半水石膏化学成分相同，但宏观性能上相差很大。表3-2、表3-3列出了两者的区别。由表可知，由于α型半水石膏的标准稠度用水量比β型小很多，因此强度大很多。

α型半水石膏和β型半水石膏性能比较　　　　表3-2

类　型	标准稠度用水量	抗压强度/MPa	密度/（g/cm³）	水化热/（J/mol）
α型半水石膏	0.40～0.45	24～40	2.73～2.75	17200±85
β型半水石膏	0.70～0.85	7～10	2.62～2.64	19300±85

α型半水石膏和β型半水石膏内比表面积 表3-3

类　　型	内表面积/(m²/kg)	晶粒平均粒径/mm
α型半水石膏	19300	94
β型半水石膏	47000	38.8

α型半水石膏结晶完整，常是短柱状，晶粒较粗大，聚集体的内比表面积较小。β型半水石膏结晶较差，常为细小的纤维状或片状聚集体，内比表面积较大。因此，前者的水化速率慢，水化热低，需水量小，硬化体的强度高，而后者则相反。

（3）可溶性硬石膏。当加热温度升高到170～200℃时，半水石膏急速脱水，生成可溶性硬石膏，与水调和后仍能很快凝结硬化。当温度升高到200～250℃时，石膏中仅残留很少的水，凝结硬化非常缓慢，但遇水后还能逐渐生成半水石膏直至二水石膏。

（4）不溶性硬石膏。当温度升高至400～750℃时，石膏完全失去水分，成为不溶性硬石膏，失去凝结硬化能力，成为过火石膏，但加入某些激发剂（如各种硫酸盐、石灰、煅烧白云石、粒化高炉矿渣等）混合磨细后，则重新具有水化硬化能力，成为无水石膏水泥，也称硬石膏水泥。

（5）高温煅烧石膏。当温度高于800℃时，部分石膏分解出氧化钙，经磨细后的石膏称为高温煅烧石膏。由于氧化钙的催化作用，所得产品又重新具有凝结硬化性能，硬化后有较高的强度和耐磨性，抗水性也较好，所以也称为地板石膏。

3.2.1.4　建筑石膏的特性

（1）凝结硬化快。建筑石膏的初凝时间不小于6min，终凝时间不大于30min，一星期左右完全硬化。由于凝结快，在实际工程使用时往往需要掺加适量缓凝剂，如可掺0.1%～0.2%的动物胶或1%亚硫酸盐酒精废液，也可掺0.1%～0.5%的硼砂等。

（2）建筑石膏硬化后孔隙率大、强度较低，硬化后的抗压强度仅3～5MPa，但它已能满足用作隔墙和饰面的要求。强度测定采用4cm×4cm×16cm三联试模。先按标准稠度需水量（标准稠度是指半水石膏净浆在玻璃板上扩展成（180±5）mm的圆饼时的需水量）加水于搅拌锅中，再将建筑石膏粉均匀撒入水中，并用手工搅拌、成型，在室温（20±5）℃、空气相对湿度为55%～75%的条件下，从建筑石膏粉与水接触开始达2h时，测定其抗折强度和抗压强度。

不同品种的石膏胶凝材料硬化后的强度差别很大。高强石膏硬化后的强度通常比建筑石膏要高出2～7倍。这是因为两者水化时的理论需水量虽均为18.61%，但成型时的实际需水量要多一些，由于高强度石膏的晶粒粗，晶粒比表面积小，所以实际需水量小，仅为30%～40%，而建筑石膏的晶粒细，实际需水量高达50%～70%。显而易见，建筑石膏水化后剩余的水量要比高强石膏多，因此待这些多余水分蒸发后，在硬化体内留下的孔隙多，故其强度低。高强石膏硬化后抗压强度可达10～40MPa。

通常建筑石膏在贮存三个月后强度降低30%，故在贮存及运输期间应防止受潮。

（3）建筑石膏硬化体绝热性和吸音性能良好，但耐水性较差。建筑石膏制品的导热系数较小，一般为0.121～0.205W/(m·K)。在潮湿条件下吸湿性强，水分削弱了晶体粒子间的粘结力，故软化系数小，仅为0.3～0.45，长期浸水还会因二水石膏晶体溶解而引起破坏。在建筑石膏中加入适量水泥、粉煤灰、磨细的粒化高炉矿渣及各种有机防水剂，可提高制品的耐水性。

（4）防火性能良好。建筑石膏硬化后的主要成分是带有两个结晶水分子的二水石膏，遇火时，二水石膏脱出结晶水，结晶水吸收热量蒸发时，在制品表面形成水蒸气幕，有效地阻止火的蔓延。制品厚度越大，防火性能越好。

（5）建筑石膏。硬化时体积略有膨胀，一般膨胀 0.05%～0.15%。这种微膨胀性可使硬化体表面光滑饱满，干燥时不开裂，且能使制品造型棱角很清晰，有利于制造复杂图案花型的石膏装饰件。

（6）装饰性好。石膏硬化制品表面细腻平整，色洁白，具雅静感。

（7）硬化体的可加工性能好。可锯、可钉，便于施工。

3.2.1.5 建筑石膏的应用

（1）粉刷石膏

将建筑石膏加水调成石膏浆体可用作室内粉刷涂料，其粉刷效果好，比石灰洁白、美观。目前，有一种新型粉刷石膏，是在石膏中掺入优化抹灰性能的辅助材料及外加剂配置而成的抹灰材料，按用途可分为：面层粉刷石膏、底层粉刷石膏和保温层粉刷石膏三类。不仅建筑功能性好，施工工效也高。

（2）石膏砂浆

将建筑石膏加水、砂拌和成石膏砂浆，用于室内抹灰或作为油漆打底层。石膏砂浆隔热保温性能好，热容量大，因此能够调节室内温度和湿度，给人以舒适感。用石膏砂浆抹灰后的墙面不仅光滑、细腻、洁白美观，而且还具有功能效果及施工效果好等特点，所以称为室内高级抹灰材料。

（3）墙体材料

建筑石膏还可以用作生产各类装饰制品和石膏墙体材料。

1）石膏装饰制品。以建筑石膏为主要原料，掺加少量纤维增强材料，加水拌成石膏浆体，将浆体注入各种各样的金属（或玻璃）模具中就可以得到不同花样、形状的石膏装饰制品。主要品种有装饰板、装饰吸声板、装饰线角、花饰、装饰浮雕壁画、挂饰及建筑艺术造型等。石膏装饰制品具有色彩鲜艳、品种多样、造型美观、施工简单等优点，是公用和住宅建筑物的墙面和顶棚常用的装饰制品，适用于中高档室内装饰。

2）石膏墙体材料。石膏墙体材料主要有四种：纸面石膏板、纤维石膏板、空心石膏板和石膏砌块。

纸面石膏板是以建筑石膏为主要原料，掺入纤维、外加剂（发泡剂、缓凝剂等）和适量的轻质填料等，加水拌成料浆，浇注在行进中的纸面上，成型后再覆以上层面纸。料浆经过凝固形成芯材，经切断、烘干，则使芯材与护面纸牢固地结合在一起。

纸面石膏板有普通石膏板、耐水纸面石膏板和耐火纸面石膏板三类。普通纸面石膏板是以重磅纸为护面纸。耐水纸面石膏板的芯材是在建筑石膏料浆中掺入适量无机耐火纤维增强材料后制作而成的。耐火纸面石膏板的主要技术要求是其在高温明火下燃烧时，能在一定时间内保持不断裂，GB 11979—89 规定，耐火纸面石膏板遇火稳定时间：优等品不小于 30min，一等品不小于 25min，合格品不小于 20min。

普通纸面石膏板可用作室内吊顶和内隔墙，可钉在金属、木材或石膏龙骨上，也可直接粘贴在砖墙上。在厨房、厕所以及空气相对湿度大于 70% 的潮湿环境中使用时，必须采取相应的防潮措施。这是因为其受潮后会产生下垂，且纸纤维受潮膨胀，使纸与芯板之间的粘结力削弱，会导致纸的隆起和剥离，耐水纸面石膏板主要用于厨房、卫生间等潮湿场合。耐火纸面石膏板适用于耐火性能要求高的室内隔墙、吊顶和装饰用板。

纸面石膏板由于原料来源广，加工设备简单，生产能耗低、周期短，故它将是我国今后重点发展的新型轻质墙体材料之一。

将玻璃纤维、纸筋或矿棉等纤维材料先在水中分解，然后与建筑石膏及适量的浸润剂（提高玻璃纤维与石膏的粘结力）混合制成浆料，在长网成型机上经铺浆、脱水而制成无纸面的纤维石膏板，它的抗弯强度和弹性模量都高于纸面石膏板。纤维石膏板主要用作建筑物的内隔墙、吊顶以及预制石膏板复合墙板。

空心石膏板和混凝土空心板的生产方法类似。尺寸规格为：宽450～600mm，厚60～100mm，长2700～3000mm，孔数7～9，孔洞率30%～40%。生产时常加入纤维材料和轻质填料，以提高板的抗折强度和减轻自重。这种板多用于民用住宅的分隔墙。

与砖相比，石膏砌块质量轻，与石膏板相比，它不需用龙骨，是一种良好的隔墙材料。石膏砌块有实心、空心和夹心三种，空心砌块又有单孔和双孔。其中空心石膏砌块的石膏用量少，绝热性能好，故应用较多。制品的规格有500mm×800mm、500mm×600mm和500mm×400mm三种；厚度有80mm、90mm、110mm、130mm和180mm等五种规格。采用聚苯乙烯泡沫塑料为芯层可制成夹心石膏砌块。由于泡沫塑料的导热系数小，因而达到相同绝热效果的砌块厚度可以减小，从而增加了建筑物的使用面积。砌块产品规格为500mm×800mm×80mm。

3.2.2 石灰

建筑石灰是建筑中使用最早的矿物胶凝材料之一。建筑石灰成简称为石灰，实际上它是具有不同化学成分和物理形态的生石灰、消石灰、水硬性石灰的统称。由于生产石灰的原料石灰石分布广，生产工艺简单，成本低廉，所以在建筑上一直应用很广。

3.2.2.1 石灰的生产

生产石灰的主要原料是以碳酸钙（$CaCO_3$）为主的石灰岩，此外，还可利用化学工业副产品作为石灰的生产原料，如用水作用于碳化钙（电石）制取乙炔石，所产生的电石渣，其主要成分是氢氧化钙，即消石灰（又称熟石灰）。

将石灰石在低于烧结温度下煅烧，碳酸钙分解释放出CO_2，生成以CaO为主要成分的生石灰，其反应式如下：

$$CaCO_3 \xrightarrow{900\sim 1000℃} CaO+CO_2$$

为了加速分解过程，煅烧温度常提高至1000～1100℃左右。生石灰呈白色或灰色块状。因石灰原料中含有一些碳酸镁，所以石灰中也会含有一定量的氧化镁。按《建筑生石灰》（JC/T 497—1992）规定，按氧化镁含量的多少，建筑石灰分为钙质和镁质两类，前者MgO含量小于5%。

石灰在生产过程中，应严格控制各工艺过程，尤其是温度的控制，否则容易产生"欠火石灰"和"过火石灰"。所谓"欠火石灰"是指石灰中含有未烧透的内核。这主要是由于石灰石原料尺寸过大，料块粒径搭配不当，装料过多或由于煅烧温度过低、煅烧时间不足等原因引起的。所谓"过火石灰"是指表面有大量玻璃体、结构致密的石灰。这主要是由于煅烧温度过高、时间过长等原因引起的。

"欠火石灰"在使用时未消解残渣含量大，有效氧化钙和氧化镁的含量低，粘结能力差。"过火石灰"使用时消解缓慢，甚至用于建筑物后仍继续消解，体积膨胀，导致表面剥落或裂缝等现象，危害较大。

根据成品的加工方法不同，石灰有以下四种成品：

（1）生石灰。由石灰石煅烧成的白色疏松结构的块状物，主要成分 CaO。

（2）生石灰粉。由块状生石灰磨细而成。

（3）消石灰粉。将生石灰用适量水经消化和干燥而成的粉末，主要成分为 $Ca(OH)_2$，也称熟石灰。

（4）石灰膏。将块状生石灰用过量水（约为生石灰体积的 3~4 倍）消化，或将消石灰粉和水拌和，所得达一定稠度的膏状物，主要成分为 $Ca(OH)_2$ 和水。

3.2.2.2 石灰的熟化

使用石灰时，通常将生石灰加水，使之消解为消石灰——氢氧化钙，这个过程称为石灰的消化，也称熟化。

$$CaO + H_2O \longrightarrow Ca(OH)_2 + 64.83kJ$$

生石灰水化反应具有以下特点：

（1）水化速率快，放热量大。

（2）水化过程中体积增大。块状石灰消化成松散的消石灰粉，其外观体积可增大 1~2.5 倍，因为生石灰为多孔结构，内比表面积大，水化速率快，常常是水化速率大于水化产物的转移速度，大量的新生反应物将冲破原料的反应层，使粒子产生机械碰撞，甚至使石灰浆体散裂成质地疏松的粉末。

一般来说，煅烧良好、氧化钙含量高、杂质含量低的生石灰熟化速度快，放热量和体积增大也多。

按石灰的用途，熟化石灰的方法有两种：

（1）用于调制石灰砌筑砂浆或抹灰砂浆时，需在化灰池中加大量的水（生石灰的 3~4 倍），将生石灰熟化成石灰乳，然后通过筛网流入储灰坑，经沉淀并除去上层水分后成为石灰膏。为了消除"过火石灰"的危害，石灰浆应在储灰坑中"陈伏"两周以上。陈伏期间，石灰浆表面应覆盖一层水，以隔绝空气，以免表面碳化。

（2）用于拌制石灰土（石灰、黏土）、三合土（石灰、黏土、砂石或者炉渣）时，将每 0.5m 高的生石灰块淋适量的水（生石灰量的 60%~80%），直至生石灰熟化成消石灰粉。加水量以能充分熟化而又不过湿成团为度，现在多用机械方法在工厂将生石灰熟化成消石灰粉，在工地调水使用。消石灰粉在使用以前，也应有类似石灰浆的"陈伏"时间。

3.2.2.3 石灰的硬化

石灰浆体在空气中逐渐干燥变硬的过程，称为石灰的硬化。硬化是由以下两个同时进行的过程来完成的：

（1）结晶作用。石灰浆在干燥过程中，游离水逐渐蒸发或被周围气体吸收，氢氧化钙逐渐从过饱和溶液中结晶析出，固相颗粒互相靠拢粘紧，强度随之提高。

（2）碳化作用。氢氧化钙与空气中的二氧化碳化合生成碳酸钙晶体，释放并蒸发水分，使石灰浆硬化，强度有所提高，这个过程称为浆体的碳化硬化。石灰的碳化作用不能在没有水分的全干状态下进行，也不能在石灰被一定厚度水全部覆盖的情况下进行，因为水达到一定深度，其中溶解的二氧化碳含量极微。反应式如下：

$$Ca(OH)_2 + nH_2O + CO_2 \longrightarrow CaCO_3 + (n+1)H_2O$$

该反应主要发生在与空气接触的表面，当浆体表面生成一层碳酸钙薄膜后，二氧化碳不易再透入，这使碳化过程减缓。同时内部的水分也不易蒸发，石灰的硬化速度也随时间逐渐减慢。

3.2.2.4 石灰的主要技术性能

根据《建筑生石灰》（JC/T 479—1992）与《建筑生石灰粉》（JC/T 480—1992）规定，按技术指标将钙质石灰和镁质石灰分为优等品、一等品和合格品三个等级。生石灰及生石灰粉的主要技术指标分别见表 3-4、表 3-5。根据《建筑消石灰粉》（JC/T 481—1992）规定，按技术指标将钙质消石灰粉、镁质消石灰粉和白云石消石灰粉分为优等品、一等品和合格品三个等级。消石灰粉的主要技术指标见表 3-6。通常优等品、一等品适用于面层和中间涂层，合格品仅用于砌筑。

建筑生石灰各等级的技术指标（JC/T 479—1992） 表 3-4

项目	钙质生石灰			镁质生石灰		
	优等品	一等品	合格品	优等品	一等品	合格品
(CaO+MgO)含量(≥)/%	90	85	80	85	80	75
未消化残渣(5mm圆孔筛余)(≤)/%	5	10	15	5	10	15
CO_2含量(≤)/%	5	7	9	6	8	10
产浆量(≥)/(L/kg)	2.8	2.3	2.0	2.8	2.3	2.0

建筑生石灰粉各等级的技术指标（JC/T 480—1992） 表 3-5

项目		钙质生石灰			镁质生石灰		
		优等品	一等品	合格品	优等品	一等品	合格品
(CaO+MgO)含量(≥)/%		85	80	75	80	75	70
CO_2含量(≥)/%		7	9	11	8	10	12
细度	0.9mm筛余量(≤)/%	0.2	0.5	1.5	0.2	0.5	1.5
	0.12mm筛余量(≤)/%	7.0	12.0	18.0	7.0	12.0	18.0

建筑消石灰粉各等级的技术指标（JC/T 481—1992） 表 3-6

项目		钙质生石灰			镁质生石灰			镁质生石灰		
		优等品	一等品	合格品	优等品	一等品	合格品	优等品	一等品	合格品
(CaO+MgO)含量(≥)/%		70	65	60	65	60	55	65	60	55
游离水/%		0.4~2								
体积安定性		合格								
细度	0.9mm筛余量(≤)/%	0	0	0.5	0	0	0.5	0	0	0.5
	0.12mm筛余量(≤)/%	3	10	15	3	10	15	3	10	15

3.2.2.5 石灰的特点

(1) 保水性和可塑性好

生石灰熟化为石灰浆时，生成了颗粒极细的（直径约 $1\mu m$）呈胶体分散状态的氢氧化钙，表面吸附一层较厚的水膜，因而保水性好，水分不易泌出，并且水膜使颗粒间的摩擦力减小，故可塑性也好。石灰的这一性质常被用来改善砂浆的保水性，以克服水泥砂浆保水性较差的特点。

(2) 凝结硬化慢，强度低

从石灰浆体的硬化过程可以看出，由于空气中的二氧化碳稀薄，碳化极为缓慢。碳化后形成紧密的 $CaCO_3$ 硬壳，不仅不利于 CO_2 向内部扩散，同时也阻止水分向外蒸发，只是 $CaCO_3$ 和 $Ca(OH)_2$ 结晶体生成量减少且生成缓慢，硬化强度也不高，按 1:3 配合比的石灰砂浆，其 28d 的抗压强度只有 $0.2\sim0.5MPa$，而受潮后，石灰溶解，强度更低。

(3) 硬化时体积收缩大

由于石灰浆中存在大量的游离水，硬化时大量水分蒸发，导致内部毛细管失水收缩，引起显著的体积收缩变形，使硬化石灰体产生裂纹，故石灰浆不宜单独使用，通常施工时常掺入一定量的骨料（砂子）或纤维材料（麻刀、纸筋等）。

(4) 耐水性差

在石灰硬化体中，大部分仍然是尚未碳化的 $Ca(OH)_2$，而 $Ca(OH)_2$ 是易溶于水的，所以石灰的耐水性较差。硬化后的石灰若长期受到水的作用，会导致强度降低，甚至引起溃散，所以石灰不宜用于潮湿的环境中。

(5) 吸湿性强

块状生石灰放置太久，会吸收空气中的水分而自动熟化成消石灰粉，再与空气中的二氧化碳作用还原为碳酸钙，失去胶结能力。

3.2.2.6 石灰的应用

(1) 配置砂浆和石灰乳

用水泥、石灰膏、砂配置成的混合砂浆广泛应用于砌筑工程。用石灰膏与砂、纸筋、麻刀配置成的石灰砂浆、石灰纸筋灰、石灰麻刀灰广泛用作内墙、顶棚的抹灰砂浆。将熟化好的石灰膏或消石灰粉加入过量水稀释成石灰乳，是一种传统的室内粉刷涂料，目前已很少使用，主要用于临时建筑的室内粉刷。

(2) 配置灰土与三合土

石灰土由熟石灰粉和黏土按一定比例拌和均匀，夯实而成，常用有二八灰土及三七灰土（体积比），三合土即熟石灰粉、黏土、骨料按一定比例混合均匀并夯实。石灰与黏土之间的物理化学作用尚待继续研究，可能是石灰改善了黏土的和易性，在强力夯打下大大提高了紧密度。而且黏土颗粒表面的少量活性氧化硅、氧化铝与氢氧化钙起化学反应，生成了不溶性水化硅酸钙和水化铝酸钙，将黏土颗粒粘结起来，因而提高了黏土的强度和耐水性。石灰土和三合土广泛用作建筑物的基础、路面或地面的垫层。

(3) 生产硅酸盐制品

将磨细生石灰与砂或粒化高炉矿渣、炉渣、粉煤灰等硅质材料加水拌和，再经常压或高压蒸汽养护，就制得密实或多孔的硅酸盐制品，如蒸压灰砂砖、硅酸盐砌块等墙体材料。

（4）制作碳化石灰板

碳化石灰板是将磨细生石灰、纤维状填料或轻质骨料加适量水搅拌成型，再经二氧化碳人工碳化12～24h而制成的一种轻质板材。这种碳化石灰板能钉、能锯，具有较好的力学强度和保温绝热性能，宜用作非承重内隔墙板和天花板等。

石灰在建筑上除以上用途外，还可用来配置无熟料水泥和多种硅酸盐制品。

3.2.2.7 石灰的储运

生石灰在储运过程中会吸收空气中的水分消解，且碳化。所以生石灰应储存在干燥环境中，不宜长期储存。若需较长时间储存生石灰，最好运到后将其消解成石灰浆，并使表面隔绝空气，将储存期变为陈伏期。生石灰受潮时放出大量的热，而且体积膨胀，运输中要采取防水措施，注意安全，不与易燃易爆物品及液体共存、共运。石灰能侵蚀呼吸器官及皮肤，在进行施工及装卸石灰时，应佩戴必要的防护用品。

3.2.3 水玻璃

水玻璃俗称泡花碱，化学成分为 $R_2O \cdot nSiO_2$，其中 n 是水玻璃的模数，我国生产的水玻璃模数一般在 2.4～3.3 范围内。根据碱金属氧化物的不同，常有硅酸钠水玻璃（$Na_2O \cdot nSiO_2$）和硅酸钾水玻璃（$K_2O \cdot nSiO_2$）之分。固体水玻璃是一种无色、天蓝色或黄绿色颗粒，高温高压溶解后是无色或略带色的透明或半透明黏稠液体。水玻璃常以水溶液状态存在，在其水溶液中的含量（或称浓度）用相对密度或波美度（°Bé）来表示。建筑上通常使用的是硅酸钠水玻璃的水溶液，相对密度为 1.36～1.5（波美度为 38.4～48.3°Bé）。密度大表示水玻璃含量高，黏度也大。

3.2.3.1 水玻璃的生产

生产水玻璃的方法有湿法和干法两种。湿法生产硅酸钠水玻璃时，将石英砂和苛性钠溶液在压蒸锅内用蒸汽加热，并搅拌，直接反应而成液体水玻璃。其反应式如下：

$$SiO_2 + 2NaOH \xrightarrow{\triangle} Na_2SiO_3 + H_2O$$

干法又称碳酸盐法，是将石英砂和碳酸钠磨细拌匀，在熔炉内于1300～1400℃的高温熔化，发生化学反应生成固体水玻璃，然后在水中加热溶解成液体水玻璃。其反应式如下：

$$Na_2CO_3 + nSiO_2 \xrightarrow{1300\sim1400℃} Na_2O \cdot nSiO_2 + CO_2$$

若用碳酸钾代替碳酸钠，则可得到相应的硅酸钾水玻璃。

液体水玻璃因所含杂质不同，呈青灰色、绿色或微黄色，无色透明的液体水玻璃最好。

3.2.3.2 水玻璃的硬化

水玻璃溶液是气硬性胶凝材料，在空气中吸收 CO_2 形成无定型的硅胶，并逐渐干燥而硬化，其化学反应式如下：

$$Na_2O \cdot nSiO_2 + CO_2 + mH_2O = Na_2CO_3 + nSiO_2 \cdot mH_2O$$

由于空气中的二氧化碳含量极少，上述硬化过程很慢。若在水玻璃中掺入适量硬化剂氟硅酸钠，则硅胶析出速度加快，从而加快水玻璃的凝结与硬化。反应式如下：

$$Na_2O \cdot nSiO_2 + CO_2 + mH_2O = Na_2CO_3 + nSiO_2 \cdot mH_2O$$

氟硅酸钠的掺量不能太多，也不能太少，其适宜用量为水玻璃重量的 12%～15%。用量太少，硬化速度慢，强度低，且未反应的水玻璃易溶于水，导致耐水性差。用水量过多会引起凝结过快，造成施工困难，而且渗透性大，强度低。

3.2.3.3 水玻璃的性质与应用

(1) 水玻璃的性质

以水玻璃为胶凝材料配置的材料硬化后变成以 SiO_2 为主的人造石材。它具有以下性质：

1) 粘结力强，强度高。

水玻璃硬化后有良好的粘结能力和较高的强度。用水玻璃配制的水玻璃混凝土，抗压强度可达到 15～40MPa，水玻璃的抗拉强度可达 2.5MPa。

2) 耐酸性好。

硬化后的水玻璃主要成分是硅酸凝胶，可以抵抗除氢氟酸、过热磷酸以外的几乎所有无机酸和有机酸的侵蚀，故水玻璃常用于耐酸工程。

3) 耐热性好。

水玻璃不燃烧，在高温下硅酸凝胶干燥得更加彻底，强度并不降低，甚至有所增加。因此水玻璃常用于耐热工程。

(2) 水玻璃的应用

1) 作为灌浆材料，用以加固地基。

使用时将水玻璃溶液与氯化钙溶液交替灌入土壤，反应生成的硅胶起胶结作用，能包裹土粒并填充其孔隙，而氢氧化钙又与加入的 $CaCl_2$ 起反应，生成氧氯化钙，也起胶结和填充孔隙的作用。这不仅能提高基础的承载能力，而且也可以增强不透水性。

2) 涂刷或浸渍材料。

直接将液体水玻璃涂刷或浸渍多孔材料时，由于在材料表面形成 SiO_2 膜层，可提高抗水及抗风化能力，又因材料的密实度提高，还可提高强度和耐久性。但不能用以涂刷或浸渍石膏制品，因二者反应，在制品孔隙中生成硫酸钠结晶，体积膨胀，将制品胀裂。

3) 配制防水剂。

在水玻璃中加入两种、三种或四种矾的溶液，搅拌均匀，即可得二矾、三矾、四矾防水剂。如四矾防水剂是以蓝矾（硫酸铜）、白矾（硫酸铝钾）、绿矾（硫酸亚铁）、红矾（重铬酸钾），搅拌均匀而成。这类防水剂与水泥水化过程中析出的氢氧化钙反应生成不溶性硅酸盐，堵塞毛细管道和孔隙，从而提高砂浆的防水性，这种防水剂因为凝结迅速，宜调配水泥防水砂浆，适用于堵塞漏洞、缝隙等局部抢修。

4) 配制水玻璃矿渣砂浆。

将液体水玻璃、粒化高炉矿渣粉、砂和硅氟酸钠按一定的质量比配合，压入砖墙裂缝可进行修补。

5) 其他用途。

用水玻璃可配制耐酸砂浆和耐酸混凝土、耐热砂浆和耐热混凝土，水玻璃可用作多种建筑涂料的原料，将液体水玻璃与耐火填料等调成糊状的防火漆，涂于木材表面可抵抗瞬间火焰。

不同的应用条件，对水玻璃的模数有不同要求。用于地基灌浆时，宜取模数为 2.7～

3.0；涂刷材料表面时，模数宜取 3.3～3.5；配制耐酸混凝土或作为水泥促凝剂时，模数宜取 2.6～2.8；配制碱矿渣水泥时，模数取 1～2 较好。

水玻璃模数的大小可根据要求配制。水玻璃溶液中加入 NaOH 可降低模数，溶入硅胶（或硅灰）可以提高模数。或用模数大小不一的两种水玻璃掺配使用。

3.3 水 泥

水泥是水硬性胶凝材料，粉末状的水泥与水混合成可塑性浆体，在常温下经过一系列的物理化学作用后硬化成坚硬的水泥石状体，并能将散粒状（或块状）材料粘结成为整体。水泥浆体的硬化，不仅能在空气中进行，还能更好地在水中保持并继续增长强度，故称之为水硬性胶凝材料。

水泥是国民经济建设的重要材料之一，是制造混凝土、钢筋混凝土、预应力混凝土构件的最基本的组成材料，也是配置砂浆、灌浆材料的重要组成，广泛用于建筑、交通、电力、水利、国防建设等工程。

随着基本建设发展的需要，水泥品种越来越多，按其主要水硬性矿物名称，水泥可分为硅酸盐系水泥、铝酸盐系水泥、硫酸盐系水泥、硫铝酸盐系水泥和磷酸盐系水泥等。按其用途和性能，又可分为通用水泥、专用水泥、特性水泥三大类。

水泥的诸多系列品种中，硅酸盐水泥系列应用最广，按其所掺混合材料的种类及数量不同，硅酸盐水泥系列又分为：硅酸盐水泥、普通硅酸盐水泥（简称普通水泥）、火山灰质硅酸盐水泥（简称火山灰水泥）、矿渣硅酸盐水泥（简称矿渣水泥）、粉煤灰硅酸盐水泥（简称粉煤灰水泥）、复合硅酸盐水泥（简称复合水泥）等，统称为六大通用水泥。专用水泥是指有专门用途的水泥，如砌筑水泥、道路水泥、大坝水泥、油井水泥等。特性水泥是指其某种性能比较突出的一类水泥，如快硬硅酸盐水泥、快凝硅酸盐水泥、抗硫酸盐硅酸盐水泥、白色、彩色硅酸盐水泥及膨胀水泥等。

工程中多是依据所处的环境合理地选用水泥。就水泥性质而言，硅酸盐水泥是最基本的。本章将对硅酸盐水泥的性质作详细的阐述，对其他常用水泥仅作一般性简要介绍。

3.3.1 硅酸盐水泥

《硅酸盐水泥、普通硅酸盐水泥》（GB 175—1999）规定：凡由硅酸盐水泥熟料、0～5％石灰石或粒化高炉矿渣、适量石膏磨细制成的水硬性胶凝材料称为硅酸盐水泥（国外称波特兰水泥）。硅酸盐水泥分两种类型，不掺加混合材料的称为Ⅰ型硅酸盐水泥，其代号为 P.Ⅰ；在硅酸盐水泥熟料粉磨时掺加不超过水泥质量5％的石灰石或粒化高炉矿渣混合材料的称为Ⅱ型硅酸盐水泥，其代号为 P.Ⅱ。凡由硅酸盐水泥熟料，再加入6％～15％混合材料及适量石膏，经磨细制成的水硬性胶凝材料称为普通硅酸盐水泥（简称普通水泥），代号为 P.O。活性混合材料的最大掺量不得超过15％，其中允许用不超过水泥质量5％的窑灰或不超过10％的非活性混合材料来代替。掺非活性混合材料时，最大掺量不得超过水泥质量的10％。

3.3.1.1 硅酸盐水泥的生产

硅酸盐水泥是通用水泥中的一个基本品种，其主要生产原料是石灰质原料和黏土质原料。石灰质原料主要提供 CaO，它可以采用石灰岩、凝灰岩和贝壳等，其中多用石灰岩。黏土质原料主要提供 SiO_2、Al_2O_3、及少量 Fe_2O_3，它可以采用黏土、黄土、页岩、泥岩、粉砂岩及河泥等，其中以黏土与黄土用得最广。为满足成分要求还常用校正原料，例如用铁矿粉等铁质原料补充氧化铁的含量，以砂岩等硅质原料增加二氧化硅成分等。此外，为了改善煅烧条件，提高熟料质量，还常加入少量矿化剂，如萤石、石膏等。

硅酸盐水泥的生产分为三个阶段：石灰质原料、黏土质原料及少量校正原料破碎后，按一定比例配合、磨细，并调配成成分合适、质量均匀的生料，称为生料制备；生料在水泥窑内煅烧至部分熔融所得到的以硅酸钙为主要成分的硅酸盐水泥熟料，称为熟料煅烧；熟料加适量石膏和其他混合材料共同磨细为水泥，称为水泥粉磨。硅酸盐水泥生产的主要工艺流程如图 3-1。

图 3-1 硅酸盐水泥生产的主要工艺流程

石灰质原料有石灰岩、泥灰岩、白垩、贝壳等，石灰质原料主要为硅酸盐水泥熟料矿物提供所需 CaO，通常要求石灰质原料的 CaO 含量不低于 45%～48%。

黏土质原料有黄土、黏土、页岩、粉砂岩及河泥等。从化学成分上看，黏土主要为硅酸盐水泥熟料提供所需的 SiO_2 和 Al_2O_3。从工艺上看，黏土主要为生成生料球提供可塑性。

铁粉主要提供 Fe_2O_3，可形成熟料矿物，还可降低烧结温度，当石灰质原料和黏土质原料配合后的生料不符合要求时，就要根据所缺少的组分，掺加相应的原料进行校正，当 SiO_2 含量不足时，必须加硅质原料如砂岩，粉砂岩等进行校正；氧化铁含量不够时，必须加氧化铁含量大于 40% 的铁质原料如低品位铁矿石、炼铁厂尾矿及硫铁矿等进行校正。

水泥生料的配合比不同，直接影响硅酸盐水泥熟料的矿物成分比例和主要建筑技术性能。水泥生料在窑内的煅烧过程，是保证水泥熟料质量的关键。

水泥生料煅烧至 1000℃时，各种原料完全分解出水泥中的有用成分，主要是：氧化钙（CaO）、二氧化硅（SiO_2）、三氧化二铝（Al_2O_3）和三氧化二铁（Fe_2O_3）。其中 800℃左右少量分解出的氧化物已开始发生固相反应，生成铝酸一钙、少量的铁酸二钙及硅酸二钙。

煅烧至 900～1100℃时，铝酸三钙（$3CaO \cdot Al_2O_3$，简称 C_3A）和铁铝酸四钙（$4CaO \cdot Al_2O_3 \cdot Fe_2O_3$，简称 C_4AF）开始形成。

煅烧至 1100～1200℃时，大量形成铝酸三钙和铁铝酸四钙，硅酸二钙（$2CaO \cdot SiO_2$，简称 C_2S）生成量最大。

煅烧至 1300～1450℃时，铝酸三钙和铁铝酸四钙呈熔融状态，产生的液相把 CaO 及部分硅酸二钙溶解于其中，在此液相中，硅酸二钙吸收 CaO 化合成硅酸三钙（$3CaO \cdot SiO_2$，简称 C_3S），这是煅烧水泥的关键。必须停留足够的时间，使原料中游离的氧化钙被吸收掉，以保证水泥熟料的质量。

硅酸盐水泥的主要组成成分是：硅酸三钙、硅酸二钙、铝酸三钙、铁铝酸四钙。前两者矿物称硅酸盐矿物，一般占总量的75%~82%，后两者为熔剂矿物，一般占总量的18%~25%。硅酸盐水泥除上述主要组分外，尚含有少量以下成分：

（1）游离氧化钙。它是在煅烧过程中没有全部化合而残留下来呈游离状态的氧化钙，其含量过高将造成水泥安定性不良，危害很大。

（2）游离氧化镁。若其含量高、晶粒大时也会导致水泥安定性不良。

（3）含碱性矿物以及玻璃体等。含碱矿物及玻璃体中Na_2O和K_2O含量高的水泥，当遇到活性骨料时，易产生碱－骨料膨胀反应。

3.3.1.2 硅酸盐水泥的硬化机理

硅酸盐水泥的硬化机理远比石灰和石膏复杂。这种复杂性的产生，不仅由于它含有几种不同的矿物，而且也由于水化产物的性质不同所引起的。

当水泥用水调和后，成为可塑性浆体，同时产生水化作用。随着水化产物的增多，浆体逐渐失去可塑性，但尚不具有强度，这个过程称为"凝结"，随后发展成为具有强度的石状体——水泥石，这一过程称为"硬化"。水泥的凝结硬化是人为划分的，实际上是一个连续、复杂的物理化学变化过程。

（1）硅酸盐水泥的水化

水泥的水化过程及水化产物非常复杂，因此，常分别研究单矿物的水化产物及水化产物合成条件，之后再研究水泥的凝结硬化过程。

1) 硅酸三钙（C_3S）

C_3S的水化反应大致可用下式表示：

$$2(3CaO \cdot SiO_2) + 6H_2O \longrightarrow 3CaO \cdot 2SiO_2 \cdot 3H_2O + 3Ca(OH)_2$$

2) 硅酸二钙（C_2S）

C_2S水化反应很慢，但其水化产物中的水化硅酸钙与C_3S的水化生成物是同一种形态，反应式大致可表示为：

$$2(2CaO \cdot SiO_2) + 4H_2O \longrightarrow 3CaO \cdot 2SiO_2 \cdot 3H_2O + Ca(OH)_2$$

值得说明的是，水化硅酸钙具有各种不同的形态，水化硅酸钙的化学成分与水灰比、温度、有无异离子参与等水化条件有关，因此很难用一个固定分子式表示水化硅酸钙，通常称为"C—S—H凝胶"。

3) 铝酸三钙（C_3A）

C_3A与水的反应非常迅速，生成水化铝酸钙结晶体，其反应式大致可表示为：

$$2(2CaO \cdot Al_2O_3) + 6H_2O \longrightarrow 3CaO \cdot 2Al_2O_3 \cdot 6H_2O$$

4) 铁铝酸四钙（C_4AF）

C_4AF与水反应的速度仅次于C_3A，通常认为水化产物有水化铝酸钙立方晶体及水化铁酸钙凝胶，其反应式大致可表示为：

$$2(2CaO \cdot Al_2O_3 \cdot Fe_2O_3) + 6H_2O \longrightarrow 3CaO \cdot 2Al_2O_3 \cdot 6H_2O + CaO \cdot Fe_2O_3 \cdot H_2O$$

由于硅酸三钙迅速水化，析出的$Ca(OH)_2$很快使溶液达到饱和或过饱和，在石灰饱和溶液中，水化铝酸三钙和水化铁酸钙与$Ca(OH)_2$发生二次反应，分别生成水化铝酸四钙（C_4AH_{12}）和水化铁酸四钙（C_4FH_{12}）。

5) 石膏

硅酸盐水泥是由熟料和适量的石膏共同粉磨而成的，当硅酸盐水泥调水后，一方面各矿物成分与水反应，另一方面石膏也迅速溶解于水，与水化铝酸钙反应生成高硫型水化硫铝酸钙针状晶体。

(2) 硅酸盐水泥的硬化

自1882年雷·查特理论（H. Lechtelier）首先提出水泥凝结硬化理论以来，至今仍在继续研究。由于多种近代测试手段在水泥研究领域的应用，使得对水泥浆体结构形成的认识进展较快。一般认为水泥浆体硬化结构的发展过程可分为早、中、后三个时期，分别相当于一般水泥在20℃环境中水化3h、20～30h以及更长时间。现将此过程简述如下：

在水化早期，水泥颗粒表面迅速发生化学反应，水化几分钟就在表面形成凝胶状膜层，大约在1h左右即在凝胶膜外侧及液相中形成粗短的棒状钙矾石（图3-2）。

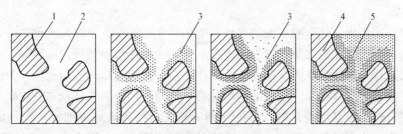

图3-2 水泥凝结硬化过程示意
1—水泥颗粒；2—水分；3—凝胶；4—水泥颗粒的未水化内核；5—毛细孔

水化中期，约有30%的水泥已经水化，它以C—S—H和CH的快速形成为特征，此时水泥颗粒被C—S—H形成的一层包裹膜全部包住，并不断向外增厚，随后逐渐在包裹膜内侧沉积。同时，膜的外侧生长出细长的钙矾石晶体，膜内侧生成低硫型硫铝酸钙，CH晶体在原先空间形成。在此期间，膜层长大并相互连接。

水化后期，水泥水化反应逐渐减慢，各种水化产物逐渐填满由水所占的空间，由于钙矾石针、棒状晶体的相互搭接，特别是大量箔片状、纤维状C—S—H的交叉攀附，从而使原先分散的水泥颗粒及其水化产物连结起来，构成一个三维空间牢固结合较密实的整体。

随着凝胶体膜层的逐渐增厚，水泥颗粒内部的水化越来越困难，经过长时间（几个月至若干年）的水化以后，除原来极细的水泥颗粒外，多数颗粒仍剩余尚未水化的内核。所以，硬化后的水泥石是由凝胶体（凝胶和晶体）、未水化的水泥颗粒内核和毛细孔组成，它们在不同时期相对数量的变化，使水泥石的性质随之改变。

在水泥石中，水化硅酸钙凝胶对水泥石的强度及其他主要性质起支配作用。关于水泥石中凝胶之间或晶体、未水化水泥颗粒与凝胶之间产生粘结力的实质，即凝胶体具有强度的实质，虽然至今尚无明确结论，但一般认为范德华力、氢键、离子引力以及表面能是产生粘结力的巨大来源，也有人认为可能有化学键存在。

(3) 影响硅酸盐水泥硬化的主要因素

1) 矿物组成

硅酸盐水泥的熟料矿物组成是影响水泥水化速度、凝结硬化过程以及强度等级的主要因素。熟料各矿物单独与水作用后的特性是不同的，它们相对含量的变化，将导致不同的凝结硬化特性。比如当水泥中C_3A含量高时，水化速率快，但强度不高，而C_2S含量高时，水化速率慢，早期强度低，后期强度高。

硅酸盐水泥的四种熟料矿物中，C_3A的水化和凝结硬化速度最快，因此，它是影响水泥凝结时间的决定性因素。无石膏存在时，它能使水泥瞬间产生凝结。C_3A的水化和凝结硬化速度可通过掺加适量石膏加以控制。有石膏存在时，C_3A水化后易与石膏反应而生成难溶于水的钙矾石，它沉淀在水泥颗粒表面形成保护膜，阻碍C_3A的水化，从而起到延缓水泥凝结的作用。但石膏不能掺加过多，否则不仅缓凝作用不大，还会使水泥安定性不良。其掺量原则是保证在凝结硬化前（约加水后24h内）全部耗尽。适宜的掺量主要取决于水泥中C_3A含量和石膏中SO_3的含量。国家标准规定SO_3不得超过3.5%，石膏掺量一般为水泥质量的3%～5%。

2) 细度

水泥颗粒的粗细直接影响水泥的水化、凝结硬化、强度、干缩及水化热等，这是因为水泥加水后，开始仅在水泥颗粒的表面进行水化，而后逐步向颗粒内部发展，而且是一个较长时间的过程。显然，水泥颗粒越细，水化作用的发展就越迅速而充分，使凝结硬化的速度加快，早期强度就越高。但水泥颗粒过细，易与空气中的水分及二氧化碳反应，使水泥不宜久存，过细的水泥硬化时产生的收缩亦较大，而且磨制过细的水泥耗能多，成本高。一般认为，水泥颗粒小于$40\mu m$时就具有较高的活性，大于$100\mu m$活性较小。通常，水泥颗粒的粒径在$7\sim200\mu m$范围内。

3) 拌和水量

拌和水量的多少是影响水泥石强度的关键因素之一。水泥水化的理论需水量约占水泥质量的23%，但实际使用时，用这样的水量拌制的水泥浆非常干涩，无法形成密实的水泥石结构。经推算，当水灰比约为0.38时，水泥可以完全水化，所有的水成为化学结合水或凝胶水，而无毛细孔水。在实际工程中，水灰比多为0.4～0.7，适当的毛细孔可提供水分向水泥颗粒扩散的通道，可作为水泥凝胶增长时填充的空间，对水泥石结构以及硬化后强度有利。水灰比为0.38的水泥浆实际上要完全水化还是比较困难的。

4) 温度和湿度

对C_3S和C_2S来说，温度对水化反应速率的影响遵循一般的化学反应规律，温度升高，水化加速，特别是对C_2S来说，由于C_2S的水化速率低，所以温度对它的影响更大。C_3A在常温时水化较快，放热也多，所以温度影响较小。温度降低时，水泥水化速率减慢，凝结硬化时间延长，尤其对早期强度影响很大。在0℃以下，水化会停止，强度不仅不增长，还会因为水泥浆体中的水分发生冻结膨胀，而使水泥石结构产生破坏，强度大大降低。

湿度是保证水泥水化的必备条件，因为在潮湿环境条件下，水泥浆内的水分不易蒸发，水泥的水化硬化得以充分进行。当环境温度十分干燥时，水泥中的水分将很快蒸发，以致水泥不能充分水化，硬化也将停止。

保持一定的温度和潮湿使水泥石强度不断增长的措施叫做养护。高温养护往往导致水泥后期强度增长缓慢，甚至下降。

5) 水灰比

水泥水灰比的大小直接影响新拌水泥浆体内毛细孔的数量，拌和水泥时，用水量过大，新拌水泥浆体内毛细孔的数量就要增大。由于生成的水化物不能填充大多数毛细孔，从而使水泥总的孔隙率不能减少，必然使水泥的密实度小，强度降低。在不影响拌和、施工的条件下，水灰比小，则水泥浆稠，水泥石的整体结构内毛细孔减少，胶体网状结构易于形成，促使水泥的凝结硬化速度快，强度显著提高。

6）养护龄期

水泥水化硬化是一个较长时期内不断进行的过程，随着水泥颗粒内各熟料矿物化学程度的提高，凝胶体不断增加，毛细孔不断减少，使水泥石的强度随龄期增长而增加。实践证明，水泥一般在28d内强度发展较快，28d后增长缓慢。

7）外加剂的影响

由于实际上硅酸盐水泥的水化、硬化在很大程度上受到C_3S、C_3A的制约，因此凡对C_3S和C_3A的水化能产生影响的外加剂都能改变硅酸盐水泥的水化、硬化性能。如加入促凝剂就能促进水泥水化、硬化，提高早期强度。相反，参加缓凝剂就会延缓水泥的水化硬化，影响水泥早期强度的发展。

3.3.1.3 硅酸盐水泥的技术性质

根据GB 175—1999，硅酸盐水泥的技术性质要求如下：

(1) 细度

细度是指水泥颗粒的粗细程度，它是鉴定水泥品质的主要项目之一。细度越细，水泥与水起反应的面积越大，水化反应速度越快、越充分。所以相同矿物组成的水泥，细度越大，早期强度越高，凝结硬化速度越快，析水量减少。但是水泥越细，在空气中硬化收缩越大，磨制水泥的成本也高。因此，水泥的细度应合理控制。

水泥细度常采用筛析法或比表面积法测定。筛析法以80μm方孔筛的筛余量表示，筛余量不得超过10%。比表面积法以1kg水泥所具有的总表面积（m^2/kg）表示。国家标准规定，硅酸盐水泥细度用比表面积应大于300m^2/kg。凡水泥细度不符合规定者为不合格品。

(2) 水泥标准稠度用水量

为使水泥凝结时间和安定性的测定结果具有可比性，在此两项测定时必须采用标准稠度的水泥净浆。水泥标准稠度用水量是指水泥净浆达到标准稠度时的用水量，以水占水泥质量的百分数表示。采用标准维卡仪测定时，以试杆沉入水泥净浆并距板底6mm±1mm的净浆为"标准稠度"。硅酸盐水泥的标准稠度用水量一般在24%~30%之间。水泥熟料矿物成分不同，标准稠度用水量有所差别，磨得越细的水泥，标准稠度用水量越大。水泥浆越稠，维卡仪下沉时所受阻力越大，下沉深度越小。因此，维卡仪试杆距底板的距离能反映出水泥浆的稀稠程度。

(3) 凝结时间

水泥凝结时间分初凝时间和终凝时间。从水泥加入拌和用水至水泥浆开始失去塑性所需时间称为初凝时间。自水泥加入拌和用水中至完全失去塑性所需的时间称为终凝时间。

水泥凝结时间用凝结时间测定仪测定。以标准稠度水泥净浆，在标准温度、湿度下测定。国家标准规定，从水泥加入拌和水起至试针沉入净浆中，并距底板4mm±1mm时所经历的时间称为初凝时间；从水泥加入拌和水起至试针沉入净浆0.5mm时所经历的时间为终凝时间，如图3-3所示。

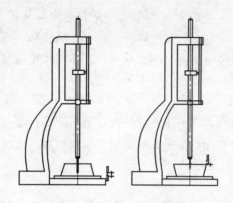

图 3-3　用标准稠度测定仪
测定凝结时间示意图

水泥凝结时间在施工中具有重要意义。初凝不宜过早是为了保证有足够的时间在初凝前完成混凝土成型等各工序的操作。终凝不宜过迟是为了使混凝土在浇捣后能尽早完成凝结硬化,以利于下一道工序及早进行。因此,应严格控制水泥的凝结时间,国家标准规定硅酸盐水泥的初凝时间不得早于 45min,终凝时间不得迟于 6.5h。普通硅酸盐水泥的初凝时间不得早于 45min,终凝时间不得迟于 10h。

(4) 体积安定性

水泥的体积安定性是指水泥在凝结硬化过程中,水泥体积变化的均匀性。如果水泥凝结硬化后体积变化不均匀,水泥混凝土构件将产生膨胀性裂缝,降低建筑物质量,甚至引起严重事故。这就是水泥的体积安定性不良。体积安定性不良的水泥作废品处理,不能用于工程中。

引起水泥体积安定性不良的主要原因是由于熟料中所含过量的游离氧化钙、氧化镁、三氧化硫或粉磨熟料时掺入的石膏过量。它们熟化很慢,在水泥凝结硬化后才慢慢熟化,熟化过程中产生体积膨胀,使水泥石开裂。石膏掺入过量,将与已固化的水化铝酸钙作用生成水化硫铝酸钙晶体,产生 1.5 倍的体积膨胀,造成已硬化的水泥石开裂。

国家标准规定,由于游离氧化钙引起的水泥体积安定性不良可采用沸煮法检验。所谓沸煮法,包括试饼法和雷氏法。试饼法是将标准稠度净浆做成试饼,沸煮 3h 后,若用肉眼观察未发现裂纹,用直尺检查没有弯曲现象,则称为安定性合格。雷氏法是测定水泥浆在雷氏夹中沸煮硬化后的膨胀值,若膨胀量在规定值内为安定性合格。当试饼法和雷氏法两者结论有矛盾时,以雷氏法为准。

游离氧化镁的水化作用比游离氧化钙更加缓慢,必须用压蒸法才能检验出它的危害作用。石膏的危害作用需经长期浸在常温水中才能发现。氧化镁和石膏所导致的体积安定性不良不便于快速检验,因此,通常的水泥生产中严格控制。国家标准规定:水泥中游离氧化镁含量不得超过 5%,三氧化硫含量,矿渣水泥不得超过 4%,其他水泥不得超过 3.5%。

(5) 强度等级

水泥强度是表明水泥质量的重要技术指标,也是划分水泥强度等级的依据。

《水泥胶砂强度检验方法(ISO)》(GB/T 17671—1999)规定,采用软练胶砂法测定水泥强度。该方法是由按质量计的一份水泥、三份中国 ISO 标准砂,用 0.5 的水灰比拌制的水泥胶砂试件,制成 40mm×40mm×160mm 的试件,试件连模一起在湿气中养护 24h 后,再脱模放在标准温度(20±1℃)的水中养护,分别测定 3d 和 28d 抗压强度和抗折强度。

根据规定龄期的抗压强度及抗折强度来划分水泥的强度等级,硅酸盐水泥各龄期的强度值不低于表 3-7 的数值。在规定各龄期的强度均符合某一强度等级的最低强度值要求时,以 28d 抗压强度值(MPa)作为强度等级,硅酸盐水泥强度等级分为 42.5、42.5R、52.5、52.5R、62.5、62.5R 六个等级。

硅酸盐水泥的强度指标（GB 175—1999）　　　　　表 3-7

品　种	强度等级	抗压强度/MPa		抗折强度/MPa	
		3d	28d	3d	28d
硅酸盐水泥	42.5	22	42.5	4	6.5
	42.5R	23	52.5	4	7
	52.5	27	52.5	5	7
	52.5R	28	62.5	5	8
	62.5	32	62.5	5.5	8
	62.5R	37	72.5	6	8.5

硅酸盐水泥的技术指标　　　　　表 3-8

项目	细度比表面积/(m²/kg)	凝结时间		安定性（沸煮法）	抗压强度/MPa	不溶物/%		水泥中MgO含量/%	水泥中SO₃含量/%	烧失量/%		水泥中碱含量/%
		初凝/min	终凝/min			Ⅰ型	Ⅱ型			Ⅰ型	Ⅱ型	
指标	>300	≥45	≤390	必须合格	见表3-7	≤390	≤390	≤390	≤390	≤390	≤390	0.6
试验方法	GB/T 8074	GB/T 1346			GB/T 17671—1999	GB/T 176						

注：1. 如果水泥经压蒸安定性合格，则水泥中 MgO 含量允许放宽到 6%。
　　2. 水泥中碱含量以 $Na_2O+0.658K_2O$ 的计算值来表示，若使用活性骨料，用户要求低碱水泥时，水泥中碱含量不得大于 0.6% 或由供需双方商定。

为提高水泥早期强度，我国现行标准将水泥划分为普通型和早强型（或称 R 型）两个型号。早强型水泥 3d 的抗压强度较同强度等级的普通型水泥提高 10%～24%，早强型水泥的 3d 抗压强度可达 28d 抗压强度的 50%。

为确保水泥在工程中的使用质量，生产厂在控制出厂水泥 28d 的抗压强度时，均留有一定的富余强度。在设计混凝土强度时，可采用水泥实际强度。通常富余系数为 1.0～1.13。

国家标准中还规定，凡氧化镁、三氧化硫、安定性、初凝时间中任一项不符合标准规定时，均为废品（表 3-8）。凡细度、终凝时间、不溶物或烧失量中任一项不符合标准规定，或混合材料掺加量超过最大限量，或强度低于规定指标时，称为不合格品。废品水泥在工程中禁止使用。若水泥仅强度低于规定指标时，可降级使用。

3.3.2　水泥石的腐蚀与防止

硅酸盐水泥硬化后，在通常的使用条件下，可以有较好的耐久性。但在某些腐蚀性介质的长期作用下，水泥石将会发生一系列物理、化学变化，使水泥石的结构遭到破坏，强度逐渐降低，甚至全部溃裂破坏，这种现象称为水泥石的腐蚀。

3.3.2.1　软水腐蚀（溶出性侵蚀）

水泥石中的水化产物须在一定浓度的氢氧化钙溶液中才能稳定存在，如果溶液中的氢氧化钙浓度小于水化产物所要求的极限浓度时，则水化产物将被溶解或分解，从而造成水泥石结构的破坏。这就是硬化水泥石软水侵蚀的原理。

雨水、雪水、蒸馏水、工厂冷凝水及含碳酸盐甚少的河水与湖水等都属于软水。当水泥石长期与这些水相接触时，氢氧化钙会被溶出（每升水能溶氢氧化钙 1.3g 以上）。在静水无压情况下，由于氢氧化钙的溶解度小，易达饱和，故溶出仅限于表层，影响不大。但在流水及压力水作用下，氢氧化钙被不断溶解流失，使水泥石碱度不断降低，从而引起其他水化产物的分解溶蚀，如高碱性的水化硅酸盐、水化铝酸盐等分解成为低碱性的水化产物，最后会变成胶结能力很差的产物，使水泥石结构遭受破坏，这种现象称为溶析。

当环境水中含有重碳酸盐时，则重碳酸盐与水泥石中的氢氧化钙起作用，生成几乎不溶于水的碳酸钙，其反应式为：

$$Ca(OH)_2 + Ca(HCO_3)_2 = CaCO_3 + 2H_2O$$

生成的碳酸钙沉积在已硬化的水泥石中的孔隙内起密实作用，从而可阻止外界水的继续侵入及内部氢氧化钙的析出。所以，对需与软水接触的混凝土，若预先在空气中硬化，存放一段时间后使之形成碳酸钙外壳，则可对溶出性侵蚀起到一定的保护作用。

3.3.2.2 盐类侵蚀

（1）硫酸盐侵蚀。在海水、湖水、盐沼水、地下水、某些工业污水及流经高炉矿渣或煤渣的水中，常含有钾、钠、氨的硫酸盐，它们与水泥石中的氢氧化钙起置换作用而生成硫酸钙。硫酸钙与水泥石中的固态水化铝酸钙作用生成高硫型水化硫铝酸钙，其反应式为：

$$3CaO \cdot Al_2O_3 \cdot 6H_2O + 3(CaSO_4 \cdot 2H_2O) + 19H_2O = 3CaO \cdot Al_2O_3 \cdot 3CaSO_4 \cdot 3H_2O$$

生成的高硫型水化硫铝酸钙含有大量结晶水，比原有体积增加1.5倍以上，因此对水泥石起极大的破坏作用。高硫型水化硫铝酸钙呈针状晶体，通常称为"水泥杆菌"。

当水中硫酸盐浓度较高时，硫酸钙将在孔隙中直接结晶成二水石膏，也将产生膨胀，导致水泥石的开裂破坏。

（2）镁盐侵蚀

在海水及地下水中，常含有大量的镁盐，主要是硫酸镁和氯化镁。它们与水泥石中的氢氧化钙起复分解反应：

$$MgSO_4 + Ca(OH)_2 + 2H_2O = CaSO_4 \cdot 2H_2O + Mg(OH)_2$$

$$MgCl_2 + Ca(OH)_2 = CaCl_2 + Mg(OH)_2$$

生成的氢氧化镁松软而无胶凝力，氯化钙易溶于水，二水石膏又将引起硫酸盐的破坏作用。因此，硫酸镁对水泥石起镁盐和硫酸盐的双重侵蚀作用。

（3）酸类侵蚀

1）碳酸的侵蚀。在工业污水、地下水中常溶解有较多的二氧化碳，这种水分对水泥石的腐蚀作用是通过下面方式进行的。

开始时二氧化碳与水泥石中的氢氧化钙作用生成碳酸钙：

$$Ca(OH)_2 + CO_2 + H_2O = CaCO_3 + 2H_2O$$

生成的碳酸钙再与含碳酸的水作用转变成重碳酸钙：

$$CaCO_3 + CO_2 + H_2O \cdot Ca(HCO_3)_2$$

生成的重碳酸钙易溶于水，当水中含有较多的碳酸，并超过平衡浓度时，则上式反应向右进行。从而导致水泥石中的氢氧化钙通过转变为易溶的重碳酸钙而溶失。氢氧化钙浓度的降低将导致水泥石中其他水化产物的分解，使腐蚀作用进一步加剧。

2）一般酸的侵蚀。在工业污水、地下水、沼泽水中常含有无机酸和有机酸。工业窑炉中的烟气常含有二氧化硫，遇水后生成亚硫酸。各种酸类对水泥石都有不同程度的腐蚀作用，它们遇水泥石中的氢氧化钙作用后的生成物，或者易溶于水，或者体积膨胀，在水泥石内造成内应力而导致破坏。腐蚀作用最快的是无机酸中的盐酸、氢氟酸、硝酸、硫酸，有机酸中的醋酸、蚁酸和乳酸等。例如盐酸和硫酸分别遇水泥石中的氢氧化钙作用，其反应式如下：

$$2HCl + Ca(OH)_2 =\!=\!= CaCl_2 + H_2O$$

$$H_2SO_4 + Ca(OH)_2 =\!=\!= CaSO_4 \cdot 2H_2O$$

反应生成的氯化钙易溶于水，生成的二水石膏继而又起硫酸盐的腐蚀作用。

3.3.2.3 强碱腐蚀

碱类溶液如浓度不大时一般无害。但铝酸盐含量较高的硅酸盐水泥遇到强碱（如氢氧化钠）作用后也会被腐蚀破坏。氢氧化钠与水泥熟料中未水化的铝酸盐作用，生成易溶的铝酸钠，其反应式为：

$$3CaO \cdot Al_2O_3 + 6NaOH =\!=\!= 3Na_2O \cdot Al_2O_3 + 3Ca(OH)_2$$

当水泥石被氢氧化钠浸透后又在空气中干燥，与空气中的二氧化碳作用生成碳酸钠，碳酸钠在水泥石毛细孔中结晶沉积而使水泥石胀裂。

除上述四种侵蚀类型外，对水泥石有腐蚀作用的还有其他物质，如糖、氨盐、纯酒精、动物脂肪、含环氧烷酸的石油产品。

实际上，水泥石的腐蚀是一个极为复杂的物理化学作用过程，在遭受腐蚀时，很少仅为单一的侵蚀作用，往往是几种作用同时存在，互相影响。但产生水泥石腐蚀的基本原因是：①水泥石存在易被腐蚀的氢氧化钙和水化铝酸钙；②水泥石本身不密实，存在很多毛细孔通道，使侵蚀性介质易于进入其内部；③水泥石外部存在着侵蚀性介质。

应该说明的是，干的固体化合物对水泥石不起侵蚀作用，腐蚀性化合物必须呈溶液状态，而且其浓度要达一定值以上。促进化学腐蚀的因素为较高的温度、较快的流速、干湿交替和出现钢筋锈蚀等。

3.3.2.4 防止水泥石腐蚀的措施

针对水泥石腐蚀的原理，使用水泥时可采取下列防止措施：

（1）根据侵蚀环境特点，合理选用水泥品种。例如采用水化产物中氢氧化钙含量较少的水泥，可提高对各种侵蚀作用的抵抗能力；对抵抗硫酸盐的腐蚀，应采用铝酸三钙含量低于5%的抗硫酸盐水泥。另外，掺入活性混合材料可提高硅酸盐水泥对多种介质的抗腐蚀性。

（2）提高水泥石的密实度。从理论上讲，硅酸盐水泥水化只需水（化学结合水）23%左右（占水泥质量的百分数），但实际用水量约占水泥重的40%～70%，多余的水分蒸发后形成连通孔隙，腐蚀介质就容易侵入水泥石内部，从而加速水泥石的腐蚀。在实际工程中，提高混凝土或砂浆密实度的措施有：合理进行混凝土配合比设计、降低水灰比、选择性能良好的骨料、掺加外加剂及改善施工方法（如振动成型、真空吸水作业等）。

3.3.3 水泥石的性能与应用

（1）强度高

因为决定水泥石28d内强度的C_3S含量高，以及凝结硬化速率快，同时对水泥早期强度有利的C_3A含量较高，因此硅酸盐水泥早期强度高、强度等级高，可用于地上、地下和水中重要结构的高强及高性能混凝土工程中，也可用于有早强要求的混凝土工程中。

（2）抗冻性好

硅酸盐水泥水化后放热量高，早期强度高，因此可用于冬季施工及严寒地区遭受反复冻融的工程。

(3) 抗碳化性能好

硅酸盐水泥水化生成物中有 20%～25% 的 $Ca(OH)_2$，因此水泥石中的碱度不易降低，对钢筋有保护作用，抗碳化性能好。

(4) 水化热高

硅酸盐水泥的中 C_3S 和 C_3A 含量高，因此水化热高，所以不宜用于大体积混凝土工程。

(5) 耐腐蚀性差

由于硅酸盐水泥石中含有较多的易受腐蚀的氢氧化钙和水化铝酸钙，因此其耐腐蚀性差，不宜用于水利工程、海水作用和矿物水作用的工程。

(6) 不耐高温

加热至 300℃ 左右时，水泥石的水化产物开始脱水，体积收缩，强度开始下降，温度达 700～1000℃ 时，强度降低很多，甚至完全破坏。水泥石中的氢氧化钙在 547℃ 以上开始脱水分解成氧化钙，当氧化钙遇水而发生膨胀导致水泥石破坏。因此，硅酸盐水泥不宜用于有耐热要求的混凝土工程以及高温环境。

3.4 掺混合材料的硅酸盐水泥

凡在硅酸盐水泥熟料中，掺入一定量的混合材料和适量石膏共同磨细制成水硬性胶凝材料的均属于掺混合材料的硅酸盐水泥。在硅酸盐水泥熟料中掺加一定量的混合材料能改善水泥的性能，增加水泥品种，提高产量，调节水泥的强度等级，扩大水泥的使用范围。掺混合材料的硅酸盐水泥有：普通硅酸盐水泥、矿渣硅酸盐水泥、火山灰质硅酸盐水泥、粉煤灰硅酸盐水泥及复合硅酸盐水泥。

3.4.1 混合材料

磨制水泥时掺入的人工的或天然的矿物材料称为混合材料。混合材料按其性能不同，可分为活性混合材料和非活性混合材料两大类，其中活性混合材料用量大。

3.4.1.1 活性混合材料

混合材料磨成细粉，与石灰或与石灰和石膏拌和在一起，加水后在常温下能生成具有胶凝性的水化产物，既能在潮湿的空气中硬化，也能在水中硬化的混合材料，称为活性混合材料。这类混合材料有粒化高炉矿渣、火山灰质混合材料和粉煤灰等。

(1) 粒化高炉矿渣。粒化高炉矿渣是将炼铁高炉的熔融矿渣经急速冷却而成的松软颗粒。粒径一般为 0.5～5mm。高炉矿渣的化学成分主要为氧化钙、氧化硅、氧化铝，其总量一般在 90% 以上。矿渣的化学成分与硅酸盐水泥相近，差别仅在于各氧化物之间比例有所不同，主要是氧化钙含量比硅酸盐水泥熟料低，氧化硅含量高。粒化高炉矿渣的结构与其形成过程有很大关系，当熔融矿渣进行水淬急冷处理时，则由于液相黏度很快加大，阻止了晶体的成长，形成玻璃态结构，因此，粒化高炉矿渣中会有少量的结晶物质，但其主要部分由玻璃质组成。玻璃质含量与矿渣的化学成分及急冷速度有关。

粒化高炉矿渣的活性与化学成分的组成和含量有关，与玻璃质的数量和性能也有关。矿渣中氧化铝和氧化钙含量越高，氧化硅含量越低，则活性越大，在组成大致相同的条件下，成粒时熔渣的温度越高，冷却速度越快，则矿渣所含的玻璃质越多，矿渣的活性越高。

磨细的粒化高炉矿渣单独与水拌和时，反应极慢，但在氢氧化钙溶液中就能发生水化，在饱和的氢氧化钙溶液中反应更快。通常称以氢氧化钙液相来激发矿渣活性的物料为碱性激发剂。在含有氢氧化钙的碱性介质中，加入一定数量的硫酸钙，就能使矿渣的潜在活性较充分在发挥出来，产生的强度比单独加氢氧化钙高得多，这一类物质称为硫酸盐激发剂。碱性激发剂能与矿渣颗粒反应生成水化硅酸钙与水化铝酸钙，而硫酸盐激发剂能进一步与矿渣中活性氧化铝化合，生成水化硫铝酸钙。

（2）火山灰质混合材料。这类混合材料种类很多，一般按生成条件不同可分为火山生成的、沉积生成的和人工烧成的三种。其中：

火山生成的火山灰质混合材料是火山爆发时喷出的高温岩浆，因地球表明温度低，压力小，又有气流运动等因素，使岩浆来不及结晶而形成玻璃物质，如火山灰、凝灰岩、浮石、沸石等。其活性成分是活性氧化铝和活性氧化硅（含量达75%～80%），并含有少量的Al_2O_3、CaO、MgO等。它的活性大小与岩浆喷出时的骤冷条件有关，骤冷条件能生成大量玻璃态物质，活性也较好。

沉积生成的火山灰质混合材料大部分是沉积生成的含水硅酸岩，如硅藻土、硅藻石、蛋白石等，它的主要活性物质是无定形氧化硅。

人工烧成的火山灰质混合材料是经人工烧结的产物，经人工燃烧或自燃烧的工业废渣，如烧黏土、烧页岩、煤灰与煤渣、煤矸石等。这一类的活性成分主要是氧化铝。

火山灰质混合材料磨成细粉后，单独加水并不反应，但是细粉与石灰混合，加水拌和后，不但能在空气中硬化而且能在水中继续硬化，这种性质称火山灰性，这种性能与火山灰质混合材料的品种以及其生成条件、化学组成等有关。

（3）粉煤灰质混合材料。火力发电厂以煤为燃料发电，煤粉燃烧后，从烟气中收集下来的灰渣称为粉煤灰，又称灰飞。它的粒径一般为0.001～0.05mm。粉煤灰的化学成分波动较大，这与煤的产地和品种有很大关系，但大多数粉煤灰的化学成分中以SiO_2、Al_2O_3为主，总量达70%以上。由于煤粉在高温下瞬间燃烧，急速冷却，所以粉煤灰所含颗粒大多位玻璃态实心或空心的球形体，表面比较致密，因此可使拌和物之间的内摩擦力减小，从而减少拌和水量，降低水化比，对水泥石强度有利。

3.4.1.2 非活性混合材料

非活性混合材料是指不具有活性或活性很低的人工或天然的矿物材料。这类材料磨成细粉后，无论是碱性激发剂还是硫酸盐类激发剂都不能使其发生水化反应生成水硬性物质。因此，这类混合材料也称为惰性混合材料。将它们掺入到硅酸盐水泥中，主要是为了提高产量、调节水泥强度等级、减少水化热等。常用的非活性混合材料有磨细石英砂、石灰石和慢冷矿渣。

3.4.1.3 活性混合材料的改性作用

粒化高炉矿渣、火山灰质混合材料和粉煤灰都属于活性混合材料，它们的成分中均含有活性氧化硅和活性氧化铝，或仅含有活性氧化硅或活性氧化铝。活性混合材料与激发剂反应后生成物中主要有水化硅酸钙凝胶、水化铝酸钙晶体、水化硫铝酸钙晶体，这与硅酸盐水泥水化后的水化产物相同；但活性混合材料与激发剂的水化反应及硬化过程与硅酸盐水泥不同，其特点是水化热低、生成物中 $Ca(OH)_2$ 含量低、早期强度低等，对硅酸盐水泥的性能进行了改进，使其应用比硅酸盐水泥更加广泛。

3.4.1.4 混合材料的应用

活性混合材料除了被用来生成掺混合材料硅酸盐水泥外，还在土木工程中有其他的应用，如：

（1）配置高性能混凝土。矿渣、沸石、粉煤灰在配置高性能混凝土中作为掺和料，能够起到减少水泥用量、提高抗渗性、提高水泥石与集料界面强度的作用。

（2）配置硅酸盐制品。矿渣、沸石、粉煤灰可用来配置混凝土砌块、墙板等制品。

（3）制作无熟料水泥。活性混合材料与激发剂按比例配合后，可作无熟料水泥。

（4）用于道路工程。粉煤灰可用于路面基层、水泥混凝土或沥青混凝土面层，还可以填筑路堤。

3.4.2 掺混合材料的水泥

3.4.2.1 品种

（1）普通硅酸盐水泥

凡由硅酸盐水泥熟料、6%～15%混合材料、适量石膏磨细制成的水硬性胶凝材料，称为普通硅酸盐水泥（简称普通水泥），代号 P.O。

掺活性混合材料时，最大掺量不得超过15%，其中允许用不超过水泥重量5%的窑灰或不超过水泥重量10%的非活性混合材料来代替。掺非活性混合材料时最大掺量不得超过水泥重量10%。

由于普通水泥混合材料掺量很小，因此其性能与同等级的硅酸盐水泥相近。但由于掺入了少量的混合材料，与硅酸盐水泥相比，普通水泥硬化速度稍慢，其3d、28d的抗压强度稍低，这种水泥被广泛应用于各种强度等级的混凝土或钢筋混凝土工程，是我国水泥的主要品种之一。

普通水泥按照《硅酸盐水泥、普通硅酸盐水泥》（GB 175—1999）规定，其强度等级分为：32.5、32.5R、42.5、42.5R、52.5、52.5R 六个强度等级，各强度等级水泥的各龄期强度不得低于表3-9中的数值。其他性能见表3-10。

普通硅酸盐水泥的强度指标（GB 175—1999） 表3-9

强度等级	抗压强度/MPa		抗折强度/MPa	
	3d	28d	3d	28d
32.5	11	32.5	2.5	5.5
32.5R	16	32.5	3.5	5.5
42.5	16	42.5	3.5	6.5
42.5R	21	42.5	4	6.5
52.5	22	52.5	4	7
52.5R	26	52.5	5	7

普通硅酸盐水泥的技术指标 表 3-10

项目	细度(80μm方孔筛)的筛余量/%	凝结时间		安定性(沸煮法)	抗压强度/MPa	水泥中MgO含量/%	水泥中SO_3含量/%	烧失量/%		水泥中碱含量/%
		初凝/min	终凝/h					Ⅰ型	Ⅱ型	
指标	≤10	≥45	≤10	必须合格	见表 3-9	≤390	≤390	≤390	≤390	0.6
试验方法	GB/T 1345	GB/T 1346			GB/T 17671—1999	GB/T 176				

(2) 矿渣硅酸盐水泥

矿渣硅酸盐水泥是我国产量最大的水泥品种,按《矿渣硅酸盐水泥、火山灰质硅酸盐水泥及粉煤灰硅酸盐水泥》(GB 1344—1999)规定:凡由硅酸盐水泥熟料、粒化高炉矿渣和适量石膏磨细制成的水硬性胶凝材料,称为矿渣硅酸盐水泥,简称矿渣水泥,代号为 P.S。水泥中粒化高炉矿渣掺加量按质量百分比计为 20%~70%,允许用火山灰质混合材料、粉煤灰、石灰石、窑灰中的一种来代替部分粒化高炉矿渣,代替数量不得超过水泥质量的 8%,替代后水泥中粒化高炉矿渣不得少于 20%。

矿渣硅酸盐水泥的水化分两步进行,首先是熟料矿物的水化,生成的水化硅酸钙、水化铝酸钙、水化铁酸钙、氢氧化钙、水化硫铝酸钙等水化物,其次是 $Ca(OH)_2$ 起着碱性激发剂的作用,与矿渣中的活性 SiO_2 和 Al_2O_3 作用生成水化硅酸钙、水化铝酸钙等水化物,两种反应交替进行又相互制约。矿渣中的 C_2S 和熟料中的 C_2S 一样参与水化作用,生成水化硅酸钙。

矿渣硅酸盐水泥中的石膏,一方面可以调节水泥的凝结时间;另一方面又是矿渣的激发剂,与水化铝酸钙起反应,生成水化硫铝酸钙。故矿渣硅酸盐水泥中的石膏掺量可以比硅酸盐水泥多一些,但若掺量过多,会降低水泥的质量,故 SO_3 的含量不得超过 4%。

(3) 火山灰质硅酸盐水泥

凡由硅酸盐水泥熟料和火山灰质混合材料、适量石膏磨细制成的水硬性胶凝材料称为火山灰质硅酸盐水泥(简称火山灰水泥),代号 P.P。水泥中火山灰质混合材料掺量按质量百分比计为 20%~50%。

火山灰质硅酸盐水泥的水化、硬化过程及水化产物与矿渣硅酸盐水泥类似。水泥加水后,先是熟料矿物的水化,生成水化硅酸钙、水化铝酸钙、水化铁酸钙、氢氧化钠、水化硫铝酸钙等水化物,其次是 $Ca(OH)_2$ 起着碱性激发剂的作用,再与火山灰质混合材料中的活性 Al_2O_3 和 SiO_2 作用生成水化硅酸钙、水化铝酸钙等水化物。火山灰质混合材料品种多,组成与结构差异较大,虽然各种火山灰水泥的水化、硬化过程基本相同,但水化速度和水化产物等却随着混合材料、硬化环境和水泥熟料的不同而发生变化。

(4) 粉煤灰硅酸盐水泥

凡由硅酸盐水泥熟料和粉煤灰、适量石膏磨细制成的水硬性胶凝材料称为粉煤灰硅酸盐水泥(简称粉煤灰水泥),代号 P.E。水泥中粉煤灰掺量按质量百分比计为 20%~40%。

粉煤灰硅酸盐水泥的水化、硬化过程与矿渣硅酸盐水泥相似,但也有不同之处。粉煤灰的活性组成主要是玻璃体,这种玻璃体比较稳定而且结构致密,不易水化。在水泥熟料水化产物 $Ca(OH)_2$ 的激发下,经过 28 天到 3 个月的水化龄期,才能在玻璃体表面形成水化硅酸钙和水化铝酸钙。

3.4.2.2 矿渣硅酸盐水泥、火山灰质硅酸盐水泥、粉煤灰硅酸盐水泥的技术要求

（1）细度、凝结时间和体积安定性。三种水泥的细度、凝结时间和体积安定性与普通水泥要求相同。

（2）氧化镁含量。规定熟料中氧化镁的含量同硅酸盐水泥，但熟料中氧化镁含量为5%～6%时，如矿渣水泥中混合材料总量大于40%或火山灰水泥和粉煤灰水泥混合材料掺加量大于30%，制成的水泥可不做压蒸试验。

（3）三氧化硫含量。矿渣水泥中三氧化硫的含量不得超过4%，火山灰水泥和粉煤灰水泥中三氧化硫的含量不得超过3.5%。

（4）强度等级。三种水泥强度等级有6级，各特征强度见表3-11，三种水泥各龄期的强度不得低于表中数值。

矿渣、火山灰、粉煤灰水泥强度要求（GB 1344—1999） 表3-11

强度等级	抗压强度/MPa		抗折强度/MPa	
	3d	28d	3d	28d
32.5	10	32.5	2.5	5.5
32.5R	15	32.5	3.5	5.5
42.5	15	42.5	3.5	6.5
42.5R	19	42.5	4	6.5
52.5	21	52.5	4	7
52.5R	23	52.5	4.5	7

3.4.2.3 矿渣、火山灰、粉煤灰水泥的水化

矿渣水泥、火山灰水泥、粉煤灰水泥水化时有一个共同点——二次水化，即水化反应分两步进行：

首先，熟料矿物水化析出氢氧化钙、水化硅酸钙、水化铝酸钙、水化铁酸等水化产物。然后，活性混合材料开始水化，熟料矿析出的氢氧化钙作为碱性激发剂，掺入水泥中的石膏作为硫酸盐激发剂，促进三种混合材料中活性氧化硅和活性氧化铝的活性发挥，生成水化硅酸钙、水化铝酸钙、水化硫铝酸钙。由于三种混合材料的活性成分含量不同，因此，生成物的相对含水量及水化特点也有些差异。

矿渣水泥的水化产物主要是水化硅酸钙凝胶、高硫型水化硫铝酸钙、氢氧化钙、水化铝酸钙及其固溶体。水化硅酸钙和高硫型水化硫铝酸钙成为硬化矿渣水泥石的主体，水泥石的结构致密，强度很高。

火山灰水泥的水化产物与矿渣水泥相近，但硬化一定时期后，游离氢氧化钙含量极低，生成水化硅酸钙凝胶的数量较多，水泥石结构比较致密。

粉煤灰水泥的水化产物基本与火山灰水泥相同，但由于致密的球形玻璃体结构，致使其吸水性小，水化速率慢。

3.4.2.4 矿渣、火山灰、粉煤灰水泥的特性与应用

矿渣、火山灰、粉煤灰水泥的共同特点如下：

（1）凝结硬化速度慢、早期强度低，但后期强度高。由于这三种水泥的熟料含量较少，早强的熟料矿物量也相应减少，而二次水化反应在熟料水化之后才开始进行，因此这

三种水泥均不适合有早期要求的混凝土工程。

(2) 抗腐蚀能力强。三种水泥水化后的水泥石中，易遭受腐蚀的成分相应减少，原因是：①二次水化反应消耗了易受腐蚀的 $Ca(OH)_2$，致使水泥石中的 $Ca(OH)_2$ 含量减少；②熟料含量减少，水化铝酸钙的含量也减少。因此，这三种水泥的抗腐蚀能力均比硅酸盐水泥和普通水泥强。适宜水工、海港等受软水和硫酸盐腐蚀的混凝土工程。

当火山灰水泥采用的火山灰质混合材料为烧黏土质和黏土质凝灰岩时，由于这类混合材料中活性 Al_2O_3 多，使水化生成物中水化铝酸钙含量增多，其含量甚至高于硅酸盐水泥。因此，这类水泥不耐硫酸盐腐蚀。

(3) 水化热低。这三种水泥中熟料少，放热量高的 C_3S 和 C_3A 的含量也少，水化放热速度慢，放热量低，适宜大体积混凝土工程。

(4) 硬化时对温度敏感。这三种水泥对养护温度很敏感，低温情况下凝结硬化速度显著减慢，所以不宜用于冬期施工。另外，在湿热条件下（采用蒸汽养护），这三种水泥可以使凝结硬化速度大大加快，可获得比硅酸盐水泥更为明显的强度增长效果，所以适宜蒸汽养护生成预制构件。

(5) 抗碳化能力差。这三种水泥石的碳化速度较快，对防止混凝土中钢筋锈蚀不利；又因碳化造成水化产物分解，使硬化的水泥石表面产生"起粉"现象。所以不宜用于二氧化碳浓度较高的环境。

(6) 抗冻性差。由于这三种水泥掺入了较多的混合材料，使水泥需水量增加，水分蒸发造成毛细孔通道粗大和增多，对抗冻不利，不宜用于严寒地区，特别是严寒地区水化经常变动的部位。

矿渣、火山灰、粉煤灰水泥的各自的特点如下：

(1) 矿渣水泥的耐热性好。由于硬化后，矿渣水泥石中的氢氧化钙含量减少，而矿渣本身又耐热，因此矿渣水泥适用于高温环境。由于矿渣水泥中的矿渣不容易磨细，其颗粒平均粒径大于硅酸盐水泥的粒径，磨细后又是多棱角形状，因此，矿渣水泥保水性差、易泌水、抗渗性差。

(2) 火山灰水泥具有较高的抗渗性和耐水性。原因是：火山灰颗粒较细，比表面积大，可使水泥石结构密实，又因在水化过程中产生较多的水化硅酸钙，可增加结构致密程度。因此适用于有抗渗要求的混凝土工程。火山灰水泥在干燥环境下易产生干缩裂缝，二氧化碳使水化硅酸钙分解成碳酸钙和氧化硅的粉状物，即发生"起粉"现象，所以火山灰水泥不宜用于干燥地区的混凝土工程。

(3) 粉煤灰水泥具有抗裂性好的特性。原因是：粉煤灰的颗粒多呈球形微粒，吸水率小，所以粉煤灰水泥的需水量小，配置的混凝土和易性好。

3.4.2.5 复合硅酸盐水泥

凡由硅酸盐水泥熟料、两种或两种以上规定的混合材料、适量石膏磨细制成的水硬性胶凝材料称为复合硅酸盐水泥（简称复合水泥），代号 P.C。水泥中混合材料总掺量按质量百分比应大于 15%，但不超过 50%。

水泥中允许用不超过 8% 的窑灰代替部分混合材料，掺矿渣时的混合材料掺量不得与矿渣硅酸盐水泥重复。

当使用新开发的混合材料时，为保证水泥的质量（品质），对这类混合材料作了新的规定，即水泥胶砂 28d 抗压强度比大于和等于 75%者为活性混合材料，小于 75%者为非活性混合材料。同时还规定，启用新开发的混合材料生产复合水泥时，必须经国家级水泥质量监督和检验机构充分试验和鉴定。

复合水泥有 6 个强度等级，各强度等级见表 3-12，其余性能同火山灰水泥。

复合水泥各龄期的强度值　　　　　　　　　　　　表 3-12

强度等级	抗压强度/MPa		抗折强度/MPa	
	3d	28d	3d	28d
32.5	11	32.5	2.5	5.5
32.5R	16	32.5	3.5	5.5
42.5	16	42.5	3.5	6.5
42.5R	21	42.5	4	6.5
52.5	22	52.5	4	7
52.5R	26	52.5	4.5	7

3.4.3　其他品种水泥

3.4.3.1　白色及彩色硅酸盐水泥

（1）白色硅酸盐水泥

在氧化镁含量少的硅酸盐水泥熟料中加入适量的石膏，磨细制成的水硬性胶凝材料称为白色硅酸盐水泥简称白水泥，代号 P.W。磨细水泥时，允许加入不超过水泥质量 10%的石灰石或窑灰作为外加物，水泥粉磨时，允许加入不损害水泥性能的助磨剂，加入量不得超过水泥质量的 1%。

白水泥与常用水泥的主要区别在于氧化铁含量少，因而色白。白水泥与常用水泥的生成方法基本相同，关键是严格控制水泥原料的铁含量，严防在生成过程中混入铁质。此外，锰、铬等的氧化物也会导致水泥白度的降低，必须控制其含量。

白水泥的性能与硅酸盐水泥基本相同。根据 GB 2015—2005 规定，白色硅酸盐水泥分为 32.5、42.5、52.5 三个强度等级，各强度等级水泥各规定龄期的强度不得低于表 3-13 中的数值。

白色硅酸盐水泥的强度等级要求　　　　　　　　　　表 3-13

强度等级	抗压强度/MPa		抗折强度/MPa	
	3d	28d	3d	28d
32.5	12	32.5	3	6
42.5	17	42.5	3.5	6.5
52.5	22	52.5	4	7

白水泥的技术要求中与其他品种水泥最大的不同是有白度要求，白度的测定方法按 GB/T 5950 进行，水泥白度不低于 87。

白水泥其他各项技术要求包括：细度要求为 0.08mm 方孔筛余量不超过 10%；其初凝时间不得小于 45min，终凝时间不迟于 10h；体积安定性用沸煮法检验必须合格，同时熟料中氧化镁的含量不得超过 5%，三氧化硫含量不得超过 3.5%。

(2) 彩色硅酸盐水泥

彩色硅酸盐水泥根据其着色方法不同，有三种生产方式：一是直接烧成法，在水泥生料中加入着色原料而直接煅烧成彩色水泥熟料，再加入适量石膏共同磨细；二是染色法，将白色硅酸盐水泥熟料或硅酸盐水泥熟料、适量石膏和碱性着色物质共同磨细制得彩色水泥；三是干燥状态的着色物质直接掺入白水泥或硅酸盐水泥中。当工程使用量较少时，常用第三种办法。

彩色硅酸盐水泥有红色、黄色、蓝色、棕色、黑色等。根据《彩色硅酸盐水泥》(JC/T 870—2000)规定，彩色硅酸盐水泥强度等级分为 27.5、32.5 和 42.5。各级彩色水泥各规定龄期的强度不得低于表 3-14 的数值。

彩色硅酸盐水泥强度等级要求（JC/T 870—2000） 表 3-14

强度等级	抗压强度/MPa		抗折强度/MPa	
	3d	28d	3d	28d
27.5	7.5	27.5	2	5
32.5	10	32.5	2.5	5.5
42.5	15	42.5	3.5	6.5

彩色硅酸盐水泥其他各项技术要求为：细度要求为 0.08mm 方孔筛余量不超过 6%；其初凝时间不得小于 1h，终凝时间不迟于 10h；体积安定性用沸煮法检验必须合格，彩色水泥中三氧化硫含量不得超过 4%。

白色和彩色硅酸盐水泥主要应用于建筑装饰工程中，常用于配置各类彩色水泥浆、水泥砂浆，用于饰面砂浆或陶瓷铺贴的勾缝，配置装饰混凝土、彩色水刷石、人造大理石及水磨石等制品，并以其特有的色彩装饰性，用于雕塑艺术和各种装饰部件。

3.4.3.2 快硬性水泥

(1) 快硬硅酸盐水泥

凡由硅酸盐水泥熟料和适量石膏磨细制成的，以 3d 抗压强度来表示强度等级的水硬性胶凝材料，称为快硬硅酸盐水泥，简称快硬水泥。

快硬水泥的生产过程与硅酸盐水泥基本相同，快硬水泥的特性主要依靠合理设计矿物组成及控制生产工艺条件。组成上，熟料矿物中硅酸三钙和铝酸三钙含量较高。通常前者的含量为 50%～60%，后者为 8%～14%，两者总量不小于 60%～65%。为加快硬化速度，石膏的掺量可增加（可达 8%），从工艺上提高了水泥的粉磨细度，一般控制在 330～450m²/kg。

快硬水泥的初凝时间不得小于 45min，终凝时间不迟于 10h。体积安定性用沸煮法检验必须合格。强度等级以 3d 抗压强度表示，分为 32.5、37.5 和 42.5 三个等级。各龄期强度不得低于表 3-15 中数值。

快硬水泥强度等级要求（JC/T 870—2000） 表 3-15

强度等级	抗压强度/MPa			抗折强度/MPa		
	1d	3d	28d	1d	3d	28d
32.5	15	32.5	52.5	3.5	5	7.2
37.5	17	37.5	57.5	4	6	7.6
42.5	19	42.5	62.5	4.5	6.4	8

快硬水泥具有硬化快、早期强度高、水化热高、抗冻性好、耐腐蚀性差的特性，因此适用于紧急抢修工程、早期强度要求高的工程及冬期施工工程，但不适用于大体积混凝土工程和有腐蚀介质的混凝土工程。

(2) 快硬硫铝酸盐水泥、快硬铁铝酸盐水泥

JC/T 933—2003 将快硬硫铝酸盐水泥定义为以无水硫铝酸钙和硅酸二钙为主要矿物的水泥。是由硫铝酸盐水泥熟料、0~10%石灰石和适量石膏磨细制成的具有早期强度高的水硬性胶凝材料，代号 R.SAC。

快硬铁铝酸盐水泥的定义是以无水硫铝酸钙、铁铝酸钙和硅酸二钙为主要矿物的水泥。由铁铝酸盐水泥熟料、0~15%石灰石和适量石膏磨细制成的具有早期强度高的水硬性胶凝材料，代号 R.FAC。

快硬硫铝酸盐水泥、快硬铁铝酸盐水泥的主要技术指标包括比表面积不小于 $350m^2/kg$；初凝时间不早于 25min，终凝时间不迟于 180min，用户要求时可变动。其各强度等级、各龄期的强度值见表 3-16。

快硬硫铝酸盐水泥、快硬铁铝酸盐水泥强度　　　　表 3-16

强度等级	抗压强度/MPa			抗折强度/MPa		
	1d	3d	28d	1d	3d	28d
42.5	33	42.5	45	6	6.5	7
52.5	42	52.5	55	6.5	7	7.5
62.5	50	62.5	65	7	7.5	8
72.5	56	72.5	75	7.5	8	8.5

3.4.3.3　膨胀水泥及自应力水泥

利用普通硅酸盐水泥配置的混凝土，常因水泥石干缩而开裂，混凝土抗渗性下降、腐蚀性介质易于侵入，有时对建筑物和构筑物造成严重影响，而膨胀水泥和自应力水泥在硬化过程中，不仅不收缩，反而能产生一定量的膨胀。膨胀水泥在硬化过程中的体积膨胀具有补偿收缩的性能，可防止和减少混凝土的收缩裂缝，其自应力值小于 2MPa，通常约为 0.5MPa。自应力水泥在硬化过程中的体积膨胀，膨胀值可弥补水泥石硬化产生的收缩外，还有一定剩余膨胀，这不仅能减轻开裂现象，而且能以预先具有的压应力抵消外界拉应力，有效克服混凝土抗拉强度小的缺陷，这种压应力是水泥自身水化产生的，因此称为自应力水泥，其自应力大于 2MPa。

(1) 明矾石膨胀水泥

凡以硅酸盐水泥熟料（58%~63%）、天然明矾石（12%~15%）、无水石膏（9%~12%）和粒化高炉矿渣（15%~20%）共同磨细制成的具有膨胀性的水硬性胶凝材料，称为明矾石膨胀水泥。

明矾石膨胀水泥加水后，其硅酸盐水泥熟料中的矿物水化生成的氢氧化钙和水化铝酸钙，分别同明矾石、石膏反应生成大量体积膨胀性的高硫型水化硫铝酸钙，与水化硅酸钙相互交织在一起，使水泥石结构密实。

明矾石水泥要求细度为比表面积不小于 $450m^2/kg$。初凝时间不早于 45min，终凝时间不迟于 360min。强度等级以 3d、7d、28d 的强度值表示，分为 42.5 和 52.5 两个强度等级，各龄期强度不得低于表 3-17 中数值。1d 膨胀率不小于 0.15%，28d 膨胀率不大于 2%。

明矾石膨胀水泥强度要求 表 3-17

强度等级	抗压强度/MPa			抗折强度/MPa		
	1d	3d	28d	1d	3d	28d
42.5	24.5	34.3	51.5	4.1	5.3	7.8
52.5	29.5	43.1	61.3	4.9	6.1	8.8

明矾石膨胀水泥适用于补偿收缩混凝土、防渗混凝土、防渗抹面、预制构件梁、柱的接头和构件拼装接头等。

(2) 自应力硫铝酸盐水泥

以适当成分的生料，经煅烧所得以无水硫酸钙和硅酸二钙为主要矿物成分的熟料，加入适量石膏磨细制成的强膨胀性的水硬性胶凝材料，称为自应力硫铝酸盐水泥。

自应力水泥要求细度比表面积不小于 $370m^2/kg$。初凝时间不早于 40min，终凝时间不迟于 240min。按 28d 自应力值分为 30 级、40 级和 50 级三个级别。7d 膨胀率不小于 1.3%，28d 膨胀率不大于 1.75%。

自应力水泥可用于制造大口径或较高压力的水管或输气管，也可现场浇制储罐、储槽或作为接缝材料使用。

3.4.3.4 中热硅酸盐水泥、低热硅酸盐水泥、低热矿渣硅酸盐水泥

GB 200—2003 定义中有中热硅酸盐水泥、低热硅酸盐水泥、低热矿渣硅酸盐水泥。"以适当成分的硅酸盐水泥熟料，加入适量石膏，磨细制成的具有中等水化热的水硬性胶凝材料，称为中热硅酸盐水泥，代号 P.MH。""以适当成分的硅酸盐水泥熟料，加入适量石膏，磨细制成的具有低水化热的水硬性胶凝材料，称为低热硅酸盐水泥，代号 P.CH。""以适当成分的硅酸盐水泥熟料，加入粒化高炉矿渣、适量石膏，磨细制成的具有低水化热的水硬性胶凝材料，称为低热硅酸盐水泥，代号 P.SLH。"

中热硅酸盐水泥熟料中硅酸三钙（$3CaO·SiO_2$）的质量不应超过 50%，铝酸三钙（$3CaO·Al_2O_3$）的质量不超过 6%，游离氧化钙的质量不超过 1%。低热硅酸盐水泥熟料中硅酸二钙（$2CaO·SiO_2$）的质量不超过 40%，铝酸三钙（$3CaO·Al_2O_3$）的质量不超过 6%，游离氧化钙的质量不超过 1%。低热矿渣硅酸盐水泥熟料中铝酸三钙（$3CaO·Al_2O_3$）的质量不超过 8%，游离氧化钙的质量不超过 1.2%。低热矿渣水泥中粒化高炉矿渣掺加量为总质量的 20%～60%。允许用不超过混合材料总量 50% 的粒化电炉磷渣或粉煤灰代替部分粒化高炉矿渣。

中热硅酸盐水泥、低热硅酸盐水泥、低热矿渣硅酸盐水泥的其他组成要求和技术要求基本与普通水泥相同。各龄期要求的强度值见表 3-18。

中热水泥、低热水泥及低热矿渣水泥强度要求 表 3-18

品 种	强度等级	抗压强度/MPa			抗折强度/MPa		
		1d	3d	28d	1d	3d	28d
中热水泥	42.5	12	22	42.5	3	4.5	6.5
低热水泥	42.5	—	13	42.5	—	3.5	6.5
低热矿渣水泥	32.5		12	32.5		3	5.5

3.4.4 水泥的应用

水泥是工程建设中最重要的材料之一,是决定混凝土性能和价格的重要原料。在工程中,合理使用、储运和妥善保管以及严格的验收是保证工程质量、杜绝质量事故的重要措施。

3.4.4.1 水泥选用原则

水泥品种很多,不同的品种有各自突出的特性,在选择水泥品种时,深入理解这些特性是正确选择水泥品种的基础。

(1) 按环境条件选择水泥品种

环境条件包括温度、湿度、周围介质、压力等工程外部条件,如在寒冷地区水位升降的环境应选用抗冻性好的硅酸盐水泥和普通水泥;有水压作用和流动水及有腐蚀作用的介质中应选择掺活性混合材料的水泥;腐蚀介质强烈时,应选用专门抗侵蚀的特种水泥。

(2) 按工程特点选择水泥品种

选用水泥品种时应考虑工程项目的特点,大体积工程应选用放热量低的水泥如掺活性混合材料的硅酸盐水泥;高温窑炉工程应选用耐热性好的水泥,如矿渣水泥、铝酸盐水泥等;抢修工程应选用凝结硬化快的水泥,如快硬型水泥;路面工程应选用耐磨性好、强度高的水泥,如道路水泥。

硅酸盐水泥、普通水泥、矿渣水泥、火山灰水泥、粉煤灰水泥和复合水泥是土建工程中广泛使用的六种水泥,各种水泥在工程中选用原则见表3-19。

常用水泥的选用　　　　表3-19

		混凝土工程特点及所处环境条件	优先选用	可以选用	不宜选用
普通混凝土	1	在一般气候环境中的混凝土	普通水泥	矿渣水泥、火山灰水泥、粉煤灰水泥和复合水泥	
	2	在干燥环境中的混凝土	普通水泥	矿渣水泥	
	3	在高温环境中或长期处于水中的混凝土	矿渣水泥、火山灰水泥、粉煤灰水泥和复合水泥	普通水泥	
	4	厚大体积的混凝土	矿渣水泥、火山灰水泥、粉煤灰水泥和复合水泥		硅酸盐水泥
有特殊要求的混凝土	1	要求快硬、高强(>C60)的混凝土	硅酸盐水泥	普通水泥	矿渣水泥、火山灰水泥、粉煤灰水泥和复合水泥
	2	严寒地区的露天混凝土、寒冷地区处于水位升降范围的混凝土	普通水泥	矿渣水泥(强度等级>32.5)	火山灰水泥、粉煤灰水泥
	3	严寒地区处于水位升降范围的混凝土	普通水泥(强度等级>42.5)		矿渣水泥、火山灰水泥、粉煤灰水泥和复合水泥
	4	有抗渗要求的混凝土	普通水泥、火山灰水泥		矿渣水泥
	5	有耐磨性要求的混凝土	硅酸盐水泥、普通水泥	矿渣水泥(强度等级>32.5)	火山灰水泥、粉煤灰水泥
	6	受侵蚀性介质作用的混凝土	矿渣水泥、火山灰水泥、粉煤灰水泥和复合水泥		硅酸盐水泥

3.4.4.2 水泥的验收

水泥可采用袋装或散装，袋装水泥每袋50kg，且不得少于标志质量的98%，随机抽取20袋水泥，其总质量不得少于1000kg。

水泥袋上应清楚表明下列内容：产品名称、代号、净含量、强度等级、生产许可证编号、生产者名称和地址、出厂编号、执行标准号、包装日期及主要混合材料名称。掺火山灰质混合材料的普通水泥还应标上"掺火山灰"字样。包装袋两侧应印有水泥名称和强度等级。硅酸盐水泥和普通水泥的印刷采用红色，矿渣水泥的印刷采用绿色，火山灰水泥、粉煤灰水泥和复合水泥采用黑色。

散装水泥运输时应提交与袋装水泥标志相同内容的卡片。

建设工程中使用水泥之前，要对同一生产厂家、同期出厂的同品种、同强度等级的水泥，以一次进场的、同一出厂编号的水泥为一批，按照规定的抽样方法抽取样品，对水泥性能进行检验。袋装水泥以200t为一批，不足200t按一批计算；散装水泥以500t为一批，不足500t的按一批计算。重点检查水泥的凝结时间、安定性和强度等级，合格后方可投入使用，存放期超过3个月的水泥使用前需重新进行复验，并按复验结果使用。

3.4.4.3 水泥的保管

水泥在运输和储存过程中不得混入杂物，应按不同品种、强度等级和出厂日期分别加以标明，水泥储存时应先存先用，对散装水泥分库存放，而袋装水泥一般堆放高度不超过10袋。

水泥存放不可受潮，受潮的水泥会结块，凝结速度减慢，烧失量增加，强度降低。对于结块水泥的处理方法有：有结块但无硬块时，可压碎粉块后按实测强度等级使用；对部分结成硬块的，可筛除或压碎后，按实测强度等级用于非重要部位；对于大部分结块的，不能作水泥用，可作混合材料掺到水泥中，掺量不超过25%。水泥的储存期不宜太久，常用水泥一般不超过3个月，因为3个月后水泥强度将降低10%～20%，6个月后降低15%～30%，1年后降低25%～40%，铝酸盐水泥一般不超过2个月。过期水泥应重新检测，按实测强度使用。

4 混 凝 土

4.1 概 述

混凝土是现代土木工程中使用最广、用量最大的建筑材料之一。目前,全世界每年生产的混凝土超过 100 亿 t。广义来讲,混凝土是由胶凝材料、骨料按适当比例配合,与水拌和制成具有一定可塑性的浆体,经硬化而成的具有一定强度的人造石。

混凝土作为土木工程材料的历史其实很久远,用石灰、砂和卵石制成的砂浆和混凝土在公元前 500 年就已经在东欧使用,但最早使用水硬性胶凝材料制备混凝土的还是罗马人。这种火山灰、石灰、砂、石制备的"天然混凝土"具有凝结力强、坚固耐久、不透水等特点,在古罗马得到广泛应用,万神殿和罗马圆形剧场就是其中杰出的代表。因此,可以说混凝土是古罗马最伟大的建筑遗产。

混凝土发展史最重要的里程碑是约瑟夫·阿斯普丁发明了波特兰水泥,从此,水泥逐渐代替了火山灰、石灰用于制造混凝土,但主要用于墙体、屋瓦、铺地、栏杆等部位。直到 1875 年,威廉·拉塞尔斯采用改良后的钢筋强化的混凝土技术获得专利,混凝土才真正成为最重要的现代建筑材料。1895~1900 年间用混凝土成功地建造了一批桥墩,至此,混凝土开始作为最主要的结构材料,影响和塑造现代建筑。

4.1.1 混凝土的分类

通常混凝土有以下几种分类:

4.1.1.1 按表观密度分类

(1) 重混凝土。表观密度大于 $2800kg/m^3$,常采用重晶石、铁矿石、钢屑等作骨料和锶水泥、钡水泥共同配制防辐射混凝土,作为核工程的屏蔽结构材料。

(2) 普通混凝土。表观密度为 $2000\sim2800kg/m^3$ 的混凝土,是土木工程中应用最广泛的混凝土,主要用作各种土木工程的承重结构材料。

(3) 轻混凝土。表观密度小于 $2000kg/m^3$,采用陶粒、页岩等轻质多孔骨料或掺加引气剂、泡沫剂形成多孔结构的混凝土,具有保温隔热性能好、质量轻等优点,多用于保温材料或高层、大跨度建筑的结构材料。

4.1.1.2 按所用胶凝材料分类

按照所用胶凝材料的种类,混凝土可分为水泥混凝土、硅酸盐混凝土、石膏混凝土、水玻璃混凝土、沥青混凝土、聚合物水泥混凝土、树脂混凝土等。

4.1.1.3 按流动性分类

按照新拌混凝土流动性大小,可分为干硬性混凝土(坍落度小于 10mm,且需用维勃稠度表示)、塑性混凝土(坍落度 10~90mm)、流动性混凝土(坍落度 100~150mm)及大流动性混凝土（坍落度大于或等于160mm）。

4.1.1.4 按用途分类

按用途可分为结构混凝土、大体积混凝土、防水混凝土、耐热混凝土、膨胀混凝土、防辐射混凝土、道路混凝土等。

4.1.1.5 按生产和施工方法分类

按照生产方式，混凝土可分为预拌混凝土和现场搅拌混凝土；按照施工方法可分为泵送混凝土、喷射混凝土、碾压混凝土、挤压混凝土、离心混凝土、压力灌浆混凝土等。

4.1.1.6 按强度等级分类

(1) 低强度混凝土，抗压强度小于30MPa；
(2) 中强度混凝土，抗压强度30～60MPa；
(3) 高强度混凝土，抗压强度大于或等于60MPa；
(4) 超高强度混凝土，抗压强度在100MPa以上。

混凝土的品种虽然繁多，但在实际工程中还是以普通的水泥混凝土应用最为广泛，如果没有特殊说明，狭义上我们通常称其为混凝土。本章重点阐述普通水泥混凝土。

4.1.2 普通混凝土的组成及特点

4.1.2.1 混凝土的组成材料

水泥混凝土的基本组成材料是水泥、粗细骨料和水。其中水泥浆体占混凝土质量的20%～30%，砂石骨料约占70%。水泥浆在硬化前起润滑作用，使混凝土拌和物具有可塑性，在混凝土拌和物中，水泥浆填充砂子孔隙，包裹砂粒，形成砂浆，砂浆又填充石子孔隙，包裹石子颗粒，形成混凝土浆体；混凝土硬化后，水泥浆则起胶结和填充作用。水泥浆多，混凝土拌和物流动性大，反之干稠。混凝土中水泥浆过多则混凝土水化温度升高，收缩大，抗侵蚀性不好，容易引起耐久性不良。粗细骨料主要起骨架作用，传递应力，给混凝土带来很大技术优点，它比水泥浆具有更高的体积稳定性，可以有效减少收缩裂缝的产生和发展，降低水化热。

现代混凝土中除了以上组分外，还多加入化学外加剂与矿物细粉掺和料。化学外加剂的品种很多，可以改善、调节混凝土的各种性能，而矿物细粉掺和料则可有效提高新拌混凝土的工作性能和硬化混凝土的耐久性，同时降低成本。

4.1.2.2 混凝土的特点与基本要求

混凝土作为土木工程中使用最广泛的一种材料，必然有其独特之处。它的优点主要体现在以下几方面：

(1) 易塑性。现代混凝土可以具备很好的工作性，几乎可以随心所欲地通过设计和模板形成形态各异的建筑物及构件，可塑性强。

(2) 经济性。与其他材料相比，混凝土中砂、石骨料约占80%，而砂、石为地方性材料，价格低，易就地取材，结构建成后维护费用较低。

(3) 安全性。硬化混凝土具有较高的力学强度，目前工程构件最高强度可达130MPa，与钢筋有牢固的粘结力，使结构安全性得到充分保证。

(4) 耐火性。混凝土一般有1～2h的防火时效，比钢材安全性好，不会像钢结构建筑物那样在高温下很快软化而造成坍塌。

(5) 多用性。混凝土在土木工程中适用于多种结构形式，满足多种施工要求。可根据不同要求配制不同的混凝土加以满足，所以我们称之为"万用之石"。

(6) 耐久性。混凝土本来就是一种耐久性很好的材料，古罗马建筑经过几千年的风雨仍然屹立不倒，这本身就昭示着混凝土应该"历久弥坚"。

混凝土具有很多优点，当然相应的缺点也不容忽视，主要如下：

(1) 抗拉强度低。是混凝土抗压强度的1/10左右，是钢筋抗拉强度的1/100左右。

(2) 延性不好。属于脆性材料，变形能力差，只能承受少量的张力变形（约0.003），否则就会因无法承受而开裂，抗冲击性能差，在冲击合作作用下容易产生脆断。

(3) 自重大，比强度低。普通混凝土容重为2400kg/m³左右，致使其在建筑工程中形成肥梁、胖柱。高层、大跨度建筑物要求材料在保证力学性质的前提下，以轻为宜。

(4) 体积不稳定。尤其是当水泥浆量过大时，这一缺陷表现得更加突出，随着温度、湿度、环境介质的变化，容易引发体积变化，产生裂纹等内部缺陷，直接影响建筑物的使用寿命。

(5) 硬化慢，生产周期长。混凝土浇筑受气候（温度、湿度、雨雪等）影响，同时需要较长时间养护才能达到一定强度。

混凝土在建筑工程中使用必须满足以下五项基本要求或准则：

(1) 满足与使用环境相适应的耐久性要求。

(2) 满足设计强度要求。

(3) 满足施工规定所需的工作性要求。

(4) 满足业主或施工单位渴望的经济性要求。

(5) 满足可持续发展所必需的生态性要求。

4.1.3 混凝土发展趋势

随着现代建筑物的高层化、大跨化、轻量化以及使用环境的严酷化，在建筑工程中使用的混凝土强度等级逐渐提高，品质也日趋完善。

据预测，21世纪世界大跨桥梁的跨度将达到600m，高耸建筑物的高度将达到900m，而钢筋混凝土的超高层建筑将高过100层以上。为适应这种要求，混凝土科学与工艺技术水平不断提高，C60~C70的混凝土已成为通常使用的混凝土，在许多情况下会用C80~C100的混凝土，在特殊场合则使用C100~C120的混凝土，甚至更高强度等级的混凝土。

目前，在我国国家大剧院的建设项目中，已成功地使用了C100高性能混凝土。同时，为了改善人民的学习、生活和工作环境，提高工作效率，混凝土将向着高强度、高性能、耐久和绿色环保的方向发展。

4.2 混凝土组成材料

土木工程中，应用最广的是以水泥为胶凝材料，普通砂、石为骨料，加水拌成拌和物，经凝结硬化而成的水泥混凝土，又称普通混凝土。实际上，随着混凝土技术的发展，现在混凝土中常加入外加剂和矿物掺和料以改善混凝土的性能。

4.2.1 水泥

水泥是普通混凝土的胶凝材料，其性能对混凝土的性质影响很大，在确定混凝土组成材料时，应正确选择水泥品种和水泥强度等级。

4.2.1.1 水泥品种的选择

水泥是混凝土的重要组分，同时也是造价最高的组分。配制混凝土时，应根据工程性质、部位、气候条件、环境条件及施工设计的要求等，按各品种水泥的特性合理选择水泥品种。在满足上述要求的前提下，应尽量选用价格较低的水泥品种，以降低混凝土的工程造价。常用水泥的选用应按表3-19选取。

4.2.1.2 强度等级

水泥强度等级应与要求配制的混凝土强度等级相适应。原则上配制高强度混凝土应选用强度等级高的水泥，配制低强度混凝土应选用强度等级低的水泥。若用低强度等级水泥配制高强度混凝土，不仅会使水泥用量过多而不经济，还会降低混凝土的某些技术品质（如收缩率增大等）。反之，用高强度等级水泥配制低强度混凝土，若只考虑强度要求，会使水泥用量偏小，从而影响耐久性与和易性，必须掺入一定数量的矿物掺和料；若兼顾耐久性要求，又会导致超强而不经济。通常，配制一般混凝土时，水泥强度等级为混凝土设计强度等级的1.5～2倍；配制高强混凝土时，为混凝土设计强度等级的0.9～1.5倍。

但是，随着混凝土强度等级不断提高，以及采用了新的工艺和外加剂，高强度和高性能混凝土不受此比例约束，表4-1是建筑工程中水泥强度等级对应宜配制的混凝土强度等级参考。

水泥强度等级可配制的混凝土强度等级参考表　　　表4-1

水泥强度等级	宜配制的混凝土强度等级	说　明
32.5	C15、C20、C25、C30	配制C15混凝土时，若仅满足混凝土强度要求，水泥用量偏少，混凝土拌和物的和易性较差；若兼顾和易性，则混凝土强度会超标。配制C30混凝土时，水泥用量偏大
42.5	C30、C35、C40、C45	—
52.5	C40、C45、C50、C55、C60	—
62.5	≥C60	

4.2.2 细骨料

普通混凝土用骨料按粒径分为细骨料和粗骨料。骨料在混凝土中所占的体积为70%～80%。由于骨料不参与水泥复杂的水化反应，因此，过去通常将它视为一种惰性填充料。随着混凝土技术的不断深入研究和发展，混凝土材料与工程界越来越意识到骨料对混凝土的许多重要性能，如和易性、强度、体积稳定性及耐久性等都会产生很大的影响。

粒径小于4.75mm的骨料为细骨料，它包括天然砂和人工砂。天然砂是由自然风化、水流搬运和分选、堆积形成且粒径小于4.75mm的岩石颗粒，包括河砂、淡化海砂、湖砂、机制砂，但不包括软质岩、风化岩石的颗粒。人工砂是经除土处理的机制砂和混合砂的统称。机制砂是经除土处理，由机械破碎、筛分制成且粒径小于4.75mm的岩石颗粒，但不包括软质岩、风化岩石的颗粒。混合砂是由机制砂和天然砂混合制成的砂。

4.2.2.1 级配和粗细程度

砂的粗细程度是指不同粒径的砂混合在一起后的总体平均粗细程度。通常有粗砂、中砂、细砂之分。《建筑用砂》（GB/T 14684—2001）规定，砂的颗粒级配和粗细程度用筛分析的方法进行测定。用级配区表示砂的颗粒级配，用细度模数表示砂的粗细。砂的筛分析方法是用一套孔径为 9.5mm、4.75mm、2.36mm、1.18mm 及 600mm、300mm、150mm 的标准方孔筛，将质量为 500g 的干砂试样由粗到细依次过筛，然后称得余留在各筛上的砂子质量（g），计算分计筛余百分率 a_i（即各号筛的筛余量与试样总量之比）、累计筛余百分率 A_i（即该号筛的筛余量加上该号筛以上筛余百分率之和）。分计筛余与累计筛余的关系见表 4-2。

分计筛余与累计筛余的关系　　　　　　　表 4-2

筛孔尺寸/mm	分计筛余量/g	分计筛余/%	累计筛余/%
4.75	M_1	a_1	$A_1=a_1$
2.36	M_2	a_2	$A_2=a_1+a_2$
1.18	M_3	a_3	$A_3=a_1+a_2+a_3$
0.60	M_4	a_4	$A_4=a_1+a_2+a_3+a_4$
0.30	M_5	a_5	$A_5=a_1+a_2+a_3+a_4+a_5$
0.15	M_6	a_6	$A_6=a_1+a_2+a_3+a_4+a_5+a_6$
<0.15	M_7		

根据下列公式计算砂的细度模数 M_x：

$$M_x=\frac{(A_2+A_3+A_4+A_5+A_6)-5A_1}{100-A_1}$$

按照细度模数把砂分为粗砂、中砂、细砂。其中 $M_x=3.1\sim3.7$ 为粗砂，$M_x=3.0\sim3.2$ 为中砂，$M_x=1.6\sim2.2$ 为细砂，$M_x=0.7\sim1.5$ 为特细砂。M_x 很大程度上取决于粗颗粒的含量，故它不能全面反映砂的各级粒径分布情况，不同级配的砂可以具有相同的细度模数。

普通混凝土用砂的细度模数范围一般为 1.6~3.7，其中采用中砂较为适宜。对于细度模数为 0.7~1.5 的特细砂，应按特细砂混凝土配制及应用有关规定执行和使用。

颗粒级配是指不同粒径砂相互间的搭配情况。良好的级配能使骨料的空隙率和总表面积均较小，从而使所需的水泥浆量较少，并且能提高混凝土的密实度，并进一步改善混凝土的其他性能。在混凝土中砂粒之间的空隙是由水泥浆所填充，为达到节约水泥的目的，就应尽量减少砂粒之间的空隙，因此必须有大小不同的颗粒搭配。从图 4-1 可以看出，如果是单一的砂堆积，空隙最大；两种不同粒径的砂搭配起来，空隙减少了；如果三种不同粒径的砂搭配起来，空隙就更小了。

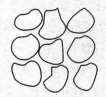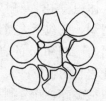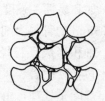

图 4-1　骨料的颗粒级配

颗粒级配常以级配区和级配曲线表示，国家标准根据 0.6mm 方孔筛的累计余量分成三个级配区，如表 4-3 及图 4-2 所示。

砂的颗粒级配　　表 4-3

筛孔尺寸/mm	累计筛余/%			筛孔尺寸/mm	累计筛余/%		
	Ⅰ区	Ⅱ区	Ⅲ区		Ⅰ区	Ⅱ区	Ⅲ区
10	0	0	0	0.63	71～85	41～70	16～40
5	0～10	0～10	0～10	0.315	80～95	70～92	55～85
2.5	5～35	0～25	0～15	0.16	90～100	90～100	90～100
1.25	35～65	10～50	0～25				

注：1. 砂的实际颗粒级配与表中所列数字相比，除 4.75mm 和 600μm 筛挡外，可以略有超出，但超出总量应小于 5%。
2. 1 区人工砂中 150μm 筛孔的累计筛余量可以放宽到 85～100，2 区人工砂中 150μm 筛孔的累计筛余可以放宽到 80～100，3 区人工砂中 150μm 筛孔累计筛余可以放宽到 75～100。

配制混凝土时宜选用粗细程度适中的 2 区砂。当采用 1 区砂时，砂率应较 2 区提高，并保持足够的水泥浆用量，否则，将使新拌混凝土的内摩擦阻力增大、保水性变差、不易捣实成型。当采用Ⅲ区砂时，应适当降低砂率，以保证混凝土的强度。

如果砂的自然级配不符合规范要求，可采用人工级配的方法改善。例如，可将粗、细砂按适当比例进行试配，掺和使用，使其颗粒级配和粗细程度均满足要求。

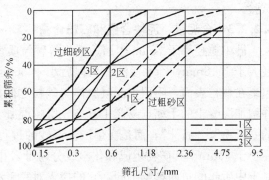

图 4-2　砂的级配曲线

例 4-1　从工地取回水泥混凝土用烘干砂 500g 作筛分试验，筛分结果见表 4-4，计算该砂试样的各筛分参数、细度模数，并判断该砂所属级配区，评价其粗细程度和级配情况。

筛分结果　　表 4-4

筛孔尺寸/mm	9.5	4.75	2.36	1.18	0.6	0.3	0.15	筛底
存留量/g	0	25	35	90	125	125	75	35
规范要求通过范围/%	100	90～100	75～100	50～90	30～59	8～30	0～10	—

解：砂样的各筛分参数计算见表 4-5。

砂样的各筛分参数计算　　表 4-5

筛孔尺寸/mm	9.5	4.75	2.36	1.18	0.6	0.3	0.15	筛底
存留量/g	0	25	35	90	125	125	75	35
分计筛余/%	0	5	7	18	25	25	15	7
累计筛余/%	0	5	12	30	55	80	95	100
通过百分率/%	100	95	88	70	45	20	5	0

计算细度模数：

$$M_x = \frac{(A_2+A_3+A_4+A_5+A_6)-5A_1}{100-A_1} = \frac{(12+30+55+80+95)-5\times 5}{100-5} = 2.6$$

所以，此砂位于Ⅱ区，属于中砂，级配符合规定要求。

4.2.2.2 砂中有害物质的含量、坚固性

为保证混凝土的质量，混凝土用砂不应混有草根、树叶、树枝、塑料品、煤块、炉渣等杂物。砂中常含有如云母、有机物、硫化物及硫酸盐、氯盐、黏土、淤泥等杂质。云母呈薄片状，表面光滑，容易溶解裂开，与水泥粘结不牢，会降低混凝土强度；黏土、淤泥覆盖在砂的表面妨碍水泥与砂的粘结，降低混凝土的强度和耐久性；硫酸盐、硫化物将对硬化的水泥凝胶体产生腐蚀；有机物通常是植物的腐烂产物，妨碍、延缓水泥的正常水化，降低混凝土强度；氯盐引起混凝土中钢筋锈蚀，破坏钢筋与混凝土的粘结，使保护层混凝土开裂。

砂子的坚固性是指砂在自然风化和其他外界物理化学因素作用下抵抗破裂的能力。通常天然砂以硫酸钠溶液干湿循环5次后的质量损失来表示，人工砂采用压碎指标法进行试验。

4.2.2.3 含泥量、泥块含量和石粉含量

砂中粒径小于75μm尘屑、淤泥等颗粒质量占砂子质量的百分率称为含泥量。砂中粒径大于1.18mm，经水浸洗、手捏后小于600μm的颗粒含量称为泥块含量。砂中的泥土包裹在颗粒表面，阻碍水泥凝胶体与砂粒之间的粘结，降低界面强度，降低混凝土强度，并增加混凝土的干缩，易产生开裂，影响混凝土耐久性。石粉不是一般碎石生产企业所称的"石粉"、"石沫"，而是在生产人工砂的过程中，在加工前经除土处理，加工后形成粒径小于75μm、其矿物组成和化学成分与母岩相同的物质，与天然砂中的黏土成分、在混凝土中所起的负面影响不同，它的掺入对完善混凝土细骨料级配、提高混凝土密实性有很大益处，进而起到提高混凝土综合性能的作用。许多用户和企业将人工砂中的石粉用水冲掉的做法是错误的。亚甲蓝试验MB值是用于判定人工砂中粒径小于75μm颗粒含量主要是泥土还是与母岩化学成分相同的石粉的指标。

4.2.3 粗骨料

粒径大于4.75mm的骨料称为粗骨料，混凝土常用的粗骨料有碎石和卵石。我国采石场生产的石子，根据建筑使用要求，按石子粒径尺寸分为连续粒级和单粒级两种规格，按技术要求分为优等品、一等品和合格品三个等级。

碎石大多由天然岩石经破碎、筛分而成，也可将大棱石轧碎、筛分而得。碎石表面粗糙，多棱角，且较洁净，与水泥浆粘结比较牢固。碎石是建筑工程中用量最大的粗骨料。

卵石又称砾石，它是由天然岩石经自然条件长期作用而形成的粒径大于5mm的颗粒。按其产地可分为河卵石、海卵石及山卵石等几种，其中以河卵石应用较多。卵石中有机杂质含量较多，但与碎石比较，卵石表面光滑，拌制混凝土时需用水泥浆量较少，拌和物和易性较好。但卵石与水泥石的胶结力较差，在相同配制下，卵石混凝土的强度较碎石混凝土低。

为了保证混凝土质量，我国国家标准《建筑用碎石、卵石》（GB/T 14685—2001）按各项技术指标对混凝土用粗骨料划分为Ⅰ、Ⅱ、Ⅲ类。其中Ⅰ类适用于C60以上的混凝土，Ⅱ类适用于C30~C60的混凝土，Ⅲ类适用于C30以下的混凝土，并且提出了具体的质量要求，主要有以下几方面：

4.2.3.1 有害杂质含量

粗骨料中的有害杂质主要有黏土、淤泥及细屑、硫酸盐及硫化物、有机物质、蛋白石及其他含有活性氧化硅的岩石颗粒等。它们的危害作用与在细集料中相同。对各种有害杂质的含量都不应超出《建筑用碎石、卵石》(GB/T 14685—2001)的规定,其技术要求及其有害物质含量见表4-6。

粗骨料的有害物质含量及技术要求　　　　　表4-6

项　目	Ⅰ类	Ⅱ类	Ⅲ类
有机物(比色法)	合格	合格	合格
硫化物及硫酸盐(按SO$_3$质量计)(<)/%	0.5	1	1
含泥量(按质量计)(<)/%	0.5	1	1.5
泥块含量(按质量计)(<)/%	0	<0.5	<0.7
针片状颗粒(按质量计)(<)/%	5	15	25

4.2.3.2 颗粒形状与表面特征

卵石表面光滑少棱角,空隙率和表面积均较小,拌制混凝土时所需的水泥浆量较少,混凝土拌和物和易性好。碎石表面粗糙,富有棱角,集料的空隙率和总表面积较大。与卵石混凝土比较,碎石具有棱角,表面粗糙,混凝土拌和物集料间的摩擦力较大,对混凝土的流动性阻滞性较强,因此所需包裹集料表面和填充空隙的水泥浆较多。如果要求流动性相同,用卵石时用水量可少一些,所配制混凝土的强度不一定低。

4.2.3.3 最大粒径与颗粒级配

(1) 最大粒径

粗集料中公称粒径的上限称为该粒级的最大粒径。当骨料粒径增大时,其表面积随之减小,包裹骨料表面水泥浆或砂浆的数量也相应减少,就可以节约水泥。因此,最大粒径应在条件许可下,尽量选用得大一些。试验研究证明,在普通配合比的结构混凝土中,集料粒径大于40mm后,由于减少用水量获得的强度提高被较少的粘结面积及大粒径骨料造成的不均匀性的不利影响所抵消,因此并没有什么好处。集料最大粒径还受结构形式和配筋疏密限制,石子粒径过大,运输和搅拌都不方便,因此,要综合考虑集料最大粒径。根据《混凝土结构工程施工质量验收规范》(GB 50204—2002)的规定,混凝土用粗集料的最大粒径不得超过结构截面最小尺寸的1/4,同时不得超过钢筋最小净距的3/4。对于混凝土实心板,最大粒径不要超过板厚的1/2,而且不得超过50mm。

对于泵送混凝土,为防止混凝土泵送时管道堵塞,保证泵送顺利进行,粗骨料的最大粒径与输送管的管径之比应符合表4-7要求。

粗骨料的最大粒径与输送管的管径之比　　　　　表4-7

石子品种	泵送高度/m	粗骨料的最大粒径与输送管的管径之比	石子品种	泵送高度/m	粗骨料的最大粒径与输送管的管径之比
碎石	<50	≤1:3	卵石	<50	≤1:2.5
	50~100	≤1:4		50~100	≤1:3
	>100	≤1:5		>100	≤1:4

(2) 颗粒级配

粗骨料的级配试验也采用筛分法测定,即用2.36mm、4.75mm、9.50mm、16.0mm、

19.0mm、26.5mm、31.5mm、37.5mm、53.0mm、63.0mm、75.0mm和90mm等12种孔径的方孔筛进行筛分,其原理与砂的级配试验基本相同。《建筑用碎石、卵石》(GB/T 14685—2001)对碎石和卵石的颗粒级配规定见表4-8。

碎石和卵石的颗粒级配　　表4-8

公称粒径/mm		累计筛余/%										
		方孔筛孔径/mm										
		2.36	4.75	9.5	16.0	19.0	26.5	31.5	37.5	53.0	63.0	75.0	90
连续粒级	5~10	95~100	80~100	0~15	0	—	—	—	—	—	—	—	—
	5~16	95~100	85~100	30~60	0~10	0	—	—	—	—	—	—	—
	5~20	95~100	90~100	40~80	—	0~10	0	—	—	—	—	—	—
	5~25	95~100	90~100	—	30~70	—	0~5	0	—	—	—	—	—
	5~31.5	95~100	90~100	70~90	—	15~45	—	0~5	0	—	—	—	—
	5~40	—	95~100	70~90	—	30~65	—	—	0~5	0	—	—	—
单粒粒级	10~20	—	95~100	85~100	—	0~15	0	—	—	—	—	—	—
	16~31.5	—	95~100	—	85~100	—	—	0~10	0	—	—	—	—
	20~40	—	—	95~100	—	80~100	—	—	0~10	0	—	—	—
	31.5~63	—	—	—	95~100	—	—	75~100	45~75	—	0~10	0	—
	40~80	—	—	—	—	95~100	—	—	70~100	—	30~60	0~10	0

石子的级配按粒径尺寸分为连续粒级和单粒粒级。连续粒级是石子颗粒由小到大连续分级,每级石子占一定比例。用连续粒级配制的混凝土混合料和易性较好,不易发生离析现象,易于保证混凝土质量,便于大型混凝土搅拌站使用,适合泵送混凝土。单粒粒级是人为地提出集料中某些粒级颗粒,大集料空隙由许多小粒径颗粒填充,降低石子的空隙率,密实度增加,节约水泥,但是拌和物容易产生分层离析,施工困难,一般在工程中较少使用。如果混凝土拌和物为低流动性或干硬性的,同时采用机械振捣时,采用单粒级配是合适的。

4.2.3.4 坚固性和强度

混凝土中粗骨料起骨架作用,因此必须具有足够的坚固性和强度。坚固性是指卵石、碎石等在自然风化和其他外界物理化学因素作用下抵抗破坏的能力。采用硫酸钠溶液法进行试验,卵石和碎石经5次循环后,其质量损失应符合表4-9的规定。

砂的坚固性指标　　表4-9

混凝土所处环境条件	循环后重量损失/%
在严寒及寒冷地区室外使用并经常处于潮湿或干湿交替状态下的混凝土	≤8
其他条件下使用的混凝土	≤10

强度可用岩石抗压强度和压碎指标表示。岩石抗压强度是将岩石制成50mm×50mm×50mm的立方体(或ϕ50mm×50mm圆柱体),水中浸泡48h后,从水中取出,擦干表面,放在压力机上进行强度试验。其抗压强度火成岩应不小于80MPa,变质岩应不小于60MPa,水成岩应不小于30MPa。压碎指标是将一定量风干后筛除大于19mm及小于9.5mm的颗粒,并去除针片状颗粒的石子后装入一定规格的圆筒内,在压力机上施加荷

载到200kN并稳定5s,卸载后称取试样质量（G_1）,再用孔径为2.3mm的筛筛除被压碎的细粒,称取出留在筛上的试样质量（G_2）。计算公式如下：

$$Q_c = \frac{G_1 - G_2}{G_1} \times 100\%$$

式中 Q_c——压碎指标值（%）；
G_1——试样的质量（g）；
G_2——压碎试验后筛余的试样质量（g）。

压碎指标值越小，表明石子的强度越高。对不同强度等级的混凝土，所用石子的压碎指标应符合表4-10的规定。

坚固性指标和压碎指标 表4-10

项　目	Ⅰ类	Ⅱ类	Ⅲ类
质量损失/%	<5	<8	<12
碎石压碎指标/%	<10	<20	<30
卵石压碎指标/%	<12	<16	<16

4.2.4 拌和及养护用水

水是混凝土的主要组成材料之一，用于拌和、养护混凝土的水应满足下列要求：
① 不影响混凝土的凝结、硬化；
② 无损于混凝土强度和耐久性；
③ 不加快钢筋的腐蚀和导致预应力钢筋的脆断；
④ 不污染混凝土的表面等。

4.2.4.1 水的类型和应用选择

混凝土拌和用水按水源可分为饮用水、地表水、地下水、海水及经适当处理或处置后的工业废水等。符合国家标准的饮用水可直接用于拌制和养护混凝土。地表水和地下水首次使用时，必须进行适用性检验，合格才能使用。海水只允许用于拌制素混凝土，不得用于拌制钢筋混凝土、预应力混凝土和有饰面要求的混凝土。工业废水必须经过检验，经处理后方可使用。生活污水不能用作拌制混凝土。

4.2.4.2 水的技术要求

(1) 有害物质含量控制

混凝土拌和用水中的有害物质应符合表4-11的规定。

(2) 对混凝土凝结时间的影响

用待检验水与蒸馏水（或符合国家标准的生活用水）进行水泥凝结时间试验，两者的初凝时间差及终凝时间差均不得大于30min，待检验水拌制的水泥浆的凝结时间尚应符合国家水泥标准的规定。

(3) 对混凝土强度的影响

用待检验水配制的水泥砂浆或混凝土，并测定其28d抗压强度（若有早期强度要求时，需增做7d抗压强度），其强度值不应低于蒸馏水（或符合国家标准的生活用水）拌制的相应的砂浆或混凝土抗压强度的90%。

混凝土拌和用水质量要求 表 4-11

项 目	预应力混凝土	钢筋混凝土	素混凝土
pH	>4	>4	>4
不溶物/(mg/L)	<2000	<2000	>5000
可溶物/(mg/L)	<2000	<5000	>10000
氯化物(以 Cl^{-1} 计)/(mg/L)	<500	<1200	>3500
硫酸盐(以 SO_4^{2-} 计)/(mg/L)	<600	<2700	>2700
硫化物(以 S^{2-} 计)/(mg/L)	<100	—	—

4.2.5 外加剂

在水泥混凝土拌和物中掺入的不超过水泥质量5%（特殊情况除外）并能使水泥混凝土的使用性能得到一定程度改善的物质，称为水泥混凝土外加剂。

混凝土外加剂的使用是混凝土技术的重大突破。外加剂掺量虽然很小，但能显著改善混凝土的某些性能，如提高强度、改善和易性、提高耐久性及节约水泥等。由于应用外加剂工程技术经济效益显著，因此，越来越受到国内外工程界的普遍重视，近几十年来外加剂发展很快，品种越来越多，已成为混凝土除四种基本材料以外的第五种组分。

4.2.5.1 外加剂的分类与定义

（1）外加剂的分类

外加剂按其主要功能，一般分为五类：

1) 改善新拌混凝土流变性能的外加剂，包括：减水剂、泵送剂、引气剂等；
2) 调节混凝土凝结硬化性能的外加剂，包括：早强剂、缓凝剂、速凝剂等；
3) 调节混凝土气体含量的外加剂，包括：引气剂、加气剂、泡沫剂等；
4) 改善混凝土耐久性的外加剂，包括：引气剂、抗冻剂、阻锈剂等；
5) 为混凝土提供特殊性能的外加剂，包括：引气剂、膨胀剂、防水剂等。

（2）外加剂命名及定义

混凝土外加剂按其主要功能，具体命名及定义如下：

1) 普通减水剂。在不影响混凝土工作性的条件下，能使单位用水量减少，或在不改变单位用水量的条件下，可改善混凝土的工作性，或同时具有以上两种效果，又不显著改变含气量的外加剂。

2) 高效减水剂。在不改变混凝土工作性的条件下，能大幅度地减少单位用水量，并显著提高混凝土强度，或不改变单位用水量的条件下，可显著改善工作性的减水剂。

3) 早强减水剂。兼有早强作用的减水剂。

4) 缓凝减水剂。兼有缓凝作用的减水剂。

5) 引气减水剂。兼有引气作用的减水剂。

6) 引气剂。能使混凝土中产生均匀分布的微气泡，并在硬化后仍能保留其气泡的外加剂。

7) 加气剂。在混凝土拌和时和浇注后能发生化学反应，放出氢、氧、氮等气体并形成气孔的外加剂。

8) 泡沫剂。因物理作用而引入大量空气于混凝土中，从而能用以形成泡沫混凝土的外加剂。

9) 早强剂。能提高混凝土早期强度并对后期强度无显著影响的外加剂。

10) 缓凝剂。能延缓混凝土凝结时间并对后期强度无显著影响的外加剂。

11) 阻锈剂。能阻止或减小混凝土中钢筋或金属预埋件发生锈蚀作用的外加剂。

12) 膨胀剂。能使混凝土在硬化过程中产生微量体积膨胀以补偿收缩，或少量剩余膨胀使体积更为致密的外加剂。

13) 速凝剂。使混凝土急速凝结、硬化的外加剂。

14) 防水剂（防渗剂）。能降低混凝土在静水压力下透水性的外加剂。

15) 泵送剂。改善混凝土拌和物泵送性能的外加剂。

16) 防冻剂。能使混凝土在负温下硬化，并在规定时间内达到足够强度的外加剂。

17) 灌浆剂。能改善浆料的浇注特性，对流动性、膨胀性、体积稳定性、泌水离析等一种或多种性能有影响的外加剂。

当前在混凝土工程中，外加剂除普遍用于工业与民用建筑外，更主要用于配置高强混凝土、低温早强混凝土、防冻混凝土、大体积混凝土、流态混凝土、喷射混凝土、膨胀混凝土、防裂密实混凝土及耐腐蚀混凝土等，广泛用于高层建筑、水利、桥梁、道路、港口、井巷、隧道、深基础等重要工程施工，取得了显著的技术经济效益。

4.2.5.2 外加剂的一般质量标准

混凝土外加剂质量一般应满足以下几方面要求：

(1) 在推荐掺量下，外加剂不应引起钢筋（包括高强钢丝）或预埋件的锈蚀，如果含有促使钢筋锈蚀的物质，应注明其名称及含量。

(2) 任何一种外加剂对人体接触均应无害，并具有化学稳定性。

(3) 外加剂生产厂家应保证产品质量均匀、稳定。根据外加剂的品种可选择下列项目，并在产品质书或说明书上列出名称指标：形状、比重、pH值、水不溶物、固体含量、表面张力、泡沫稳定性（引气剂）、糖含量、硫酸盐含量、氯化物含量等。

(4) 除上述外加剂应附有的产品质量检验及使用说明书。包装上应标明外加剂的名称、型号及净重。有使用有效期的产品，须在包装上说明。

(5) 为了检验外加剂的质量，对外加剂配置的新拌混凝土应进行坍落度、含气量、泌水率及凝结时间试验；对硬化混凝土应检验其抗压强度、耐久性、收缩性。

4.2.5.3 常用混凝土外加剂

水泥混凝土常用的外加剂有减水剂、早强剂、缓凝剂、引气剂、速凝剂、防冻剂等。

(1) 减水剂

在混凝土拌和物坍落度基本相同的情况下，能减少拌和用水量的外加剂称为减水剂。减水剂种类很多，按化学成分分，主要有以下几类：

1) 木质素系减水剂

木质素系减水剂的主要品种是木质素磺酸钙（又称M型减水剂），它是由生产纸浆或纤维浆的木质废液，经发酵处理、脱糖、浓缩、干燥、喷雾而制成的粉状物质。

M型减水剂的掺量一般为水泥质量的 0.2%～0.3%，在保持配合比不变的条件下可提高混凝土坍落度一倍以上；若维持混凝土的抗压强度和坍落度不变，一般可节省水泥 8%～10%；若维持混凝土坍落度和水泥用量不变，其减水率为 10%～15%，可提高混凝土强度10%～20%。

M型减水剂可改善混凝土的抗渗性及抗冻性,改善混凝土拌和物的工作性,减小泌水性。故适用于大模板、大体积浇注滑模施工、泵送混凝土及夏季施工等,但掺用M型减水剂不利于冬期施工,也不宜蒸汽养护。

2) 多环芳香族磺酸盐系减水剂

此类减水剂大多是通过合成途径制取,主要成分为芳香族磺酸盐甲醛缩合物,原料是煤焦油中各馏分、萘、蒽、甲基萘等,经磺化、缩合而成,这类减水剂大都使用工业下脚料,又因生产工艺多样,故品种较多,多为萘系。

萘系减水剂的减水、增强、改善耐久性等效果均优于木质素,属于高效减水剂。一般减水率在15%以上,早强显著,混凝土28d增强20%以上,适宜掺量为0.2%～0.5%,pH值为7～9,大部分品种属于非引气型,或引气量小于2%。萘系减水剂一般为棕色粉末状固体,也有制成棕色黏稠液体的,在使用液体减水剂时,应注意其有效含量。

萘系减水剂对不同品种水泥的适应性都较强。一般主要用于配制要求早强、高强的混凝土及流态混凝土。

3) 水溶性树脂减水剂

这是世界上应用的另一种高效减水剂。它是以三聚氰胺甲醛树脂磺酸盐为主要成分的一类减水剂。

树脂系减水剂属早强、非引气型高效减水剂,其减水及增强效果比萘系减水剂更好。掺量为0.5%～1.0%,减水率为10%～24%,1d强度提高30%～100%,7d强度提高30%～70%,28d强度提高30%～50%,其他性能也有所改善。该减水剂对混凝土蒸养工艺适应性好,蒸养出池强度可提高20%～30%,可缩短蒸养时间。

树脂系减水剂适用于高强混凝土、早强混凝土、蒸养混凝土及流态混凝土等。

上述各类减水剂尽管成分不同,但都属于表面活性剂,其减水作用机理基本相似。表面活性剂的分子由亲水基团指向空气、非极性液体或固体,作定向排列,组成吸附膜。因此降低了水的表面张力(水—气相),并降低了水与其他液相或固相之间的界面张力(水—固相),这种表面活性作用是减水剂有减水效果的主要原理。

当水泥加水拌和后,由于水泥颗粒间分子凝聚力的作用,使水泥浆形成絮凝结构,这种絮凝结构将一部分拌和水(游离水)包裹在水泥颗粒之间,从而降低混凝土拌和物的流动性。如在水泥浆中加入减水剂,减水剂的憎水基团定向吸附于水泥颗粒表面,使水泥颗粒表面带有相同的电荷,在电性斥力作用下,使水泥颗粒分开,从而将絮凝结构萘的游离水释放出来。减水剂的分散作用使混凝土拌和物在不增加用水量的情况下,增加了流动性。

(2) 引气剂

1) 引气剂的主要类型

① 松香树脂类。国外最常用文沙尔树脂(Vinsol resin),国内常用松香热聚物为引气剂。

② 烷基苯磺酸盐类。各种合成洗涤剂有烷基苯磺酸钠(ABS)、烷基磺酸钠(AS)。

③ 脂肪醇类。有脂肪醇硫酸钠(FS)、高级脂肪醇衍生物(801-2)。

④ 非离子型表面活性剂。有烷基酚环氧乙烷缩合物(OP)。

⑤ 木质素磺酸盐类。有木质素磺酸钙。

2) 引气剂的主要特性

① 增加混凝土的含气量。掺引气剂能使混凝土的含气量增加3%～6%。引气剂所引入的气泡直径为0.025～0.25mm。这种微气泡孔能改善混凝土拌和物的和易性，提高混凝土的抗冻性。

② 减少泌水性。由于引气剂所产生气泡的球承受弹性缓冲作用，改善了混凝土的和易性，当混凝土坍落度固定时就可以减少用水量。同时，使用减水剂可以减少骨料的分离，并使泌水量减少30%～40%。由于混凝土因泌水通道的毛细管减少，其抗渗性改善。

③ 引气剂对混凝土强度的影响。一般来说，当水灰比固定时，空气量增加1%体积时，混凝土的抗压强度要降低4%～5%，抗折强度降低2%～3%。因此，为保持混凝土力学性能引入的气泡应适量。掺入引气剂会使混凝土弹性变形增大，弹性模量略有降低。

④ 引气剂对混凝土抗冻性能的影响。混凝土中的游离水在冻结时体积膨胀对周围的混凝土产生膨胀应力，在冻融过程中产生的反复应力，会使混凝土发生破坏。在混凝土中引入适量的空气就可以缓冲由游离水冻结而产生的膨胀力。

20世纪50年代以来，在海港、水坝、桥梁等工程上采用引气剂，以解决混凝土遭受冰冻、海水侵蚀等作用的耐久性。使用最多的品种是松香热聚物，其掺量为0.05‰～0.15‰。

引气剂也是表面活性剂，与减水剂的区别在于：减水剂的活性作用主要发生在水—固界面，而引气剂的活性作用则发生在水—气界面。溶入水中的引气剂掺入混凝土拌和物后，能显著降低水的表面张力，容易引入空气形成许多微小的气泡。由于引气剂分子定向排列的气泡表面，使气泡坚固而不易破裂。气泡形成的数量与加入的引气剂种类和数量有关。

(3) 早强剂

1) 早强剂的种类

早强剂按化学成分可分为无机物和有机物两大类。

① 无机早强剂类。属于这一类的主要是一些无机盐类，又可分为氯化物系、硫酸盐系，此外还有铬酸盐等。氯化物系有氯化钠、氯化钙、氯化铁、氯化铝，硫酸盐系有硫酸钠（又称元明粉）、硫代硫酸钠、硫酸钙、硫酸铝钾（又称明矾）。

② 有机早强剂类。常用的有机早强剂有三乙醇胺（简称TEA）、三异丙醇胺（简称TP）、乙酸钠、甲酸钙等。

③ 复合早强剂。是有机无机早强剂复合或早强剂与其他外加剂复合的早强剂。

2) 早强剂的主要特性

① 提高早期强度。早强剂能明显改善混凝土的早期强度而对后期强度无不利影响。

② 改变混凝土的抗硫酸盐侵蚀性。氯化钙会降低混凝土抗硫酸盐性，而硫酸钠则能提高混凝土的抗硫酸盐侵蚀性。

③ 含氯盐早强剂会加速钢筋的锈蚀，因此掺量不宜过大。氯化钙的掺量一般为水泥质量的1%～2%，掺量超过4%会引起快凝。为了防止氯盐对钢筋的锈蚀，除了根据不同场合限制混凝土氯盐掺量外，一般将氯盐与阻锈剂复合使用。

④ 含硫酸钠的早强剂掺入到含有活性骨料（蛋白石等）的混凝土中，会加速碱骨料

反应，导致混凝土破坏。硫酸钠对钢筋无锈蚀作用，其适宜掺量为 0.5%～2%。早期还可加速混凝土硬化过程，多用于冬期施工和抢修工程。使用早强剂可使混凝土在短期内具有拆模强度，加快了模板的周转率。

3）早强剂作用机理

不同的早强剂具有不同的早强作用机理：

① 氯化钙产生早强作用机理。氯化钙水溶液与水泥中的 C_3A 反应生成水化氯铝酸钙，同时还与氢氧化钙作用生成氧氯化钙。氯铝酸钙为不溶性复盐，氧氯化钙亦不溶，因此增加了水泥浆中固相的比例，形成坚强的骨架，有助于水泥浆结构的形成。最终表现为硬化快、早期强度高。

② 硫酸钠产生早强作用机理。硫酸钠掺入混凝土中后，会迅速与水泥水化生成的氢氧化钙发生反应。

$$Na_2SO_4 + Ca(OH)_2 + 2H_2O = CaSO_4 \cdot 2H_2O + 2NaOH$$

此时生成的二水石膏有高度分散性，均匀分布于混凝土中，它与 C_3A 的反应比外掺石膏更快、更迅速，生成水化硫铝酸钙，大大加快了混凝土的硬化过程，提高其早强作用。

③ 三乙醇胺类产生早强作用机理。三乙醇胺是一种较好的络合剂。在水泥水化的碱性溶液中，能与 Fe^{3+} 和 Al^{3+} 等离子形成比较稳定的络离子，这种离子与水泥水化物作用形成络盐，结构复杂、溶解度小，使水泥石中固相比例增加，提高了早期强度。

(4) 缓凝剂

1）缓凝剂的主要种类

① 羟基羧酸盐、酒石酸、酒石酸钾钠、柠檬酸、水杨酸等。

② 多羟基碳水化合物：糖蜜、淀粉。

③ 无机化合物：磷酸盐、硼酸盐、锌盐。

2）缓凝剂的基本特性

① 缓凝剂的主要作用是延缓混凝土凝结时间，但掺量不宜过大，否则会引起强度降低。

② 羟基羧酸盐缓凝剂会增加混凝土的泌水率，在水泥用量低或水灰比大的混凝土中尤为突出。

③ 延缓水泥水化热释放速度。

④ 缓凝剂对不同水泥品种缓凝效果不相同，甚至会出现相反效果。因此，使用前应进行试拌，检验其效果。

缓凝剂主要用于高温炎热气候条件下的大体积混凝土、泵送混凝土及滑模混凝土施工，以及远距离运输的商品混凝土。

我国常用的缓凝剂有木质素磺酸钙及糖蜜。糖蜜是经石灰处理过的制糖下脚料，掺入混凝土拌和物中，能吸附在水泥颗粒表面，形成同种电荷的亲水膜，使水泥颗粒相互排斥，阻碍水泥水化产物凝聚，从而起到缓凝作用。糖蜜的适宜掺量为 0.2%～0.5%，掺量过大会使混凝土长时间疏松不硬，强度严重下降。

(5) 速凝剂

1）速凝剂的种类

① 无机盐：硅酸钠、铝酸钠、磺酸盐。

② 有机物：聚丙烯酸、聚甲基丙烯酸、羟基胺。

我国常用的速凝剂多为无机盐类，主要品种有：铝氧熟料（主要成分为 $NaAlO_2$）＋碳酸钠 Na_2CO_3＋生石灰；铝氧熟料＋无水石膏。

2）速凝剂的基本性质

① 速凝剂掺入混凝土中，在几分钟至几十分钟内使混凝土凝结，1h 可产生强度。温度升高对速凝作用有增强效果，水灰比增大，速凝效果降低。

② 速凝剂可使混凝土 1d 强度提高 2～3 倍，但后期强度下降，28d 强度约为不掺时的 80%～90%。

速凝剂主要用于矿山井巷、铁路隧洞、引水涵洞、地下厂房等工程，及喷锚支护时的喷射混凝土。

速凝剂的早强速凝作用机理：它使水泥石中的石膏变成 Na_2SO_4，失去其缓凝作用，从而使 C_3A 迅速水化，并在溶液中析出其水化物，导致水泥浆迅速凝固。

(6) 外加剂应用技术

与发达国家相比，我国外加剂应用范围仍不广泛，原因有多种，其中之一是外加剂的应用技术研究和推广环节比较薄弱。国内外的生产实践证明，在混凝土及混凝土水泥制品生产中应用外加剂是混凝土技术进步的重要途径之一。

外加剂的应用技术有以下几项环节：

1）外加剂品种的选择

外加剂品种繁多，功能效果各异，选择外加剂时，应根据工程需要、现场材料和施工条件，并参考外加剂产品说明书及有关资料进行全面考虑。如有条件，应进行实验验证。表 4-12 中列出了各种混凝土选用外加剂的参考资料。

各种混凝土选用外加剂参考表 表 4-12

混凝土类型	应用外加剂的目的	适宜的外加剂
高强混凝土	1. 减少混凝土的用水量，提高混凝土的强度； 2. 提高施工性能，以便用普通的成型工艺施工； 3. 减少单位体积混凝土的水泥用量，减少混凝土的徐变和收缩； 4. 以强度等级不太高的水泥代替高强度等级水泥配制高强混凝土	高效减水剂 β 萘磺酸甲醛缩合物 三聚氰胺甲醛树脂磺酸盐等
早强混凝土	1. 提高混凝土早强强度，在标养条件下 3d 强度达 28d 的 70%，7d 强度达混凝土的设计强度； 2. 加快施工速度，加快模板及台座的周转，提高构件及制品产量； 3. 取消或缩短蒸汽养护时间	1. 气温 25℃ 以上的夏、秋季节宜用非引气型（或低引气型）高效减水剂； 2. 气温为 -3～20℃ 左右的春、冬季节宜用复合早强减水剂，或减水剂与硫酸钠等早强剂一起使用
流态混凝土	1. 配制坍落度为 18～22cm 的混凝土； 2. 改善混凝土粘聚性、流动性； 3. 使混凝土泌水离析小； 4. 减低水泥用量，使混凝土干缩小、耐久性好	硫化剂： 1. 三聚氰胺甲醛树脂磺酸盐类； 2. 萘磺酸甲醛缩合物； 3. 改性木质素磺酸盐类
泵送混凝土	1. 提高可泵送性，控制坍落度 8～16cm 的混凝土有良好的粘聚性； 2. 确保硬化混凝土质量	泵送剂： 1. 减水剂（低坍落度损失）； 2. 膨胀剂

续表

混凝土类型	应用外加剂的目的	适宜的外加剂
大体积混凝土	1. 降低水泥初期水化热； 2. 延缓混凝土凝结时间； 3. 减少水泥用量； 4. 避免干缩裂缝	1. 缓凝型减水剂； 2. 缓凝剂； 3. 引气剂； 4. 膨胀剂（大型设备基础）
防水混凝土	1. 减少混凝土内部孔隙； 2. 改变孔隙的形状和大小； 3. 堵塞漏水通路，提高抗渗性	1. 减水剂及引气减水剂； 2. 膨胀剂； 3. 防水剂
蒸养混凝土	1. 以自然养护代替蒸汽养护； 2. 缩短蒸养时间或降低蒸养温度； 3. 提高蒸养制品质量； 4. 节省水泥用量； 5. 改善施工条件，提高施工质量	1. 复合型早强减水剂； 2. 高效减水剂； 3. 早强剂
自然养护的预制混凝土	1. 缩短生产周期，提高产量； 2. 节省水泥 5%～15%； 3. 改善工作性能，提高构件质量	1. 普通减水剂； 2. 早强型减水剂； 3. 高效减水剂； 4. 引气减水剂
大模板施工用混凝土	1. 提高和易性，确保混凝土具有良好流动性、保水性和粘聚性； 2. 提高混凝土早期强度，以满足快速拆模和一定的扣板强度	1. 夏季：普通减水剂，低掺量的高效减水剂； 2. 冬期：早强减水剂或减水剂与早强剂复合使用
滑动模板施工用的混凝土	1. 夏季延长混凝土的凝结时间，便于滑升和抹光； 2. 冬期早强，保证滑升速度	1. 夏季宜用糖蜜和木钙等缓凝型减水剂； 2. 冬期宜用高效减水剂或减水剂与早强剂复合使用
设备安装二次灌浆料	1. 使灌浆料具有无收缩性，确保设备底板与基础紧密结合； 2. 提高灌浆料的强度； 3. 提高灌浆料的流动性，加快施工进度，确保灌注密实	高效减水剂和膨胀剂复合使用
商品混凝土	1. 节约水泥，获得经济效益； 2. 保证水泥运输后的和易性，以满足施工要求，确保混凝土质量； 3. 满足对混凝土的特殊要求	1. 木质素磺酸盐、糖蜜等成本低的外加剂； 2. 夏季及运输距离长时，宜用糖蜜等缓凝减水剂； 3. 为满足各种特殊要求，选用不同性质的外加剂
膨胀剂补偿收缩混凝土	1. 在混凝土内产生 0.2～0.7MPa 的膨胀应力，抵消由于干缩而产生的拉应力，提高混凝土抗裂性； 2. 提高混凝土抗渗性	1. 引气减水剂； 2. 引气剂； 3. 减水剂
建筑砂浆	1. 节约石灰膏，降低成本； 2. 改善施工和易性； 3. 冬期施工防冻	1. 微沫剂； 2. 氯盐与微沫剂复合使用； 3. 砂浆塑化剂
夏季施工用混凝土	缓凝	1. 缓凝减水剂； 2. 缓凝剂
冬期施工用混凝土	1. 加快施工速度，提高构件质量； 2. 防止冻害	1. 不受冻害的地区，冬期施工中应用早强减水剂或单掺早强剂； 2. 有防冻要求地区，应选用防冻剂； 3. 早强＋防冻剂； 4. 引气减水剂＋早强剂＋防冻剂

2) 外加剂掺量的确定

外加剂品种选定后，还需认真确定外加剂的掺量，掺量太小，将达不到所期望的效果；反之，不仅造成材料浪费，甚至可能影响混凝土质量，造成事故。一般外加剂产品说明书都列出推荐的掺量范围，可参照其选定外加剂掺量。若没有可靠的资料为参考依据时，应尽可能通过试验来确定外加剂掺量。表 4-13 列出了常用外加剂的一般掺量，以作参考。

外加剂掺量参考表 表 4-13

外加剂类型	主 要 成 分	一般掺量/%
普通减水剂	木质素磺酸盐	0.2～0.3
高效减水剂	萘磺酸盐甲醛缩合物	0.5～1.0
	三聚氰胺甲醛缩合物	0.5～1.0
引气剂及引气减水剂	松香树脂及衍生物	0.005～0.015
	烷基磺酸钠	0.005～0.01
缓凝剂及缓凝减水剂	羟基羧酸及其盐类(柠檬酸、酒石酸、葡萄糖酸)	0.03～0.10
	无机盐(锌盐、硼酸盐、磷酸盐)	0.10～0.25
	高掺量木质素磺酸盐	0.3～0.5
	糖类及碳水化合物(糖蜜、淀粉)	0.10～0.30
早强剂及早强减水剂	氯盐(氯化钠、氯化钙)	0.5～1.0
	硫酸盐(硫酸钠、硫酸钾)	0.5～1.5
	木质素磺酸盐(或糖钙)+硫酸盐	(0.05～0.25)+(1～2)
	萘磺酸盐甲醛缩合物+硫酸盐	(0.3～0.75)+(1～2)

3) 外加剂掺入方法

外加剂的掺入方法对其作用效果有时影响很大，因此应根据外加剂的种类和形态及具体情况选用掺入方法。

① 减水剂掺入方法

(A) 先掺法：粉状减水剂先与水泥混合，然后加水搅拌。

优点：使用方便，省去了减水剂溶解的工序和设施。

缺点：当减水剂中有粗粒时，在拌和物中不易分散，影响混凝土质量。

适用场合：普通减水剂，如木质素磺酸钙；高效减水剂与硫酸钠复合使用。

注意事项：含有粗颗粒或受潮结块的减水剂，需经处理后方可使用，搅拌时间要充足。

(B) 同掺法：减水剂预先溶解成一定浓度的溶液，然后在搅拌时与水一起掺入。

优点：搅拌时间短，搅拌机生产效率高，与先掺法相比，容易搅拌均匀，计量和自动控制比较方便。

缺点：增加了减水剂溶解、储存等工序，减水剂中的不溶物及溶解度较小的物质在存放过程中，容易发生沉淀，造成掺量不准。

适用场合：普通减水剂，如木质素磺酸钙、糖蜜等；高效减水剂与硫酸钠复合使用。高效减水剂在同掺法与滞水法的使用效果相近时，优先使用同掺法。

注意事项：当高浓度的减水剂溶液与水分别同时加入拌和物中时，应适当延长搅拌时间，减水剂溶液使用前要拌匀，复核浓度。

(C) 滞水法：搅拌过程中减水剂滞后 1～3min 加入（当以溶液加入时称为溶液滞水法；当以干粉掺入时，称为干粉滞水法）。

优点：能提高高效减水剂在某些水泥中的使用效果，如提高流动性、节省更多的水泥，提高减水率和强度，降低减水剂掺量，提高减水剂对水泥的适应性。

缺点：搅拌时间较长，搅拌机生产效率低。

适用场合：当采用先掺法或同掺法时，塑化效果比滞水法明显差，如无复合硫酸钠等必要，而搅拌机的拌和时间允许延长时，可采用此法。

注意事项：要严格控制减水剂掺量，切忌过量，否则拌和物的泌水和缓凝现象加剧；加减水剂后搅拌时间要足够。

(D) 后掺法：减水剂不是在搅拌站搅拌时加入，而是在运输途中或施工现场分几次或一次加入，再经二次或多次搅拌（当减水剂分成多次加入时称为分批后掺法）。

优点：可克服混凝土在运输过程中的分层离析和坍落度的损失；可提高减水剂的使用效果，如提高流动性、减水率、强度和节省水泥量，降低减水剂掺量；可提高减水剂对水泥的适用性。

缺点：需要二次或多次搅拌。

适用场合：运输距离较远，运输时间较长，混凝土的坍落度较大，混凝土以运输搅拌车运输。

注意事项：第一次搅拌至加减水剂后进行二次搅拌的间隔时间不能太长，以不超过45min 为宜，气温高时宜间隔时间短些；严格控制掺量，超掺量会加剧泌水和缓凝；加减水剂后进行二次搅拌的时间要足够，以确保拌和物均匀。

② 其他外加剂掺加技术

(A) 早强剂、早强减水剂及防冻剂掺加方法

含有粉煤灰等不溶物及溶解度较小的早强剂、早强减水剂及防冻剂应以粉剂掺加，并适当延长搅拌时间。

含有硫酸钠的粉状早强剂掺加时应加入水泥中，不要先与潮湿的砂石混合。

早强剂和防冻剂配成的溶液使用时，应注意充分溶解，为加速溶解可采用 40~70℃ 的热水。

(B) 引气剂的掺加方法

引气剂宜配成适当浓度溶液使用，不得采用干掺法及后掺法。引气剂可与减水剂、早强剂、缓凝剂等复合使用。配制溶液时应注意其共溶性。如引气剂与氯化钙复合时应分别掺加。

(C) 缓凝剂的掺加方法

缓凝剂及缓凝减水剂应配制成适当浓度的溶液加入拌和水中使用。糖蜜减水剂中有少量难溶物及不溶物，在静置过程中底部会产生部分沉淀，使用时应搅拌成悬浊液。

缓凝剂及缓凝减水剂与其他外加剂复合时，必须是共溶的才能事先混合，否则应分别加入搅拌机内。

(D) 膨胀剂的掺加方法

膨胀剂在搅拌过程中与水泥等一起加入，并适当延长搅拌时间。

4.3 普通混凝土的主要技术性质

混凝土的技术性质主要包括力学性质和耐久性。

4.3.1 新拌混凝土的性能

新拌混凝土是一种将水泥、砂及粗骨料用水拌和而成的尚未凝固的混合物，也称为混凝土拌和物。

4.3.1.1 新拌混凝土的和易性

（1）和易性的概念

新拌混凝土的和易性，也称工作性，是指混凝土拌和物易于施工操作（拌和、运输、浇注、振捣）并获得质量均匀、成型密实的性能。实际上，混凝土拌和物的和易性是一项综合技术性质，包括有流动性、粘聚性和保水性等三方面的含义。流动性是指混凝土拌和物在自重或机械振捣作用下，能产生流动，并均匀密实的填满模板的性能。粘聚性是指混凝土拌和物在施工过程中其组成材料之间有一定的粘聚力，不致产生分层和离析现象。保水性是指混凝土拌和物在施工过程中，具有一定的保水能力，不致产生严重的泌水现象。

（2）和易性的测定方法

目前，尚没有能够全面反应混凝土拌和物和易性的测定方法。通常是测定混凝土拌和物的流动性，辅以其他方法或直观观察结合经验综合评定混凝土拌和物的和易性。测定流动性的方法目前有数十种，最常用的有坍落度和维勃稠度等试验方法。

1）坍落度试验

将搅拌好的混凝土拌和物按一定方法装入圆台形筒内（坍落度筒），并按一定方式插捣，待装满刮平后，垂直平稳的向上提起坍落度筒，量测筒高与坍落后混凝土试体最高点之间的高度差（mm），即为该混凝土拌和物的坍落度（图4-3）。

观察坍落后的混凝土试体的粘聚性及保水性。粘聚性的检查方法是用振捣棒在已坍落的混凝土锥体侧面轻轻敲打，此时如果锥体逐渐下沉，则表示粘聚性良好，如果锥体倒塌，部分崩裂或出现离析现象，则表示粘聚性不好。保水性以混凝土拌和物中稀浆析出的程度来评定。坍落度筒提起后如有较多的稀浆从底部析出，锥体部分的混凝土也因失浆而骨料外露，则表明此混凝土拌和物的保水性不好。若无稀浆或仅有少量稀浆自底部析出，则表示此混凝土拌和物保水性良好。

根据坍落度的不同，可将混凝土拌和物分为：流态的（坍落度大于80mm）、流动性的（坍落度为30～80mm）、低流动性的（坍落度为10～30mm）及干硬性的（坍落度小于10mm）。坍落度试验仅适用于骨料最大粒径不大于40mm、坍落度不小于10mm的混凝土拌和物。对于干硬性混凝土拌和物通常采用维勃稠度仪测定其维勃稠度（图4-4）。

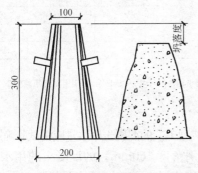

图4-3 混凝土拌和物坍落度的测定

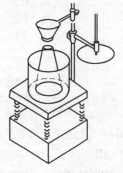

图4-4 维勃稠度仪

实际施工时，混凝土拌和物的坍落度要根据构件截面尺寸大小、钢筋疏密和捣实方法来确定。当构件截面尺寸较小，或钢筋较密，或采用人工插捣时，坍落度可选择大一些。反之，当构件截面尺寸较大，或钢筋较疏，或采用机械振捣时，则坍落度可选择小一些。表 4-14 列出了结构用混凝土坍落度的要求。

混凝土浇筑时的坍落度   表 4-14

结构种类	坍落度/mm
基础或地面等垫层、无配筋的大体积结构(挡土墙、基础等)或配筋稀疏的结构	10～30
板、梁和大型及中型截面的柱子等	30～80
配筋密列的结构(薄壁、斗仓、筒仓、细柱等)	0～50
配筋特密的结构	70～90

注：1. 本表系采用机械振捣混凝土的坍落度，当采用人工捣实混凝土时，其值可适当增大。
  2. 当需要配制大坍落度混凝土时，应掺用外加剂。
  3. 曲面或斜面结构混凝土的坍落度应根据实际需要另行选定。
  4. 泵送混凝土的坍落度宜为 80～180mm。

2）维勃稠度试验

将混凝土拌和物按一定方法装入坍落度筒内，按一定方式振捣，待装满刮平后，将坍落度筒垂直向上提起，把透明盘转到混凝土圆台体顶台，开启振动台，并同时用秒表计时，当振动到透明圆盘的地面被水泥浆布满的瞬间停表计时，并关闭振动台，所读秒数即为该混凝土拌和物的维勃稠度。此方法适用于骨料最大粒径不大于 40mm、维勃稠度在 5～30s 之间的混凝土拌和物稠度测定。

(3) 影响和易性的主要因素

1) 混凝土拌和物单位用水量

混凝土拌和物单位用水量增大，其流动性随之增大，但用水量过大，会使拌和物粘聚性和均匀性变差，产生严重泌水、分层或流浆，并有可能使混凝土强度和耐久性严重降低。混凝土拌和物的单位用水量应根据骨料品种、粒径及施工要求的混凝土拌和物稠度表 4-15 选用。

干硬性和塑性混凝土的用水量/(kg/m³)   表 4-15

拌和物稠度		卵石最大粒径/mm			碎石最大粒径/mm		
项目	指标	10	20	40	16	20	40
维勃稠度/s	15～20	175	160	145	180	170	155
	10～15	180	165	150	185	175	160
	5～10	185	170	155	190	180	165
坍落度/mm	10～30	190	170	150	200	185	165
	30～50	200	180	160	210	195	175
	50～70	210	190	170	220	205	185
	70～90	215	195	175	230	215	195

注：1. 摘自《普通混凝土配合比设计规程》(JGJ 55—2000)。
  2. 本表系用水量采用中砂时的平均值，如采用细砂，每立方米混凝土用水量可增加 5～10kg，采用粗砂则可减少 5～10kg。
  3. 掺用各种外加剂或掺合料时，可相应增减用水量。
  4. 本表不适用于水灰比小于 0.4 或大于 0.8 的混凝土。

水灰比小于 0.4 或大于 0.8 的混凝土以及采用特殊成型工艺的混凝土用水量应由试验确定。

流动性（坍落度为 100～150mm）、大流动性（坍落度 160mm）的混凝土的用水量应以表 4-15 中坍落度 90mm 的用水量为基础，按坍落度每增大 20mm 用水量增加 5kg 计算。

根据实验，在采用一定的骨料情况下，如果单位用水量一定，单位水泥用量增减超过50~100kg，坍落度大体上保持不变，这一规律通常称为固定用水量定则。这个定则用于混凝土配合比设计时，是相当方便的，即可以通过固定用水量，变化水灰比，而得到既满足拌和物和易性要求，又满足混凝土强度要求的设计。

2）水泥浆的数量

混凝土拌和物中的水泥浆，赋予混凝土拌和物以一定的流动性。在水灰比不变的情况下，单位体积拌和物内，如果水泥浆越多，则拌和物的流动性越大。但水泥浆过多，将会出现流浆现象，粘聚性变差；若水泥浆过少，则骨料之间缺少粘结物质，易使拌和物发生离析和崩塌。水泥浆数量的增减实际上是单位用水量的变化。

3）水灰比

在水泥用量、骨料用量均不变的情况下，水灰比越大，拌和物流动性增大，反之则小。但水灰比过大，会造成拌和物粘聚性和保水性不良；水灰比过小，会使拌和物流动性过低，影响施工。故水灰比不能过大或过小，一般应根据混凝土强度和耐久性要求合理选用。需要注意的是，在此情况下水灰比的变化实际上也是单位用水量的变化。

4）砂率

砂率是指细骨料含量（重量）占骨料总量的百分数。试验证明，砂率对拌和物的和易性有很大影响。由图 4-5 可以看出砂率对拌和物坍落度的影响。

细骨料影响流动性的原因，一般认为有两方面的因素。一方面细骨料颗粒组成的砂浆在拌和物中起着润滑作用，这可减少粗骨料之间的摩擦力，所以在一定的砂率范围内随砂率增大，润滑作用越明显，流动性可以提高；另一方面砂率增大的同时，骨料总表面积必随之增大，需要润湿的水分增多，在一定用水量的条件下，拌和物流动性降低，所以当砂率增大超过一定范围后，流动性反而随砂率增加而降低。另外，砂率过小还会使拌和物粘聚性和保水性变差，容易产生离析、流浆等现象。因此，砂率有一合理值，采用合理砂率时，在用水量和水泥用量不变的情况下，可使拌和物获得所要求的流动性和良好的粘聚性与保水性。

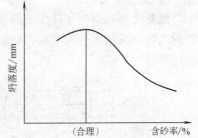

图 4-5 含砂率与坍落度的关系
（水与水泥用量一定）

混凝土的砂率，当坍落度小于等于 60mm，且大于等于 10mm 时，可按粗骨料品种、粒径及混凝土的水灰比在表 4-16 的范围内选用。

混凝土砂率选用表/% 表 4-16

水灰比 /(W/C)	卵石最大粒径/mm			碎石最大粒径/mm		
	16	20	40	10	20	40
0.4	30~35	29~34	27~32	26~32	25~31	24~30
0.5	33~38	32~37	30~35	30~35	29~34	28~33
0.6	36~41	35~40	33~38	33~38	32~37	31~36
0.7	39~44	38~43	36~41	36~41	35~40	34~39

注：1. 摘自《普通混凝土配合比设计规程》（JGJ 55—2000）。
2. 本表数值系中砂的选用砂率。对细砂或粗砂，可相应地减少或增加砂率。
3. 只用一个单粒级粗骨料配制混凝土时，砂率值应适当增加。
4. 对薄壁构件，砂率取偏大值。
5. 本表中的砂率系指砂与骨料总量的重量比。

坍落度大于 60mm 或小于 10mm 的混凝土及掺用外加剂的掺和料的混凝土，其砂率应经试验确定。

坍落度等于或大于 100mm 的混凝土砂率应在表 4-16 的基础上，按坍落度每增大 20mm 砂率增大 1% 的幅度予以调整。

5）组成材料特性

① 水泥　水泥对拌和料和易性的影响主要反映在水泥的需水性上。不同品种的水泥、不同的水泥细度、不同的水泥矿物组成及混合掺料，其需水性不同。需水性大的水泥比需水性小的水泥配制的拌和物，在其他条件一定的情况下，流动性变小，但其粘聚性和保水性较好。

② 骨料　骨料由于其在混凝土中占据的体积最大，因此它的特性对拌和物和易性的影响也较大。这些特征包括骨料级配、颗粒形状、表面状态及最大粒径。一般来讲，级配好的骨料，其拌和物流动性较大；表面光滑的骨料，如河砂、卵石，其拌和物流动性较大；骨料的最大粒径增大，由于其表面积减小，故其拌和物流动性较大。

6）外加剂

外加剂对拌和物的和易性有较大影响。如加入减水剂可大幅度提高拌和物的流动性，改善粘聚性，降低泌水性；或在保持不掺外加剂的流动性情况下，大幅度减少用水量。

7）温度和时间

混凝土拌和物的和易性随温度的升高而降低，见图 4-6。这时由于温度升高可加速水泥的水化，增加水分的蒸发，所以夏季施工时，为了保持一定的和易性应适当提高拌和物的用水量。

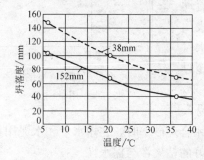

图 4-6　温度对拌和物坍落度的影响
（曲线上数字为骨料最大粒径）

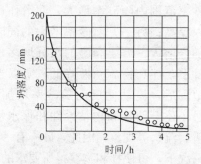

图 4-7　坍落度和拌和后时间之间的关系
（拌和物配比 1∶2∶4，$W/C=0.775$）

混凝土拌和物随时间的延长而变得干硬，这时由于拌和料中的一些水分被骨料所吸收，一些水分被蒸发，水泥水化反应也使一些水分迁移变成水化产物结合水。图 4-7 为拌和物坍落度随时间变化的一个例子。由于拌和物流动性会随时间而变化，因此，浇注时的和易性更具实际意义，所以在施工中测定和易性的时间，应以搅拌后 15min 为宜。

4.3.1.2　新拌混凝土的凝结时间

水泥与水之间的反应是混凝土产生凝结的主要原因，但是由于各种因素，混凝土的凝结时间与配制该混凝土所用水泥的凝结时间并不一致，因为水泥浆体的凝结和硬化过程受到水化产物空间填充情况的影响，因此，水灰比会明显影响凝结时间，而配制混凝土的水灰比与水泥浆体测定凝结时间时有所不同，故水泥浆体凝结时间往往与所配制混凝土凝结时间不同。一般，水灰比越大，凝结时间越长。

通常采用贯入阻力仪测定混凝土的凝结时间，但此凝结时间并不标志着混凝土中水泥浆体物理化学特征的某一特定变化，仅从使用角度人为确定的两个特定点，初凝时间表示施工时间极限，终凝时间表示混凝土力学强度的开始发展。具体测定凝结时间时，先用5mm筛从拌和物中筛取砂浆，按一定方法装入特定容器中，然后每隔一定时间测定砂浆贯入一定深度时的贯入阻力，绘制时间与贯入阻力关系曲线图（图4-8），以贯入阻力为 3.5MPa 和 28MPa 划两条平行时间

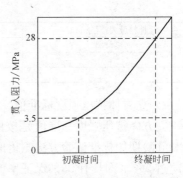

图 4-8 贯入阻力与时间关系曲线

坐标的直线，直线与曲线交点的时间即分别为混凝土的初凝时间和终凝时间。

值得注意的是，这些人为选择的点并不表示混凝土的强度。实际上，当贯入阻力达到 3.5MPa 时，混凝土还没有抗压强度，而贯入阻力达 28MPa 时，抗压强度也只不过 0.7MPa，通常情况下混凝土需 6～10h 凝结，但水泥的组成、环境温度和缓凝剂等都会对凝结时间产生影响。当混凝土拌和物在 10℃拌制和养护时，其初凝和终凝时间要比 23℃时分别延缓约 4h 和 7h。

4.3.2 硬化混凝土的力学性质

混凝土的力学性质主要包括强度和变形。

4.3.2.1 强度

强度是硬化后混凝土最重要的力学指标，通常用于评定和控制混凝土的质量，或者作为评价原材料、配合比、工艺过程和养护条件等影响程度的指标。混凝土的强度包括抗压、抗拉、抗弯、抗剪、抗折以及握裹强度等，其中以抗压强度最大，工程中可根据抗压强度的大小来估计其他强度值。

(1) 立方体抗压强度标准值和强度等级

1) 立方体抗压强度（f_{cu}）

按照标准制作方法制成边长为 150mm 的立方体试件，立即用不透水薄膜覆盖表面。拆模后在温度为 20℃±3℃，相对湿度为 95％以上的标准养护室中养护，或在温度为 20℃±3℃的不流动的 $Ca(OH)_2$ 饱和溶液中养护，养护至 28d 龄期，按照标准测定方法测定其抗压强度，即为混凝土立方体试件抗压强度（简称立方体抗压强度），以 f_{cu} 表示，按下式计算，以 MPa 计。

$$f_{cu} = F/A$$

式中 F——试件破坏荷载（N）；

A——试件承压面积（mm^2）。

一组三个试件，按照混凝土强度评定方法确定每组试件的强度代表值。

按照《混凝土结构工程施工质量验收规范》（GB 50204—2002）的规定，混凝土立方体试件的最小尺寸应根据粗骨料的最大粒径确定，当采用非标准尺寸试件时，应将其抗压强度乘以换算系数，见表 4-17，折算为标准试件的立方体抗压强度。

试件尺寸换算系数   表 4-17

骨料最大粒径/mm	试件尺寸/mm	换 算 系 数
≤31.5	100×100×100	0.95
40	150×150×150	1
60	200×200×200	1.05

2) 立方体抗压强度标准值

立方体抗压强度标准值是按照标准方法制作和养护的边长为 150mm 的立方体试件,在 28d 龄期用标准试验方法测得的抗压强度总体分布中的一个值,强度低于该值的百分率不超过 5%(即具有 95%保证率的抗压强度值),以 $f_{cu,k}$(MPa)表示。

用立方体抗压强度标准值表征混凝土的强度,对于实际工程来说,大大提高了结构的安全性。

3) 强度等级

强度等级是根据立方体抗压强度标准值来确定的。强度等级用符号 C 和立方体抗压强度标准值两项内容表示。例如,"C30"即表示混凝土立方体抗压强度标准值为 30MPa。

我国现行规范《混凝土结构设计规范》(GB 50010—2002) 规定:普通混凝土按立方体抗压强度标准值划分为 C15、C20、C25、C30、C35、C40、C45、C50、C55、C60、C65、C70、C75 和 C80 共 14 个等级。

(2) 抗折强度(f_{cf})

道路路面或机场道面用水泥混凝土,以抗折强度(或称抗弯拉强度)为主要强度指标,抗压强度为参考强度指标。

道路水泥混凝土抗折强度是以标准方法制成 150mm×150mm×550mm 的梁形试件,在标准条件下,经养护 28d 后,按三分点加荷载方式,测定其抗折强度,按下式计算:

$$f_{cf}=\frac{FL}{bh^2}$$

式中 F——试件破坏荷载(N);

L——支座间距(mm);

b——试件宽度(mm);

h——试件高度(mm)。

(3) 轴心抗压强度(f_{cp})

在实际工程中,立方体钢筋混凝土结构形式是极少的,大部分是棱柱体形或圆柱体形。为使测得的混凝土强度接近混凝土结构的实际情况,在钢筋混凝土结构计算中,计算轴心受压构件时,都是采用混凝土的轴心抗压强度(f_{cp})作为依据。

我国现行标准《公路工程水泥混凝土试验规程》(JTJ 053—94) 规定:采用 150mm×150mm×300mm 的棱柱体作为测定轴心抗压强度的标准试件,轴心抗压强度按下式计算:

$$f_{cp}=\frac{F}{A}$$

式中 F——试件破坏荷载(N);

A——试件承压面积(mm^2)。

轴心抗压强度比立方体抗压强度,并且棱柱体试件的高宽比越大,轴线抗压强度越小。当高宽比达到一定值以后,强度就不再降低。

(4) 劈裂抗拉强度（f_{ts}）

混凝土是一种脆性材料，直接受拉时，很小的变形就会产生脆性破坏。通常其抗拉强度只有抗压强度的 1/20～1/10，且随着混凝土强度等级的提高，比值有所降低。钢筋混凝土结构设计中，不考虑混凝土承受拉力（结构中的拉力由钢筋承受），但抗拉强度对于混凝土的抗裂具有重要意义，它是结构设计中确定混凝土抗裂度的重要指标，有时还用抗拉强度间接衡量混凝土与钢筋间的粘结强度。测定混凝土抗拉强度的方法，有轴心抗拉试验法及劈裂试验法两种。由于轴心抗拉试验结果的离散性很大，故一般采用劈裂法。

我国现行标准《公路工程水泥混凝土试验规程》（JTJ 053—94）规定：150mm×150mm×150mm 的立方体作为标准试件，在立方体试件中心面内用圆弧为垫条加两个方向相反、均匀分布的压应力。当压力增大至一定程度时，试件就沿此平面劈裂破坏，这样测得的强度称为劈裂抗拉强度，简称劈拉强度。可按下式计算：

$$f_{ts}=\frac{2F}{\pi A}=\frac{0.637F}{A}$$

式中　F——试件破坏荷载（N）；
　　　A——试件劈裂面面积（mm²）。

关于劈裂抗拉强度 f_{ts} 与标准立方体抗压强度 f_{cu} 之间的关系，我国有关部门进行了对比试验，得出经验公式为：

$$f_{ts}=0.35f_{cu,k}^{3/4}$$

(5) 影响混凝土强度的因素

影响水泥混凝土强度的因素可归纳为：材料性质及其组成、施工条件、养护条件和实验条件 4 个方面。

1) 材料性质及其组成

材料组成是影响混凝土强度的内因，主要决定于水泥石的强度及其与骨料间的粘结强度，而水泥石强度及其与骨料的粘结强度又与水泥强度、水灰比及骨料的性质有关。

① 水泥的强度。水泥是混凝土的胶凝材料，水泥强度的大小直接影响着混凝土强度的高低。在配合比相同的条件下，水泥强度越高，水泥石的强度及其与骨料的粘结力越大，制成的混凝土强度越高。试验证明，混凝土的强度与水泥强度成正比例关系。

② 水灰比。在拌制混凝土时，为了获得必要的流动性，常需要加入较多的水（约占水泥质量的 40%～70%）。水泥完全水化所需的结合水，一般只占水泥质量的 10%～25%。当混凝土硬化后，多余的水分或残留在混凝土中，或蒸发而在混凝土内部形成各种不同尺寸的孔隙，使混凝土的密实度和强度大大降低。因此，在水泥强度和其他条件相同的情况下，混凝土强度主要取决于水灰比，这一规律常称为水灰比定则。水灰比越小，水泥石强度及与骨料的粘结强度越大，混凝土强度越高。但若水灰比太小，拌和物过于干硬，在一定的捣实成型条件下，无法保证浇灌质量，混凝土中将出现较多的蜂窝、孔洞，强度反而会下降。试验表明，混凝土的强度随水灰比的增大而降低，而与灰水比成直线关系，如图 4-9 所示。

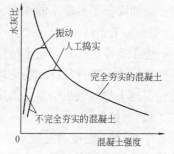

图 4-9　混凝土强度与水灰比之间的关系

③ 粗骨料的特征。粗骨料的形状和表面性质与强度有着直接的关系。碎石表面粗糙，与水泥石的粘结力较大；而卵石表面光滑，与水泥石的粘结力较小。当水灰比小于0.4时，用碎石配制的混凝土比用卵石配制的混凝土强度约高38%。随着水灰比增加，两者的差异就不明显了。在我国现行混凝土强度公式中，对表面粗糙、有棱角的碎石以及表面光滑浑圆的卵石，它们的回归系数 α_a、α_b 均不相同。

1930年，瑞士学者J.鲍罗米（Bolomey）提出混凝土抗压强度与水泥强度和灰水比的直线关系。我国根据大量的对混凝土材料的研究和工程实践经验统计，提出灰水比（C/W）、水泥实际强度（f_{ce}）与混凝土28d立方体抗压强度（$f_{cu,28}$）的关系公式：

$$f_{cu,28} = \alpha_a f_{ce} \left(\frac{C}{W} - \alpha_b \right)$$

式中　$f_{cu,28}$——混凝土28d龄期的立方体抗压强度（MPa）；

　　　f_{ce}——水泥28d的实际强度（MPa）；

　　　C/W——灰水比；

　　　α_a、α_b——回归系数，与骨料的品种、水泥的产地有关，可通过历史资料统计计算得到。按《普通混凝土配合比设计规程》（JGJ 55—2000）规定，无实验统计资料时，混凝土强度回归系数取值如表4-18所示。

回归系数 α_a、α_b 选用表　　　　表4-18

骨料类别	回归系数		骨料类别	回归系数	
	α_a	α_b		α_a	α_b
碎石	0.46	0.07	卵石	0.48	0.33

一般水泥厂为保证水泥的出厂强度等级，其实际抗压强度往往比其强度等级要高一些，当无法取得水泥28d实际抗压强度数值时，用下式计算：

$$f_{ce} = \gamma_c \cdot f_{ce,g}$$

式中　f_{ce}——水泥强度等级的标准值（MPa）；

　　　γ_c——水泥强度等级的富余系数，该值按各地区实际统计资料确定，可取1.06～1.18；

　　　$f_{ce,g}$——水泥强度等级值（MPa）。

④ 集浆比。集浆比对混凝土的强度也有一定的影响，特别是对高强度的混凝土更为明显。实验证明，水灰比一定，增加水泥浆用量，可增大拌和物的流动性，使混凝土易于成型，强度提高。但过多的水泥浆体，易使硬化的混凝土产生较大的收缩，形成较多的孔隙，反而降低了混凝土的强度。

2）施工条件

施工条件是确保混凝土结构均匀密实、硬化正常、达到设计强度的基本条件。采用机械搅拌比人工搅拌的拌和物更均匀；采用机械捣固比人工捣固更密实，特别是在拌制低流动性混凝土时效果更明显；而用强制式搅拌机又比自由落体式搅拌机效果更好。

3）养护条件

① 温度。温度对混凝土早期强度的影响尤为显著。一般，当温度在4～40℃范围内，养护温度提高，可以促进水泥的溶解、水化和硬化，提高混凝土的早期强度。

不同品种的水泥，对温度有不同的适应性，因此需要有不同的养护温度。对于硅酸盐水泥和普通水泥，若养护温度过高（40℃以上），水泥水化速率加快，生成的大量水化产物来不及转移、扩散，而使水化反应变慢，混凝土后期强度反而降低。而对于掺入大量混合材料的水泥（如矿渣、火山灰、粉煤灰水泥等）而言，因为有二次水化反应，提高养护温度不但能加快水泥的早期水化速度，而且对混凝土后期强度增长有利。

养护温度过低，混凝土强度发展缓慢，当温度降至0℃以下时，混凝土中的水分将结冰，水泥水化反应停止，这时不但混凝土强度停止增长，而且由于孔隙内水分结冰而引起体积膨胀（约9%），对孔壁产生相当大的膨胀压力，导致混凝土已获得强度受到损失，严重时会导致混凝土崩溃。

实践证明，混凝土冻结时间越早，强度损失越大，所以在冬期施工时要特别注意保温养护。因为混凝土在融化后强度虽然会继续增长，但与未受冻的混凝土相比其强度要低得多。

② 湿度。养护的湿度是决定水泥能否正常水化的必要条件。适宜的湿度，有利于水化反应的进行，混凝土强度增长较快；如果湿度不够，混凝土会失水干燥，甚至停止水化。这不仅会严重降低混凝土的强度，而且会因水泥水化作用未能完成，使混凝土结构疏松，渗水性增大，或形成干缩裂缝，从而影响混凝土的耐久性。

所以，为了使混凝土正常硬化，在成型后除了维持周围环境必需的温度以外，还要保持必需的湿度。施工现场养护的混凝土多采用自然养护（自然条件下养护），其养护的温度随气温变化，为保持潮湿状态，在混凝土凝结以后，表面应覆盖草袋等物并不断浇水保湿。使用普通水泥时，浇水保湿应不小于7d；使用矿渣水泥和火山灰水泥或在施工中掺用减水剂时，不少于14d；如用矾土水泥不得少于3d；对于有抗渗要求的混凝土，不少于14d。

③ 龄期。在正常条件下养护，混凝土的强度随龄期增长而提高，最初7~14d内，强度增长较快，28d以后增长缓慢并趋于平缓，所以混凝土强度以28d强度作为质量评定的依据。但强度增长速度因水泥品种和养护条件而不同，如矿渣水泥7d的强度约为28d的42%~54%，普通水泥7d强度约为28d的58%~65%，但28d以后两种水泥强度的增长基本相同。

4）试验条件的影响

① 试件的形状：试件受压面积相同而高度不同时，高宽比越大，抗压强度越小。原因是压力机压板与试件间的摩擦力束缚了试件的横向膨胀作用，有利于强度的提高。离承压面越近，束缚力越小，致使试件破坏后，形成较完整的棱锥体，是束缚作用的结果。

② 试件的尺寸：混凝土的配合比相同，试件尺寸越小，测得的强度越高。因为尺寸增大时，内部孔隙、缺陷等出现的几率也大，导致有效受力面积的减小和应力集中，引起混凝土强度降低。

③ 试件表面状态：表面光滑平整，压力值较小；当试件表面有油脂类润滑剂时，测得的强度值明显降低。是由于束缚力大大减少，造成试件出现开裂破坏。

④ 加荷速度：加荷速度越快，测得的强度值越大，当加荷速度超过1.0MPa/s时，这种趋势更加显著。因此，我国标准规定混凝土抗压强度的加荷速度为0.3~0.8MPa/s，且应连续均匀地加荷。

(6) 提高混凝土强度的措施

实际施工中为了加快施工进度，提高模板的周转速率，常需提高混凝土的早期强度，可采取以下几种方法：

1) 采用高强度等级水泥和早强型水泥。硅酸盐水泥和普通水泥的早期强度较其他水泥高；对于紧急抢修工程、桥梁拼装接头、严寒的冬期施工以及其他要求早期强度高的结构物，则可优先选用早强型水泥配制混凝土。

2) 采用水灰比较小、用水量较少的干硬性混凝土。

3) 采用质量合格、级配良好的碎石及合理砂率。

4) 掺加外加剂和掺和料。

常用的外加剂有普通减水剂、高效减速剂、早强剂等。具有高活性的掺和料，如超细粉煤灰、硅灰等，可以与水泥的水化产物进一步发生反应，产生大量的凝胶物质，使混凝土更趋密实，强度得到进一步提高。

5) 改进施工工艺，提高混凝土的密实度。

降低水灰比，采用机械振捣的方式，增加混凝土的密实度，提高混凝土强度。

6) 采用湿热处理。

湿热处理就是提高水泥混凝土养护时的温度和湿度，以加快水泥的水化，提高早期强度。常用的湿热处理方法有蒸汽养护和蒸压养护。

① 常压蒸汽养护（简称蒸汽养护或蒸养）。蒸汽养护是指将浇筑完毕的混凝土构件经 1~3h 预养后，在 90% 以上的相对湿度、60℃ 以上的饱和水蒸气中进行的养护。

不同品种的水泥配制的混凝土其蒸养适应性不同。硅酸盐水泥或普通水泥混凝土一般在 60~80℃ 条件下，恒湿养护时间 5~8h 为宜；矿渣水泥、火山灰质水泥、粉煤灰水泥等配制的混凝土，蒸养适应性好，一般蒸养温度达 90℃，蒸养时间不宜超过 12h。

② 高压蒸汽养护（简称蒸压养护或压蒸）。蒸压养护是指将浇筑好的混凝土构件静停 8~10h 后，放入蒸压釜内，通入高温、高压（175℃ 和 8 个大气压）饱和蒸汽。饱和蒸汽使水泥的水化、硬化速度加快，混凝土的强度得到提高。

4.3.2.2 变形

混凝土的变形，主要包括非荷载作用下的物理化学变形、干湿变形和温度变形及荷载作用下的弹-塑性变形、徐变。

(1) 非荷载作用下的变形

1) 沉降收缩

沉降收缩是混凝土拌和物在刚成型后，固体颗粒下沉，表面产生泌水而使混凝土的体积减小，又称塑性收缩，其收缩值约为 1%。在桥梁墩台等大体积混凝土中，由于沉降收缩可能产生沉降裂缝。

2) 化学收缩

化学收缩是由于水泥水化产物的体积比反应前物质的总体积（包括水的体积）要小，而使混凝土产生的收缩。化学收缩是不能恢复的，收缩期随龄期的增长而增加，40d 以后渐趋稳定，但收缩率一般很小（在 $4 \times 10^{-6} \sim 100 \times 10^{-6}$ mm/mm 左右），在限制应力下不会对结构物产生破坏作用，但会在混凝土内部产生微细裂缝。

3) 干湿变形

干湿变形是混凝土最常见的非荷载变形，主要表现为干缩湿胀。

混凝土在干燥空气中硬化时，随着水分的逐渐蒸发，体积将逐渐发生收缩。而在水中或潮湿条件下养护时，混凝土的干缩将减少或略产生膨胀。但混凝土收缩值较膨胀值大，当混凝土产生干缩后，即使长期放在水中，仍有残留变形，残余收缩为收缩量的30%~60%。在一般工程设计中，通常采用混凝土的线收缩值为$2.0\times10^{-4}\sim1.5\times10^{-3}$。

混凝土干缩后会在表面产生微细裂缝。当干缩变形受到约束时，常会引起构件的翘曲或开裂，影响混凝土的耐久性。因此，应通过调节骨料级配、增大粗骨料的粒径、减少水泥浆用量、选择合适的水泥品种、采用振动捣实、加强早期养护等措施来减小混凝土的干缩。

4）碳化收缩

水泥水化生成的氢氧化钙与空气中的二氧化碳发生反应，从而引起混凝土体积减小的收缩称为碳化收缩。碳化收缩的程度与空气的相对湿度有关，当相对湿度为30%~50%时，收缩值最大。碳化收缩过程常伴随着干燥收缩，在混凝土表面产生拉应力，导致混凝土表面产生微细裂缝。

5）温度变形

混凝土具有热胀冷缩的性质，温度膨胀系数为10×10^{-5}mm/(mm·℃)，即温度升高1℃，每米膨胀0.01mm。温度变形对大体积混凝土和大面积工程极为不利。

因为混凝土是热的不良导体，水泥水化初期产生的大量水化热难于散发，浇筑大体积混凝土时内外部温度差可达50~80℃，这将使混凝土由于内部显著的体积膨胀和外部的冷却收缩，而在表面产生较大的拉应力。当外部混凝土所受拉应力一旦超过混凝土当时的极限抗拉强度，就会产生裂缝。因此，大体积混凝土工程采用低热水泥，减少水泥用量，采用人工降温等措施，尽可能降低混凝土的发热量。一般纵长的钢筋混凝土结构，应每隔一段距离设置一道长度伸缩缝，或采取在结构物中设置温度钢筋等措施。

(2) 荷载作用变形

1) 弹-塑性变形与弹性模量

混凝土的弹性模量主要取决于骨料和水泥石的弹性模量。它们之间弹性模量的关系为：水泥石<混凝土<骨料。

当混凝土中骨料含量较多、水泥石的水灰比较小、养护较好、龄期较长时，混凝土的弹性模量就较大。蒸汽养护的混凝土比标准条件下养护的略低，强度等级为C10~C60的混凝土，其弹性模量约为$1.75\times10^4\sim3.60\times10^4$MPa。

2) 徐变

混凝土在长期荷载作用下，除了产生瞬间的弹性变形和塑性变形外，还会产生随时间而增长的非弹性变形，这种在长期荷载作用下，随时间而增长的变形称为徐变，也称蠕变。

当卸荷后，混凝土将产生稍小于原瞬时应变的恢复，称为瞬时恢复。其后还有一个随时间而减小的应变恢复称为徐变恢复。最后残留下来不能恢复的应变称为残余变形。

一般认为，混凝土的徐变是由于水泥石中的胶凝体，在长期荷载作用下的黏性流动所引起的，以及胶凝体内吸附水在长期荷载作用下向毛细孔迁移的结果。混凝土的徐变在受荷初期增长较快，以后逐渐变慢，2~3年后可以稳定下来。

徐变的产生主要取决于水泥石的数量和龄期。水泥用量越大，水灰比越大，养护越不充分，龄期越短的混凝土，其徐变越大；大气湿度越小，荷载应力越大，徐变越大。

混凝土在受压、受拉或受弯时，均有徐变现象。在预应力钢筋混凝土桥梁构件中，混凝土的徐变可使钢筋的预加应力受到损失，但是，徐变也能消除钢筋混凝土的部分应力集中，使应力较均匀的分布，对于大体积混凝土，能消除一部分由于温度变形所产生的破坏应力。

4.4 普通混凝土的配合比设计

混凝土配合比是指单位体积的混凝土中各组成材料的质量比例，确定这种数量比例关系的工作，就称为混凝土配合比设计。混凝土配合比设计应根据工程要求、结构形式和施工条件来确定。常用的表示方法有两种：一种是以每立方米混凝土中各项材料的质量表示，另外一种是以各项材料相互间的质量比来表示。

在某种意义上，混凝土是一门试验的科学，要想配制出品质优良的混凝土，必须具备先进的、科学的设计理念，加上丰富的工程实践经验，通过实验室试验完成。但对于初学者来说，首先必须掌握混凝土的标准设计与配制方法。

4.4.1 配合比设计基本要求

设计混凝土配合比的目的，就是要根据原材料的技术性能及施工条件，合理选择原材料，并确定出能满足工程所要求的技术经济指标的各项组成材料的用量。普通混凝土配合比设计应满足以下几方面要求：

（1）满足结构设计的强度等级要求；
（2）满足混凝土施工所要求的和易性；
（3）满足工程所处环境对混凝土耐久性的要求；
（4）符合经济原则，即节约水泥以降低混凝土成本。

4.4.2 配合比设计基本参数

水灰比、砂率和单位用水量是混凝土配合比设计的三个基本参数，它们与混凝土各项性能之间有非常密切的关系。

4.4.2.1 水灰比

如前所述，水灰比对混凝土的和易性、强度、耐久性都具有重要的影响，因此，通常是根据强度和耐久性来确定水灰比的大小。一方面，水灰比较小时可以使强度更高且耐久性更好；另一方面，在保证混凝土和易性所要求的用水量基本不便的情况下，只要满足强度和耐久性对水泥的要求，选用较大水灰比时，可以节约水泥。

4.4.2.2 砂率

砂子占砂石总质量的百分比称为砂率。砂率对混合料的和易性影响较大，若选择不恰当，还会对混凝土强度和耐久性产生影响。砂率的选用应该合理，在保证和易性要求的条件下，宜取较小值，以利于节约水泥。

4.4.2.3 单位用水量

单位用水量是指 1m³ 混凝土拌和物中水的用量（kg/m³）。在确定水灰比后，混凝土中单位用水量也表示水泥浆与集料之间的比例关系。为节约水泥和改善耐久性，在满足流动性条件下，应尽可能取较小的单位用水量。

4.4.3 混凝土配合比设计方法与原理

普通混凝土配合比设计方法有体积法（又称绝对体积法）和重量法（又称假定容重法）两种，其中体积法为最基本的方法。这两种方法的基本原理如下：

4.4.3.1 体积法的基本原理

混凝土配合比设计体积法的基本原理是假定刚浇捣完毕的混凝土拌和物的体积等于其各组成材料的绝对体积及其所含少量空气体积之和。若以 V_h、V_c、V_w、V_s、V_g、V_k 分别表示混凝土、水泥、水、砂、石、空气的体积，则体积法原理可用公式表达为：

$$V_h = V_c + V_w + V_s + V_g + V_k$$

若在 1m³ 混凝土中，以 C_0、W_0、S_0、G_0 分别表示混凝土中的水泥、水、砂、石的用量，并以 ρ_c、ρ_w 及 ρ_{os}、ρ_{og} 分别表示水泥、水的密度及砂、石的表观密度，又设混凝土拌和物中含空气体积为 $10a$，则上式可改写为：

$$\frac{C_0}{\rho_c} + \frac{W_0}{\rho_w} + \frac{S_0}{\rho_{os}} + \frac{G_0}{\rho_{og}} + 10a = 1000$$

式中，a 为混凝土含气量的百分数（%），不使用引气剂时，可取 $a=1$。

4.4.3.2 重量法的基本原理

普通混凝土配合比设计重量法的基本原理是：当混凝土所用原材料比较稳定时，则所配制的混凝土表观密度将接近一个恒值。若预先假定出新拌混凝土的表观密度，就可建立下列关系式：

$$C_0 + W_0 + S_0 + G_0 = \rho_{oc}$$

每立方米混凝土的假定质量（ρ_{oc}）可根据本单位积累的试验资料确定，如缺乏资料，可根据骨料的表观密度、粒径以及混凝土强度等级，在 2400~2450kg 范围内选定。

4.4.4 混凝土配合比设计步骤

混凝土配合比设计分四步进行，此过程共需确定四个配合比：

第一步：计算——确定初步配合比；

第二步：试配、试验、调整——确定基准配合比；

第三步：成型、养护、测定强度——确定实验试配比；

第四步：换算——确定施工配合比。

4.4.4.1 计算——确定初步配合比

根据原始资料，利用我国现行的配合比设计方法，按《普通混凝土配合比设计规程》（JGJ 55—2000），初步计算出各组成材料的用量比例。当以混凝土的抗压强度为设计指标时，计算步骤如下：

(1) 确定混凝土的配制强度（$f_{cu,o}$）

1) 计算配制强度

所配制的混凝土要满足设计强度等级要求，必须满足95%的强度保证率。试验证明，若以设计强度为混凝土的配制强度，则混凝土的强度保证率仅有50%。所以，混凝土的配制强度必须大于设计强度。综合考虑强度保证率、施工单位的混凝土管理水平，可按下式确定配制强度：

$$f_{cu,o} \geqslant f_{cu,k} + 1.645\sigma$$

式中　$f_{cu,o}$——混凝土配制强度（MPa）；

　　　$f_{cu,k}$——混凝土立方体抗压强度标准值（即设计要求的混凝土强度等级）（MPa）；

　　　1.645——对应于95%强度保证率的保证率系数；

　　　σ——混凝土强度标准差（MPa）。

σ是评定混凝土质量均匀性的一种指标。σ越小，说明混凝土质量越稳定，强度均匀性越好，表明该单位施工质量管理水平越高。

2）混凝土强度标准差σ的确定

当生产或施工单位具有近期同类混凝土（指强度等级相同，配合比和生产工艺条件基本相同的混凝土）28d的抗压强度统计资料时，σ可按下式计算：

$$\sigma = \sqrt{\frac{\sum_{i=1}^{n} f_{cu,i}^2 - n\mu_{f_{cu}}^2}{n-1}}$$

式中　$f_{cu,i}$——统计周期内，同类混凝土第i组试件的抗压强度值（MPa）；

　　　$\mu_{f_{cu}}$——统计周期内，同类混凝土n组时间的抗压强度平均值（MPa）；

　　　n——统计周期内相同等级混凝土试件组数，$n \geqslant 25$。

注：①对预拌混凝土或混凝土预制件厂，统计周期可取为1个月。②对现场拌制混凝土的施工单位，统计周期可根据实际情况确定，但不宜超过3个月。③当混凝土强度等级为C20和C25时，其强度标准差计算值小于2.5MPa时，计算配制强度时的标准差应不小于2.5MPa；当混凝土强度等级大于或等于C30时，其强度标准差计算值小于3.0MPa时，计算配制强度时标准差应不小于3.0MPa。

(2) 计算水灰比（W/C）

1) 按混凝土要求强度等级计算水灰比

根据已知的混凝土配制强度$f_{cu,o}$，按下式计算水灰比：

$$f_{cu,o} = A f_{cc} (C/W - B) \tag{4-1}$$

式中　$f_{cu,o}$——混凝土配制强度（MPa）。

　　　A、B——混凝土强度回归系数。根据使用的水泥和粗、细骨料经过试验得出的水灰比与混凝土强度关系式确定，若无上述试验统计资料时，可采用表4-19中数值。

　　　C/W——混凝土所要求的灰水比。

　　　f_{cc}——水泥28d实际强度值（MPa）。

回归系数选用表　　　　　　　　　　　表4-19

回归系数	碎石	卵石	回归系数	碎石	卵石
A	0.46	0.48	B	0.07	0.33

由式（4-1）得

$$W/C = \frac{\alpha_a f_{ce}}{f_{cu,o} + \alpha_a \cdot \alpha_b \cdot f_{ce}} \quad (4-2)$$

2）按混凝土要求的耐久性校核水灰比

按式（4-2）计算所得水灰比是按强度要求计算得到的结果。在确定采用的水灰比时，还应根据混凝土所处环境条件、耐久性要求的允许最大水灰比进行校核。如按强度计算的水灰比大于耐久性运行的最大水灰比，应采用允许的最大水灰比。

（3）选定单位用水量

1）水灰比在 0.4~0.8 时，根据粗骨料的品种、粒径及施工要求的混凝土拌和物稠度，按表 4-20、表 4-21 直接选取用水量或先内插求得水灰比后再选取相应的用水量。

干硬性混凝土的用水量　　　　　　　　　　　　　　表 4-20

项目	指标	用水量/kg					
		卵石最大粒径/mm			碎石最大粒径/mm		
		10	20	40	16	20	40
维勃稠度	16~20	175	160	145	180	170	155
	11~15	180	165	150	185	175	160
	5~10	185	170	155	190	180	165

塑性混凝土的用水量　　　　　　　　　　　　　　表 4-21

项目	指标	用水量/kg							
		卵石最大粒径/mm				碎石最大粒径/mm			
		10	20	31.5	40	16	20	31.5	40
坍落度	10~30	190	170	160	150	200	185	175	165
	35~50	200	180	170	160	210	195	185	175
	55~70	210	190	180	170	220	205	195	185
	75~90	215	195	185	175	230	215	205	195

注：1. 摘自《普通混凝土配合比设计规程》（JGJ 55—2000）。
　　2. 本表用水量系采用中砂时的平均值。采用细砂时，每立方米混凝土用水量可增加 5~10kg；采用粗砂时，则可减少 5~10kg。
　　3. 掺用各种外加剂或掺和料时，用水量应相应调整。

2）水灰比小于 0.40 的混凝土以及采用特殊成型工艺的混凝土用水量应通过试验确定。

（4）计算单位水泥用量

1）按强度要求计算单位用灰量

每立方米混凝土拌和物的用水量选定后，可根据强度和耐久性要求已求得的水灰比（W/C）值计算水泥单位用量。

$$m_{co} = \frac{m_{wo}}{W/C}$$

2）按耐久性要求校核单位用灰量

根据耐久性要求，普通水泥混凝土的最小水泥用量，依结构物所处环境条件确定，具体见表 4-22。

混凝土最大水灰比和最小水泥用量　　　　表 4-22

环境条件		结构物	最大水灰比			最小水泥用量/kg		
			素混凝土	钢筋混凝土	预应力混凝土	素混凝土	钢筋混凝土	预应力混凝土
干燥环境		正常的居住或办公用房屋内	不作规定	0.65	0.60	200	260	300
潮湿环境	无冻害	高湿度的室内和室外部件 在非侵蚀土或水中的部件	0.70	0.60	0.60	225	280	300
	有冻害	经受冻害的室外部件 在非侵蚀土或水中经受冻害的部件 高湿度且经受冻害中的室内部件	0.55	0.55	0.55	250	280	300
有冻害和除冻剂的潮湿环境		经受冻害和除冰剂作用的室内和室外部件	0.50	0.50	0.50	300	300	300

(5) 选定砂率

1) 试验

通过试验，考虑混凝土拌和物的坍落度、粘聚性及保水性等特征，确定合理砂率。

2) 查表

如无使用经验，可根据粗骨料品种、最大粒径和混凝土拌和物的水灰比按表 4-23 确定。

混凝土的砂率　　　　表 4-23

水灰比	卵石最大粒径/mm			碎石最大粒径/mm		
	10	20	40	16	20	40
0.40	26～32	25～31	24～30	30～35	29～34	25～32
0.50	30～35	29～34	28～33	33～38	32～37	30～35
0.60	33～38	32～37	31～36	36～41	35～40	33～38
0.70	36～41	35～40	34～39	39～44	38～43	36～41

注：1. 本表数值系中砂的选用砂率，对细砂或粗砂，可相应减少或增大砂率。
    2. 只用一个单粒级骨料配制混凝土时，砂率应适当增大。
    3. 对薄壁构件，砂率取偏大值。
    4. 本表中的砂率是指砂与骨料纵向的质量比。
    5. 本表适用于坍落度为 10～60mm 的混凝土。对于坍落度大于 60mm 的混凝土砂率，可按经验确定，也可在本表的基础上，按坍落度每增大 20mm，砂率增大 1% 的幅度予以调整，坍落度小于 10mm 的混凝土，其砂率应经试验确定。

(6) 计算粗、细骨料单位用量

粗、细骨料的单位用量，可用质量法或体积法求得。

1) 质量法：联立混凝土拌和物的假定表观密度和砂率两个方程，可解得 1m³ 混凝土的粗、细骨料用量。

$$m_c + m_g + m_s + m_w = m_{cp}$$

$$\beta_s = \frac{m_s}{m_g + m_s} \times 100\%$$

式中 β_s——混凝土分砂率（%）。

2) 体积法：联立 $1m^3$ 混凝土拌和物的体积和混凝土的砂率两个方程，可解得 $1m^3$ 混凝土的粗、细骨料用量。

$$\frac{C_0}{\rho_c}+\frac{W_0}{\rho_w}+\frac{S_0}{\rho_{os}}+\frac{G_0}{\rho_{og}}+10a=1000$$

$$\frac{S_0}{S_0+G_0}\times 100\%=S_p$$

上述关系式中，可取 $\rho_w=1.0g/cm^3$。

当已知混凝土的表观密度 ρ_{oc}，有：

$$\frac{S_0}{S_0+G_0}\times 100\%=S_p$$

$$C_0+W_0+S_0+G_0=\rho_{oc}$$

注意：以上配合比计算公式及表格，均以材料在干燥状态（含水率小于 0.5% 的细骨料或含水率 0.2% 的粗骨料）计。

一般认为，质量法比较简便，不需要各种组成材料的密度资料，如施工单位已积累有当地常用材料所组成的混凝土假定表观密度资料，亦可得到准确的结果。体积法由于是根据各组成材料实测的密度进行计算的，所以能获得较为精确的结果，但工作量相对较大。

4.4.4.2 混凝土配合比的试配与确定

按以上方法确定的混凝土配合比称为计算配合比，它不能直接用于工程施工，在实际施工时，应采用工程中实际使用的材料进行试配，经调整和易性、检验强度后方可用于实际施工。

（1）混凝土配合比的试配和调整

混凝土试配时应采用工程中实际使用的原材料，混凝土的搅拌方法也应与生产时使用的方法相同。

试配时，每盘混凝土的数量应不少于表 4-24 中规定值。当采用机械搅拌时，拌和量应不小于搅拌机额定搅拌量的 1/4。

混凝土试配最小拌和量 表 4-24

粗骨料最大粒径/mm	拌和物数量/L	粗骨料最大粒径/mm	拌和物数量/L
31.5 及以下	15	40	25

混凝土配合比试配调整的主要工作如下：

1) 混凝土拌和物和易性调整

按计算配合比进行试拌，以检定拌和物的性能。如试拌得出的拌和物坍落度（或维勃稠度）不能满足要求，或粘聚性和保水性能不好时，则应在保证水灰比不变的条件下相应调整用水量或砂率，直到符合要求为止。然后提出供混凝土强度试验用的基准配合比。

2) 混凝土强度检验

混凝土强度检验时至少应采用三个不同的配合比，其中一个为基准配合比，另外两个配合比的水灰比值，宜较基准配合比分别增加和减少 0.05，其用水量与基准配合比基本相同，砂率值可分别增加或减小 1%。若发现不同水灰比的混凝土拌和物坍落度与要求值相差超过允许偏差值时，可适当增、减用水量进行调整。

制作混凝土强度试件时，尚应检验混凝土的坍落度或维勃稠度、粘聚性、保水性及拌和物表观密度，并以此结果作为代表这一配合比的混凝土拌和物的性能。

为检验混凝土强度等级，每种配合比应至少制作一组（三块）试件，并经标准养护28d试压。混凝土立方体试件的边长不应小于表4-25的规定。

混凝土立方体试件的边长　　　　　　　表4-25

骨料最大粒径/mm	试件边长/mm	骨料最大粒径/mm	试件边长/mm
31.5及以下	100×100×100	60	200×200×200
40	150×150×150		

（2）配合比的确定

确定混凝土配合比的步骤如下：

1) 确定混凝土初步配合比

根据试验得出的各水灰比及其相应的混凝土强度关系，用作图或计算法求出混凝土配制强度（$f_{cu,o}$）相对应的水灰比值，并按下列原则确定每立方米混凝土的材料用量。

用水量（W）——取基准配合比中的用水量，并根据制作强度试件时测得的坍落度或维勃稠度进行调整；

水泥用量（C）——取用水量乘以选定的灰水比计算而得；

粗、细骨料用量（S、G）——取基准配合比中的粗、细骨料用量，并按定出的水灰比进行调整。

至此，得出混凝土初步配合比。

2) 确定混凝土正式配合比

在确定出初步配合比后，还应进行混凝土表观密度校正，其方法为：首先算出混凝土初步配合比的表观密度计算值（$\rho_{oc计算}$），即：

$$\rho_{oc计算}=C+W+S+G$$

再用初步配合比进行试拌混凝土，测得其表观密度实测值（$\rho_{oc实测}$），然后按下式得出校正系数δ，即：

$$\delta=\frac{\rho_{oc实测}}{\rho_{oc计算}}$$

当混凝土表观密度实测值与计算值之差的绝对值不超过计算值的2%时，则上述得出的初步配合比即可确定为混凝土的正式配合比设计值。若二者之差超过2%时，则须将初步配合比中每项材料用量均乘以校正系数δ值，即为最终定出的混凝土正式配合比设计值，通常也称实验室配合比。

4.4.4.3　混凝土施工配合比换算

混凝土实验室配合比计算用料是以干燥骨料为基准的，但施工现场使用的骨料常含有一定的水分，因此必须将实验室配合比进行换算，换算成扣除骨料中水分后实际施工用的配合比，其换算方法如下：

设施工现场1m³混凝土中水泥、水、砂、石的用量分别为C'、W'、S'、G'，并设工地砂子含水率为$a\%$，石子含水率为$b\%$。则1m³混凝土中各材料用量应为：

$$C'=C$$

$$S'=S(1+a\%)$$
$$G'=G(1+a\%)$$
$$W'=W-S\cdot a\%-G\cdot b\%$$

施工现场骨料的含水率是经常变动的，因此在混凝土施工中应随时测定砂、石骨料的含水率，并及时调整混凝土配合比，以免因骨料含水量的变化而导致混凝土水灰比的波动，从而将对混凝土的强度、耐久性等一系列技术性能造成不良影响。

4.4.4.4 混凝土配合比设计实例

例 4-2 某框架结构工程现浇钢筋混凝土梁，混凝土设计强度等级为 C30，施工采用机拌机振，混凝土坍落度要求为 35～50mm，并根据施工单位历史资料统计，混凝土强度标准差 $\sigma=5$ MPa。所用原材料情况如下：

水泥：42.5 级矿渣水泥，水泥密度为 $\rho_c=3.0$ g/cm³，水泥强度等级标准值的富余系数为 1.08；砂：中砂，级配合格，表观密度 $\rho_{os}=2.65$ g/cm³；石：5～31.5mm 碎石，级配尚可，表观密度 $\rho_{og}=2.7$ g/cm³；外加剂：FDN 非引气高效减水剂（粉剂），适宜掺量为 0.5%。

试求：

① 混凝土计算配合比。

② 混凝土掺加 FDN 减水剂的目的是为了使混凝土拌和物和易性有所改善，又要能节约一些水泥用量，故决定减水 8%，减水泥 5%，求掺此减水剂混凝土的配合比。

③ 若经试配混凝土的和易性和强度等级均符合要求，无需作调整。又知现场砂子含水率为 3%，石子含水率为 1%，试计算混凝土施工配合比。

解：① 求混凝土的计算配合比

（A）确定混凝土配制强度（$f_{cu,o}$）

$$f_{cu,o}=f_{cu,k}+1.645\sigma=30+1.645\times5=38.23\text{MPa}$$

（B）确定水灰比（W/C）

$$\frac{W}{C}=\frac{Af_{ce}}{f_{cu,o}+A\cdot B\cdot f_{ce}}=\frac{0.46\times42.5\times1.08}{38.23+0.46\times0.07\times42.5\times1.08}=0.53$$

（C）确定用水量（W_0）

查表 4-21，对于最大粒径为 31.5mm 的碎石混凝土，当所需坍落度为 35～50mm 时，1m³ 混凝土的用水量可选用 $W_0=185$ kg。

（D）计算水泥用量（C_0）

$$C_0=\frac{W_0}{W/C}=\frac{185}{0.53}=349\text{kg}$$

按表 4-22 对于干燥环境的钢筋混凝土最小水泥用量规定，可取 $C_0=349$ kg/m³。

（E）确定砂率（S_p）

查表 4-23，对于采用最大粒径为 31.5mm 的碎石配制的混凝土，当水灰比为 0.53 时，其砂率值可选取 $S_p=35\%$（采用插入法选定）。

（F）计算砂、石用量（S_0，G_0）

用体积法计算，即：

$$\frac{349}{3}+185+\frac{S_0}{2.65}+\frac{G_0}{2.70}+10\times1=1000$$

$$\frac{S_0}{S_0+G_0}\times100\%=35\%$$

解此联立方程，则得 $S_0=644\text{kg}$，$G_0=1198\text{kg}$。

（G）写出混凝土计算配合比

1m^3 混凝土各材料用量为：水泥 349kg，水 185kg，砂 644kg，碎石 1198kg。以质量比表示即为：

$$水泥：砂：石=1：1.85：3.43,\ W/C=0.53$$

② 计算掺减水剂混凝土的配合比

设 1m^3 掺减水剂混凝土中的水泥、水、砂、石、减水剂的用量分别为 C、W、S、G、J，则各材料用量应为：

（A）水泥：$C=349\times(1-5\%)=332\text{kg}$

（B）水：$W=185\times(1-8\%)=170\text{kg}$

（C）砂、石：用体积法计算，即：

$$\frac{332}{3}+170+\frac{S}{2.65}+\frac{G}{2.70}+10\times1=1000$$

$$\frac{S_0}{S_0+G_0}\times100\%=35\%$$

解此联立方程，则得 $S=664\text{kg}$，$G=1233\text{kg}$

（D）减水剂 FDN：$J=332\times0.5\%=1.66\text{kg}$

③ 换算成施工配合比

设施工现场 1m^3 混凝土中水泥、砂、石、水、减水剂等各材料用量分别为 C'、W'、S'、G'、J'，则：

$$C'=C=332\text{kg}$$
$$J'=J=1.66\text{kg}$$
$$S'=S(1+a\%)=664\times(1+3\%)=684\text{kg}$$
$$G'=G(1+a\%)=1233\times(1+1\%)=1245\text{kg}$$
$$W'=170-664\cdot3\%-1233\cdot1\%=138\text{kg}$$

4.5 混凝土的质量控制与评定

混凝土质量控制的目的是要生产出质量合格的混凝土，即所生产的混凝土应能按规定的保证率满足设计要求的技术性质。

混凝土质量控制包括以下三个过程：

（1）初步控制：混凝土生产前对设备的调试、原材料的检验与控制以及混凝土配合比的确定与调整。

（2）生产控制：混凝土生产中对混凝土组成材料的计量，混凝土拌和物的搅拌、运输、浇筑和养护等工序的控制。

（3）合格控制：对浇筑的混凝土进行强度或其他技术指标检验评定，主要有批量划分、确定批量取样数、确定检测方法和验收界限等内容。

混凝土的质量是由其性能检验结果来评定的。在施工中，虽然力求做到既要保证混凝土所要求的性能，又要保证其质量的稳定性。但实践中，由于原材料、施工条件及试验条件等许多复杂因素的影响，必然造成混凝土质量的波动。由于混凝土的质量将直接反映到其最终的强度上，而混凝土的抗压强度与其他性能有较好的相关性，因此，在混凝土生产管理中，常以混凝土的抗压强度作为评定和控制其质量的主要指标。

4.5.1 混凝土的质量控制

4.5.1.1 混凝土强度的波动规律

在正常生产施工条件下，影响混凝土强度的因素都是随机变化的，因此，混凝土的强度也应是随机变量。对于随机变量的问题可以用数理统计的方法处理和评定。

在一定施工条件下，对同一种混凝土进行随机取样，制作 n 组试件（$n \geqslant 25$），测得其 28d 龄期的抗压强度，然后以混凝土强度为横坐标，以混凝土强度出现的概率为纵坐标，绘制出混凝土强度分布概率曲线。实践证明，混凝土强度分布曲线一般是符合正态分布的，如图 4-10 所示。混凝土强度正态分布曲线具有以下特点：

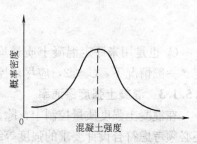

图 4-10　正态分布曲线

(1) 曲线呈钟形，两边对称，对称轴就在平均强度值处，而曲线的最高峰就出现在这里。这表明混凝土强度接近其平均强度值的概率出现的次数最多，而随着距离对称轴越远，亦即强度测定值比强度平均值越低或越高者，其出现的概率就越少，最后逐渐趋近于零。

(2) 曲线和横坐标之间所包围的面积为概率的总和，等于 100%。对称轴两边出现的概率相等，即各为 50%。

(3) 在对称轴两边的曲线尚各有一个拐点，两拐点间的曲线向上凸弯，拐点以外的曲线向下凹弯，并以横坐标为渐近线。

混凝土强度正态分布曲线高而窄时，表明所测混凝土强度值波动小，说明混凝土施工质量控制得较好，生产质量管理水平高。反之，若曲线矮而宽，表明混凝土强度值很分散，离散性大，说明混凝土施工质量控制差，生产管理水平低。

4.5.1.2 混凝土质量评定的数理统计方法

用数理统计方法进行混凝土强度质量评定是通过求出正常生产控制条件下混凝土强度的平均值、标准差、变异系数和强度保证率等参数，然后进行综合评定。

(1) 平均值

$$\overline{f_{cu}} = \frac{\sum_{i=1}^{n} f_{cu,i}}{n}$$

式中　$\overline{f_{cu}}$——第 i 组试件的抗压强度（MPa）；

$f_{cu,i}$——n 组抗压强度的算术平均值（MPa）。

平均强度反映混凝土总体强度的平均值，但不能反映混凝土强度的波动情况。

(2) 标准差

混凝土强度标准差又称均方差，按下式计算：

$$\sigma = \sqrt{\frac{\sum_{i=1}^{n}(f_{cu,i}-\overline{f_{cu}})^2}{n-1}} = \sqrt{\frac{\sum_{i=1}^{n}f_{cu,i}^2 - \overline{f_{cu}}^2}{n-1}}$$

式中　　n——试验组数（$n \geqslant 25$）；
　　　　σ——n 组抗压强度标准差（MPa）。

σ 值是正态分布曲线上拐点对称轴的垂直距离，是评定混凝土质量均匀性的一种指标，σ 越大，说明其强度离散性越大，混凝土质量也越不稳定。

（3）变异系数

变异系数又称离散系数。按下式计算：

$$C_v = \frac{\sigma}{f_{cu}}$$

C_v 也是用来评定混凝土质量均匀性的一种指标，C_v 值越小，表明混凝土质量越稳定。一般情况下，$C_v \leqslant 2$，应尽量控制在 0.15 以下。

4.5.1.3 混凝土强度保证率

在混凝土强度质量控制中，除了必须考虑到所生产的混凝土强度质量的稳定性之外，还必须考虑符合设计要求的强度等级合格率，即保证率。

强度保证率是指混凝土强度总体中大于等于设计强度等级的概率，在混凝土强度正态分布曲线以阴影表示，如图 4-11 所示。

工程上保证率 P（%）可根据统计周期内混凝土试件强度不低于要求强度等级的试件数 n_0 与试件总数 n（$n \geqslant 25$）之比求得，即：

$$P = \frac{n_0}{n} \times 100\%$$

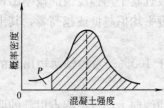

图 4-11　强度保证率示意图

《混凝土强度检验评定标准》规定，根据统计周期内混凝土强度标准差和保证率，可将混凝土生产单位管理水平划分为：优良、一般、差三个等级。见表 4-26。

混凝土生产管理水平　　　　　　　　　　表 4-26

评定指标	生产管理水平	优良		一般		差	
	混凝土等级 生产单位	<C20	≥C20	<C20	≥C20	<C20	≥C20
混凝土强度标准差	商品混凝土厂和预制混凝土构件厂	≤3.0	≤3.5	≤3.5	≤3.5	>5.0	>5.0
	集中搅拌混凝土的施工现场	≤3.5	≤3.5	≤3.5	≤3.5	>4.5	>5.5
混凝土强度保证率	商品混凝土厂和预制混凝土构件厂及集中搅拌混凝土的施工现场	≥95		≥85		≤85	

4.5.2　混凝土强度评定（统计方法评定）

混凝土强度进行分批检验评定，一个验收批的混凝土应由混凝土强度等级相同、龄期相同以及生产工艺条件和配合比基本相同的混凝土组成。

当混凝土的生产条件在较长时间内能保持一致，且同一品种混凝土的强度变异保持稳定时，即标准差已知时，应由连续的三组试件组成一个验收批。其强度应同时满足下列要求：

$$\overline{f}_{cu} \geqslant f_{cu,k} + 0.7\sigma_0$$
$$\overline{f}_{cu,min} \geqslant f_{cu,k} - 0.7\sigma_0$$

式中 $\overline{f}_{cu}$——同一验收批混凝土立方体抗压强度平均值（MPa）；

$f_{cu,k}$——混凝土立方体抗压强度标准值（MPa）；

$\overline{f}_{cu,min}$——同一验收批混凝土立方体抗压强度最小值（MPa）；

σ_0——验收批混凝土立方体抗压强度标准差（MPa）。

当混凝土等级不高于C20时，其强度的最小值还应满足下式要求：

$$f_{cu,min} \geqslant 0.85 f_{cu,k}$$

当混凝土强度等级高于C20时，其强度的最小值还应满足下式要求：

$$f_{cu,min} \geqslant 0.90 f_{cu,k}$$

验收批混凝土立方体抗压强度的标准差 σ_0，应根据前一个检验期内（不超过3个月）同一品种混凝土试件的强度数据，按下式计算：

$$\sigma_0 = \frac{0.59}{m} \sum_{i=1}^{m} \Delta f_{cu,i}$$

式中 $\Delta f_{cu,i}$——第 i 批试件立方体抗压强度最大值和最小值之差（MPa）；

m——用以确定验收批混凝土立方体抗压强度标准差的数据总组数（$m \geqslant 15$）。

注：上述检验期不应超过2个月，且该期间内强度数据的总批数不得少于15。

当混凝土生产条件在较长时间内不能保持一致且混凝土强度变异不能保持稳定时，或在前一个检验期内的同一品种混凝土没有足够的数据用以确定验收批混凝土立方体抗压强度的标准差时，应由不少于10组的试件组成一个验收批，其强度应同时满足下列公式的要求：

$$\overline{f}_{cu} - \lambda_1 S_{f_{cu}} \geqslant 0.9 f_{cu,k}$$
$$f_{cu,min} \geqslant \lambda_2 f_{cu,k}$$

式中 $S_{f_{cu}}$——同一验收批混凝土立方体抗压强度标准差（MPa）（当 $S_{f_{cu}}$ 的计算值小于 $0.06 f_{cu,k}$ 时，取 $S_{f_{cu}} = 0.06 f_{cu,k}$）；

λ_1, λ_2——合格判定系数（按表4-27取用）。

混凝土强度的合格判定系数 表4-27

试件组数	10~14	15~24	≥25
λ_1	1.70	1.65	1.60
λ_2	0.90	0.85	0.85

混凝土立方体抗压强度的标准差 $S_{f_{cu}}$ 可按下列公式计算：

$$S_{f_{cu}} = \sqrt{\frac{\sum_{i=1}^{n} f_{cu,i}^2 - n\overline{f}_{cu}^2}{n-1}}$$

式中 $f_{cu,i}$——第 i 组混凝土试件的立方体抗压强度值（MPa）；

n——验收批混凝土试件组数。

以上为按统计方法评定混凝土强度。若按非统计法评定混凝土强度时,其强度应同时满足下列要求:

$$\bar{f}_{cu} \geqslant 1.15 f_{cu,k}$$
$$\bar{f}_{cu,min} \geqslant 0.95 f_{cu,k}$$

若按上述方法检验,发现不满足合格条件时,则该批混凝土强度判为不合格。对不合格批混凝土制成的结构或构件,应进行鉴定,对不合格的结构或构件必须及时处理。

当对混凝土试件强度的代表性有怀疑时,可采用从结构或构件中钻取试样的方法或采用非破损检验方法,按有关标准的规定对结构或构件中混凝土的强度进行推定。

4.6 其他品种混凝土

4.6.1 抗渗混凝土

抗渗混凝土又称防水混凝土,它是通过各种方法提高自身密实度与抗渗性能,以达到防水要求的混凝土。其抗渗性能是以抗渗等级和渗透系数来表示。常用的抗渗等级有 S2、S4、S6、S8、S10、S12。抗渗混凝土不仅要满足强度要求,而且要满足抗渗要求,一般是指抗渗等级不低于 S8 的混凝土。

4.6.1.1 抗渗混凝土的种类

目前抗渗混凝土按其配制方法大致可分为四类:

(1) 骨料级配法抗渗混凝土

骨料级配法抗渗混凝土是将三种或三种以上不同级配的砂、石按一定比例混合配制的,使砂、石级配达到较密实的程度,以满足混凝土最大密实度的要求,从而提高抗渗性能,得到防水的目的。

(2) 富水泥浆抗渗混凝土

富水泥浆抗渗混凝土的原理是适当加大混凝土中的水泥用量,以提高砂浆填充粗骨料空隙的程度,从而提高混凝土的密实性。这种配制方法对骨料级配无特殊要求,所以施工简便,易为施工人员接受。

(3) 掺外加剂的抗渗混凝土

上述两种方法存在缺点,前者对骨料级配要求太严,往往实际难以满足;后者是水泥用量多,不经济。使用外加剂可克服上述缺点,改善混凝土内部结构,提高抗渗性。

用于抗渗混凝土的外加剂有各类减水剂、膨胀剂和防水剂等。各类外加剂改善混凝土抗渗性能的机理大致有以下几方面:

1) 减水效果:降低水灰比,改善混凝土密实度。
2) 微膨胀或收缩补偿效果,使混凝土自密实并且抗裂性能获得改善。
3) 形成胶状产物,堵塞渗水孔隙。
4) 形成憎水产物,阻止水渗透。

(4) 特种水泥配制抗渗混凝土

采用膨胀水泥、补偿收缩水泥可配制高密实度的抗渗混凝土,但由于特种水泥生产量小，价格高，该方法使用不太普遍。

4.6.1.2 配合比设计原则

（1）原材料的要求

抗渗混凝土所用原材料应符合普通混凝土配合比设计规程规定，此外还应符合下列要求：

1）所用水泥强度等级不低于42.5，其品种应按设计要求选用，若同时有抗冻要求，则应优先选用硅酸盐水泥、普通硅酸盐水泥。

2）粗骨料的最大粒径不宜大于40mm，含泥量不得超过1%，泥块含量不超过0.5%。

3）细骨料的含泥量不超过3%，泥块含量不得大于1%。

4）外加剂宜采用防水剂、膨胀剂或减水剂。

（2）抗渗混凝土配合比计算和试配时的方法与普通混凝土基本相同，但还须遵守以下几点原则：

1）每立方米混凝土中水泥用量（含掺和料）不宜少于320kg。

2）砂率以35%～40%为宜，灰砂比适宜范围为1:2～1:2.5。

3）供试配用的最大水灰比应符合表4-28要求。

抗渗混凝土最大水灰比极限值　　　　　　　表4-28

抗 渗 等 级	最大水灰比极限值	
	C20～C30 混凝土	C30 以上混凝土
6	0.6	0.55
8～12	0.55	0.50
12 以上	0.50	0.45

（3）抗渗混凝土性能指标

1）强度　应满足设计强度等级要求。

2）抗渗性能　抗渗混凝土配合比设计时，试配混凝土的抗渗等级应比设计值提高0.2MPa。

3）其他　掺引气减水剂的混凝土还应进行含气量检验，其含气量应控制在3%～5%。

4.6.2 轻混凝土

表观密度小于1950kg/m³的混凝土称为轻混凝土，轻混凝土又可分为轻骨料混凝土、多孔混凝土及无砂混凝土等三类。

4.6.2.1 轻骨料混凝土

凡是用轻粗骨料、轻细骨料（或普通砂）、水泥和水配制而成的轻混凝土，称为轻骨料混凝土。由于轻骨料种类繁多，故混凝土常以轻骨料的种类命名。例如：粉煤灰陶粒混凝土、浮石混凝土等。轻骨料按来源可分为三类：工业废渣轻骨料（如粉煤灰陶粒、煤渣等），天然轻骨料（如浮石、火山灰等），人工轻骨料（如页岩陶粒、黏土陶粒、膨胀珍珠岩等）。

轻骨料混凝土强度等级与普通混凝土相对应，按立方体抗压标准强度划分为：

CL5.0、CL7.5、CL10、CL15、CL20、CL25、CL30、CL35、CL40、CL45 和 CL50 等。轻骨料混凝土的应变值比普通混凝土大，其弹性模量为同强度等级普通混凝土的50%～70%。轻骨料混凝土的收缩和徐变约比普通混凝土相应大 20%～50% 和 30%～60%。

许多轻骨料混凝土具有良好的保温性能，当其表观密度为 1000kg/m³ 时，导热系数为 0.28W/(m·K)；表观密度为 1800kg/m³ 时，导热系数为 0.87W/(m·K)。可作为保温材料、结构保温材料或结构材料。

4.6.2.2 多孔混凝土

多孔混凝土是一种不用骨料的轻混凝土，内部充满大量细小封闭的气孔，孔隙率极大，一般可达混凝土总体积的85%。它的表观密度一般在 300～1200kg/m³ 之间，导热系数为 0.08～0.29W/(m·K)。因此多孔混凝土是一种轻质多孔材料，兼有结构及保温、隔热等功能，同时容易切割、锯解，稳定性好。多孔混凝土可制作屋面板、内外墙板、砌块和保温制品，广泛用于工业及民用建筑和管道保温。

根据气孔产生的方法不同，多孔混凝土可分为加气混凝土和泡沫混凝土。加气混凝土在生成上比泡沫混凝土具有更多的优越性，所以生产和应用发展较快。

(1) 加气混凝土

加气混凝土是用含钙材料（水泥、石灰）、含硅材料（石英砂、粉煤灰、矿渣、页岩等）和加气剂为原料，经磨细、配料、浇注、切割和压蒸养护等工序而成。

加气剂一般采用铝粉，它与含钙材料中的氢氧化钙反应放出氢气，形成气泡，使料浆成为多孔结构。

加气混凝土的抗压强度一般为 0.5～1.5MPa。

(2) 泡沫混凝土

泡沫混凝土是将水泥浆和泡沫剂拌和后形成的多孔混凝土。其表观密度多在 300～500kg/m³，强度不高，仅 0.5～0.7MPa。

通常用氢氧化钠加水拌入松香粉（碱∶水∶松香＝1∶2∶4），再与溶化的胶液（皮胶或骨胶）制成松香胶泡沫剂。将泡沫剂加温水稀释，用力搅拌即成稳定的泡沫。然后加入水泥浆（也可掺入磨细的石英砂、粉煤灰、矿渣等硅质材料）与泡沫拌匀，成型后蒸养或压蒸养护即成泡沫混凝土。

4.6.2.3 无砂大孔混凝土

无砂混凝土是以粗骨料、水泥、水配制而成的一种轻混凝土，表观密度为 500～1000kg/m³，抗压强度为 3.5～10MPa。

无砂大孔混凝土中因无细骨料，水泥浆仅将粗骨料胶结在一起，所以是一种大孔材料。它具有导热性低、透水性好等特点，也可作为绝热材料及滤水材料。水工建筑中常用作排水暗管、井壁滤管等。

4.6.3 聚合物混凝土

聚合物混凝土是由聚合物、无机胶凝材料和骨料配制而成的，它最大的特点是弥补了普通混凝土抗拉强度低、抗裂性差的缺点。聚合物混凝土主要有以下几种：

4.6.3.1 聚合物浸渍混凝土

聚合物浸渍混凝土是将已硬化的普通混凝土（基材），经干燥后浸入有机单体中，再用加热或者辐射的方法使渗入混凝土孔隙内的单体进行聚合而成。浸渍混凝土具有高强、低渗、耐腐蚀以及高的抗冻、抗冲、耐磨等特性，其抗压强度可比浸渍前提高2～4倍，一般为100～150MPa，最高可达260MPa以上，抗拉强度可提高到10～12MPa，最高能达24MPa以上。聚合物浸渍的应力-应变曲线具有弹性材料的特征，其弹性模量约为基材的2倍，徐变比基材小得多。

浸渍混凝土增强的原因主要是由于聚合物渗填于混凝土内部孔隙后，提高了混凝土的密实度，增加了水泥石与骨料之间的粘结力。另外，混凝土中渗填的单体，在聚合过程中将发生收缩作用而对孔壁产生预应力，从而降低基材内部的应力集中，有利于提高混凝土的抗力。

浸渍混凝土对基材最主要的要求是要具有被单体渗填的适当的连通孔隙构造特征，以及适当的孔隙率，这对浸渍混凝土的性能和成本有很大影响。当基材连通孔隙较多并且孔隙率较大时，则水分从基材中排出及有机单体渗入的速度越快，从而可缩短浸渍操作试件，且单体浸渍程度较高，制品强度大。因此，为适当限制浸渍量，应选择适当孔隙率的基材。

聚合物在基材的程度通常以聚填率表示，聚填率是指基材内浸渍聚合物的质量占浸渍前基材质量的百分比。浸渍混凝土的聚填率一般为6%～8%。

混凝土浸渍时，可采用一种或多种单体，常用浸渍有机物有甲基丙烯酸甲酯、苯乙烯、聚酯-苯乙烯、环氧树脂-聚乙烯等。浸渍时可采用常压，也可采用真空，后者可提高浸渍程度，前者只能表面浸渍。

浸渍混凝土主要用于要求高强度、高耐久性的特殊结构工程，如高压输气管、高压输液管、高压容器、海洋构筑物等工程。

4.6.3.2 聚合物水泥混凝土

聚合物水泥混凝土是用聚合物乳液拌和水泥及粗、细骨料而制成的一种有机无机复合材料，其中聚合物的硬化和水泥的水化、凝结硬化同时进行，最后二者相互胶合和填充，并与骨料胶结成为整体。常用聚合物有聚氯乙烯、聚酯酸乙烯、苯乙烯等。

由于聚合物的加入，使得混凝土的密实度有所提高，水泥石与骨料的粘结有所加强，其强度提高虽远不及浸渍混凝土显著，但对耐腐蚀性、耐磨性、耐久性等均有一定程度的改善。聚合物水泥混凝土主要用于铺筑无缝地面、路面以及修补工程中。

4.6.3.3 树脂混凝土

树脂混凝土是由液态树脂、粉料及天然砂、石配制而成的。用树脂代替硅酸盐水泥，是谋求胶结材的强化及胶结材与骨料之间界面粘结力的提高，使其早强性显著，耐化学腐蚀性提高，但存在着强度对温度的依存性问题。

配制树脂混凝土常用的聚合物有聚酯树脂、环氧树脂、聚甲基丙烯酸甲酯等，聚合物用量一般为6%～10%。这种混凝土具有高强、耐磨、耐腐、抗渗、抗冻等特点，但因成本高，目前仅用于要求高强、高耐腐蚀的特殊工程。

4.6.4 泵送混凝土

泵送混凝土是利用混凝土泵在泵送压力作用下沿管道内进行垂直和水平输送的混凝土。从材料成分上讲，泵送混凝土与一般混凝土没有什么区别，但在质量上泵送混凝土有它的特殊要求，这就是混凝土的可泵性。

所谓可泵性,即混凝土拌和物能顺利通过管道、摩阻力小、不离析、不堵塞和粘塑性良好的性能。可泵性良好的混凝土拌和物能顺利通过管道输送到浇筑地点,否则,容易造成堵塞,影响混凝土的正常使用。因此,在混凝土原材料的选择和配合比方面要慎重考虑,以求配制出可泵性良好的混凝土拌和物。

4.6.4.1 泵送混凝土原材料的选择

（1）粗骨料

粗骨料的级配、粒径和形状对混凝土拌和物的可泵性影响很大,具有连续级配的、级配良好的粗骨料,空隙率小,对节约砂浆和增加混凝土的密实度起很大作用。为了防止混凝土拌和物泵送时管道堵塞,保证泵送顺利进行,还需控制粗骨料最大粒径与混凝土输送管内径之比,一般要求:当泵送高度在50m以下时,对碎石,应小于输送管内径的1/3;对卵石,应小于输送管内径的2/5。当泵送高度在50~100m时,这个比例宜为1：4~1：3。泵送高度在100m以上时,宜为1：5~1：4。此外,针片状颗粒含量多和石子级配不好时,输送管转弯处的管壁往往易磨损,且针片状颗粒一旦横在输送管中,易造成输送管堵塞。因此,粗骨料中针片状颗粒含量不宜大于10%。

（2）细骨料

细骨料对混凝土拌和物可泵性的影响比粗骨料大得多。混凝土拌和物之所以能在输送管内顺利流动,是由于砂浆润滑管壁和粗骨料悬浮在砂浆中的缘故,因而要求细骨料有良好的级配。一般认为细骨料最佳级配曲线应尽可能接近砂的中部区域,如用中砂,细度模数在3~3.4之间。

（3）水泥

水泥品种对混凝土的可泵性也有一定影响。一般以采用硅酸盐水泥、普通硅酸盐水泥、矿渣硅酸盐水泥以及粉煤灰硅酸盐水泥为宜。对大体积混凝土,用矿渣硅酸盐水泥,采取适当措施提高砂率,降低坍落度以及掺加粉煤灰,提高保水性,可以顺利地用于泵送混凝土,对于有效降低水泥水化热,防止过大温差引起混凝土温度裂缝是有利的。

（4）混合材料

所谓混凝土的混合材料是指除去水泥、粗细骨料、水等主要材料外,在搅拌时加入的其他材料。混合材料一般分为外加剂和掺和料两大类。

用于泵送混凝土的外加剂主要有减水剂和引气剂两类。这两类外加剂掺入混凝土拌和后都可以降低混凝土拌和物的泌水性,减少水泥浆的离析现象,增加坍落度,延缓水泥水化热的释放速度,显著改善混凝土拌和物的流动性。泵送混凝土的掺和料最常用的是粉煤灰。掺入后能使流动性明显增加,且能减少混凝土拌和物的泌水和干缩速度。在泵送混凝土中同时掺加外加剂和粉煤灰简称"双掺",对提高混凝土拌和物的可泵性十分有利。

4.6.4.2 泵送混凝土的配合比

泵送混凝土配合比设计的目的是根据工程对混凝土性能的要求（抗压强度、耐久性等）和混凝土泵送的要求,选择原材料并设计出经济指标好、质量优且可泵性好的混凝土。由混凝土的可泵性来确定混凝土的配合比,就是根据原材料的质量、泵送距离、泵的种类、输送管的管径、浇筑方法和气候条件等进行试配,必要时,应通过泵送来最后确定泵送混凝土的配合比。

（1）混凝土可泵性的评价

混凝土的可泵性，可用压力泌水试验仪结合施工经验进行控制。压力泌水试验仪是一直径125mm的圆筒，上下端有可装拆的顶盖和底座。上部装有活塞，由手动千斤顶驱动。底部的侧面有一泌水孔，外部接有水龙头。试验时，把体积约1700cm³的混凝土分两层装进圆筒，关闭水龙头，开动手动千斤顶活塞，使圆筒中的混凝土拌和物受到约3.5MPa的压力。打开水龙头并保持压力不变，按规定的时间间隔测出流出的水量。开始10s内流出的水量的体积以V_{10}表示，开始140s内储水量的总体积以V_{140}表示。则相对泌水率为：

$$S_{10} = \frac{V_{10}}{V_{140}}$$

式中 S_{10}——混凝土拌和加压至10s时的相对泌水率（%），取三次试验结果的平均值，精确到1%；

V_{10}、V_{140}——混凝土加压至10s和140s时的泌水量（mL），均取三次试验结果的平均值，精确到1%。

容易脱水的混凝土，在开始10s内的出水速度很快，V_{10}很大，而140s以后出水的体积却很小。因而S_{10}可代表混凝土拌和物的保水性能。该值小，表明混凝土拌和物的可泵性好；反之，则表明可泵性不好。

（2）坍落度的选择

普通方法施工的混凝土的坍落度是根据捣实方式确定的。而泵送混凝土除考虑捣实方式外，还要考虑其可泵性。坍落度过小的混凝土拌和物，泵送时会影响混凝土的吸入，降低泵送效率，进行泵送时的摩阻力大，要求用较大的泵送压力，会使混凝土泵的磨损增加，如处理不当还会产生堵塞，给施工带来麻烦。如坍落度过大，混凝土拌和物在管道中的滞留时间过长，泌水多，容易因产生离析而形成堵塞。

配制泵送混凝土时要求的坍落度值应按下式计算：

$$T_t = T_p + \Delta T$$

式中 T_t——试配时要求的坍落度值；

T_p——入泵时要求的坍落度值；

ΔT——试验测得在预计时间内的坍落度损失值。

一般情况下，泵送混凝土的坍落度为80~180mm，对轻骨料混凝土180mm为宜。

当采用预拌混凝土时，混凝土拌和物经过运输，坍落度会有所损失，为了能准确达到入泵时规定的坍落度，在确定预拌混凝土生产出料时的坍落度时，必须考虑上述运输过程中坍落度损失。

（3）水灰比选择

一般来说，水灰比大有利于混凝土拌和物泵送，但水灰比过大会使混凝土强度降低。水灰比还与泵送混凝土在输送管中的流动阻力有关，水灰比减小，混凝土拌和物的流动阻力就大。《混凝土泵送施工技术规程》（JGJ/T 10—95）规定，泵送混凝土的水灰比宜为0.4~0.6。不过对一些高强混凝土，水灰比为0.3~0.35。

（4）最小水泥用量的选择

在用普通方法使用的混凝土中，水泥用量是根据混凝土的强度和水灰比确定的。而在泵送混凝土中，除满足混凝土强度要求外，还必须满足管道输送的要求。因为泵送混凝土是用水泥浆或灰浆润滑管壁的，为了克服管道内的摩阻力，必须有足够的水泥浆包裹骨料表面和润滑管壁。所以，对泵送混凝土有最小水泥用量的要求。最小水泥用量与输送直径、泵送距离、骨料等关。规程规定最小水泥和矿物掺和料用量宜为300kg/m³。

(5) 砂率的确定

最佳的砂率，即在保证混凝土强度和可泵性的情况下，水泥用量最小时的砂率。砂率对于泵送混凝土的泵送性能很重要。由于泵送混凝土的输送管道有直管、弯管、锥形管和软管，混凝土拌和物通过这些管道时要发生形状变化，砂率低的混凝土和易性差、变形困难、不宜通过、易产生堵塞。因此，泵送混凝土的砂率比非泵送混凝土的砂率要高约2%~5%，宜为38%~45%。对于强度等级C60及以上的高强混凝土要控制砂率在38%以下。

4.6.4.3 泵送后混凝土性质的变化

(1) 坍落度

混凝土拌和物经过泵送后坍落度会变化。一般是泵送前混凝土坍落度越小，变化越大；空气含量越大、温度越高、输送管越长，变化越大。水泥用量和砂率对变化也有影响。

(2) 空气含量

经过泵送，混凝土拌和物内的空气含量有下降的趋势，这是空气受压的结果。

(3) 重力密度

在泵送过程中，混凝土拌和物受压，密实度和重力密度应该有所增加，但由于所受压力不大（约0.5~2.0MPa），且压力是脉冲式的，因而对重力密度的影响不大。

(4) 混凝土温度

在泵送过程中，混凝土拌和物与管道摩擦，从而温度可能升高。一般混凝土拌和物的温度升高1℃则坍落度下降4mm。因此，在盛夏季节施工，必须充分考虑由于温度的升高而引起的坍落度降低。

(5) 抗压强度

经过泵送混凝土的抗压强度变化很小，可忽略不计。

4.6.5 纤维混凝土

纤维混凝土也称纤维增强混凝土，它是不连续的短纤维无规则的均匀分散于水泥砂浆或水泥混凝土基材中而形成的复合材料。

纤维对于混凝土性能改善的机理主要表现在以下几方面：首先，在混凝土凝结硬化初期，纤维可以限制混凝土的各种早期收缩，有效地抑制混凝土早期干缩微裂纹及离析裂纹的产生和发展，可以大大增强混凝土的抗裂能力。其次，当混凝土结构承受外力作用时，纤维能与基体共同承受外力。在受外力初期，基体是主要承受外力者，当基体产生开裂趋势后，横跨裂缝的纤维就会阻碍其开裂的扩展，并承担部分荷载，从而提高了混凝土抗荷载能力。此外，随着外力的不断增大，适当体积掺量的纤维可继续承受较高的荷载并产生较大的变形，直至纤维被拉断或从基体中被拔出而破坏，从而使其受力破坏过程中表现出更高的韧性。

土木工程中用得最多的纤维增强混凝土有钢纤维增强混凝土、玻璃纤维增强混凝土、聚丙烯纤维增强混凝土及碳纤维增强混凝土等。

4.6.5.1 钢纤维混凝土

钢纤维增强混凝土是由钢纤维与水泥混凝土或水泥砂浆按照一定比例和结构配制而成的复合材料。与普通混凝土相比，钢纤维混凝土基体在组成结构上有诸多不同之处，不能简单地认为它就是普通混凝土中掺入钢纤维后的复合材料。因为以普通混凝土为基体材料再掺入钢纤维后构成的复合材料很难获得较理想的效果。

与普通混凝土相比，钢纤维混凝土对原材料及配合比的要求特点主要表现在以下几方面：首先，其粗骨料最大粒径的选取不同，除了需满足结构构造之外，它还要考虑纤维长度的要求。因为长度对钢纤维在混凝土基体中的分散均匀性影响很大，也直接影响到钢纤维作用的发挥。通常，纤维在基体材料中分布的均匀性随着骨料最大粒径与纤维长度比值的增大而下降。当比值为 0.5 时，纤维对混凝土的增强效果最好。

工程实践中通常选用的纤维长度多为 25～50mm，粗骨料的最大粒径以 10～20mm 为宜。中等强度的钢纤维混凝土砂率为 45%～50%，高强度钢纤维混凝土的砂率为 35%～40%。

4.6.5.2 玻璃纤维混凝土

玻璃纤维增强混凝土是由玻璃纤维与水泥混凝土或水泥砂浆按照一定比例和结构配制而成的复合材料。

通常，玻璃纤维的直径仅为 $3～9\mu m$，其拉伸强度可高达 1500～4000MPa，但普通玻璃纤维在碱性环境中的化学稳定性较差，甚至比普通平板玻璃的稳定性还差，这是因为纤维的比表面积比玻璃板大。因此，欲在玻璃纤维混凝土中充分发挥玻璃纤维拉伸强度高的优点，须克服其化学稳定性差的缺点。为此，普通玻璃纤维配制增强混凝土中应采用非碱性水泥，如铝酸盐水泥、硫铝酸盐水泥、混合型低碱水泥、改性波特兰水泥及石膏等；若采用硅酸盐水泥配制混凝土，应采用耐碱玻璃纤维。

为使玻璃纤维在基体材料中发挥更好的增强效果，其掺量（体积率）较高，短纤维掺量一般为 1%～8%，若采用连续纤维时，其纤维体积率还应提高。

利用玻璃纤维增强混凝土制作的工程结构具有强度高、韧性好、壁薄质轻以及设计自由度大等特点。随着材料制备技术、材料性能和应用技术等方面的不断进步，玻璃纤维增强水泥基复合材料可以用来生产各种结构构件，如薄壁板材或管材、形状复杂的墙体异型板材、装饰构件、卫生器具与容器等。

4.6.6 高强混凝土

工程中一般认为强度等级超过 C60 的混凝土为高强混凝土。采用高强或者超高强混凝土取代普通混凝土可大幅减少混凝土构件体积和钢筋用量。

4.6.6.1 高强混凝土的原材料

（1）水泥

应选用硅酸盐水泥或普通硅酸盐水泥，其强度等级不低于 52.5。

（2）粗骨料

粗骨料的最大粒径不应超过 31.5mm，针片状颗粒含量不宜超过 5%，含泥量不应超过 1%，所用粗骨料除进行压碎指标试验外，对碎石还应进行立方体强度试验，其检验结果应符合 JGJ 53—92 的规定。因为高强混凝土破坏时，骨料往往也被压裂，因此，骨料的强度对混凝土的强度有相当大的影响。

(3) 细骨料

宜采用中砂，细度模数宜大于 2.6，含泥量不应超过 2%。最好要求 600μm 筛的累计筛余大于 70%，300μm 筛的累计筛余大于 95%，而 150μm 筛的累计筛余大于 98%。

(4) 混合材料

配制高强混凝土一般需掺入硅灰等活性掺和料或专用的特殊掺和料。由于硅灰资源少且价格昂贵，多采用超细矿渣或超细粉煤灰作为超高强混凝土特殊掺和料。目前国内工程上多采用专用的特殊掺和料配制高强混凝土，专用特殊掺和料已作为独立的产品在市场上销售。

(5) 外加剂

宜选用非引气、坍落度损失小的高效减水剂。主要选用的有高效减水剂、引气剂、缓凝剂。

4.6.6.2 配合比设计要点

高强混凝土配合比计算方法、步骤与普通混凝土基本相同，但应注意以下几点：

(1) 基准配合比的水灰比，不宜用普通混凝土水灰比公式计算。强度等级 C60 以上的混凝土一般按经验选取基准配合比的水灰比，试配时选用的水灰比宜为 0.02~0.03。

(2) 外加剂和掺和料的掺量及其对混凝土性能的影响，应通过试验确定。

(3) 配合比中砂率可通过试验建立"坍落度-砂率"关系曲线，以确定合理的砂率。

(4) 混凝土中胶凝材料用量不宜超过 600kg/m³。

(5) 配制 C70 以上强度等级的混凝土，须掺用硅灰或专用特殊掺和料。

4.6.7 耐酸混凝土

能抵抗多种酸及大部分腐蚀性气体侵蚀作用的混凝土称为耐酸混凝土。

耐酸混凝土由水玻璃作胶结料，氟硅酸钠作为促硬剂，与耐酸粉料及耐酸粗、细骨料按一定比例配置而成。耐酸粉料由辉绿岩、耐酸陶瓷碎料、含石英膏的材料磨细而成。耐酸粗、细骨料常用石英岩、辉绿岩、安山岩、玄武岩、铸石等。水玻璃耐酸混凝土的配合比一般为水玻璃：耐酸粉料：耐酸细骨料：耐酸粗骨料＝0.6~0.7：1：1：1.5~20。水玻璃耐酸混凝土养护温度不低于 10℃，养护试件不少于 6d。

水玻璃耐酸混凝土能抵抗除氢氟酸以外的各种酸类的侵蚀，特别是对硫酸、硝酸有良好的抗腐性，且具有较高的强度，其 3d 强度为 11MPa，28d 强度达 15MPa。多用于化工车间的地坪、酸洗槽、贮酸池等。

5 建筑砂浆

建筑砂浆是由胶凝材料、细骨料和水按一定比例配制而成的建筑材料。砂浆按其所用胶凝材料的不同，可分为水泥砂浆、石灰砂浆和混合砂浆；按其用途可分为砌筑砂浆、抹面砂浆、装饰砂浆以及耐酸防腐、保温、吸声等特种用途砂浆。

5.1 砂浆的基本组成与性质

5.1.1 砂浆的组成

5.1.1.1 胶凝材料

建筑砂浆常用普通水泥、矿渣水泥、火山灰水泥等来配制，水泥强度等级（28d 抗压强度指标值，以 MPa 计）应为砂浆强度等级的 4～5 倍为宜。由于砂浆强度等级不高，所以一般选用中、低强度等级的水泥即能满足要求。若水泥强度等级过高则可加些混合材料如粉煤灰，以节约水泥用量。对于特殊用途的砂浆可用特种水泥（如膨胀水泥、快硬水泥）和有机胶凝材料（如合成树脂、合成橡胶等）。

石灰、石膏和黏土亦可作为砂浆胶凝材料，与水泥混用配制混合砂浆，如水泥石砂浆、水泥黏土砂浆等，可以节约水泥并改善砂浆的和易性。

5.1.1.2 砂

砂浆用砂应符合混凝土用砂的技术性能要求。由于砂浆层往往较薄，故对砂子的最大粒径有所限制。用于毛石砌体的砂浆，砂子最大粒径应小于砂浆层厚度的 1/5～1/4；用于砖砌体的砂浆，宜用中砂，其最大粒径不大于 2.5mm；光滑表面的抹灰及勾缝砂浆，宜选用细砂，其最大粒径不大于 1.2mm。砂的含泥量对砂浆的水泥用量、和易性、强度、耐久性及收缩等性能有影响。当砂浆强度等级等于或大于 5.0MPa 时，要求砂的含泥量不得超过 5.0%；对于 5.0MPa 以下的砂浆，砂的含泥量不得超过 10.0%。

5.1.1.3 水

砂浆用水与混凝土拌和用水要求相同，不得使用含油污、硫酸盐等有害杂质的不洁净水。一般能饮用的水，均能拌制砂浆。

5.1.1.4 外加剂

为了提高砂浆的和易性并节约石灰膏，可在水泥砂浆或混合砂浆中掺入无机塑化剂和符合质量要求的有机塑化剂，一般用微沫剂，但在水泥黏土砂浆中不宜使用。水泥石灰砂浆中掺微沫剂时，石灰膏用量可减少，但减少量不宜超过 50%。微沫剂的掺量一般为水泥用量的 0.5/10000～1.0/10000。砂浆中使用外加剂的品种和掺量应通过物理力学性能试验确定为宜。

5.1.2 建筑砂浆的基本性能

5.1.2.1 砂浆拌和物的密度

由砂浆拌和物捣实后的质量密度,可以确定每立方米砂浆拌和物中各组成材料的实际用量,规定砌筑砂浆拌和物的密度:水泥砂浆不应小于1900kg/m³,水泥混合砂浆不应小于1800kg/m³。

5.1.2.2 新拌砂浆的和易性

砂浆硬化前的重要性质是应具有良好的和易性。和易性包括流动性和保水性两方面,若两项指标均满足要求,即为和易性良好的砂浆。

(1) 流动性

砂浆流动性又称稠度,表示砂浆在重力或外力作用下流动的性能。砂浆流动性的大小用"稠度值"表示,通常用砂浆稠度测定仪测定。稠度值大的砂浆表示流动性较好。

砂浆流动性的选择与砌体种类、施工方法以及天气情况有关。一般情况下多孔吸水的砌体材料或干热的天气,砂浆的流动性应大些;而密实不吸水的材料或湿冷的天气,其流动性应小些。砂浆的流动性选择可参考表5-1。

砂浆流动性参考表(稠度值)/mm 表5-1

砌体种类	干燥气候或多孔吸水材料	寒冷气候或密实材料	抹灰工程	机械施工	手工操作
砖砌体	80~100	60~80	准备层	80~90	110~120
普通毛石砌体	60~70	0~40	底层	70~80	70~80
振捣毛石砌体	20~30	10~20	面层	70~80	90~100
矿渣混凝土砌块	70~90	50~70	灰浆面层	—	90~120

(2) 保水性

砂浆保水性是指砂浆能保持水分的能力。即指搅拌好的砂浆在运输、停放、使用过程中,水与胶凝材料及骨料分离快慢的性质。保水性良好的砂浆水分不易流失,易于摊铺成均匀密实的砂浆层;反之,保水性差的砂浆,在施工过程中容易泌水、分层离析、水分流失,使流动性变化,不易施工操作,同时由于水分易被砌体吸收,影响水泥正常硬化,从而降低了砂浆粘结强度。

砂浆保水性以"分层度"表示,用砂浆分层度测量仪测定。保水性良好的砂浆,其分层度值较小,一般分层度以10~20mm为宜,在此范围内砌筑或抹面均可使用。对于分层度为0的砂浆,虽然保水性好,无分层现象,但往往胶凝材料用量过多,或砂过细,致使砂浆干缩较大,易发生干缩裂缝,尤其不宜作抹面砂浆;分层度大于20mm的砂浆,保水性不良,不宜采用。砌筑砂浆的分层度不应大于30mm。

5.1.2.3 硬化砂浆的性质

(1) 砂浆强度

砂浆硬化后应有足够强度。其强度以边长为70.7mm的立方体试件标准养护28d的抗压强度表示。

按JGJ 70—90《建筑砂浆基本性能试验方法》,砂浆立方体抗压强度应按下列公式计算:

$$f_{m,cu} = \frac{N_u}{A}$$

式中 $f_{m,cu}$——砂浆立方体抗压强度（MPa）；
N_u——立方体破坏压力（N）；
A——试件承压面积（mm²）。

(2) 砂浆粘结力

一般来说，砂浆粘结力随其抗压强度增大而提高。此外，粘结力还与基底表面的粗糙程度、洁净程度、润湿情况及施工养护条件等因素有关。在充分润湿的、粗糙的、清洁的表面上使用且养护良好的条件下砂浆与表面粘结较好。

(3) 耐久性

经常与水接触的水工砌体有抗渗、抗冻要求，故水工砂浆应考虑抗渗、抗冻、抗侵蚀性。其影响因素与混凝土大致相同，但因砂浆一般不振捣，所以施工质量的影响尤为明显。

(4) 砂浆的变形

砂浆在承受荷载或温度条件变化时容易变形，如果变形过大或不均匀，都会降低砌体的质量，引起沉降或裂缝。若使用轻骨料拌制砂浆或混合料掺量太多，也会引起砂浆收缩变形过大，抹面砂浆则会出现收缩裂缝。

5.2 砌筑砂浆和抹面砂浆

5.2.1 砌筑砂浆

将砖、石、砌块等粘结成为砌体的砂浆称为砌筑砂浆。它的作用主要是把分散的块状材料胶结成坚固的整体，提高砌体的强度、稳定性；使上层块状材料所受的荷载能够均匀传递到下层；填充块状材料之间的缝隙，提高建筑物的保温、隔声和防潮等性能。

5.2.1.1 砌筑砂浆的组成材料

(1) 胶凝材料

砌筑砂浆主要的胶凝材料是水泥。砂浆所用水泥品种，应根据砂浆的用途来选择普通水泥、矿渣水泥、火山灰水泥、粉煤灰水泥和砌筑水泥等。特种砂浆可以选择白色或彩色硅酸盐水泥、膨胀水泥等。配制水泥砂浆时，所选择水泥的强度等级不宜大于 32.5 级；配制水泥混合砂浆采用的水泥，其强度等级不宜大于 42.5 级。水泥强度等级过高，将使砂浆中水泥用量过少，导致保水性不良。

石灰、石膏和黏土亦可作为砂浆的胶凝材料，也可与水泥混合使用配制混合砂浆，以节约水泥并能够改善砂浆的和易性。

(2) 水

配制砂浆用水应符合现行行业标准《混凝土拌和用水标准》（JGJ 63）的规定。应选用不含有害杂质的洁净水来拌制砂浆。

(3) 砂

砌筑砂浆砂的选用应符合建筑用砂的技术性质要求。由于砂浆层较薄，对砂子的最大粒径应有限制。用于毛石砌体的砂浆，宜选用粗砂，砂子最大粒径应小于砂浆层厚度的 1/4～1/5；用于砖砌体使用的砂浆，宜选用中砂，最大粒径不大于 2.5mm；用于抹面及勾缝的砂浆应使用细砂。为保证砂浆的质量，应选用洁净的砂，砂中黏土杂质的含量不宜过大，一般规定：砂的含泥量不应超过 5％，其中强度等级为 M2.5 的水泥混合砂浆的含泥量不应超过 10％。

（4）掺加料及外加剂

为了改善砂浆的和易性和节约水泥，可在砂浆中加入一些无机掺加料，如石灰膏、黏土膏、粉煤灰等；与水泥混用配置混合砂浆，如水泥石灰砂浆、水泥黏土砂浆、粉煤灰砂浆等。掺加均需用 3mm×3mm 的网过筛。为了保证砂浆的质量，须将石灰先制成石灰膏，并且沉入量应控制在 12cm 左右，必须经过陈伏，再掺入砂浆中搅拌均匀。消石灰粉不得直接用于砌筑砂浆中。掺加料加入前都应经过一定的加工处理或检验。

在水泥砂浆或混合砂浆中，可掺入减水剂、膨胀剂、微沫剂等外加剂改善砂浆的性能。常用微沫剂来改善砂浆的和易性和替代部分石灰。当水泥石灰砂浆使用微沫剂时，石灰用量可减少约一半。水泥黏土砂浆中不宜掺入微沫剂。

5.2.1.2 砌筑砂浆的主要技术性质

砌筑砂浆的技术性质，包括新拌砂浆的和易性、硬化后砂浆的强度和粘结强度，以及抗冻性、收缩值等指标。这里仅介绍和易性、强度和粘结力。

（1）新拌砂浆的和易性

和易性是指新拌制的砂浆拌和物的工作性，即在施工中易于操作而且能保证工程质量的性质，包括流动性和保水性两方面。和易性好的砂浆，在运输和操作时，不会出现分层、泌水等现象，而且容易在粗糙的砖、石、砌块表面上铺成均匀、薄薄的一层，保证灰缝既饱满又密实，能够将砖、砌块、石块很好地粘结成整体。而且可操作的时间较长，有利于施工操作。

1）流动性

砂浆的流动性又称稠度，是指砂浆在自重或外力作用下流动的性能。流动性的大小用"沉入度"表示，通常用砂浆稠度测定仪测定。沉入度越大，表示砂浆的流动性越好。

砂浆流动性的选择与砌体种类、施工方法及天气情况有关。流动性过大，说明砂浆太稀。过稀的砂浆不仅铺砌困难，而且硬化后强度降低；流动性过小，砂浆太稠，难于铺平。一般情况下，多孔吸水的砌体材料或在干热的天气施工，砂浆的流动性应大些；而密实不吸水的材料或在湿冷的天气施工，其流动性应小些。砂浆的流动性可按表 5-2 选用。

砌筑砂浆的稠度　　　　　表 5-2

砌 体 种 类	砂浆稠度/mm
烧结普通砖砌体	70～90
轻骨料混凝土小型空心砌块砌体	60～90
烧结多孔砖,空心砖砌体	60～80
烧结普通砖平拱式过梁	50～70
空斗墙、筒拱	50～70
普通混凝土小型空心砌块砌体	50～70
加气混凝土砌块砌体	50～70
石砌体	30～50

2) 保水性

新拌砂浆能够保持水分的能力称为保水性。保水性也指砂浆中各项组成材料不易离析的性质，即搅拌好的砂浆在运输、存放、使用的过程中，水与胶凝材料及骨料分离快慢的性质。保水性好的砂浆水分不易流失，易于摊铺成均匀密实的砂浆层；反之，保水性差的砂浆，在施工过程中容易泌水、分层离析，使流动性变差。同时，由于水分易被砌体吸收，影响胶凝材料的正常硬化，从而降低砂浆的粘结强度。

砂浆的保水性用分层度表示，用砂浆分层度筒测定。将拌好的砂浆装入内径为150mm、高为300mm的有底圆筒内测其稠度，静置30min后取圆筒底部1/3砂浆再测稠度。两次稠度的差值即为分层度。保水性好的砂浆分层度以10～30mm为宜。分层度小于10mm的砂浆，虽保水性良好，无分层现象，但往往是由于胶凝材料用量过多，或砂过细，以至于过于黏稠，不易施工或发生干缩裂缝，尤其不宜做抹面砂浆；分层度大于30mm的砂浆，保水性差，易于离析，不宜采用。

(2) 硬化后砂浆的强度和强度等级

砂浆的强度的确定方法是：取6个70.7mm×70.7mm×70.7mm的立方体试块，在标准条件（温度为20℃±3℃，水泥砂浆的相对湿度≥90%，混合砂浆的相对湿度60%～80%）下养护28d后，用标准试验方法测得他们的抗压强度（MPa），取其平均值，若最大值或最小值与平均值相差20%，则取中间的四个作为测定结果。

砂浆的强度等级划分为M15、M10、M7.5、M5、M2.5等5个等级。符号M20表示养护28d后的立方体试件抗压强度平均值不低于20MPa。

影响砂浆的抗压强度的因素很多，其中主要的影响因素是原材料的性能和用量，以及砌筑层（砖、石、砌块）的吸水性，最主要的材料是水泥。砂的质量、掺和材料的品种及用量、养护条件（温度和湿度）都会影响砂浆的强度和强度增长。

用于粘结吸水性较小、密实的底面材料（如石材）的砂浆，其强度取决于水泥强度和灰水比，与混凝土类似，计算公式如下：

$$f_{m,o}=A \cdot f_{ce}(C/W-B)$$

式中　$f_{m,o}$——砂浆28d抗压强度平均值（MPa）；

　　　f_{ce}——水泥的实测强度（MPa）；

　　　C/W——灰水比；

　　　A、B——砂浆的特征系数，其中，$A=3.03$、$B=-15.09$，也可由当地的统计资料计算（$n≥30$）获得。

用于粘结吸水性较大的底面材料（如砖、砌块）的砂浆，砂浆中一部分水分会被底面吸收，由于砂浆必须具有良好的和易性，因此，不论拌和时用水多少，经底层吸收后，留在砂浆中的水分大致相同，可视为常量。在这种情况下，砂浆的强度取决于水泥强度和水泥用量，可不必考虑水灰比。可用下面经验公式：

$$f_{m,o}=A \cdot f_{ce}\frac{Q_c}{1000}+B$$

式中　$f_{m,o}$——砂浆的试配强度（MPa），精确至0.1MPa；

　　　Q_c——每立方米砂浆的水泥用量（kg），精确至1kg；

　　　f_{ce}——水泥28d时的实测强度（MPa），精确至0.1MPa。

砌筑砂浆的强度等级应根据工程类别及不同砌体部位选择。在一般建筑工程中，办公楼、教学楼及多层商店等工程宜用 M5～M10 的砂浆；平房宿舍、商店等工程多用 M2.5～M5 的砂浆；食堂、仓库、地下室及工业厂房等多用 M2.5～M10 的砂浆；检查井、雨水井、化粪池等可用 M5 砂浆。特别重要的砌体才使用 M10 以上的砂浆。

（3）砂浆的粘结力

砂浆粘结得越牢固，则整个砌体的强度、耐久性及抗震性越好。一般来说，砂浆的抗压强度越高，其粘结力越强。砌筑前，保持基层材料一定的润湿程度也有利于提高砂浆的粘结力。此外，粘结力大小还与砖石表面状态、清洁程度及养护条件等因素有关。粗糙的、洁净的、湿润的表面粘结力较好。因此在砌筑前应做好有关的准备工作。

5.2.1.3 砌筑砂浆配合比设计

砂浆配合比用每立方米砂浆中各种材料的用量来表示。可以通过查有关资料或手册来选取或通过 JGJ 98—2000 中的设计方法进行计算，然后再进行试拌调整。

（1）水泥混合砂浆配合比设计

1）确定砂浆的试配强度

$$f_{m,o} = f_2 + 0.645\sigma$$

式中　$f_{m,o}$——砂浆的试配强度（MPa），精确至 0.1MPa；

　　　f_2——砂浆抗压强度平均值（MPa），精确至 0.1MPa；

　　　σ——砂浆现场强度标准值（MPa），精确至 0.01MPa。

当有统计资料时，统计周期内同一砂浆试件的组数 $n \geq 25$ 时按统计方法计算；当不具有近期统计资料时，可按表 5-3 选取。

砌筑砂浆强度标准值 σ 选用表（JGJ 98—2000）/MPa　　　表 5-3

施工水平	强　度　等　级					
	M2.5	M5	M7.5	M10	M15	M20
优良	0.50	1.00	1.50	2.00	3.00	4.00
一般	0.62	1.25	1.88	2.50	3.75	5.00
较差	0.75	1.50	2.25	3.00	4.50	6.00

2）计算水泥用量 Q_c

$$Q_c = \frac{100(f_{m,o} - B)}{A f_{ce}}$$

式中　Q_c——1m³ 砂浆的水泥用量（kg），精确至 1kg；

　　　f_{ce}——水泥的实测强度（MPa），精确至 0.1MPa；

　　　A、B——砂浆的特征系数，其中 $A = 3.03$、$B = -15.09$。

当计算出水泥砂浆中的水泥用量不足 200kg/m³ 时，应按 200kg/m³ 选用。

3）计算掺和料用量 Q_D

$$Q_D = Q_A - Q_C$$

式中　Q_D——1m³ 砂浆的掺和料的用量（kg），精确至 1kg；石灰膏、黏土膏使用时稠度为 120mm±5mm。

　　　Q_A——1m³ 砂浆的水泥和掺和料的总用量（kg），精确至 1kg；宜在 300～350kg 之间。

4) 确定砂子用量 Q_S

每立方米砂浆中的砂用量，应以干燥状态（含水率<0.5%）的堆积密度值作为计算值。当含水率>0.5%时，应考虑砂的含水率。

5) 确定用水量 Q_W

每立方米砂浆中的用水量，根据砂浆稠度等要求可按表5-4选用。

每立方米水泥砂浆材料用量/kg   表5-4

强度等级	水泥用量	用砂量	用水量
M2.5~M5	200~230		
M7.5~M10	220~280	$1m^3$ 砂子的堆积密度数值	270~330
M15	280~340		

注：1. 混合砂浆中的用水量，不包括石灰膏或黏土膏中的水。
2. 当采用细砂或粗砂时，用水量分别取上限或下限。
3. 稠度小于70mm时，用水量可小于下限。
4. 施工现场气候炎热或干燥季节，可酌情增加用水量。

(2) 水泥砂浆配合比选用

水泥砂浆材料用量可按表5-4选用。

(3) 水泥砂浆配合比试配、调整和确定

1) 采用与工程实际相同的材料和搅拌方法试拌砂浆；选用基准配合比及基准配合比中水泥用量分别增减10%共三个配合比，分别试拌。

2) 按砂浆性能试验方法测定砂浆的沉入度和分层度。当不能满足要求时应使和易性满足要求。

3) 分别制作强度试件（每组六个试件），标准养护到28d，测定砂浆的抗压强度，选用符合设计强度要求且水泥用量最少的砂浆配合比作为砂浆配合比。

4) 根据拌合物的密度，校正材料的用量，保证每立方米砂浆中的用量准确。一般情况下水泥砂浆拌和物的密度不应小于 $1900kg/m^3$，水泥混合砂浆拌和物的密度不应小于 $1800kg/m^3$。

(4) 配合比设计实例

例5-1 某砌筑工程用水泥石灰混合砂浆，要求砂浆的强度等级为M7.5，稠度为70~90mm。所用原材料为：水泥——32.5级矿渣硅酸盐水泥，富余系数为1.0；砂——中砂，堆积密度为 $1450kg/m^3$，含水率为2%；石灰膏——稠度为120mm。施工水平一般。试计算砂浆的配合比。

解：① 计算试配强度 $f_{m,o}$

$$f_{m,o}=f_2+0.645\sigma$$

式中，$f_2=7.5MPa$，$\sigma=1.88MPa$，则：

$$f_{m,o}=7.5+0.645\times1.88=8.71MPa$$

② 计算水泥用量 Q_c

式中：

$$f_{m,o}=8.71MPa$$

$$A=3.03，B=-15.05$$

$$f_{ce}=32.5\times1=32.5MPa$$

$$Q_c = \frac{100(f_{m,o} - B)}{A f_{ce}} = 242 \text{kg}$$

③ 计算掺和料用量 Q_D

$$Q_D = Q_A - Q_C$$

式中取 $Q_A = 350$kg，则：

$$Q_D = Q_A - Q_C = 350 - 242 = 108 \text{kg}$$

④ 计算水泥用量 Q_S

$$Q_S = 1450 \times (1 + 2\%) = 1479 \text{kg}$$

⑤ 计算水泥用量 Q_W

可选取 300kg，扣除砂中所含水量，拌和用水量为：

$$Q_W = 300 - 1450 \times 2\% = 271 \text{kg}$$

砂浆试配时各材料的用量比例：

$$Q_C : Q_D : Q_S : Q_W = 242 : 108 : 1479 : 271 = 1 : 0.45 : 6.11 : 1.12$$

5.2.2 抹面砂浆

凡涂抹在建筑物或建筑构件表面的砂浆，统称为抹面砂浆。根据其功能的不同，分为普通抹面砂浆、装饰抹面砂浆和具有某些特殊功能的抹面砂浆（如绝热、防水、耐酸砂浆等）三大类。

对抹面砂浆要求具有良好的和易性，容易抹成均匀平整的薄层，便于施工；还要有较高的粘结强度，砂浆层应能与底面粘结牢固，长期不致开裂或脱落，故需要多用一些胶凝材料；处于潮湿环境或易受外力作用部位（如地面、墙裙等），还应具有较高的耐水性和强度。

5.2.2.1 普通抹面砂浆

普通抹面砂浆是建筑工程中用量最大的抹面砂浆。其功能主要是保护建筑物和墙体，抵抗风、雨、雪等自然环境和有害杂质的侵蚀，提高耐久性；同时可使建筑物达到表面平整、清洁和美观的效果。

抹面砂浆通常分为两层或三层进行施工，各层的作用和要求不同，所以每层选用的砂浆也不同。底层抹灰的作用是使砂浆与底面牢固地粘结，要求砂浆具有良好的和易性和较高的粘结强度，而且保水性要好，否则水分就容易被吸收而影响粘结力。中层抹灰主要是用来找平，有时可省去不做。面层抹灰主要起装饰作用，要达到平整美观的效果。

对于勒脚、女儿墙或栏杆等暴露部分及湿度大的内墙面多用配合比为 1:2.5 的水泥砂浆。

普通抹面砂浆的配合比，可参考表 5-5。

各种抹面砂浆配合比参考表　　表 5-5

材　料	配合比（体积比）	应　用　范　围
石灰：砂	1:2～1:4	用于砖石墙表面（檐口、勒脚、女儿墙以及潮湿房间的墙除外）
石灰：黏土：砂	1:1:4～1:1:8	干燥环境的墙表面
石灰：石膏：砂	1:0.4:2～1:1:3	用于不潮湿房间木质表面
石灰：石膏：砂	1:0.6:2～1:1:3	用于不潮湿房间的墙及顶棚
石灰：石膏：砂	1:2:2～1:2:4	用于不潮湿房间的线脚及其他修饰工程
石灰：水泥：砂	1:0.5:4.5～1:1:5	用于檐口、勒脚、女儿墙外脚以及比较潮湿的部位

续表

材　料	配合比（体积比）	应　用　范　围
水泥∶砂	1∶3～1∶2.5	用于浴室、潮湿车间等墙裙、勒脚等或地面基层
水泥∶砂	1∶2～1∶1.5	用于地面、顶棚或墙面面层
水泥∶砂	1∶0.5～1∶1	用于混凝土地面随时压光
水泥∶石膏∶砂∶锯末	1∶1∶3∶5	用于吸声粉刷
水泥∶白石子	1∶2～1∶1	用于水磨石（打底用1∶2.5水泥砂浆）

5.2.2.2 装饰抹面砂浆

涂抹在建筑物内外墙表面，以提高建筑物装饰艺术性为主要目的的抹面砂浆统称为装饰抹面砂浆。装饰砂浆底层与中层抹灰与普通抹面砂浆基本相同。主要是装饰砂浆的面层，要选用具有一定颜色的胶凝材料和骨料以及采用某种特殊的操作工艺，使表面呈现出各种不同的色彩、线条与花纹等装饰效果。

装饰砂浆所采用的胶凝材料有普通水泥、矿渣水泥、火山灰水泥、白水泥和彩色水泥，或在常用的水泥中掺加耐碱矿物颜料配成彩色水泥、石灰以及石膏等。骨料常采用大理石、花岗石等有色石渣或玻璃、陶瓷碎粒。

常用装饰砂浆的施工工艺如下所述。

（1）拉毛

先用水泥砂浆作底层，再用水泥石灰砂浆作面层，在砂浆未凝结之前，用抹刀将表面拍拉成凹凸不平的形状，一般适用于有声要求的礼堂剧院等室内墙面，也常用于外墙面、阳台栏板或围墙饰面。

（2）水磨石

用普通水泥、白色水泥或彩色水泥拌和各种色彩的大理石渣做面层，硬化后表面磨平抛光。水磨石多用于地面装饰，有现浇和预制两种。水磨石色彩丰富，抛光后更接近于磨光的天然石材，除可用作地面之外，还可预制作成楼梯踏步、窗台板、柱面、台面、踢脚板和地面板等多种建筑构件。水磨石一般都用于室内。

（3）水刷石

原材料与水磨石相同，用颗粒细小（约5mm）的石渣所拌成的砂浆做面层，在水泥初始凝固时，即喷水冲刷表面，把面层水泥浆冲刷掉，使石渣半露而不脱落。水刷石多用于建筑物的外墙装饰，具有天然石材尤其是花岗石的质感，经久耐用。

（4）干粘石

将彩色石粒、玻璃石粒直接粘在水泥砂浆面层上即可得干粘石、干粘玻璃。要求石渣粘结牢固、不脱落。干粘石的装饰效果与水刷石相似，但色彩更加丰富，而且避免了湿作业，又能提高工效，应用广泛。

（5）斩假石

又称为剁假石，制作情况与水刷石基本相同。是在水泥砂浆基层上涂抹水泥石砂浆，待硬化后，表面用斧刀剁毛并露出石渣，使其形成天然花岗石粗犷的效果。主要用于室外柱面、勒脚、栏杆、踏步等处的装饰。

装饰砂浆还可以采取喷涂、弹涂、辊压等工艺方法。可做成多种多样的装饰面层，操作很方便，施工效率可大大提高。

5.3 其他种类砂浆

5.3.1 防水砂浆

防水砂浆是一种制作防水层的高抗渗性砂浆。砂浆防水层又称刚性防水层，仅适用于不受振动和具有一定刚度的混凝土或砖石砌体的表面，广泛用于地下建筑和蓄水池等建筑物的防水，对于变形较大或可能发生不均匀沉陷的建筑物，不宜采用砂浆防水层。

防水砂浆可用普通水泥砂浆制作，也可以在水泥砂浆中掺入防水剂来提高砂浆的抗渗能力。常用的防水剂有氯化物金属盐类防水剂、金属皂类防水剂和水玻璃类防水剂等。

防水砂浆的防渗效果在很大程度上取决于施工质量，因此施工时要严格控制原材料质量和配合比。配制防水砂浆时先将水泥和砂子干拌均匀，再把量好的防水剂溶于拌和水中与水泥、砂搅拌均匀后即可使用。涂抹时，每层厚度约5mm左右，共涂抹4~5层，约20~30mm厚。在涂抹前先在润湿清洁的底面上抹一层纯水泥浆，然后抹一层5mm厚的防水砂浆。在初凝前用木抹子压实一遍，第二、三、四层都是同样的操作方法，最后一层进行压光。抹完后要加强养护，保证砂浆的密实性，以获得理想的防水效果。

防水砂浆按其组成成分可分为多层抹面水泥防水砂浆、掺防水剂防水砂浆、膨胀水泥防水砂浆及掺聚合物防水砂浆等四类。

5.3.2 保温砂浆

保温砂浆又称绝热砂浆，是采用水泥、石灰、石膏等胶凝材料与膨胀珍珠岩或膨胀蛭石、陶砂等轻质多孔骨料按一定比例配合制成的砂浆。保温砂浆具有质轻和良好的绝热性，其导热系数约为 $0.07\sim0.10W/(m\cdot K)$，可用于屋面绝热层、绝热墙壁或供热管道的绝热层等处。常用的保温砂浆有水泥膨胀珍珠岩砂浆、水泥膨胀蛭石砂浆、水泥石灰膨胀蛭石砂浆等。

5.3.3 吸声砂浆

与绝热砂浆类似，吸声砂浆由轻质多孔骨料配置而成，具有良好的吸声性能。还可以配制用水泥、石膏、砂、锯末（体积比为1∶1∶3∶5）拌成的吸声砂浆，或在石灰、石膏砂浆中掺入玻璃纤维、矿物棉等松软纤维材料配制。吸声砂浆可用于室内墙壁和吊顶的吸声处理。

5.3.4 耐酸砂浆

用水玻璃（硅酸钠）与氟硅酸钠拌制成耐酸砂浆，有时也可掺入石英石、花岗石、铸石等粉状细骨料。水玻璃硬化后具有很好的耐酸性能。耐酸砂浆多用作衬砌材料、耐酸地面和耐酸容器的内壁防护层。

5.3.5 聚合物砂浆

在水泥砂浆中加入有机聚合物乳液配制成的砂浆称为聚合物砂浆。聚合物砂浆一般具有粘结力强、干缩率小、脆性低、耐蚀性好等特点，用于修补和防护工程。常用的聚合物乳液有氯丁橡胶乳液、丁苯橡胶乳液、丙烯酸树脂乳液等。

6 墙体材料与屋面材料

墙体材料是指用来砌筑、拼装或用其他方法构成承重或非承重墙体的材料。目前用于建筑墙体的材料主要是砖、砌块及板材。

屋面材料是指覆盖于屋面之上具有防水、防渗、保温、隔热作用的材料，主要有各种材质的瓦及一些板材。

我国传统的墙体材料和屋面材料是烧结普通黏土砖与瓦。生产烧结普通黏土砖瓦要侵占大量农田，不利于生态环境的保护，而且普通黏土砖瓦自重大，生产能耗高，尺寸小，砌筑速度慢，施工效率低。为了节约能源、保护环境，国务院会同建设部、国家建材局等部门，自20世纪90年代以来不断推出加快墙体材料革新和推广节能建筑的举措，颁布了一系列建筑、建材领域的相关法律法规文件，推广利用工农业废料和地方资源来生产低能耗、有利于环境保护的建筑板材、非黏土砖、建筑砌块、复合墙板等，逐步禁止生产和使用实心黏土砖瓦。

6.1 砌 墙 砖

砌墙砖是以黏土、页岩、各种工业废渣以及石灰、石膏、砂子等为原料制成的。按生产工艺分为烧结砖和非烧结砖两大类，按砖的孔洞率和孔洞特征分为空心砖和实心砖两种。

烧结砖是经焙烧工艺制得的，非烧结砖通常是通过蒸汽养护或蒸压养护制得的。常用的烧结砖包括烧结普通砖、烧结多孔砖和烧结空心砖。非烧结砖也称免烧砖，包括灰砂砖、粉煤灰砖、煤渣砖等。

6.1.1 烧结普通砖

以黏土、页岩、煤矸石、粉煤灰等为原料，经成型、焙烧制得的无孔洞或孔洞率小于15%的砖，称为烧结普通砖。烧结普通砖按主要原料分为黏土砖（N）、页岩砖（Y）、煤矸石砖（M）和粉煤灰砖（F）。

6.1.1.1 生产工艺简介

各种烧结砖的生产工艺基本相同，经原料配制、制坯、干燥、焙烧、冷却后即得到烧结普通砖。其中焙烧是整个生产过程中最重要的环节，砖坯在焙烧过程中，应严格控制窑内的温度及温度分布的均匀性。

为节约烧砖用煤，常将煤渣、粉煤灰等含可燃成分的工业废渣按一定比例掺入黏土原料中作为内燃料，当砖坯焙烧到一定温度时，掺入砖坯内的这部分内燃料也随之燃烧，用这种方法烧得的砖称内燃砖。内燃法制砖不但节省了焙烧用外投煤和黏土用量，而且因为焙烧时热源分布更趋均匀，所以坯体烧结得更密实，砖的质量也得到提高。

由于砖在焙烧时窑内温度分布难于绝对均匀，因此，除了正火砖（合格品）外，还常出现欠火砖和过火砖。欠火砖色浅、敲击声发哑、吸水率高、强度低、耐久性差。过火砖色深、敲击时声音清脆、吸水率低、强度较高,但有弯曲变形。欠火砖和过火砖均属于不合格产品。

生产黏土砖时,因为砖坯黏土中所含铁的化合物成分在焙烧过程中被氧化成红色的氧化铁,所以制得红砖。如果砖坯先在氧化气氛中焙烧,然后减少窑内空气的供给,同时加入少量水分,使坯体继续在还原气氛中焙烧,氧化铁被还原成氧化亚铁,烧成的砖呈青灰色,所以制得青砖。青砖的质量优于红砖,生产成本也较红砖有所提高。

6.1.1.2 烧结普通砖的技术要求

根据《烧结普通砖》(GB 5101—2003),强度、抗风化性能和放射性物质合格的烧结普通砖,按尺寸偏差、外观质量、泛霜和石灰爆裂分为优等品(A)、一等品(B)、合格品(C)三个质量等级。优等品砖适用于砌筑清水墙和装饰墙,一等品砖和合格品砖可用于砌筑混水墙。

(1) 形状尺寸

烧结普通砖的外形为直角六面体,其公称尺寸为:长 240mm、宽 115mm、高 53mm。通常将 240mm×115mm 面称为大面,将 240mm×53mm 面称为条面,将 115mm×53mm 面称为顶面。4 块砖长、8 块砖宽、16 块砖厚加上砂浆缝的厚度(约 10mm)均约为 1m,因此每立方米砖砌体需砖 512(4×8×16)块。烧结普通砖的尺寸允许偏差应符合表 6-1 的规定。

烧结普通砖的尺寸允许偏差/mm　　　　　　　　表 6-1

公称尺寸	优 等 品		一 等 品		合 格 品	
	样本平均偏差	样本极差≤	样本平均偏差	样本极差≤	样本平均偏差	样本极差≤
240	±2.0	6	±2.5	7	±3.0	8
115	±1.5	5	±2.0	6	±2.5	7
53	±1.5	4	±1.6	5	±2.0	6

(2) 外观质量

烧结普通砖的优等品颜色应基本一致,合格品颜色无要求。外观质量包括两条面高度差、弯曲程度、杂质凸出高度、缺棱掉角、裂纹长度和完整面的要求,具体内容应符合表 6-2 的规定。

烧结普通砖的外观质量要求　　　　　　　　表 6-2

项　　目		优等品	一等品	合格品
两条面高度差(≤)/mm		2	3	4
弯曲(≤)/mm		2	3	4
杂质凸出高度(≤)/mm		2	3	4
缺棱掉角的三个破坏尺寸(不得同时大于)/mm		5	20	30
裂纹长度(≤)/mm	a. 大面上宽度方向及其延伸至条面的长度	30	60	80
	b. 大面上长度方向及其延伸至顶面的长度或条顶面上水平裂纹的长度	50	80	100
完整面不得少于		二条面和二顶面	一条面和一顶面	
颜色		基本一致		

注:1. 为装饰而施加的色差、凹凸纹、拉毛、压花等不算作缺陷。
　　2. 凡有下列缺陷之一者,不得称为完整面:
　　① 缺损在条面或顶面上造成的破坏面尺寸同时大于 10mm×10mm。
　　② 条面或顶面上裂纹宽度大于 1mm,其长度超过 30mm。
　　③ 压陷、粘底、焦花在条面或顶面上的凹陷或凸出超过 2mm,区域尺寸同时大于 10mm×10mm。

(3) 强度等级

通过对 10 块样砖的强度试验,根据计算结果来测定其抗压强度,烧结普通砖分为 MU30、MU25、MU20、MU15、MU10 五个强度等级。

强度试验按《砌墙砖试验方法》(GB/T 2542) 规定的方法进行。其中试样数量为 10 块,加荷速度为 (5 ± 0.5) kN/s。试验后按式 (6-1)、式 (6-2) 分别计算出强度变异系数 δ、标准差 s。

$$\delta=\frac{s}{\bar{f}} \tag{6-1}$$

$$s=\sqrt{\frac{1}{9}\sum_{i=1}^{10}(f_i-\bar{f})^2} \tag{6-2}$$

$$\bar{f}=\frac{1}{10}\sum_{i=1}^{10}f_i \tag{6-3}$$

式中 δ——砖强度变异系数,精确至 0.01;

s——10 块试样的抗压强度标准差 (MPa),精确至 0.01;

$\bar{f}$——10 块试样的抗压强度平均值 (MPa),精确至 0.01;

f_i——单块试样抗压强度测定值 (MPa),精确至 0.01。

当变异系数 $\delta\leqslant0.21$ 时,按抗压强度平均值 $\bar{f}$、强度标准值 f_k 评定砖的强度等级。样本量 $n=10$ 时的强度标准值按式 (6-4) 计算。

$$f_k=\bar{f}-1.8s \tag{6-4}$$

式中 f_k——强度标准值 (MPa),精确至 0.1。

当变异系数 $\delta>0.21$ 时,按抗压强度平均值 $\bar{f}$、单块最小抗压强度值 f_{min} 评定砖的强度等级,单块最小抗压强度值精确至 0.1MPa。

评定出的砖强度等级应符合表 6-3 规定,低于 MU10 的判为不合格。

烧结普通砖的强度等级指标/MPa   表 6-3

强度等级	抗压强度平均值 $\bar{f}(\geqslant)$	变异系数 $\delta\leqslant0.21$ 强度标准值 $f_k(\geqslant)$	变异系数 $\delta>0.21$ 单块最小抗压强度值 $f_{min}(\geqslant)$
MU30	30.0	22.0	25.0
MU25	25.0	18.0	22.0
MU20	20.0	14.0	16.0
MU15	15.0	10.0	12.0
MU10	10.0	6.5	7.5

(4) 抗风化性能

抗风化性能是指在温度变化、干湿变化、冻融变化等物理因素作用下,材料不破坏并长期保持原有性质的能力。砖的抗风化能力越强,耐久性越好。

根据《烧结普通砖》(GB 5101—2003) 的规定,严重风化地区第 1~5 地区的砖必须做抗冻性试验,其抗冻性应满足表 6-4 的要求。其他严重风化地区和非风化地区的烧结普通砖,若各项指标符合表 6-4 的要求,可认为抗风化性合格,不再需要进行冻融试验。

烧结普通砖的抗风化性能指标　　　　　表 6-4

砖种类	严重风化区				非严重风化区			
	5h沸煮吸水率/%		饱和系数		5h沸煮吸水率/%		饱和系数	
	平均值	单块最大值	平均值	单块最大值	平均值	单块最大值	平均值	单块最大值
黏土砖	18	20	0.85	0.87	19	20	0.88	0.90
粉煤灰砖①	21	23	0.85	0.87	23	25	0.88	0.90
页岩砖	16	18	0.74	0.77	18	20	0.78	0.80
煤矸石砖	16	18	0.74	0.77	18	20	0.78	0.80

注：① 粉煤灰掺入量（体积比）小于 30% 时，按黏土砖规定判定。

冻融试验后，每块砖样不允许出现裂纹、分层、掉皮、缺棱、掉角等冻坏现象，质量损失不得大于 2%。

根据风化指数，我国风化地区的划分见表 6-5 所示。所谓风化指数是指日气温从正温降至负温或负温升至正温的每年平均天数与每年从霜冻之日起至消失霜冻之日止这一期间降雨总量（以 mm 计）的平均值的乘积。风化指数大于等于 12700 为严重风化区，风化指数小于 12700 为非严重风化区。各地如有可靠数据，也可按计算的风化指数划分本地区的风化区。

风化区划分　　　　　表 6-5

严重风化区		非严重风化区	
1. 黑龙江省	11. 河北省	1. 山东省	11. 福建省
2. 吉林省	12. 北京市	2. 河南省	12. 台湾省
3. 辽宁省	13. 天津市	3. 安徽省	13. 广东省
4. 内蒙古自治区		4. 江苏省	14. 广西壮族自治区
5. 新疆维吾尔自治区		5. 湖北省	15. 海南省
6. 宁夏回族自治区		6. 江西省	16. 云南省
7. 甘肃省		7. 浙江省	17. 西藏自治区
8. 青海省		8. 四川省	18. 上海市
9. 陕西省		9. 贵州省	19. 重庆市
10. 山西省		10. 湖南省	

（5）泛霜

泛霜是指可溶性盐类（如硫酸钠等）在砖的使用过程中，随着砖内水分蒸发在砖表面逐渐析出的一层白霜。泛霜不仅影响建筑物外观，还会造成砖表面粉化与脱落，破坏砖与砂浆的粘结，使建筑物墙体抹灰层剥落，严重的还可能降低墙体的承载力。中等泛霜的砖不能用于潮湿部位。

冻融试验后，每块砖样应符合下列规定：

优等品：无泛霜；

一等品：不允许出现中等泛霜；

合格品：不允许出现严重泛霜。

（6）石灰爆裂

当生产黏土砖的原料中含有石灰石时，焙烧砖时石灰石就会被煅烧成生石灰留在砖内，这些生石灰会吸收外界水分进行熟化并产生体积膨胀，导致砖发生膨胀性破坏，这种现象称为石灰爆裂。石灰爆裂对墙体的危害很大，轻者影响外观，缩短使用寿命；重者会使砖砌体强度下降，危及建筑物的安全。

(7) 产品中不允许有欠火砖、酥砖和螺旋纹砖

欠火砖是因未达到烧结温度或保持烧结温度时间不够而造成的缺陷。酥砖是由于生产中砖坯淋雨、受潮、受冻或焙烧中预热过急、冷却太快等原因，致使成品砖产生大量程度不等的网状裂纹，严重降低砖的强度和抗冻性。螺旋纹砖是因生产中以螺旋挤出机成型砖坯时，因泥料在出口处愈合不良而形成砖坯内部螺旋状的分层。它在烧结时难以消除而使成品砖上形成螺旋状裂纹，导致砖的强度降低，并且受冻后会产生层层脱心现象。

(8) 放射性物质

砖的放射性物质应符合《建筑材料放射性核素限量》（GB 6566—2001）的规定。否则，判不合格，并停止该产品的生产和销售。

(9) 产品标记

砖的产品标记按产品名称、类别、强度等级、质量等级和标准编号顺序编写。例如：烧结普通砖、强度等级 MU15、一等品的黏土砖，其标记为：烧结普通砖 N MU15 B GB 5101。

6.1.1.3 烧结普通砖的应用

烧结普通砖具有良好的建筑性能（如保温绝热、隔声和耐久性等），被大量用作墙体材料，也可用来砌筑基础、砖拱、烟囱、沟道以及铺砌地面等，配置适当的钢筋或钢丝网可砌筑配筋砖柱和钢筋砖过梁。

烧结普通砖由于含有一定的孔隙，在砌筑墙体时会吸收砂浆中的水分，影响砂浆中水泥的正常凝结硬化，使砌体的强度下降，所以在砌筑前必须预先使砖润湿，然后才能使用，一般砖应提前 1~2d 浇水湿润。对比试验证明，适宜的含水率不仅提高了砖与砂浆的粘结力，而且提高了砌体的抗压强度和抗剪强度。

由于烧结普通砖大多采用黏土制作，存在自重大、取土毁田、生产能耗高、砌筑施工效率低等缺点，国家已在主要大中城市及地区禁止使用烧结砖中的实心黏土砖，如上海在发布的《上海市禁止和限制使用黏土砖管理暂行办法》中明文规定：在上海市行政区域内禁止生产实心黏土砖，禁止新建空心黏土砖生产线；建设工程中非承重墙体以及围墙，禁止使用黏土砖；建设工程零零线以上的承重墙体，禁止使用实心黏土砖。

6.1.1.4 非黏土烧结砖

除黏土外，还可利用煤矸石、粉煤灰和页岩等为原料生产烧结普通砖。这些原料的化学成分与黏土相似，但有的颗粒细度较粗，有的塑性较差，需通过破碎、磨细、筛分和配料（如掺入黏土等）等手段来加以改善。非黏土烧结砖的生产工艺和黏土烧结砖的生产工艺基本相同，砖的形状、尺寸规格、强度等级和质量等级的要求也与黏土砖相同。

(1) 煤矸石砖

煤矸石是煤层周围渗有可燃物质的岩石，是煤炭开采和洗选过程中产生的固体废弃物。煤矸石砖是由煤矸石经破碎、磨细后根据含碳量和可塑性进行适当配料、成型、干燥和焙烧而成。这种砖不用黏土，本身含有一些未燃煤，因此可以节省燃料。其抗压强度为 10~20MPa，吸水率为 15.5% 左右，表观密度为 1400~1650kg/m³，能经受 15 次冻融循环而不破坏。煤矸石还可以用来生产空心砖。

(2) 粉煤灰砖

从煤燃烧产生的烟气中收捕下来的细灰称为粉煤灰。粉煤灰是燃煤电厂排出的主要固体废弃物。粉煤灰砖以粉煤灰为原料，掺入适量黏土作粘结料，经配料、成型、干燥后焙烧而成。粉煤灰中也有一些未燃煤，因此，生产这种砖也可节约燃料。其颜色在淡红与深红之间，抗压强度为 10～15MPa，吸水率为 20% 左右，表观密度为 1300～1400kg/m^3，抗冻性合格。

(3) 页岩砖

页岩是由黏土在地壳运动中受挤压而形成的岩石。它是一种沉积岩，是固结较弱的黏土经过挤压、脱水、重结晶和胶结作用而形成的。由于它层理分明、易剥离而称为页岩。页岩砖由泥质及碳质页岩经破碎、粉磨、配料、成型、干燥和焙烧而成。生产页岩砖不用黏土，页岩砖的颜色与黏土砖相似，抗压强度为 7.5～15.5MPa，吸水率约为 20%，表观密度为 1700kg/m^3 左右，抗冻性能合格。由于页岩实心砖自重大，更适宜用页岩来生产空心砖。

利用工业废料及地方性材料来制砖，可以节省大量的黏土，减少环境污染，是资源综合利用的有效途径，也是墙体材料改革的方向之一。

6.1.2 烧结多孔砖和空心砖

推广使用多孔砖和空心砖是加快我国墙体材料改革的重要措施。与烧结普通砖相比，生产烧结多孔砖和空心砖可减少黏土原料消耗量（20～30）%，并且干燥和焙烧时间缩短，焙烧均匀，烧成率提高，减少了燃料消耗量（10～20）%，降低了生产成本。在建筑中使用烧结多孔砖和空心砖可减轻砌体自重，提高施工效率，改善砌体的保温、隔热和隔声性能。

生产烧结多孔砖和空心砖的主要原材料和生产工艺与烧结普通砖相同，但因砖坯体有孔洞，增加了成型的难度，所以对原材料的可塑性要求较高。

6.1.2.1 烧结多孔砖

烧结多孔砖是以黏土、页岩、煤矸石、粉煤灰为主要原料，经焙烧而成。其孔洞率不小于 25%，孔的尺寸小而数量多，主要用于承重墙体。

烧结多孔砖的外形为直角六面体，其长度、宽度、高度尺寸应符合下列要求：290mm，240mm，190mm；240mm，190mm，180mm，175mm，140mm，115mm；90mm。砖的孔洞尺寸应符合：圆孔直径≤22mm；非圆孔内切圆直径≤15mm；手抓孔一般为（30～40）mm×（75～85）mm。主要规格尺寸有 190mm×190mm×90mm 和 240mm×115mm×90mm 两种，形状见图 6-1。

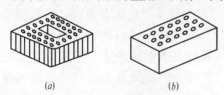

图 6-1 烧结多孔砖的形状
(a) 190mm×190mm×90mm；
(b) 240mm×115mm×90mm

烧结多孔砖的孔洞多与承压面垂直，单孔尺寸小，孔洞分布均匀，具有较高的强度。按《烧结多孔砖》（GB 13544—2000）的规定，根据 10 块砖的抗压强度，烧结多孔砖分为 MU30、MU25、MU20、MU15、MU10 五个强度等级，见表 6-6。

烧结多孔砖的强度等级指标/MPa　　　　　表 6-6

强度等级	抗压强度平均值 $\bar{f}(\geqslant)$	变异系数≤0.21 强度标准值 $f_k(\geqslant)$	变异系数＞0.21 单块最小抗压强度值 $f_{min}(\geqslant)$
MU30	30.0	22.0	25.0
MU25	25.0	18.0	22.0
MU20	20.0	14.0	16.0
MU15	15.0	10.0	12.0
MU10	10.0	6.5	7.5

烧结多孔砖根据尺寸偏差、外观质量、耐久性和强度等级分为优等品（A）、一等品（B）、合格品（C）三个质量等级。烧结多孔砖由于强度较高，在建筑工程中可代替烧结普通砖，主要用于六层以下的承重墙体。

砖的产品标记按产品名称、品种、规格、强度等级、质量等级和标准编号顺序编写。例如：规格尺寸 290mm×140mm×90mm、强度等级 MU25、优等品的黏土砖，其标记为：烧结多孔砖 N 290×140×90 25A GB 13544。

6.1.2.2 烧结空心砖

烧结空心砖是以黏土、页岩、煤矸石、粉煤灰为主要原料，经焙烧而成。其孔洞率等于或大于40%，孔的尺寸大而数量少，一般用于非承重墙体。

烧结空心砖的外形为直角六面体，其长度、宽度、高度尺寸应符合下列要求：390mm，290mm，240mm，190mm，180mm（175mm），140mm，115mm，90mm。烧结空心砖的孔洞通常为矩形条孔，孔洞多与承压面平行，且平行于大面和条面。烧结空心砖形状见图 6-2。

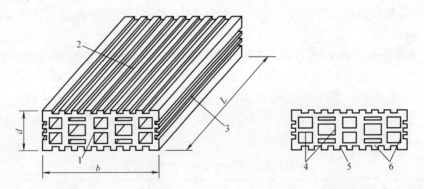

图 6-2　烧结空心砖形状
1—顶面；2—大面；3—条面；4—肋；5—凹棱槽；6—外壁
L—长度；b—宽度；d—高度

根据《烧结空心砖和空心砌块》（GB 13545—2000），空心砖按表观密度不同分为800、900、1000、1100 四个密度等级。产品根据孔洞及排数、尺寸偏差、外观质量和强度等级分为优等品（A）、一等品（B）、合格品（C）三个质量等级。

根据抗压强度分为 MU10.0、MU7.5、MU5.0、MU3.5、MU2.5 五个强度等级，见表 6-7。

烧结空心砖和空心砌块的强度等级指标　　　　表 6-7

强度等级	抗压强度/MPa			密度等级范围 (kg/m³)
	抗压强度平均值 $f(\geqslant)$	变异系数$\leqslant 0.21$ 强度标准值 $f_k(\geqslant)$	变异系数>0.21 单块最小抗压强度值 $f_{min}(\geqslant)$	
MU10.0	10.0	7.0	8.0	$\leqslant 1100$
MU7.5	7.5	5.0	5.8	
MU5.0	5.0	3.5	4.0	
MU3.5	3.5	2.5	2.8	
MU2.5	2.5	1.6	1.8	$\leqslant 800$

砖的产品标记按产品名称、类别、规格、密度等级、强度等级、质量等级和标准编号顺序编写。例如：规格尺寸 290mm×190mm×90mm、密度等级 800、强度等级 MU7.5、优等品的页岩空心砖，其标记为：烧结空心砖 Y（290×190×90）800 MU7.5A GB 13545。

烧结空心砖孔洞尺寸大，孔洞率高，具有良好的保温隔热性能，并可节约砌筑砂浆，降低成本，但强度较低，在建筑工程中主要用于砌筑框架结构的填充墙或非承重墙。

6.1.2.3 非烧结砖

不经过焙烧而制成的砖称为非烧结砖，如蒸养（压）砖、免烧免蒸砖等。目前在建筑工程中应用较多的是蒸养（压）砖，主要品种有灰砂砖、粉煤灰砖、煤渣砖等。

（1）蒸压灰砂砖

蒸压灰砂砖（以下简称灰砂砖）是以石灰和砂为主要原料，并允许掺入颜料和外加剂，经坯料制备、压制成型、蒸压养护而成的实心砖。

灰砂砖根据其颜色分为彩色（Co）和本色（N）两类，它的外形及尺寸与烧结普通砖相同。

根据《蒸压灰砂砖》（GB 11945—1999）的规定，灰砂砖按抗压强度和抗折强度分为 MU25、MU20、MU15、MU10 四个强度等级，见表 6-8。灰砂砖的抗冻性，是经 15 次冻融循环后，要求抗压强度损失$\leqslant 20\%$，干质量损失$\leqslant 2\%$。产品根据尺寸偏差、外观质量、强度和抗冻性分为优等品（A）、一等品（B）、合格品（C）三个质量等级。

灰砂砖的强度等级指标和抗冻性指标　　　　表 6-8

强度等级	抗压强度/MPa		折抗强度/MPa		抗冻性指标	
	平均值($\geqslant$)	单块值($\geqslant$)	平均值($\geqslant$)	单块值($\geqslant$)	冻后抗压强度平均值 ($\geqslant$)/MPa	单块砖的干质量损失 ($\geqslant$)/%
MU25	25.0	20.0	5.0	4.0	20.0	2.0
MU20	20.0	16.0	4.0	3.2	16.0	2.0
MU15	15.0	12.0	3.3	2.6	12.0	2.0
MU10	10.0	8.0	2.5	2.0	8.0	2.0

注：优等品的强度级别不得小于 MU15。

产品标记按产品名称（LSB）、颜色、强度级别、质量等级和标准编号顺序编写。例如：强度等级为 MU20、优等品的彩色灰砂砖，其标记为：LSB Co 20 A GB 11945。

强度等级为 MU15、MU20、MU25 的灰砂砖可用于建筑物的墙体、基础等承重部位，强度等级为 MU10 的灰砂砖仅可用于防潮层以上的建筑部位。由于灰砂砖中的一些水化产物（氢氧化钙、碳酸钙）不耐酸、不耐热、易溶于水，因此灰砂砖不得用于长期受热（200℃以上）、受急冷急热和有酸性介质侵蚀的建筑部位。

（2）粉煤灰砖

粉煤灰砖是以粉煤灰、石灰或水泥为主要原料，掺加适量石膏、外加剂、颜料和集料等，经坯料制配、成型、高压或常压蒸汽养护而成的实心砖。

粉煤灰砖根据其颜色分为彩色（Co）和本色（N）两类，它的外形与尺寸与烧结普通砖相同。

根据《粉煤灰砖》（JC 239—2001）的规定，粉煤灰砖按抗压强度和抗折强度分为 MU30、MU25、MU20、MU15、MU10 五个强度等级，见表 6-9。粉煤灰砖的抗冻性要求同蒸压灰砂砖。产品根据尺寸偏差、外观质量、强度等级和干燥收缩值分为优等品（A）、一等品（B）、合格品（C）三个质量等级。

粉煤灰砖的强度等级指标和抗冻性指标 表 6-9

强度等级	抗压强度/MPa		抗折强度/MPa		抗冻性指标	
	10 块平均值（≥）	单块值（≥）	10 块平均值（≥）	单块值（≥）	抗压强度平均值（≥）/MPa	单块砖的干质量损失（≤）/%
MU30	30.0	24.0	6.2	5.0	24.0	2.0
MU25	25.0	20.0	5.0	4.0	20.0	2.0
MU20	20.0	16.0	4.0	3.2	16.0	2.0
MU15	15.0	12.0	3.3	2.6	12.0	2.0
MU10	10.0	8.0	2.5	2.0	8.0	2.0

注：优等品砖的强度等级应不低于 MU15。

产品标记按产品名称（FB）、颜色、强度等级、质量等级和标准编号顺序编写。例如：强度级别为 MU20、优等品的彩色粉煤灰砖，其标记为：FB Co 20 A JC 239—2001。

由于粉煤灰砖的收缩值较大，因此标准规定了粉煤灰砖干燥收缩值指标，优等品和一等品应不大于 0.65mm/m，合格品应不大于 0.75mm/m。

符合标准规定的粉煤灰砖可用于工业与民用建筑的墙体和基础，但用于基础或用于易受冻融和干湿交替作用的建筑部位必须使用强度等级不小于 MU15 的粉煤灰砖。粉煤灰砖不得用于长期受热（200℃以上）、受急冷急热和有酸性介质侵蚀的建筑部位。为避免或减少收缩裂缝，在用粉煤灰砖砌筑的建筑物中应适当增设圈梁和伸缩缝或采取其他措施。

（3）煤渣砖

煤渣砖是以煤渣为主要原料，掺入适量石灰、石膏，经混合、压制成型、蒸养或蒸压而成的实心砖。煤渣砖的外形及尺寸与烧结普通砖相同。

根据《煤渣砖》（JC 525—93）的规定，煤渣砖按抗压强度和抗折强度分为 20、15、10、7.5 四个强度级别，见表 6-10。煤渣砖的抗冻性要求是经 15 次冻融循环后，抗压强度损失≤20%，干质量损失≤2%。产品根据尺寸偏差、外观质量和强度级别分为优等品（A）、一等品（B）、合格品（C）三个质量等级。

煤渣砖的强度级别指标和抗冻性指标　　　　表 6-10

强度等级	抗压强度/MPa		抗折强度/MPa		抗冻性指标	
	10块平均值 (≥)	单块值 (≥)	10块平均值 (≥)	单块值 (≥)	抗压强度平均值 (≥)/MPa	单块砖的干质量损失 (≤)/%
20	20.0	15.0	4.0	3.0	16.0	2.0
15	15.0	11.2	3.2	2.4	12.0	2.0
10	10.0	7.5	2.5	1.9	8.0	2.0
7.5	7.5	5.6	2.0	1.5	6.0	2.0

注：强度级别以蒸汽养护后 24~36h 的强度为准。

产品标记按产品名称（MZ）、强度级别、质量等级和行业标准号顺序编写。例如：强度级别为 20 级、优等品的煤渣砖，其标记为：MZ 20 A JC 525。

符合标准规定的砖可用于工业与民用建筑的墙体和基础，但用于基础或用于易受冻融和干湿交替作用的建筑部位必须使用强度级别不小于 MU15 的煤渣砖。煤渣砖不得用于长期受热（200℃以上）、受急冷急热和有酸性介质侵蚀的建筑部位。

（4）碳化砖

碳化砖是以石灰和砂为主要原料，加入少量石膏，经配料轮碾、成型、碳化而制得的一种墙体材料，又称为碳化灰砂砖。

碳化砖与蒸压灰砂砖都是以石灰和砂为主要原料，但两者的生产工艺不同。先将生石灰水化生成氢氧化钙，再利用石灰窑废气（主要成分为 CO_2）进行碳化，生成碳酸钙晶体（$CaCO_3$）而获得强度。

碳化砖的规格尺寸 240mm×115mm×53mm，其抗压强度为 10~20MPa，表观密度为 1700~1800kg/m³，吸水率为 8%~8.7%，抗冻性符合要求。

与蒸养（压）砖相比，碳化砖的生产工艺较为简单，属免烧免蒸砖，减少了有害气体排放，符合绿色、生态、循环经济发展的要求。

6.1.3 混凝土多孔砖

混凝土多孔砖是一种新型墙体材料，是以水泥为胶结材料，以砂、石等为主要集料，经加水搅拌、成型、养护制成的一种有多排小孔的混凝土砖，外形特征与烧结多孔砖相似，而材料性能应归于普通混凝土小型空心砌块。用混凝土多孔砖代替实心黏土砖、烧结多孔砖，生产中不占用耕地，节省了黏土，不用焙烧设备，节省了能源。混凝土多孔砖多数用于建筑物的围护结构、隔墙，少量用于承重结构，近几年来在很多地方发展较快，受到建筑界的青睐，是一种有希望替代实心黏土砖、烧结多孔砖的新型墙体材料。

《混凝土多孔砖》（JC 943—2004）是在总结我国近几年来生产和使用该产品的经验，参考美国《混凝土砖》（ASTMC 55—1997a）、《普通混凝土小型空心砌块》（GB 8239—1997）和《烧结多孔砖》（GB 13544—2000）等标准的基础上，经试验验证后制定的，已于 2004 年 11 月 1 日实施。

混凝土多孔砖的外形为直角六面体，主要规格尺寸为 240mm×115mm×90mm，砖的最小壁厚不应小于 15mm，最小肋厚不应小于 10mm。为减轻墙体自重以及保温隔热功能的需要，标准规定了混凝土多孔砖孔洞率应不小于 30%。

混凝土多孔砖根据尺寸偏差和外观质量分为一等品、合格品两个质量等级，其尺寸允许偏差要求高于混凝土小型空心砌块的优等品和一等品，见表6-11。

尺寸允许偏差/mm 表6-11

项目名称	JC 943—2004		GB 82399—1997		
	一等品	合格品	优等品	一等品	合格品
长度	±1	±2	±2	±3	±3
宽度	±1	±2			±3
高度	±1.5	±3			+3 −4

混凝土多孔砖的强度等级分为：MU10、MU15、MU20、MU25、MU30，见表6-12。为了延长建筑物的使用寿命，保证围护与承重结构的工程质量，标准中未列入MU7.5级的产品，强度等级低的混凝土多孔砖主要用于围护结构，作填充墙。强度等级高的混凝土多孔砖可用于承重结构。

混凝土多孔砖的强度等级指标 表6-12

强度等级	抗压强度/MPa		强度等级	抗压强度/MPa	
	平均值(≥)	单块最小值(≥)		平均值(≥)	单块最小值(≥)
MU10	10.0	8.0	MU25	25.0	20.0
MU15	15.0	12.0	MU30	24.0	24.0
MU20	20.0	16.0			

混凝土多孔砖（代号CPB）的产品标记按名称、强度等级、外观质量等级和标准编号顺序编写。例如：强度等级为MU10、外观质量为一等品的混凝土多孔砖，其标记为：CPB MU10 B JC 943—2004。

《混凝土多孔砖》（JC 943—2004）中规定混凝土多孔砖干燥收缩率不应大于0.045%，规定生产企业必须严格按照标准控制干燥收缩率与相对含水率指标，以减少由于混凝土多孔砖收缩而引起的墙体开裂，保证砌体的质量。混凝土多孔砖的耐久性指标中抗冻性规定除采暖地区外，非采暖地区亦需进行抗冻性试验，以检验混凝土多孔砖的耐久性能。混凝土多孔砖用于外墙，不论清水墙或有外粉刷的墙均需要进行抗渗性试验，合格才能使用。混凝土多孔砖采用的原材料及其产品放射性应符合《建筑材料放射性核素限量》（GB 6566—2001）的规定，否则不能投入使用与生产。

6.2 建筑砌块

砌块是指比普通砖尺寸大的块材。砌块按规格分为小型砌块、中型砌块和大型砌块。砌块高度大于115mm而又小于380mm的称作小型砌块，高度为380~980mm的称为中型砌块，高度大于980mm的称为大型砌块，在建筑工程中多采用中小型砌块。按有无孔洞又分为实心砌块和空心砌块。按砌块在组砌中的位置与作用可以分为主砌块和辅助砌块。

生产砌块可采用地方材料和工农业废料，原材料来源广，有利于节约黏土资源。因为砌块的尺寸比砖大，所以砌筑工效高，砌块还有改善墙体功能的作用。

6.2.1 蒸压加气混凝土砌块

蒸压加气混凝土砌块是以钙质材料（水泥、石灰等）、硅质材料（砂、粉煤灰、粒化高炉矿渣等）和水按一定比例配合，加入少量发气剂（铝粉）和外加剂，经搅拌、浇筑、切割、蒸压养护等工序制成的一种轻质、多孔墙体材料。

根据《蒸压加气混凝土砌块》（GB/T 11968—2006），蒸压加气混凝土砌块的规格尺寸见表6-13。

砌块的规格尺寸/mm　　　　　　　　　　　　　　　表 6-13

长度 L	宽度 B	高度 H
600	100　120　125 150　180　200 240　250　300	200　240　250　300

蒸压加气混凝土砌块按干密度分为 B03、B04、B05、B06、B07、B08 六个级别，见表6-14。按抗压强度分为 A1.0、A2.0、A2.5、A3.5、A5.0、A7.5、A10.0 七个强度级别，见表6-15。砌块的强度级别应符合表6-16的规定。产品按尺寸偏差、外观质量、干密度、抗压强度和抗冻性分为优等品（A）和一等品（B）两个质量等级。

蒸压加气混凝土砌块的干密度　　　　　　　　　　表 6-14

干密度级别		B03	B04	B05	B06	B07	B08
体积密度/ (kg/m³)	优等品(A)(≤)	300	400	500	600	700	800
	合格品(B)(≤)	325	425	525	625	725	825

蒸压加气混凝土砌块的立方体抗压强度指标　　　　表 6-15

强度级别	立方体抗压强度/MPa		强度级别	立方体抗压强度/MPa	
	平均值(≥)	单块最小值(≥)		平均值(≥)	单块最小值(≥)
A1.0	1.0	0.8	A5.0	5.0	4.0
A2.0	2.0	1.6	A7.5	7.5	6.0
A2.5	2.5	2.0	A10.0	10.0	8.0
A3.5	3.5	2.8			

蒸压加气混凝土砌块的强度级别　　　　　　　　　表 6-16

干密度级别		B03	B04	B05	B06	B07	B08
强度级别	优等品(A)	A1.0	A2.0	A3.5	A5.0	A7.5	A10.0
	合格品(B)			A2.5	A3.5	A5.0	A7.5

蒸压加气混凝土砌块代号为 ACB，强度级别为 A3.5、干密度级别为 B05、规格尺寸为 600mm×200mm×250mm 的优等品蒸压加气混凝土砌块，其标记为 ACB A3.5 B05 600×200×250A GB 11968。

蒸压加气混凝土砌块表观密度小，约为黏土砖的 1/3，具有保温隔热、耐火性好、易加工、施工效率高等特点，在建筑物中主要用于砌筑钢筋混凝土框架结构的填充墙以及其他非承重墙，也可用于复合墙板和屋面结构中。在无可靠的防护措施时，该类砌块不得用于水中或处于高湿度以及有侵蚀介质的环境中，也不得用于建筑物的基础和温度长期高于80℃的建筑部位。

6.2.2 普通混凝土小型空心砌块

普通混凝土小型空心砌块主要以水泥为胶结料，以河砂、碎石（卵石）为骨料，加适量的掺合料、外加剂，经混合、搅拌、机械挤压振动成型、蒸汽养护后制成的一种墙体材料。

砌块的空心率不小于25%，主规格尺寸为390mm×190mm×190mm，配以3～4种辅助规格，即可组成墙用砌块基本系列。普通混凝土小型空心砌块各部位的名称见图6-3。

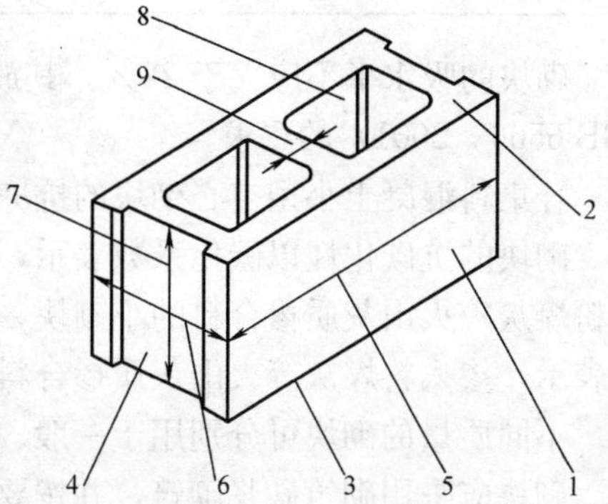

根据《普通混凝土小型空心砌块》（GB 8239—1997）的规定，普通混凝土小型空心砌块按抗压强度分为MU20.0、MU15.0、MU10.0、MU7.5、MU5.0、MU3.5六个强度等级。产品根据尺寸偏差和外观质量分为优等品（A）、一等品（B）、合格品（C）三个质量等级。

图6-3 混凝土小型空心砌块各部位的名称
1—条面；2—坐浆面（肋厚较小的面）；3—铺浆面（肋厚较大的面）；4—顶面；5—长度；6—宽度；7—高度；8—壁；9—肋

砌块的抗冻性以抗冻标号表示，冻融循环试验合格才允许使用。对于采暖地区，一般环境下，抗冻等级应达到F15，干湿交替环境下，抗冻等级应达到F25。所谓采暖地区系指最冷月份平均气温低于或等于－5℃的地区。

混凝土小型空心砌块是一种节能、节土、利废并且能满足建筑需要的墙体材料，应用范围广泛。其中低强度等级的砌块主要用于围护结构，作填充墙，起隔热保温作用，高强度等级的砌块可用于承重结构。

在砌筑混凝土小型空心砌块时，严禁对其浇水或浸水润湿。但是，当天气干燥炎热时，可稍加喷水润湿。要求砌筑砂浆具有良好的粘结性、和易性、保水性和较高的强度，并按要求在砌块的空洞内浇注配筋芯柱，提高建筑物的延性。小砌块应底面朝上反砌于墙上，严禁砌块侧砌，严禁用其孔洞作脚手眼。

6.2.3 轻集料混凝土小型空心砌块

轻集料混凝土小型空心砌块是由轻集料混凝土拌合物，经砌块成型机成型、养护制成的一种轻质墙体材料。轻集料包括粘土陶粒和陶砂、页岩陶粒和陶砂、粉煤灰陶粒和陶砂、浮石、火山渣、煤渣、自燃煤矸石、膨胀珍珠岩等。

砌块的主规格尺寸为390mm×190mm×190mm，其他规格尺寸可由供需双方商定。最小外壁厚和肋厚不应小于20mm。

根据砌块的干表观密度将砌块分为500、600、700、800、900、1000、1200、1400八个密度等级级别。砌块的强度等级、密度等级和抗压强度应满足表6-17的规定。

轻集料混凝土小型空心砌块的强度等级指标 表6-17

强度等级	砌块抗压强度/MPa		密度等级范围
	平均值(≥)	最小值	
1.5	1.5	1.2	≤800
2.5	2.5	2.0	≤800
3.5	3.5	2.8	≤1200
5.0	5.0	4.0	≤1200
7.5	7.5	6.0	≤1400
10.0	10.0	8.0	≤1400

砌块的吸水率不应大于22%，其放射性核素限量应满足《建筑材料放射性核素限量》(GB 6566—2001)的要求。

轻集料混凝土小型空心砌块的抗冻性要求同普通混凝土小型空心砌块。

砌块的抗碳化性以碳化系数表示，碳化系数即砌块碳化后强度与碳化前强度之比。加入粉煤灰等火山灰质掺合料的小砌块，其碳化系数不应小于0.8。砌块的耐水性以软化系数表示，掺入粉煤灰等火山灰质掺合料的小砌块软化系数不应小于0.75。

不同质量的砌块可分别用于一般、中档或高档的建筑内隔墙和框架填充墙。

砌块应采用砌筑砂浆砌筑，并按要求在砌块的空洞内浇注配筋芯柱。抹面材料的选择应尽量与砌块基材特性相适应，以减少抹面层龟裂的可能。有条件时，宜根据砌块强度等级选用与之相对应的专用抹面砂浆（或聚丙烯纤维抹面抗裂砂浆），要求不高时亦可用混合砂浆代替，忌用水泥砂浆抹面。

6.2.4 粉煤灰硅酸盐中型空心砌块

粉煤灰硅酸盐中型空心砌块简称粉煤灰砌块，是以粉煤灰、石灰、石膏和骨料等为原料，加水搅拌、振动成型、蒸汽养护而成的。粉煤灰砌块的形状为直角六面体，主要规格尺寸有880mm×380mm×240mm和880mm×430mm×240mm两种。砌块的端面应有灌浆槽，坐浆面宜设抗剪槽。

粉煤灰砌块按抗压强度分为10级和13级两个等级，根据外观质量、尺寸偏差及干缩值分为一等品、合格品两个质量等级，其中一等品要求干缩值≤0.75mm/m，合格品要求干缩值≤0.90mm/m。粉煤灰砌块的抗压强度、抗冻性、密度应满足表6-18的规定。

粉煤灰砌块的立方体抗压强度指标、碳化后强度指标、抗冻性能和密度 表6-18

项目	指标	
	10级	13级
抗压强度/MPa	3块试件平均值不小于10.0 单块最小值8.0	3块试件平均值不小于13.0 单块最小值10.5
人工碳化后强度/MPa	不小于6.0	不小于7.5
抗冻性	冻融循环结束后，外观无明显松、剥落或裂缝；强度损失不大于20%	
表观密度/(kg/m³)	不超过设计密度10%	

粉煤灰砌块适用于一般建筑物的墙体和基础。但由于粉煤灰砌块的干缩值较大，变形大于同强度等级的水泥混凝土制品，因此不宜用于长期处于高温下的建筑部位与有酸性介质侵蚀的部位。冬期施工不得浇水湿润砌块，墙体的内外表面宜作粉刷或其他饰面。

6.3 墙体板材

随着建筑结构体系的改革和建筑工业化的发展，为适应和满足标准化设计、预制化生产和装配式施工的建筑需求，各种轻质和复合墙用板材也蓬勃兴起。建筑板材集装饰、装修和维护功能于一体，具有优良的保温、隔热、隔声、防火、防潮和装饰效果。以板材为围护墙体的建筑体系，具有质轻、节能、施工方便快捷、使用面积大、开间布置灵活等特点，因此有着良好的发展前景。

我国目前可用于墙体的板材品种很多，有承重用的预制混凝土大板，质量较轻的石膏板，加气硅酸盐板，植物纤维板，轻质多功能复合板材等。下面介绍几种具有代表性的板材。

6.3.1 石膏类墙用板材

石膏类板材是以石膏为主要原料制成的板材的统称。常用的石膏类板材有纸面石膏板、纤维石膏板、石膏空心板、石膏刨花板等。石膏板具有质量轻、保温、隔热、吸声、防火、调湿、尺寸稳定、可加工性好、成本低等优良性能，应用范围广泛，在轻质类墙体板材中占有很大比重。

6.3.1.1 纸面石膏板

纸面石膏板分为普通纸面石膏板（代号 P）、耐水纸面石膏板（代号 S）和耐火纸面石膏板（代号 H）三种。

普通纸面石膏板是以建筑石膏为主要原料，掺入纤维和外加剂构成芯材，并与护面纸牢固地结合在一起。耐水纸面石膏板是以建筑石膏为主要原料，掺入适量耐水外加剂构成耐水芯材，并与耐水的护面纸牢固地粘结在一起，具有耐水的性能。耐火纸面石膏板是以建筑石膏为主要原料，掺入适量无机耐火纤维增强材料构成耐火芯材，并与护面纸牢固地粘在一起，具有在高温明火下焚烧时，保持不断裂的性能。芯材两面的护面纸主要起提高板材抗弯、抗冲击性能的作用。

纸面石膏板常用规格见表 6-19。产品有特等品、一等品和合格品三种质量等级。

纸面石膏板产品种类和规格　　　　　　　　　　　　表 6-19

种　类	规格/mm		
	长	宽	高
普通纸面石膏板	1800 2100 2400 2700 3000 3300 3600	900 1200	9 12 15 18
耐火纸面石膏板			9 12 15
耐水纸面石膏板			9 12 15 18 21 25

纸面石膏板的表观密度为800~1000kg/m³，导热系数为0.19~0.21W/(m·K)，隔声指数为35~45dB，抗折荷载为400~850N。纸面石膏板具有表面平整、尺寸稳定、质量轻、隔热、隔声、防火、调湿、易加工的特点，施工简便，劳动强度低。由于纸面石膏板用纸量大，因而成本也较高。

普通纸面石膏板适用于干燥环境中的室内隔墙、围护墙、吊顶、复合外墙板的内覆面，不宜用于空气相对湿度经常大于70%的场所，耐水纸面石膏板适用于厨房、卫生间等空气相对湿度较大的环境，耐火纸面石膏板适用于耐火要求高的部位。

6.3.1.2 纤维石膏板

纤维石膏板是以建筑石膏为主要原料，以适量无机或有机纤维材料如玻璃纤维、木纤维、纸纤维等为增强材料，用缠绕、压滤或辊压等方法成型，经凝固、干燥而成的轻质板材。

纤维石膏板的规格尺寸为：长度1200~3000mm，宽度600~1200mm，厚度8~15mm。纤维石膏板的表观密度为1100~1230kg/m³，导热系数为0.18~0.19W/(m·K)，隔声指数为36~40dB。

相比纸面石膏板而言，纤维石膏板的抗弯和抗冲击强度较高，并且具备防火、防潮、线膨胀系数小、干缩值低等优点，使用范围广泛，适用于非承重内隔墙、贴面墙、吊顶等。

6.3.1.3 石膏空心板

石膏空心板是以石膏为主要原料，加入适量水泥、粉煤灰、轻集料、外加剂和增强纤维，与水混合，经搅拌、成型、抽芯、干燥等工序制成的轻质板材。

石膏空心板的规格尺寸为：长度2500~3000mm，宽度500~600mm，厚度60~90mm。石膏空心板的孔洞一般为9个，圆孔孔径为38mm，空心率为28%，板两侧有凸凹的榫槽。

石膏空心板的表观密度为600~900kg/m³，导热系数约为0.22W/(m·K)，隔声指数大于30dB，抗折强度为2~30MPa，耐火极限为1~2.5h。

石膏空心板表面平整光滑，质量轻，颜色洁白，加工性好（可锯、刨、钻），可在板面喷刷或粘贴各种饰面材料，空心部位可预埋电线和管件，并且安装时不用龙骨，构造简单，适用于非承重内隔墙。但用于比较潮湿的环境中时，表面须做防水处理。

6.3.2 水泥类墙用板材

水泥类墙用板材具有较好的力学性能和耐久性，主要用于承重墙、外墙和复合外墙的外层面，因其表观密度大，抗拉强度低，体型较大的板材在施工中容易受损。根据使用功能要求，生产时可制成空心板材以减轻自重和改善隔热隔声性能，也可加入一些纤维材料制成增强型板材，还可在水泥板材上制作具有装饰效果的表面层。

6.3.2.1 预应力混凝土空心墙板

预应力空心墙板是以高强度低松弛预应力钢绞线、早强水泥及砂、石为原料，用先张法制成的混凝土墙板。

预应力混凝土空心墙板的规格尺寸为：长度1000~1900mm，宽度600~1200mm，总厚度200~480mm。

预应力空心墙板板面平整，误差小，给施工带来很多便利。该墙板可根据需要增设保温层、防水层、外饰面层等，减少了湿作业，加快了施工速度，提高了工程质量。

预应力空心墙板可用于承重、非承重外墙板、内墙板，也可以制成各种规格尺寸的楼板、屋面板、雨罩和阳台板等。

6.3.2.2 蒸压加气混凝土板

蒸压加气混凝土板是以钙质材料（水泥、石灰等）、硅质材料（砂、粉煤灰、粒化高炉矿渣等）和水按一定比例配合，加入少量发气剂（铝粉）和外加剂，经搅拌、浇筑、成型、蒸压养护等工序制成的一种轻质板材。

蒸压加气混凝土板根据使用部位不同分为屋面板、隔墙板、外墙板三种。屋面板的规格尺寸为：长度1800～6000mm，宽度600mm，厚度150mm、175mm、180mm、200mm、240mm、250mm。隔墙板的规格尺寸为：长度按设计要求，宽度600mm，厚度175mm、100mm、120mm、125mm。外墙板的规格尺寸为：长度1500～6000mm，宽度600mm，厚度150mm、175mm、180mm、200mm、240mm、250mm。

蒸压加气混凝土板孔隙率大，一般达70%以上，且气孔小、互不连通，热导率低，约为0.12W/(m·K)，因而具有自重轻、绝热性好、隔声、吸声、耐火等特性，适用于建筑的内隔墙、外墙和屋面。

6.3.2.3 GRC空心轻质墙板

GRC空心轻质墙板是以低碱度水泥为胶结材料，膨胀珍珠岩、炉渣、粉煤灰等轻骨料为集料，耐碱玻璃纤维为增强材料，加入适量外加剂，经搅拌、成型、脱水、养护制成的一种轻质墙板。该板的规格尺寸为：长度2000～3000mm，宽度600mm，厚度60mm、90mm、120mm。

GRC空心轻质墙板性能好，具有耐水、防潮、不燃、隔热、隔声、加工方便等优点，适用于建筑的分室、分户、卫生间、厨房等非承重部位的隔断、吊顶板，经表面压花、被覆涂层后，还可用作外墙的装饰面板，是近年来发展快、用量大的一种产品。

6.3.2.4 水泥刨花板

水泥刨花板是以水泥为胶结材料，以木质刨花（木材加工剩余物、小径材、枝桠材等）或非木质材料（蔗渣、棉杆、亚麻杆等）刨花为增强材料，外加适量的化学助剂和水，经拌和、压实和养护等工艺生产的板材。

水泥刨花板生产工艺和设备简单，原料来源广，生产成本低，产品性能好。水泥刨花板自重小，表观密度约为1300kg/m³，仅为水泥混凝土的一半，具有较高的抗压、抗折强度和良好的保温性能，且加工性好，防火，表面易处理。可用于建筑物的外墙板和内墙板，也可与其他材料的板材复合制成各种复合板材，在建筑中得到广泛的应用。

6.3.3 复合墙板

由单一材料制成的板材，常因其材料本身的局限性而使其应用受到限制，因此，常用复合技术生产出各种复合板材来满足墙体多功能的要求。复合墙板是由两种或两种以上不同材料结合在一起的墙板。复合墙板可以根据功能要求组合各个层次，如结构层、保温层、饰面层等，能使各类材料的功能都得到合理利用。目前，建筑工程中已大量使用各种复合板材，并取得了良好的技术经济效果。

6.3.3.1 混凝土夹芯板

混凝土夹芯板的内外表面采用20～30mm厚的钢筋混凝土板，中间填以矿渣棉、岩棉、泡沫混凝土等保温材料，内外两层面板用钢筋联结。混凝土夹芯板可用于建筑物的内外墙，有承重墙板和非承重墙板两类，其夹层厚度与热工计算相关。

6.3.3.2 钢丝网水泥夹芯复合板材

钢丝网水泥夹芯复合板材是将泡沫塑料、岩棉、玻璃棉等轻质芯材夹在中间，两片钢丝网之间用"之"字形钢丝相互连接，形成稳定的三维网架结构，然后用水泥砂浆在两侧抹面，或进行其他饰面装饰。常用的钢丝网夹芯板材品种虽多，但基本结构相近。

钢丝网水泥夹芯复合板材热阻约为240mm厚普通砖墙的两倍，具有良好的保温性能，自重90kg/m³左右。具有隔声性好、抗冻性能好、抗震能力强等特点，适当加钢筋后具有一定的承载能力，在建筑物中可用作墙板、屋面板和各种保温板。为改善这种板材的耐高温性，可用矿棉代替泡沫塑料，制成纯无机材料的复合板材，使其耐火极限达到2.5h以上。

6.3.3.3 金属面夹芯板

金属面夹芯板是指上、下两层为金属薄板，芯材为有一定刚度的保温材料，如岩棉、硬质泡沫塑料等，在专用的自动化生产线上复合而成的具有承载力的结构板材，也称为"三明治"板。

金属面夹芯板按芯材材质分为金属泡沫塑料夹芯板和金属无机纤维夹芯板。按面层材料分为镀锌钢板夹芯板、热镀锌彩钢夹芯板、电镀锌彩钢夹芯板、镀铝锌彩钢夹芯板和各种合金铝夹芯板。按在建筑中的使用部位分为屋面板、墙板、隔墙板和吊顶板。

金属夹芯板是一种多功能建筑材料，除了具有高强、保温、隔热、隔声、装饰等性能外，更重要的是它的体积密度小，安装简洁，施工周期短，特别适合用作大跨度建筑的围护材料，其应用范围包括无化学腐蚀的大型厂房、超市、机库、车库、仓库等。也适用于建造活动房屋、城镇公用设施用房屋、房屋加层以及临时建筑等。

6.4 屋面材料

6.4.1 黏土瓦

黏土瓦以黏土为主要原料，经成型、焙烧而成。按瓦的铺设位置分为屋面瓦和配件瓦，按瓦的表面状态分为有釉瓦和无釉瓦。屋面瓦主要是指平瓦，配件瓦包括檐口瓦和脊瓦。

平瓦的规格尺寸有三个型号，即Ⅰ型、Ⅱ型和Ⅲ型，平面尺寸分别为400mm×240mm、380mm×225mm和360mm×220mm，，每15张平瓦能铺约1m²屋面。平瓦按尺寸偏差、外观质量和物理、力学性能分为优等品、一等品、合格品三个质量等级。单片平瓦最小抗折荷重不得小于680N，覆盖1m²屋面的瓦吸水后重量不得超过55kg，抗冻性要求15次冻融循环合格，抗渗性要求不得出现水滴。

脊瓦分为一等品和合格品两个质量等级。单片脊瓦最小抗折荷重不得低于680N。

6.4.2 琉璃瓦

琉璃瓦是在素烧的瓦坯表面涂以琉璃釉料后再经烧制而成的制品。釉的颜色有黄、绿、黑、蓝、青、紫等色，这种瓦表面光滑，质地坚密，色彩美丽，经久耐用，但成本较高。琉璃瓦造型多样，主要形式是筒瓦与板瓦，有时还制成飞禽、走兽等样式用于屋脊和檐头的装饰。琉璃瓦多用于古建筑修复，仿古建筑，园林建筑中的亭台、楼阁。

6.4.3 混凝土平瓦

混凝土瓦是以水泥、级配适当的砂和水为主要原材料经拌和、挤压成型或其他成型方法制成。除混凝土屋面瓦外还有混凝土配件瓦。

瓦的规格尺寸比较单一，为420mm×330mm。混凝土瓦执行行业标准《混凝土瓦》（JC 746—1999）。标准将产品分为优等品、一等品和合格品三个质量等级。

混凝土平瓦耐久性好、成本低、生产时可加入耐碱颜料制成彩色瓦，彩瓦又有表面着色和通体着色之分。混凝土平瓦的缺点是自重大。

6.4.4 石棉水泥波瓦

石棉水泥波瓦及其脊瓦是用温石棉和水泥为基本原材料制成的屋面和墙面材料。

根据《石棉水泥波瓦及其脊瓦》（GB 9772—1996），石棉水泥波瓦的规格尺寸：大波瓦为2800mm×994mm，中波瓦为2400mm×745mm和1800mm×745mm，小波瓦为1800mm×720mm。按波瓦的抗折力、吸水率和外观质量分为优等品、一等品和合格品三个质量等级。

石棉水泥波瓦单张面积大，质轻、防火性、防腐性、耐热耐寒性均较好。考虑到石棉对人体健康有害，可采用耐碱玻璃纤维和有机纤维来生产水泥波瓦加以改善。

6.4.5 油毡瓦

油毡瓦是以玻璃纤维毡为胎基，经浸涂石油沥青后，一面覆盖彩色矿物粒料，另一面撒以隔离材料所制成的瓦状屋面防水材料，有本色油毡瓦和彩色油毡瓦之分。

油毡瓦的规格为长1000mm，宽333mm，厚度不小于2.8mm。

油毡瓦执行行业标准《油毡瓦》（JC/T 563—92），按规格尺寸、允许偏差和物理性能分为优等品和合格品，适用于坡屋面的多层防水层和单层防水层的面层。

其他屋面材料还有聚氯乙烯波纹瓦（亦称塑料瓦楞板）、钢丝网水泥大波瓦、玻璃钢波形瓦、铝合金波纹瓦及木质纤维波形瓦等。

7 金属材料

金属是具有光泽、有良好的导电性、导热性与机械性能的物质。通常人们将金属分成两大类，即黑色金属和有色金属。

黑色金属是指铁、锰、铬三种金属，它们的单质并不是黑色的，纯铁和锰是银白色的，铬是灰白色的，之所以称它们为黑色金属，是因为它们和它们的合金表面常有灰黑色的氧化物。如铁的表面常常生锈，盖着一层黑色的四氧化三铁与棕褐色的三氧化二铁的混合物，因而外表呈现为灰黑色。

有色金属又称非铁金属，指除黑色金属外的金属和合金，如铜、锡、铅、锌、铝以及黄铜、青铜、铝合金和轴承合金等。

钢材的缺点是易锈蚀，防腐防火的处理工本高，为其推广应用造成了一定的限制。例如，在自然气候下，钢材受蚀减薄，时间长或在特殊及人为的恶劣环境中，减薄更为严重。采用涂装可以减缓腐蚀，但费用较高。为了防止钢结构在火灾时强度下降，钢结构必须喷涂或包覆保护层，费用也很高。

7.1 钢材的冶炼和分类

7.1.1 钢的冶炼

钢由生铁冶炼而成。生铁是一种碳铁合金，其中碳和磷、硫等杂质的含量较高。生铁硬而脆，无塑性和韧性，不能进行焊接、锻造和轧制，在建筑中很少应用。

炼钢的原理就是对熔融的生铁进行氧化，使其碳的含量降低到预定范围之内，其他杂质含量也降低到允许范围之内。在理论上凡含碳量在2%以下，含有害杂质较少的铁碳合金均可称为钢。一般将钢水浇铸成钢锭，通过对钢锭进行轧制、锻压或拉拔而制成各种钢材。

目前用于大规模炼钢的方法主要有平炉炼钢法、氧气转炉炼钢法和电弧炉炼钢法，三种主要冶炼方法的特点见表7-1。

三种主要冶炼方法的特点　　　　表7-1

炉种	原料	特　　点	生产钢种
平炉	生铁、废钢	容量大,冶炼时间长,钢质较好,成本较高	碳素钢、低合金钢
氧气转炉	铁水、废钢	冶炼速度快,生产效率高,钢质较好	碳素钢、低合金钢
电弧炉	废钢	容积小,耗电大,控制严格,钢质好,但成本高	合金钢、优质碳素钢

7.1.2 钢的分类

钢的种类很多，可按照钢的化学成分、冶炼方法、品质和用途等对钢进行多种分类。

7.1.2.1 按化学成分分类

钢按其所含的化学成分来分类,可分为碳素钢和合金钢。

(1) 碳素钢

碳素钢的主要化学成分是铁,其次是碳,另外还含有少量的硅、锰、磷、硫、氧、氮等元素。根据含碳量的高低,碳素钢又分为低碳钢(含碳量<0.25%)、中碳钢(含碳量为0.25%~0.60%)和高碳钢(含碳量>0.60%)。

(2) 合金钢

合金钢是在碳素钢的基础上加入一种或多种改善钢材性能的合金元素,如锰、硅、钒、钛等生产出来的。根据合金元素的总含量,合金钢又分为低合金钢(合金元素总量<5%)、中合金钢(合金元素总量为5%~10%)和高合金钢(合金元素总量>10%)。

7.1.2.2 按冶炼时脱氧程度不同分类

钢按冶炼时脱氧程度的不同来分类,可分为镇静钢、沸腾钢、半镇静钢三类。

(1) 镇静钢

镇静钢一般用硅脱氧,脱氧完全,钢液浇注后平静地冷却凝固,基本无CO气泡产生。镇静钢均匀密实,机械性能好,品质好,但成本高。镇静钢可用于承受冲击荷载的结构。

(2) 沸腾钢

沸腾钢一般用锰、铁脱氧,脱氧很不完全,钢液冷却凝固时有大量CO气体外逸,引起钢液沸腾,故称为沸腾钢。沸腾钢内部气泡和杂质较多,化学成分和力学性能不均匀,因此钢的质量较差,但成本较低,可用于一般的建筑结构。

(3) 半镇静钢

半镇静钢用少量的硅进行脱氧,钢的脱氧程度和性能介于镇静钢和沸腾钢之间。

7.1.2.3 按品质(杂质含量)分类

钢根据品质(主要是硫、磷等有害杂质含量)好坏可分为普通钢、优质钢和高级优质钢。

7.1.2.4 按用途分类

钢按用途不同可分为结构钢、工具钢和特殊钢。结构钢主要用于工程构件及机械零件,工具钢主要用于各种刀具、量具及磨具,特殊钢是具有特殊物理、化学或机械性能,如不锈钢、耐热钢、耐磨钢等。

7.2 建筑钢材的主要技术性能

建筑钢材是指在建筑工程中使用的各种钢材,包括钢结构用的各种型钢(圆钢、角钢、槽钢、工字钢等)、钢板和钢筋混凝土中的各种钢筋、钢丝等。

钢材材质均匀密实,强度高,塑性和韧性好,能承受冲击和震动荷载,易于加工(焊接、铆接、切割等)和装配,广泛应用于建筑、铁路、桥梁等工程中,是一种重要的建筑结构材料。

7.2.1 力学性能

钢材的力学性能又称钢材的机械性能,是钢材最重要的使用性能。钢材的主要力学性能有抗拉性能、冲击韧性、耐疲劳强度和硬度。

7.2.1.1 抗拉性能

抗拉性能是建筑钢材的重要性能。由拉力试验所测得的屈服点、抗拉强度和伸长率是钢材的重要技术指标。建筑钢材的抗拉性能，可通过低碳钢（软钢）受拉的应力-应变图来阐明，见图7-1。

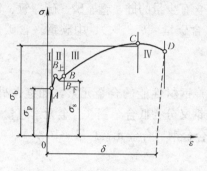

图7-1 低碳钢受拉应力-应变曲线

图中明显地可划分为弹性阶段（$O\sim A$）、屈服阶段（$B_\text{上}\sim B$）、强化阶段（$B\sim C$）和颈缩阶段（$C\sim D$）等四个阶段。

OA成一直线。在OA范围内，如卸去拉力，试件能恢复原状，这种性质称为弹性。和A点对应的应力称为弹性极限，用σ_p表示。当应力稍低于A点对应的应力时，应力与应变的比值为常数，称为弹性模量，用E表示。

应力超过A点以后，应力与应变不再成正比关系。这时，如卸去拉力，试件变形不能全部消失，表明已经出现塑性变形，拉力继续增加则到达屈服阶段。图7-1中的$B_\text{上}$点，是这一阶段的最高点，称为屈服上限，$B_\text{下}$点称为屈服下限。由于$B_\text{下}$比较稳定，且较易测定，故一般以$B_\text{下}$点对应的应力为屈服点，用σ_s表示。

钢材受力达到屈服点以后，变形即迅速发展，尽管尚未破坏，但已不能满足使用要求。故设计中一般以屈服点作为强度取值的依据。

从图中BC曲线逐步上升可以看出：试件在屈服阶段以后，其抵抗塑性变形的能力又重新提高，故称为强化阶段。对应于最高点C的应力称为抗拉强度，用σ_b表示。

抗拉强度在设计中虽然不能利用，但屈强比$\sigma_\text{s}/\sigma_\text{b}$有一定意义。屈强比愈小，反映钢材受力超过屈服点工作时的可靠性愈大，因而结构的安全性高。但屈强比太小，反映钢材不能有效地被利用。低碳钢的屈强比大致为0.58～0.63，普通低合金钢的屈强比一般为0.65～0.75。

7.2.1.2 伸长率

钢材的伸长率为钢材试件拉断后的伸长值与原标距长度之比，用δ表示。伸长率δ可用下式计算：

$$\delta=\frac{L_1-L_0}{L_0}\times 100\% \tag{7-1}$$

式中 L_0——试件原始标距长度（mm）；

L_1——断裂试件拼合后标距的长度（mm）。

由于钢材伸长率的大小与原始标距长度L_0有关，所以规定取$L_0=5a$或$L_0=10a$（a为钢材的直径或厚度）时，对应的伸长率记为δ_5或δ_{10}。对同一种钢材，δ_5大于δ_{10}。

伸长率是衡量钢材塑性的一个重要指标，δ越大说明钢材塑性越好。钢材的塑性大，不仅便于进行各种加工，而且能保证钢材在建筑上的安全使用。因为钢材的塑性变形可将结构上的局部高峰应力重新分布，从而避免结构过早地破坏。另外，钢材的塑性使钢材在破坏前有很明显的变形和较长的变形持续时间，也便于人们发现和补救。

7.2.1.3 冲击韧性

冲击韧性是指钢材抵抗冲击荷载作用的能力，通常用冲击韧性值来度量。冲击韧性值

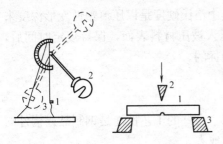

图 7-2 钢材冲击试验示意图
1—试件；2—冲锤；3—支座

α_k 用标准试件以摆锤冲断 V 形缺口试件时单位面积所消耗的功（J/cm^2）来表示。α_k 越大，钢材的冲击韧性越好，抵抗冲击作用的能力越强。冲击试验原理如图 7-2 所示。

钢材的冲击韧性对钢的化学成分、组织状态以及冶炼和轧制质量都比较敏感。例如，钢中磷、硫含量较高，存在偏析、非金属夹杂物和焊接中形成的微裂纹等都会使钢材冲击韧性显著降低。

试验表明，冲击韧性随温度的降低而下降。其规律是开始下降缓和，当达到一定温度范围时，突然下降很多而呈脆性，这种性质称为钢材的冷脆性，这时的温度称为脆性临界温度。它的数值愈低，钢材的低温冲击性能愈好，所以在负温下使用的结构，应当选用脆性临界温度比使用温度低的钢材。

随时间的延长而表现出强度提高，塑性和冲击韧性下降，这种现象称为时效。完成时效变化的过程可达数十年。钢筋如经受冷加工变形，或使用中经受振动和反复荷载的影响，时效可迅速发展。因时效而导致性能改变的程度称为时效敏感性，钢材的时效敏感性愈大，经过时效后其冲击韧性的降低就愈显著。

为了保证安全，对于承受动荷载的重要结构，应当选用时效敏感性小的钢材。对于直接承受动荷载而且可能在负温下工作的重要结构，必须按照有关规范要求进行钢材的冲击韧性检验。

7.2.1.4 疲劳强度

钢材在交变（数值和方向都有变化）荷载的反复作用下，往往在应力远小于其抗拉强度时发生破坏，这种现象称为钢材的疲劳破坏。疲劳破坏的危险应力用疲劳强度来表示，疲劳强度是指疲劳试验中试件在交变应力作用下，在规定的周期基数内不发生断裂所能承受的最大应力。

一般认为，钢材的疲劳破坏是由拉应力引起的，先从局部形成细小裂纹，由于裂纹尖端的应力集中而使其逐渐扩大，直到破坏。它的破坏特点是断裂发生的突然。

钢材的疲劳强度与其抗拉强度有关，一般抗拉强度高，其疲劳强度也较高。由于疲劳裂纹是在应力集中处形成和发展的，故钢材的疲劳强度不仅与其内部组织有关，也和表面质量有关。例如，钢筋焊接接头的卷边和表面微小的腐蚀缺陷，都可使疲劳强度显著降低。设计承受反复荷载作用需进行疲劳验算的结构时，应当了解所用钢材的疲劳强度。

7.2.1.5 硬度

硬度是衡量材料软硬程度的一个性能指标，是指表面层局部体积抵抗其他较硬物体压入产生塑性变形的能力。材料硬度与材料强度有一定的关系，所以可通过试验测得钢材的硬度值来推算其近似的强度值。

硬度试验的方法较多，原理也不相同，测得的硬度值和含义也不完全一样。最常用的是静荷载压入法硬度试验，即以一定大小的试验荷载，将一定直径的淬硬钢球或硬质合金球压入被测金属表面，保持规定时间，然后卸荷，测量被测表面压痕直径，以荷载大小除以压痕球形表面积即得到布氏硬度（HB）值，单位为 N/mm^2。布氏硬度值可以作为有色金属、热处理之前或退火后的钢材的硬度值指标。

除布氏硬度外,还有洛氏硬度和维氏硬度等。其中洛氏硬度是以压痕塑性变形深度来确定其硬度值指标的。维氏硬度是以方锥形金刚石压入被压材料表面,保持规定时间后,测量压痕对角线长度,再按公式计算来确定硬度值指标的。

7.2.2 工艺性能

建筑钢材在使用前,大多需进行一定形式的加工。良好的工艺性能是钢制品或构件的质量保证,而且通过这个过程可以提高成品率,降低成本。

7.2.2.1 冷弯性能

冷弯性能是指钢材在常温下承受弯曲变形的能力。衡量钢材冷弯性能的指标有两个,一个是试件的弯曲角度(α),另一个是弯心直径(D)与钢材的直径或厚度(a)的比值(D/a),见图7-3。冷弯试验是将钢材按规定的弯曲角度和弯心直径进行弯曲,若弯曲后试件弯曲处无裂纹、起层及断裂现象,则认为冷弯性能合格,否则为不合格。钢材的弯曲角度α越大,弯心直径与钢材的直径或厚度的比值越小,表示钢材的冷弯性能越好。

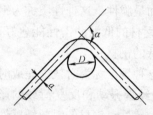

图7-3 钢材冷弯示意图

建筑构件在加工和制造过程中,常常要把钢筋、钢板等钢材弯曲成一定的形状,这就需要钢材有较好的冷弯性能。钢材在弯曲过程中,受弯部位产生局部不均匀塑性变形,这种变形在一定程度上比伸长率更能反映出钢材内部的组织状态、夹杂物、内应力等缺陷。

7.2.2.2 焊接性能

钢材的焊接性能(又称可焊性)是指钢材在通常的焊接方法和工艺条件下获得相当于基本金属性能或技术条件规定的焊接件的能力。可焊性好的钢材焊接后不易形成裂纹、气孔等缺陷,焊头牢固可靠,焊缝及其附近热影响区的性能不低于母材的力学性能。

钢材的化学成分影响钢材的可焊性。一般含碳量越高,可焊性越低。含碳量小于0.25%的低碳钢具有优良的可焊性,高碳钢的焊接性能较差。钢材中加入合金元素如硅、锰、钛等,将增大焊接硬脆性,降低可焊性。

在建筑工程中,焊接结构应用广泛,如钢结构构件的连接,钢筋混凝土的钢筋骨架、接头的连接,以及预埋件的连接等,这就要求钢材具有良好的可焊接性。焊接结构用钢宜选用含碳量较低的镇静钢。

7.2.3 钢材的化学成分对钢材性能的影响

钢材中所含的元素很多,除了主要成分铁和碳外,还含有少量的硅、锰、硫、磷、氧、氮以及一些合金元素等,它们的含量决定了钢材的性能和质量。

(1)碳

碳是钢中的重要元素。含碳量小于0.8%时,随含碳量的增加,钢的屈服强度、抗拉强度和硬度提高,而塑性和韧性下降。含碳量增加时,还使钢的可焊性下降(含碳量大于0.3%时可焊性显著下降),冷脆性和时效敏感性增加,并使钢的抗腐蚀性下降。

(2)硅

硅是钢中的主要合金元素,含量一般在2%以内,能提高钢的强度,对钢的塑性和韧性影响不大，特别是当含量小于1%时，对塑性和韧性基本上无影响。

(3) 锰

锰是低合金钢的主要合金元素，含量在1%～2%时，能提高钢的强度，且对钢的塑性和韧性影响不大。锰还可以起去硫脱氧的作用，能消除钢的热脆性，改善钢的热加工性能。但锰含量较高时，将显著降低钢的可焊性。当锰含量为11%～14%时，称为高锰钢，具有较高的耐磨性。

(4) 硫

硫是钢中极有害的元素，呈FeS存在于钢中，当钢在800～1200℃的温度区域进行热加工时，FeS熔化，导致钢产生裂纹而破坏，形成热脆现象。它能降低钢的机械性能，并使其可焊性和耐蚀性降低。

(5) 磷

磷是钢中的有害元素，融于纯铁中，使钢的强度和硬度增加，塑性和冲击韧性显著降低，这种脆性在低温时更为显著，因此称为冷脆性。钢中含磷量通常控制在0.05%以下。

(6) 氧、氮

氧的存在也能引起钢的强度下降，冷弯性、可焊性降低和热脆性增加。氮可增加钢的强度，但显著降低了钢的塑性和韧性，加剧了钢的热脆性。

(7) 钒、钛

它们都是炼钢时的强脱氧剂，也是最常用的合金元素。钒与氧、氮、碳能很好地化合，生成极为稳定的化合物。在合金钢中掺入小于0.5%的钒，可以提高钢的强度和钢的低温韧性，改善钢的可焊性。钛与氧、碳能很好地化合，含钛0.06%～0.12%的低合金钢，强度显著提高，焊接性能得到改善，时效影响减少，但塑性稍有降低。

7.3 钢材的冷加工与热处理

7.3.1 钢材的冷加工

在常温下对钢筋进行强力拉伸使其产生塑性变形的方法称为冷加工，钢筋冷加工的方法有冷拉、冷拔、冷轧三种，通常称为钢筋的三冷操作。对钢筋进行冷加工，旨在提高钢材的屈服强度，是充分发挥材料效用、节约钢材的一种方法。在钢材的屈服强度得到提高的同时，钢材的塑性和韧性则相应降低。通常冷加工变形越大，强化作用越明显。

钢材经过冷加工后，在常温下放置15d左右，或加热到100～200℃并保持一段时间，钢材的强度和硬度将得到进一步提高，塑性和韧性进一步下降，这种现象称为时效。前者称为自然时效，后者称为人工时效。通常对强度较低的钢筋采用自然时效，对强度较高的钢筋采用人工时效。

钢筋经冷拉时效后性能变化的规律，可明显地从拉力试验的应力-应变图得到反映。图7-4中O、B、C、D为未经冷拉和时效试件的应力-应变曲线。

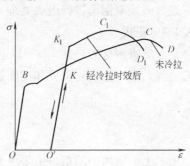

图7-4 钢材冷拉及时效强化示意图

将试件拉至超过屈服点的任意一点 K，然后卸去荷载，在卸荷过程中，由于试件已产生塑性变形，故曲线沿 KO' 下降，KO' 大致与 BO 平行。如立即重新拉伸，则新的屈服点将升高至原来达到的 K 点。以后的应力-应变关系将与原来曲线 KCD 相似。这表明：钢筋经冷拉以后，屈服点将提高。如在 K 点卸荷后，不立即拉伸，将试件进行自然时效或人工时效，然后再拉伸，则其屈服点将升高至 K_1 点。继续拉伸，曲线将沿 $K_1C_1D_1$ 发展，表明钢筋经冷拉时效以后，屈服点和抗拉强度都得到提高，但塑性和韧性则相应降低。

在建筑工程中，常对钢材进行冷加工和时效处理来提高其屈服强度，以节约钢材。冷拉和时效处理后的钢筋，在冷拉的同时还被调直和清除了锈皮，简化了施工工序。

对于承受动荷载或经常处于负温条件下工作的钢结构，如桥梁、吊车梁、钢轨等结构用钢，为防止出现突然断裂，应避免过大的脆性，采用时效敏感性小的钢材。

7.3.2 钢材的热处理

热处理是将钢材按一定的温度加热、保温和冷却，以获得所需性能的一种工艺。热处理的方法有退火、正火、淬火和回火。钢材的热处理一般在钢铁厂进行，在施工现场有时对焊接件也需要进行热处理。

7.3.2.1 淬火

淬火是将钢材加热至723℃以上某一温度，保持一定时间，然后将钢材快速置于水或油中冷却的过程。淬火可提高钢材的强度和硬度，但塑性和韧性明显下降，脆性增大。

7.3.2.2 回火

回火是将淬火后的钢材加热到723℃以下某一温度范围，保温一定时间后再冷却至室温的过程。回火可消除由于淬火而产生的内应力，使钢材的硬度降低，塑性和韧性得到一定的恢复。按回火温度的不同，分为高温回火（500~650℃）、中温回火（300~500℃）和低温回火（150~300℃）。回火温度越高，钢材的塑性和韧性恢复得越好。淬火和高温回火处理又称调质处理，经调质处理后的钢材，具有高强度、高韧性和高粘结力及塑性降低少等优点，但对应力腐蚀和缺陷敏感性强，使用时应注意防止锈蚀及刻痕。

7.3.2.3 退火

退火是将钢材加热至723℃以上某一温度，保持相当长时间后，在退火炉中缓慢冷却的过程。退火能消除钢材中的内应力，使钢材硬度降低，塑性和韧性提高。在钢筋冷拔工艺过程中，常需进行退火处理，因为钢筋经数次冷拔后，变得很脆，再继续拉拔易被拉断，这时必须对钢筋进行退火处理，提高其塑性和韧性后再进行冷拔。

7.3.2.4 正火

正火是将钢材加热到723℃以上某一温度，并保持相当长时间，然后在空气中缓慢冷却的过程。钢材正火后强度和硬度提高，塑性较退火为小。

7.4 常用建筑钢材

土木工程结构中的钢材主要由普通碳素结构钢、优质碳素结构钢和低合金高强度结构钢加工而成的。

7.4.1 建筑工程中的主要钢种

7.4.1.1 普通碳素结构钢（简称碳素结构钢）

（1）牌号

按照《碳素结构钢》（GB 700—88）的规定，碳素结构钢的牌号由屈服点的字母 Q、屈服点数值（MPa）、质量等级、脱氧程度等组合而成。碳素结构钢按屈服点的数值（MPa）划分为 Q195、Q215、Q235、Q255、Q275 五个牌号；质量等级分为 A、B、C、D 四个等级，质量按顺序逐级提高；脱氧程度分为沸腾钢（F）、半镇静钢（b）、镇静钢（Z）和特殊镇静钢（TZ），牌号表示时，Z、TZ 可省略。例如：Q235-A·F 表示屈服点不低于 235MPa 的 A 级沸腾钢，Q235-C 表示屈服点不低于 235MPa 的 C 级镇静钢。

（2）技术性能

碳素结构钢的化学成分应符合表 7-2 的规定，力学性能应符合表 7-3、表 7-4 的规定。从表 7-3 中可见，碳素结构钢随钢号的增大，强度和硬度增大，塑性、韧性和可加工性能逐步降低，同一钢号内质量等级越高，钢的质量越好。

碳素结构钢的化学成分 表 7-2

牌号	等级	化学成分/% C	Mn	Si	S ≤	P ≤	脱氧方法
Q195	—	0.06~0.12	0.25~0.50	0.30	0.050	0.045	F、b、Z
Q215	A	0.09~0.15	0.30~0.55	0.30	0.500	0.045	F、b、Z
Q215	B				0.045		
Q235	A	0.14~0.22	0.30~0.65	0.30	0.050	0.045	F、b、Z
Q235	B	0.12~0.20	0.30~0.07		0.045	0.045	
Q235	C	≤0.18	0.35~0.80		0.040	0.040	Z
Q235	D	≤0.17			0.035	0.035	TZ
Q255	A	0.18~0.28	0.40~0.70	0.30	0.050	0.045	Z
Q255	B				0.045		
Q275	—	0.20~0.38	0.50~0.80	0.35	0.050	0.045	Z

注：Q235A、Q235B 级沸腾钢锰含量上限为 0.60%。

碳素结构钢的力学性能 表 7-3

牌号	等级	拉伸试验 屈服点/MPa 钢材厚度(直径)/mm ≥						拉伸强度/MPa	伸长率 δ_5/% 钢材厚度(直径)/mm ≥						冲击试验 温度/℃	V型冲击功(纵向)/J ≥
		≤16	16~40	40~60	60~100	100~150	>150		≤16	16~40	40~60	60~100	100~150	>150		
Q195	—	195	185	—	—	—	—	315~390	33	32	—	—	—	—	—	—
Q215	A	215	205	195	185	175	165	335~410	31	30	29	28	27	26	—	—
Q215	B														20	27
Q235	A	235	225	215	205	195	185	375~460	26	25	24	23	22	21	—	27
Q235	B														20	
Q235	C														0	
Q235	D														−20	
Q255	A	255	245	235	225	215	205	410~510	24	23	22	21	20	19	—	27
Q255	B														20	
Q275	—	275	265	255	245	235	225	490~610	20	19	18	17	16	15	—	—

碳素结构钢的冷弯试验指标　　　　　表 7-4

牌　号	试样方向	冷弯试验(试样宽度 $B=2a$, 180°)		
		钢材厚度(直径)a/mm		
		60	60～100	100～200
		弯心直径 d		
Q195	纵 横	0 0.5a	—	—
Q215	纵 横	0.5a a	1.5a 2a	2a 2.5a
Q235	纵 横	a 1.5a	2a 2.5a	2.5a a
Q255	—	2a	3a	3.5a
Q275	—	3a	4a	4.5a

（3）应用

建筑工程中应用最广泛的是 Q235 号钢。其含碳量不大于 0.22%，属低碳钢，具有较高的强度，良好的塑性、韧性和可焊性，综合性能好，能满足一般钢结构和钢筋混凝土结构用钢的要求，而且成本比较低。Q235 钢被大量制作成钢筋、型钢和钢板，广泛用于工业与民用建筑、道路及桥梁等工程中。

Q195、Q215 号钢，强度低，塑性和韧性较好，易于冷加工，常用于钢钉、铆钉、螺栓及钢丝等。Q215 号钢经冷加工后可代替 Q235 号钢使用。

Q255、Q275 号钢，强度较高，但塑性、韧性较差，不宜焊接和冷弯加工，主要用于机械零件和工具等。

7.4.1.2　优质碳素结构钢

优质碳素结构钢对有害杂质含量控制严格、质量稳定，性能优于碳素结构钢，有害元素硫、磷的含量均小于 0.035%。

根据《优质碳素结构钢》（GB 699—1999），优质碳素结构钢共有 31 个牌号，除 3 个牌号是沸腾钢外，其余都是镇静钢。优质碳素结构钢按含锰量的不同，可分为普通含锰量（0.35%～0.80%）和较高含锰量（0.70%～1.20%）两大组。

优质碳素结构钢的性能主要取决于含碳量，含碳量高，强度高，但塑性和韧性降低。优质碳素结构钢的牌号由平均含碳量（以 0.01% 为单位）、含锰量标注、脱氧程度代号组合而成。含锰量较高的，在表示牌号的数字后面附"Mn"字。如果是沸腾钢，则在数字后加注"F"。例如，"15F"表示含碳量为 0.15% 的沸腾钢。"45"表示平均含碳量为 0.45% 的镇静钢，"45Mn"表示含锰量较高的 45 号钢。

优质碳素结构钢成本高，在预应力钢筋混凝上中，用 45 号钢制造锚具，生产预应力钢筋混凝土用的碳素钢丝、刻痕钢丝和钢绞线用 65～80 号钢。优质碳素结构钢一般经热处理后使用，所以也称为"热处理钢"。

7.4.1.3　低合金高强度结构钢

低合金高强度结构钢是在碳素结构钢的基础上加入总量小于 5% 的合金元素形成的钢种。常用的合金元素有锰、硅、钒、钛、铌、铬、镍等，加入这些合金元素可使钢材的强度、塑性、耐腐蚀性、低温冲击韧性等得到显著的改善和提高。

(1) 牌号

根据国家标准《低合金高强度结构钢》(GB 1591—1994) 的规定，低合金高强度结构钢的牌号由屈服点的字母 Q、屈服点数值（MPa）和质量等级符号组合而成。低合金高强度结构钢按屈服点的数值（MPa）划分为 Q295、Q345、Q390、Q420、Q460 五个牌号，质量等级分为 A、B、C、D、E 五个等级，质量按顺序逐级提高。例如：Q295A 表示屈服点不低于 295MPa 的 A 级低合金高强度结构钢。

(2) 技术标准

低合金高强度结构钢的化学成分含量应符合表 7-5 的规定，力学性能应符合表 7-6 的规定。

低合金高强度结构钢的化学成分 表 7-5

牌号	质量等级	化学成分/%									
		C($\leqslant$)	Mn	Si	P($\leqslant$)	S($\leqslant$)	V	Nb	Ti	Al($\geqslant$)	Cr($\leqslant$)	Ni($\leqslant$)
Q295	A	0.16	0.80~1.50	0.55	0.045	0.045	0.02~0.15	0.015~0.060	0.02~0.20	—		
	B	0.16	0.80~1.50	0.55	0.040	0.040	0.02~0.15	0.015~0.060	0.02~0.20	—		
Q345	A	0.02	1.00~1.60	0.55	0.045	0.045	0.02~0.15	0.015~0.060	0.02~0.20	—		
	B	0.02	1.00~1.60	0.55	0.040	0.040	0.02~0.15	0.015~0.060	0.02~0.20	—		
	C	0.20	1.00~1.60	0.55	0.035	0.035	0.02~0.15	0.015~0.060	0.02~0.20	0.015		
	D	0.18	1.00~1.60	0.55	0.030	0.030	0.02~0.15	0.015~0.060	0.02~0.20	0.015		
	E	0.18	1.00~1.60	0.55	0.025	0.025	0.02~0.15	0.015~0.060	0.02~0.20	0.015		
Q390	A	0.20	1.00~1.60	0.55	0.045	0.045	0.02~0.20	0.015~0.060	0.02~0.20	—	0.30	0.70
	B	0.20	1.00~1.60	0.55	0.040	0.040	0.02~0.20	0.015~0.060	0.02~0.20	—	0.30	0.70
	C	0.20	1.00~1.60	0.55	0.035	0.035	0.02~0.20	0.015~0.060	0.02~0.20	0.015	0.30	0.70
	D	0.20	1.00~1.60	0.55	0.035	0.030	0.02~0.20	0.015~0.060	0.02~0.20	0.015	0.30	0.70
	E	0.20	1.00~1.60	0.55	0.025	0.025	0.02~0.20	0.015~0.060	0.02~0.20	0.015	0.30	0.70
Q420	A	0.20	1.00~1.70	0.55	0.045	0.045	0.02~0.20	0.015~0.060	0.02~0.20	—	0.40	0.70
	B	0.20	1.00~1.70	0.55	0.040	0.040	0.02~0.20	0.015~0.060	0.02~0.20	—	0.40	0.70
	C	0.20	1.00~1.70	0.55	0.035	0.035	0.02~0.20	0.015~0.060	0.02~0.20	0.015	0.40	0.70
	D	0.20	1.00~1.70	0.55	0.030	0.030	0.02~0.20	0.015~0.060	0.02~0.20	0.015	0.40	0.70
	E	0.20	1.00~1.70	0.55	0.025	0.025	0.02~0.20	0.015~0.060	0.02~0.20	0.015	0.40	0.70
Q460	C	0.20	1.00~1.70	0.55	0.035	0.035	0.02~0.20	0.015~0.060	0.02~0.20	0.015	0.70	0.70
	D	0.20	1.00~1.70	0.55	0.030	0.030	0.02~0.20	0.015~0.060	0.02~0.20	0.015	0.70	0.70
	E	0.20	1.00~1.70	0.55	0.025	0.025	0.02~0.20	0.015~0.060	0.02~0.20	0.015	0.70	0.70

低合金高强度结构钢的力学性能 表 7-6

牌号	质量等级	屈服点/MPa 厚度（直径，边长）/mm $\geqslant$				抗拉强度/MPa	伸长率 δ_5/%	V 型冲击功（A_{kv}纵向） $\geqslant$				180℃弯曲试验 弯曲直径(d) 试件厚度(a)（直径） 钢材厚度（直径）/mm	
		$\leqslant$15	15~35	35~50	50~100			+20℃	0℃	−20℃	−40℃	$\leqslant$16	16~100
Q295	A	295	275	255	235	390~570	23					$d=2a$	$d=2a$
	B	295	275	255	235	390~570	23	34				$d=2a$	$d=2a$
Q345	A	345	325	295	275	470~630	21					$d=2a$	$d=3a$
	B	345	325	295	275	470~630	21	34				$d=2a$	$d=3a$
	C	345	325	295	275	470~630	22		34			$d=2a$	$d=3a$
	D	345	325	295	275	470~630	22			34		$d=2a$	$d=3a$
	E	345	325	295	275	470~630	22				27	$d=2a$	$d=3a$

续表

牌号	质量等级	屈服点/MPa				抗拉强度/MPa	伸长率 δ_5/%	V型冲击功(A_{kv}纵向)				180℃弯曲试验 弯曲直径(d) 试件厚度(a) (直径)	
		厚度(直径,边长)/mm						+20℃	0℃	-20℃	-40℃	钢材厚度(直径)/mm	
		≤15	15~35	35~50	50~100							≤16	16~100
		≥						≥					
Q390	A	390	370	350	330	490~650	19					$d=2a$	$d=3a$
	B	390	370	350	330	490~650	19	34				$d=2a$	$d=3a$
	C	390	370	350	330	490~650	20		34			$d=2a$	$d=3a$
	D	390	370	350	330	490~650	20			34		$d=2a$	$d=3a$
	E	390	370	350	330	490~650	20				27	$d=2a$	$d=3a$
Q420	A	420	400	380	360	520~680	18					$d=2a$	$d=3a$
	B	420	400	380	360	520~680	18	34				$d=2a$	$d=3a$
	C	420	400	380	360	520~680	19		34			$d=2a$	$d=3a$
	D	420	400	380	360	520~680	19			34		$d=2a$	$d=3a$
	E	420	400	380	360	520~680	19				27	$d=2a$	$d=3a$
Q460	C	460	440	420	400	550~720	17		34			$d=2a$	$d=3a$
	D	460	440	420	400	550~720	17			34		$d=2a$	$d=3a$
	E	460	440	420	400	550~720	17				27	$d=2a$	$d=3a$

(3) 性能及应用

低合金高强度结构钢与碳素钢相比具有以下突出的优点：强度高，可减轻自重，节约钢材；综合性能好，如抗冲击性、耐腐蚀性、耐低温性能好，使用寿命长；塑性、韧性和可焊性好，有利于加工和施工。

低合金高强度结构钢由于具有以上优良的性能，主要用于轧制型钢、钢板、钢筋及钢管，在建筑工程中广泛应用于钢筋混凝土结构和钢结构，特别适用于重型、大跨度、高层结构和桥梁等。

另外，当低合金钢中的铬含量达11％时，铬就在合金金属的表面形成一种惰性的氧化铬膜，形成不锈钢。不锈钢可加工成钢板、钢管、型材等，表面可加工成无光泽和高度抛光发亮的材料，既可作为建筑装饰材料，也可作为承重构件。

7.4.2 钢筋混凝土用钢材

混凝土具有较高的抗压强度，但抗拉强度很低。若在混凝土中配置抗拉强度较高的钢筋，可大大扩展混凝土的应用范围，同时混凝土对钢筋也起到了保护作用。钢筋混凝土中所用的钢筋主要有热轧钢筋、冷加工钢筋、热处理钢筋、钢丝和钢绞线等。

7.4.2.1 热轧钢筋

热轧钢筋是经热轧成型并自然冷却的成品钢筋，按外形可分为光圆和带肋两种。带肋钢筋的表面形状通常呈月牙形，见图7-5。带肋钢筋表面轧有凸纹，可提高混凝土与钢筋的粘结力。

按照《混凝土结构设计规范》（GB 50010—2002）的规定，钢筋混凝土中所用的国产热轧钢筋按屈服点分

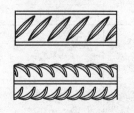

图7-5 月牙肋钢筋外形和截面

为四个强度等级,分别为:HPB235、HRB335、HRB400 和 RRB400。

(1) HPB235 级热轧钢筋

由普通碳素钢 Q235 热轧而成的光面钢筋。它是一种低碳钢,塑性、焊接性好,易加工成型,但强度低,与混凝土的粘结强度也较低。主要用于钢筋混凝土板、小型构件的受力钢筋和各种构件的构造钢筋。

(2) HRB335 级热轧钢筋

由 20MnSi 低合金钢热轧而成的带肋钢筋,表面形状通常为月牙形。这种钢筋的强度、塑性、可焊性比较好,易加工成型,主要用作普通钢筋混凝土结构构件中的受力钢筋、构造钢筋以及预应力混凝土结构中的非预应力钢筋,是我国钢筋混凝土结构钢筋用材最主要品种之一。

(3) HRB400 级热轧钢筋

由 20MnSiV、20MnSiNb、20MnTi 低合金钢热轧而成的带肋钢筋,外形为月牙形。这种钢筋强度较高,并保证有足够的塑性和良好的焊接性能,主要用作大中型钢筋混凝土结构和高强混凝土结构构件的受力钢筋,是我国今后钢筋混凝土结构的主导钢筋。

(4) RRB400 级热轧钢筋

由 20MnSi 低合金钢经热轧后,快速冷却,再利用余热进行回火而成的变形钢筋。这种钢筋含碳量较高,强度高,但塑性和焊接性稍差,一般经冷拉后用作预应力钢筋。

各强度等级热轧钢筋的钢种、外形、表示符号、公称直径及工艺性能见表 7-7。

热轧钢筋的力学性能和工艺性能 表 7-7

钢筋级别	钢种	外型	表示符号	公称直径 d/mm	屈服强度 σ_s/MPa	抗拉设计强度值 f_y/MPa	伸长率 δ_5/%	冷弯性能	
								弯曲角度	弯心直径
HPB235	低碳钢	光圆	Φ	6~20	235	210	25	180°	1d
HRB335	低合金钢	月牙肋	Φ	6~25	335	300	16	180°	3d
				28~50					4d
HRB400	低合金钢	月牙肋	Φ	6~25	400	360	14	180°	4d
				28~50					5d
RRB400	低合金钢	月牙肋	Φ^R	6~25	400	360	12	180°	6d
				28~50					7d

7.4.2.2 冷加工钢筋

(1) 冷拉钢筋

为了提高强度以节约钢筋,建筑工程中常按施工规程对钢筋进行冷拉。冷拉 HPB235 级钢筋一般用作非预应力受拉钢筋,冷拉热轧带肋钢筋强度较高,可用作预应力混凝土结构的预应力筋。由于冷拉钢筋的塑性、韧性较差,易发生脆断,因此冷拉钢筋不宜用于负温、受冲击或交变荷载作用的结构。

(2) 冷拔低碳钢丝

冷拔低碳钢丝是将直径为 6.5mm 或 8mm 的碳素结构钢热轧盘条,在常温下通过拔丝机进行多次强力拉拔而成。根据《混凝土结构工程施工及验收规范》(GB 50204—92) 的规定,冷拔低碳钢丝分甲级、乙级,甲级钢丝主要用做预应力筋,乙级钢丝用于焊接网片、绑扎骨架、箍筋和构造钢筋等。冷拔低碳钢丝的伸长率必须符合要求,否则不得用于预应力混凝土构件中。

（3）冷轧带肋钢筋

将热轧圆盘条经冷轧和冷拔减径后在其表面冷轧形成有月牙肋的钢筋即成冷轧带肋钢筋。与冷拔低碳钢丝相比，冷轧带肋钢筋具有强度高、塑性好、与混凝土粘结牢固、节约钢材和质量稳定等优点，广泛应用于中、小型预应力混凝土结构构件和普通钢筋混凝土结构构件中。

（4）冷轧扭钢筋

采用直径为 6.5～10mm 的低碳热轧盘条钢筋（Q235 钢），经冷轧扁和冷扭转而成的具有一定螺距的钢筋。冷轧扭钢筋屈服强度高，与混凝土的握裹力强，端部无需弯钩，用于普通混凝土工程。

7.4.2.3 热处理钢筋

热处理钢筋是由热轧带肋钢筋经淬火和回火进行调质处理后而成的钢筋。它具有高强度、高韧性和高粘结力及塑性降低小等优点，特别适用于预应力混凝土构件的配筋。但其对应力腐蚀及缺陷敏感性强，使用时应防止锈蚀及刻痕等。

7.4.2.4 预应力混凝土用钢丝和钢绞线

预应力混凝土结构用钢丝是用优质碳素结构钢经冷加工、再回火、冷轧或绞捻等加工而成的，抗拉强度高达 1470～1860MPa。若将预应力钢丝辊压出规律性凹痕，即成刻痕钢丝。

预应力混凝土用钢绞线是以数根优质碳素钢钢丝经绞捻后消除内应力制成的，有 1×2、1×3、1×7 三种，如 1×7 结构钢绞线是以一根钢丝为芯、6 根钢丝围绕其周围绞合而成。钢绞线与混凝土的粘结力较好。

预应力钢丝和钢绞线具有强度高、柔韧性好、无接头、质量稳定、施工简便等优点，使用时按要求的长度切割，主要用于大跨度、重荷载、曲线配筋的预应力钢筋混凝土结构。

7.4.3 钢结构用钢材

钢结构用钢材主要是各种型钢、钢板和钢管，连接方式有铆接、螺栓连接和焊接。钢材所用的母材主要是普通碳素结构钢及低合金高强度结构钢。

7.4.3.1 型钢

（1）热轧型钢

钢结构常用的热轧型钢有：工字钢、槽钢、等边角钢、不等边角钢、H 形钢、T 形钢等。型钢由于截面形式合理，材料在截面上分布对受力最为有利，且构件间连接方便。常用热轧型钢的截面形式及部位名称见图 7-6。

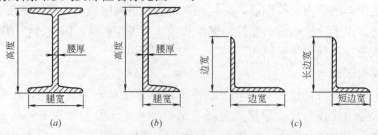

图 7-6 热轧型钢的截面形式及部位名称

(a) 工字钢；(b) 槽钢；(c) 角钢

热轧型钢的规格表示方法见表7-8。根据尺寸大小，型钢可分为大型、中型、小型三类，见表7-9。

常用热轧型钢的规格表示方法　　　　　　　　　　　表7-8

名　称	工　字　钢	槽　钢	等 边 角 钢	不等边角钢
表示方法	高度×腿宽×腰厚	高度×腿宽×腰厚	边宽^2×边厚或边宽×边宽×边厚	长边宽度×短边宽度×边厚
表示方法举例	I100×68×4.5	[100×48×5.3	L75^2×10 或 L75×75×10	L100×75×10

型钢的大、中、小型分类　　　　　　　　　　　　表7-9

名称	工字钢槽钢高度/mm	角　　　钢		圆、方、六(八)角螺纹钢直径/mm	扁钢宽/mm
		等边边宽/mm	不等边边宽/mm		
大型型钢	≥180	≥150	≥100×150	≥81	≥101
中型型钢	<180	50～190	40×60～99×149	38～80	60～100
小型型钢		20～49	20×30～39×59	10～37	≤50

（2）冷弯薄壁型钢

冷弯薄壁型钢用2～6mm厚的钢板经冷弯或模压制成，有角钢、槽钢等开口薄壁型钢和方形、矩形等空心薄壁型钢，见图7-7。冷弯薄壁型钢的表示方法与热轧型钢相同，主要用于轻型钢结构。

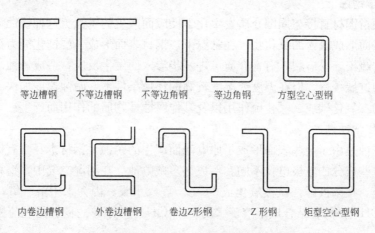

图7-7　冷弯薄壁型钢截面形式

7.4.3.2　钢板

钢板按轧制方式不同有热轧钢板和冷轧钢板两种，在建筑工程中多采用热轧钢板。钢板规格表示方法为：宽度（mm）×厚度（mm）×长度（mm）。通常将厚度大于4mm的钢板称为厚板，厚度小于等于4mm的钢板称为薄板。厚板主要用于结构构件，薄板主要用于屋面板、楼板、墙板等。在钢结构中，单块钢板不能独立工作，必须用几块板组合成工字形、箱形等截面的构件来承受荷载。

7.4.3.3　钢管

在建筑结构中钢管多用于制作桁架、桅杆等构件，也可用于制作钢管混凝土。钢管混凝土是在钢管中浇筑混凝土而形成的构件,这种构件的承载力比普通混凝土构件的承载力高,而且具有良好的塑性和韧性,经济效果显著。钢管混凝土可用于高层建筑、塔柱、构架柱、厂房柱等。

钢管按生产工艺不同分为无缝钢管和焊接钢管两大类。焊接钢管由优质或普通碳素钢钢板卷焊而成,无缝钢管是以优质碳素钢和低合金高强度结构钢为原材料,采用热轧-冷拔联合工艺生产而成的。无缝钢管具有良好的力学性能和工艺性能,主要用于压力管道。焊接钢管成本低,易加工,但抗压性能较差,适用于一般建筑结构、输送管道等。焊缝形式有直纹焊缝和螺纹焊缝。

7.5 钢材的锈蚀、防锈与防火

7.5.1 钢材的锈蚀

钢材的锈蚀是指钢的表面与周围介质发生化学作用或电化学作用而遭到破坏的现象。锈蚀不仅使钢结构有效截面面积减小,浪费大量钢材,而且会形成程度不等的锈坑、锈斑,造成应力集中,加速结构破坏,并显著降低钢材的强度、塑性、韧性等力学性能。

根据钢材表面与周围介质的作用原理,锈蚀可分为化学锈蚀和电化学锈蚀。钢材锈蚀的主要影响因素有环境湿度、侵蚀性介质性质及数量、钢材材质及表面状况等。

7.5.1.1 化学锈蚀

化学锈蚀指钢材直接与周围介质发生化学反应而产生的锈蚀。这种锈蚀多数是氧化作用,使钢材表面形成疏松的氧化物。在常温下,钢材表面形成一层钝化能力很弱的氧化保护膜薄层,它疏松,易破裂,有害介质可进一步渗入而发生反应,造成锈蚀。在干燥环境下,化学锈蚀进展缓慢。但在温度或湿度较高的环境条件下,腐蚀速度加快。化学腐蚀亦可由空气中的二氧化碳或二氧化硫作用以及其他腐蚀性物质的作用而产生。

7.5.1.2 电化学锈蚀

电化学锈蚀是由于金属表面形成了原电池而产生的锈蚀。钢材本身含有铁、碳等多种成分,由于这些成分的电极电位不同,形成许多微电池。在潮湿空气中,钢材表面吸附一层极薄的水膜。在阳极区,铁被氧化成Fe^{2+}进入水膜,因为水中溶有氧,故在阴极区氧被还原成OH^-,两者结合成不溶于水的$Fe(OH)_2$,并进一步氧化成疏松易剥落的红棕色的铁锈。

钢材在大气中的锈蚀,是化学锈蚀和电化学锈蚀共同作用所致,但以电化学锈蚀为主。

钢材在应力状态下锈蚀加快的现象,称为应力锈蚀。所以,钢筋冷弯处、预应力钢筋等都会因应力存在而加速锈蚀。

钢材锈蚀时,伴随体积增大,最严重的可达原体积的6倍。在钢筋混凝土中会使周围的混凝土胀裂。

7.5.2 钢材的防锈

7.5.2.1 在钢材表面施加保护层

防止钢结构锈蚀的常用方法是表面涂刷防锈漆。常用底漆有红丹、环氧富锌漆、铁红环氧底漆等。面漆有灰铅油、醇酸磁漆、酚醛磁漆等。薄壁钢材也可进行表面镀锌或涂塑，但费用较高。

埋于混凝土中的钢筋具有一层碱性保护膜，故在碱性介质中不致锈蚀。但氯等卤素的离子可加速锈蚀反应，甚至破坏保护膜，造成锈蚀迅速发展。因此，混凝土配筋的防锈措施包括限制水灰比和水泥用量、限制氯盐外加剂的使用、采取措施保证混凝土的密实性及足够的混凝土保护层厚度以及掺防锈剂（如重铬酸盐等）等。

7.5.2.2 制成合金钢

钢材的化学成分对钢材的耐锈蚀性有很大影响。在钢中加入铬、铜、钛、镍等合金元素可提高钢材的耐锈蚀性。如在低合金钢中加入铬可制成不锈钢。

7.5.3 钢材的防火

钢材属于不燃性材料，但这并不表明钢材自身能够抵抗火灾。在高温时，钢材的性能会发生很大的变化。温度在200℃以内，可以认为钢材的性能基本不变。温度超过300℃以后，钢材的屈服强度和抗拉强度开始急剧下降，应变急剧增大。到达600℃时钢材开始失去承载能力。耐火试验和火灾案例表明：以失去支持能力为标准，无保护层时钢屋架和钢柱的耐火极限只有0.25h，而裸露钢梁的耐火极限仅为0.15h。所以，没有防火保护层的钢结构是不耐火的。

对于钢结构，尤其是可能经历高温环境的钢结构，应做必要的防火处理。

钢结构防火的基本原理是采用绝热或吸热材料来阻隔火焰和热量，推迟钢结构的升温速度。常用的防火方法以包覆法为主。

7.5.3.1 在钢材表面涂覆防火涂料

防火涂料按受热时的变化分为膨胀型（薄型）和非膨胀型（厚型）两种。

膨胀型防火涂料的涂层厚度一般为2～7mm，覆着力较强，可同时起装饰作用。由于涂料内含膨胀组分，遇火后会膨胀增厚5～10倍，形成多孔结构，从而起到良好的隔热防火作用。表面涂覆防火涂料后构件的耐火极限可达0.5～1.5h。

非膨胀型防火涂料的涂层厚度一般为8～50mm，呈粒状面，强度较低，喷涂后需要再用装饰面层保护，耐火极限可达0.5～3.0h。为了保证防火涂料牢固包裹钢构件，可在涂层内埋设钢丝网，并使钢丝网与构件表面的净距离保持在6mm左右。

防火涂料一般采用分层喷涂工艺制作涂层，局部修补时，可采用手工涂抹或刮涂。

7.5.3.2 用不燃性板材、混凝土等包裹钢构件

常用的不燃性板材有石膏板、岩棉板、珍珠岩板、矿棉板等，可通过胶粘剂或钢钉、钢箍等固定在钢构件上，以提高钢构件的耐火能力。

另外，我国的钢材生产企业经过科技攻关，研制、开发成功了新型钢结构用优质经济耐火耐候钢，可广泛用于各类高层建筑、大跨度建筑和有特殊要求的环境，标志着我国建筑用钢登上了一个新的台阶。

8 沥青及其制品

沥青是一种有机胶结材料，为有机化合物的复杂混合物。它在常温下呈固体、半固体或黏稠液体，颜色呈辉亮褐色至黑色。沥青具有良好的粘结性、塑性和不透水性，并能抵抗一般酸、碱及盐类的侵蚀作用，在建筑工程上主要用于屋面及地下室防水、耐腐蚀地面及道路路面等。此外，还用于沥青基（及改性沥青基）防水卷材、防水涂料、油膏、胶粘剂及防腐涂料等。沥青的种类很多，用于建筑工程的主要有石油沥青和煤沥青两种。

石油沥青是用天然原油炼制出各种燃料油、润滑油后的残渣加工而成的。煤沥青又称煤焦沥青或柏油，是炼制焦炭或制造煤气时的副产品。其化学成分和性质与石油沥青大致相似，但其质量、性能均不如石油沥青。

8.1 石油沥青及煤沥青

石油沥青韧性好并略有弹性，燃烧时烟无色，略带松香或石油味，但无刺激性臭味。石油沥青温度敏感性较小，大气稳定性较高，老化慢，抗腐蚀性差。石油沥青分为建筑石油沥青、道路石油沥青和普通石油沥青三种。建筑石油沥青的黏性较高，主要用于房屋建筑。道路石油沥青的黏性稍低，主要用于道路路面工程，其中较黏稠的也用于房屋建筑。普通石油沥青中含蜡量较高，黏性较低，塑性差，建筑上应用很少。

8.1.1 石油沥青的组成

8.1.1.1 石油沥青的组分

石油沥青是由多种极其复杂的碳氢化合物及其非金属（主要为氧、硫、氮等）衍生物所组成的一种混合物。因为沥青的化学组成结构极为复杂，对其进行组成结构分析很困难，因此一般不作沥青的化学分析，只从使用角度出发，将沥青中化学成分相近，并且与其力学性质有一定关系的成分，划分为若干个组，并称这些组为"组分"。沥青中各组分含量的多寡，与沥青的技术性质有着直接的关系，各组分的主要特性如下：

(1) 油分

油分为淡黄色至红褐色的黏性液体，是沥青中分子量最小和比重最轻的组分，相对密度小于1，占总量的40%～60%。它能溶于汽油、二硫化碳、三氯甲烷、四氯化碳和丙酮等有机溶剂中，但不溶于酒精。它赋予沥青以流动性。

(2) 树脂（沥青脂胶）

树脂为红褐色以至黑褐色的黏稠半固体，分子量比油分大，相对密度近于1，占总量的15%～30%。树脂中大部分属中性树脂。中性树脂能溶于三氯甲烷等有机溶剂，但在酒精和丙酮中难溶解。它赋予石油沥青以良好的黏性和塑性。中性树脂含量愈高，石油沥青的品质愈好。另外，还含有少量（约1‰）的酸性树脂（即地沥青酸和地沥青酸酐），它是油分氧化后的产物，能溶于酒精，且能被碱皂化，是一种表面活性物质，能增强石油沥青与矿物表面的黏附性。

（3）地沥青质

地沥青质分子量更大，为深褐色以至黑色的硬而脆的不溶性固体粉末，相对密度约大于1，占总量的10%～30%。它不溶于正戊烷，但溶于三氯甲烷和二硫化碳等溶剂。地沥青质是决定石油沥青热稳定性、黏性的重要组分，其含量愈多，软化点愈高，黏性愈大，也愈硬脆。

8.1.1.2 石油沥青的结构

油分、树脂和地沥青质是石油沥青中的三大主要组分。油分和树脂可以互溶，树脂能浸润地沥青质，在地沥青质的超细颗粒表面形成薄膜。以地沥青质为核心，周围吸附部分树脂和油分，构成胶团，无数胶团分散在油分中而形成胶体结构。在这个分散体系中，分散相为吸附部分树脂的地沥青质，分散介质为溶有树脂的油分，地沥青质与树脂之间无明显界面。石油沥青的性质随各组分的数量比例不同而变化，当油分和树脂较多时，胶团外膜较厚，胶团之间相对运动较自由，沥青的流动性、塑性和开裂后自行愈合的能力较强，但温度稳定性较差。当油分和树脂含量不多时，胶团外膜较薄，胶团靠近聚集，相互吸引力增大，因此沥青的弹性、黏性和温度稳定性较高，但流动性和塑性较低。

8.1.2 石油沥青的技术性质

8.1.2.1 石油沥青的主要技术性质

（1）防水性

石油沥青是憎水性材料，几乎不溶于水，而且本身构造很密实，加之它与矿物材料表面有很好的粘结力，能紧密粘附于矿物材料表面，所以石油沥青具有良好的防水性，是建筑工程中应用很广的防潮、防水材料。

（2）耐蚀性

石油沥青对于一般酸、碱、盐类等侵蚀性液体和气体有一定的耐蚀能力，故石油沥青广泛用于有耐蚀要求的地坪、地基、池、沟以及金属结构的防锈处理。

（3）黏性

石油沥青的黏性是在外力作用下抵抗变形的性能，是沥青性质的重要指标之一。黏性的大小与组分和温度有关。地沥青质含量较高，油分含量较少，又有适量树脂时，则黏性较大。在一定温度范围内，当温度升高时，则黏性随之降低，反之则随之增大。

黏稠石油沥青的黏性（黏度）是用针入度值来表示的。所谓针入度是指在规定温度（25℃等）下，以规定重量（100g）的标准针，在规定时间（5s）内贯入试样中的深度（按1/10mm为单位计），它反映了石油沥青抵抗剪切变形的能力。针入度小，表明沥青黏度大。

（4）塑性

石油沥青塑性是指在外力作用时产生变形而不破坏的能力。石油沥青的塑性与其组分有关。石油沥青中树脂含量增加,以及其组分含量又适当时,则塑性随之提高。温度及沥青膜层厚度也影响塑性,温度升高,则塑性增大,膜层愈厚,则塑性愈高,当膜层薄至 $1\mu m$ 时,塑性近于消失。在常温下,沥青的塑性很好,能适应建筑的使用要求。沥青对振动冲击荷载有一定的吸收能力,塑性很好的沥青在产生裂缝时,也可能由于特有的黏塑性而自行愈合。

石油沥青的塑性用延度(伸长度)表示。将8字形的标准试件放入浸没在25℃(或10℃、15℃)水中的延度仪内,以5cm/min的速度拉伸至拉断,拉断时的长度(cm)称为延度。延度是石油沥青的重要技术指标之一,延度愈大,塑性愈好。

(5) 温度稳定性

石油沥青的温度稳定性是指石油沥青的黏性和塑性随温度升降而变化的性能。当温度升高时,沥青由固态或半固态逐渐软化,最终成为液态。当温度降低时又逐渐由液态凝固为半固态或固态,甚至变硬变脆。但是在相同的温度变化间隔里,各种沥青黏性变化幅度是不同的,通常认为随温度变化而产生的黏性变化幅度较小的沥青,其温度稳定性较好。

石油沥青中地沥青质含量较多,在一定程度上能提高其温度稳定性。在工程中使用时往往加入滑石粉、石灰石粉或其他矿物填料来提高其温度稳定性。当沥青中石蜡含量较多时,则会使温度稳定性降低。

温度稳定性通常用软化点表示。软化点一般用环球法测定,即将沥青试样置于规定的铜环内,上置一个规定质量钢球,在水或甘油中逐渐升温,试件受热软化下垂,测得与底板接触时的温度即软化点。软化点愈高,温度稳定性愈好。

(6) 大气稳定性

石油沥青的大气稳定性是指石油沥青在大气因素作用下抵抗老化的性能。

测定大气稳定性的方法是:先测定沥青试样的质量及其针入度,然后将试样置于加热损失试验专用的烘箱中,在温度160℃环境中加热5h,待冷却后再测定其质量及针入度。计算蒸发损失质量占原质量的百分数,称为蒸发损失。计算蒸发后针入度占原针入度的百分数,称为蒸发后针入度比。蒸发损失百分数愈小和蒸发后针入度比愈大,则表示大气稳定性愈高。

石油沥青在热、阳光、空气和水等外界因素作用下,各个组分会不断递变。低分子化合物将逐步转变为高分子化合物,即油分和树脂逐渐减少,而地沥青质逐渐增多,使石油沥青的流动性和塑性随着时间的进展逐渐变小,硬脆性逐渐增大,直至脆裂。这个过程称为石油沥青的"老化"。

石油沥青的主要技术性质中的针入度、延度和软化点三项质量指标是划分沥青牌号的主要依据。此外,为鉴定沥青质量和保证施工安全,有时还要测定石油沥青的溶解度和闪火点两项指标。溶解度指石油沥青在苯(或四氯化碳或三氯甲烷)中的溶解百分率,用以表示沥青中有效物质的含量,即纯净程度。闪火点是指石油沥青在规定的条件下,加热至挥发出的可燃气体与空气的混合物达到初次闪火时的温度(℃)。

8.1.2.2 石油沥青分类标准及选用

根据我国现行石油沥青标准,石油沥青分为道路石油沥青、建筑石油沥青和普通石油沥青,各牌号的质量指标要求见表8-1。

石油沥青技术标准　　　　　　　　　　　　　　　　表 8-1

沥青品种	防水防潮沥青 (SH 0002—1990)				建筑石油沥青 (GB 494)			道路石油沥青 (SH 0522—2000)				
项目	质量指标				质量指标			质量指标				
	3号	4号	5号	6号	10号	30号	45号	200号	180号	140号	100号	60号
针入度/0.1mm (25℃,100g,5s)	25~45	20~40	20~40	30~50	10~25	25~40	40~60	200~300	160~200	120~160	80~100	50~80
针入度指数(<)	3	4	5	6	1.5	3	—	—	—	—	—	—
软化点(≥)/℃	85	90	100	95	95	70	—	30~45	35~45	38~48	42~52	45~55
溶解度(≥)/%	98	98	95	92	99.5	99.5	99.5	99	99	99	99	99
闪点(≥)/℃	250	270	270	270	230	230	230	180	200	230	230	230
脆点(≥)/℃	−5	−10	−15	−20	—	—	—	—	—	—	—	—
蒸发损失(≤)/%	1	1	1	1	1	1	1	1	1	1	1	1
垂度/℃			8	10	65	65	65					
加热安定性	5	5	5	5								
蒸发后针入度比(≥)/%	—	—	—	—				50	60	60	65	70
延度(≥)/cm(25℃,5cm/min)	—	—	—	—				20	100	100	100	100

要全面了解石油沥青的技术性质，除测定石油沥青的针入度、延度和软化点三项质量指标外，还应测定表 8-1 中其他各项指标。

道路石油沥青和建筑石油沥青的标号越高，塑性越好，但黏性和温度稳定性变差，一般标号高的较标号低的使用年限长。

道路石油沥青主要用于路面或车间地面等工程，一般拌制成沥青混凝土或沥青砂浆使用。道路石油沥青的牌号划分较多，选用时应注意不同的工程要求、施工方法和环境温度差别，例如配制可碾压的沥青混凝土路面，可选用黏性较高而延度又较大的沥青。

建筑石油沥青主要用于屋面、地下防水及沟槽防水防蚀等工程。一般制成沥青胶涂刷，其膜层较厚，对温度的敏感性较大，要求用软化点较高的材料。例如，一般屋面用的沥青，软化点应比本地区屋面表面可能达到的最高温度高 20~25℃，以避免夏季流淌。

普通石油沥青含有害成分石蜡较多（一般大于 5%，有的高达 20% 以上），故又称多蜡石油沥青。它的显著特点是温度稳定较差，达到液态时的温度与软化点相差很小，与软化点大体相同的建筑石油沥青相比，针入度较大，黏性较小，塑性较差，在建筑工程中一般不直接使用，可与建筑石油沥青掺配使用。

8.1.3 改性石油沥青

石油加工厂生产的沥青通常只控制耐热性指标（软化点），其他的性能，如塑性、大气稳定性、低温抗裂性等则很难全面达到要求，从而影响了使用效果。为解决这个问题而采用的有效方法是在石油沥青中加入某些矿物填充料作为改性材料，得到改性石油沥青，进而生产各种防水制品。常用的改性材料有橡胶、树脂及矿物填充料等。在石油沥青中加入矿物填充料（滑石粉、石棉绒等），可提高沥青的黏性与耐热性，减少沥青对温度的敏感性。

橡胶是沥青的重要改性材料，能在－50～150℃温度范围内保持显著的高弹性，它的抗拉强度、抗疲劳强度和抗撕裂强度较高，具有良好的不透水性、不透气性、耐酸碱性和电绝缘性。按来源，橡胶可分为天然橡胶与合成橡胶（以石油、天然气和煤作为主要原料）两大类，常用的改性材料包括氯丁橡胶、丁基橡胶、再生橡胶与耐热性丁苯橡胶（SBS）等，它们与沥青间有较好的混溶性，并可使改性沥青具有橡胶的许多优点，如高温变形性小，低温柔性好等。

树脂作为改性材料可提高改性沥青的耐寒性、耐热性、黏性及不透气性。但由于树脂与石油沥青的相溶性较差，所以可用的树脂品种较少，常用的包括古马隆树脂、聚乙烯、聚丙烯树脂、酚醛树脂及天然松香等。

由于树脂与橡胶之间有较好的相溶性，故也可同时加入树脂与橡胶来改善石油沥青的性质，使沥青兼具树脂与橡胶的优点与特性。

8.1.4 煤沥青

煤沥青是煤焦厂或煤气厂的副产品，烟煤干馏时得到煤焦油，煤焦油分馏加工提取各种油类（其中重油为常用的木材防腐油）后所剩残渣即为煤沥青。煤沥青韧性较差，温度敏感性较大，冬季易脆裂，夏季易软化，老化较快。燃烧时烟呈黄色，有刺激性臭味，略有毒性，具有较高的抗微生物腐蚀作用及良好的耐水性，故适用于地下防水工程或作防腐材料。煤沥青分低温煤沥青、中温煤沥青和高温煤沥青三种，建筑工程中多使用低温煤沥青。

8.2 沥青的应用及制品

沥青的使用方法很多，可以涂刷形成涂层，也可以配制成各种制品。按施工方法的不同分热用和冷用，热用是指加热沥青使其软化流动，并趁热施工。冷用是将沥青加溶剂稀释或用乳化剂乳化成液体，在常温下施工。

8.2.1 冷底子油

冷底子油是用汽油、煤油、柴油、工业苯等有机溶剂与沥青溶合制得的沥青涂料。它的流动性好，便于喷涂。将冷底子油涂刷在混凝土、砂浆或木材等基面后，能很快地渗透进基面，待溶剂挥发后，与基面牢固结合，使基面具有憎水性，为粘贴同类防水材料创造了有利条件。因多在常温下用于防水工程的底层，故称冷底子油。

冷底子油常用30%～40%的石油沥青和60%～70%的有机溶剂（多用汽油）配制而成。配好的冷底子油应放在密封容器内置于阴凉处贮存，以防止溶剂挥发。喷涂冷底子油时，事先应使基面洁净、干燥，水泥砂浆找平层应满足含水率≤10%。在建筑工地使用冷底子油，需随配随用，配制冷底子油的经验方法是：将沥青加热到180～200℃熔化脱水后，等温度稍降低，先掺入少量煤油（约占汽油的10%）并及时搅拌均匀，因为煤油的气化温度为150～275℃，故掺煤油时不会冒烟挥发损失，同时有利于溶化沥青和加速沥青冷却。当冷到70℃时再掺入汽油，搅拌均匀即成。由于加入的煤油不多，所以对沥青成膜的速度影响很小。

8.2.2 沥青胶（沥青玛琋脂）

沥青胶（沥青玛蹄脂）是沥青和适量粉状或纤维状矿质填充料的均匀混合物。

沥青胶具有良好的粘结性、耐热性、柔韧性和大气稳定性，用途很广泛，可用来粘贴防水卷材、沥青防水涂层、沥青砂浆防水（或防腐蚀）层的底层及接头填缝材料，沥青胶的标号（按耐热度划分）应根据使用条件、屋面坡度和当地历年极端最高气温来选用。

选用的沥青软化点愈高，沥青胶的耐热性愈高，夏季受热时不易流淌。选用的沥青延度大，沥青胶的柔韧性就好，不易开裂。如用于炎热地区的屋面工程，可采用10号石油沥青。用于地下防水及防潮处理时，可采用软化点不低于50的沥青。

沥青胶中掺入填充料，不仅能节约沥青用量，而且可以改善沥青胶性质。其机理是：沥青强力吸附于填充料表面，在吸附作用影响范围内的沥青薄膜，其内部结构发生变化，形成一层所谓"结构沥青"，从而使沥青胶的粘结力、温度稳定性和大气稳定性等都得到提高。所以，用于防水、防潮工程的沥青胶，填充料普遍采用石灰石粉、白云石粉、滑石粉和普通硅酸盐水泥等，但用于要求耐酸、耐腐工程时，则应采用耐酸性强的石英粉等。掺用分散的纤维状填料，如石棉粉、木屑粉等，能提高沥青胶的柔韧性和抗裂能力。

在沥青胶中，沥青约占70%～90%，矿粉占30%～10%。如采用的沥青黏性较低，矿粉可多掺，有时可超过50%。一般矿粉越多，则沥青胶的耐热性越高，粘结力越大，但柔韧性降低，施工流动性也变差。

沥青胶有热用、冷用两种，一般工地都是热用。配制热用沥青胶时，先将矿粉加热到100～110℃，然后慢慢地倒入已熔化的沥青中继续加热搅拌均匀，并加热到保证沥青胶有足够的流动性，以利涂刷灌注，并具有较好的粘结力为止。

冷用沥青胶一般是用石油沥青和稀释剂（绿油、汽油、煤油等）调成沥青溶液，再加入填充料（熟石灰粉、石棉等）搅拌而成。配合比一般为：石油沥青40%～50%，绿油25%～30%，矿粉10%～30%，有时再加5%以下的石棉。它可以在常温下施工，并且能涂刷成均匀的薄层，从而改善了劳动条件，节约了沥青。

沥青胶的技术性质见表8-2，沥青胶标号选择表见表8-3。

沥青胶的技术性质　　　　　　　表8-2

指标	名称 标号	石油沥青胶						焦油沥青胶		
		S-60	S-65	S-70	S-75	S-80	S-85	J-55	J-60	J-65
耐热度		用2mm厚的沥青胶粘合两张油纸,不低于下列温度(℃)时在45°角的坡板上停放5h,沥青液不能流出,油纸不滑动								
		60	65	70	75	80	85	55	60	65
柔韧性		涂在沥青油毡上的2mm的沥青胶层,在(18±2)℃时,围绕下列直径(mm)的圆棒以5S均衡速度弯曲成半周,沥青胶粘材料不应有裂纹								
		10	15	15	20	25	30	25	30	35
粘结力		将两张用沥青胶粘在一起的沥青油纸揭开时,若被撕开的面积超过粘贴面积的1/2时,则认为粘贴力不合格,否则为合格								

沥青胶标号选择表　　　　　　　　　　　　表 8-3

沥青胶类别	屋面坡度	历年室外极端最高温度	沥青胶标号
石油沥青胶	1%～3%	低于 38℃ 38～41℃ 41～45℃	S-60 S-65 S-70
	3%～15%	低于 38℃ 38～41℃ 41～45℃	S-65 S-70 S-75
	15%～25%	低于 38℃ 38～41℃ 41～45℃	S-75 S-80 S-85
焦油沥青胶	1%～3%	低于 38℃ 38～41℃ 41～45℃	J-55 J-60 J-65
	3%～10%	低于 38℃ 38～41℃	J-60 J-65

8.2.3 乳化沥青

乳化沥青是沥青微粒（粒径 1μm 左右）分散在有乳化剂的水中而形成的乳胶体。制作时，首先在水中加入少量乳化剂，再将沥青热熔后缓缓倒入，同时高速搅拌，使沥青分散成微小颗粒，均匀分散于水中。由于乳化剂分子一端强烈吸附于沥青微小颗粒表面，另一端则与水分子很好结合，产生有益的桥梁作用，使乳液获得稳定。

乳化剂分四大类：阴离子乳化剂、阳离子乳化剂、非离子乳化剂和胶体乳化剂。建筑工程中主要使用前三种。阴离子乳化剂有钠皂或肥皂、洗衣粉等。阳离子乳化剂有双甲基十八烷溴胺和三甲基十六烷溴胺等。非离子乳化剂有聚乙烯醇、石灰膏、膨润土等。

根据使用的乳化剂不同，可制备不同类型的乳化沥青。常用的石灰乳化沥青制造工艺是将沥青加热至 180～200℃ 进行脱水后冷却至 120～150℃ 待用，另将乳化剂等溶于水中并加热至 60～80℃，在搅拌下将热沥青徐徐加入乳化剂溶液中进行乳化，沥青加完后再搅拌 5～6min 至均匀为止。冷却后除去表面膜层，用孔径约 0.17mm 的筛子过滤即可使用。

乳化沥青在贮存和运输过程中不允许水分蒸发或流失，最好贮存在密封的容器中，不得混入杂质，温度不得低于 0℃，贮存时间不能过长（一般 3 个月左右）。

乳化沥青多涂刷于基面作"冷底子油"，作为防潮或防水层，粘贴玻璃纤维毡片（或布）作屋面防水层，或用于拌制冷用沥青砂浆和沥青混凝土。

乳化沥青涂刷于材料基面或与砂、石材料拌和成型后，水分逐渐散失，沥青微粒靠拢，将乳化剂薄膜挤裂，相互团聚而粘结，这个过程叫乳化沥青成膜。成膜需要的时间，主要决定于所处环境的通风情况。

8.2.4 建筑防水沥青嵌缝油膏

建筑防水沥青嵌缝油膏是以石油沥青为基料，加入改性材料、稀释剂及填充料混合制成的冷用膏状材料，简称油膏。改性材料有废橡胶粉和硫化鱼油，稀释剂有松焦油、松节重油和机油,填充料有石棉绒和滑石粉等。油膏主要作为屋面、墙面、沟和槽的防水嵌缝材料。

建筑防水沥青嵌缝油膏配制原理,一般可认为:石油沥青能很好的和废橡胶粉一起混熔,废橡胶粉以沥青为介质,经加热熬炼,得到具有一定弹性、塑性和良好粘结性能的沥青橡胶混合物,使沥青吸取了橡胶的很多特点,成为一种在较高温度下不流淌、在较低温度下具有一定柔韧性的材料。

建筑防水沥青嵌缝油膏的标号与技术性能见表8-4。

油膏的标号与技术性能　　　　　　　表8-4

指标名称		标号					
		701	702	703	801	802	803
耐热度	温度(℃)	70			80		
	下垂值(≤)/mm	4					
保油性	粘结性(≥)/mm	15					
	渗油幅度(≤)/mm	5					
	渗油张数(≤)/张	4					
	挥发率(≤)/%	2.8					
	施工度(≥)/mm	22					
低温柔性	温度/℃	−10	−20	−30	−10	−20	−30
	粘结状况	合格					
浸水后粘结性(≥)/mm		15					

8.2.5 沥青防水涂料

沥青防水涂料是以石油沥青为基料,加入改性材料和稀释剂制成的黏稠胶状材料,简称涂料。改性材料有废橡胶粉和硫化鱼油等,稀释剂有汽油和水等。以汽油稀释的称溶剂型涂料,以水稀释的称水乳型涂料。涂料主要用于涂刷屋面、墙面以及沟、槽等,起防水、防潮和防碳化等作用,故对涂料的质量要求较高。

8.2.5.1 溶剂型废橡胶粉沥青涂料

石油沥青在熔化锅内加热脱水,滤去杂质,此时沥青液温度约为190℃,缓缓加入废橡胶粉,不断搅拌,在230~240℃下熬制,橡胶粉颗粒发胀,吸附沥青,由硬变软逐渐膨胀,混合物变得十分稠厚。当膨胀完成后再保温1h,橡胶粉颗粒开始解体,部分与沥青混熔在一起,混合物由稠厚变为稀稠均匀的料浆。待料浆降至100℃左右,加入汽油拌匀,装桶密封,贮存备用,称为冷涂料。如不加汽油,将熬好的料浆趁热施工,称热涂料。控制熬制温度甚为重要,温度过高或过低,都会导致涂料质量不良。

一般配合比为:废橡胶粉24%,石油沥青36%,汽油40%。

施工时,基层先洁净干燥,涂一层冷底子油,再刷厚约2mm的涂料,同时可撒云母粉等覆盖层(也可不撒)。涂料涂刷后,汽油挥发,形成弹塑性膜层,牢固的粘贴在基层上。膜层具有良好的耐热性、粘结性、抗裂性、低温柔性、耐碱性和不透水性。这种涂料溶剂的消耗量大，成本较高。

8.2.5.2 水乳型再生胶沥青防水涂料

废橡胶粉经再生（在热及氧作用下发生解聚，大的立体网状结构变成带侧链的小立体网状结构及少量链状物）、乳化（加乳化剂使再生胶微粒稳定地分散在水中）制成再生胶乳，石油沥青制成乳化沥青，将二者按比例混合均匀，即得水乳型再生胶沥青防水涂料。

这种涂料涂刷后，经过干燥逐渐形成致密的弹塑性膜层，性能与溶剂型涂料相同，其优点是可在潮湿基层上施工，节约溶剂，成本低，施工方便。

我国涂料工业正在兴起，目前涂料的品种、数量、质量都还不能完全满足使用要求。随着石油化工和高分子合成工业的发展，新品种涂料将会不断出现。

8.2.5.3 沥青防水卷材

凡用原纸或玻璃布、石棉布、棉麻织品等胎料浸渍石油沥青（或煤沥青）制成的卷状材料，称为浸渍卷材（有胎的）。将石棉、橡胶粉等掺入沥青材料中，经碾压制成的卷状材料，称为辊压卷材（无胎的）。这两种卷材通称为沥青防水卷材，是目前建筑工程中最常用的柔性防水材料。

（1）浸渍卷材

用低软化点沥青浸渍原纸而成的叫油纸。用高软化点沥青涂盖油纸的两面，再撒布一层滑石粉或云母片而成的叫油毡。目前有石油沥青油纸、石油沥青油毡和煤沥青油毡三种。按原纸每平方米的质量，油毡分为200、350和500三种标号，油纸分为200和350两种标号。各标号、等级油毡的物理性能参见表8-5。

各种标号、等级油毡的物理性能　　表8-5

指标名称		200号			350号			500号		
	等级 标号	合格	一等	优秀	合格	一等	优秀	合格	一等	优秀
单位面积浸涂材料总量(≥)/g/m²		600	700	800	1000	1050	1100	1400	1450	1500
不透水性	压力(≥)/MPa	0.05			0.10			0.15		
	保持时间(≥)/min	15	20	30	30	45		30		
吸水率(真空法)(≤)/%	粉毡	1.0			1.0			1.5		
	片毡	3.0			3.0			3.0		
耐热度/℃		85±2		90±2	85±2		90±2	85±2		90±2
		受热2h涂盖层应无滑动和集中性气泡								
拉力25±2℃时纵向(≥)/N		240		270	340		370	440		470
柔度		(18±2)℃		(18±2)℃	(16±2)℃		(14±2)℃	(18±2)℃		(14±2)℃
		绕Φ20mm圆棒或弯板无裂纹						绕Φ25mm圆棒或弯板无裂纹		

油纸主要用于多层（粘贴式）防水层的下层，油毡一般用于面层，应用各种油纸和油毡时应注意：石油沥青油毡（或油纸）只能用石油沥青胶粘贴，煤沥青油毡则要用煤沥青胶粘贴。油纸和油毡贮运时应竖直堆放，最高不超过两层。要避免日光照射和雨水浸湿。

每卷油毡总面积为（20±0.3）m²，幅宽有915mm与1000mm两种。每卷油毡中允许有一处接头，其中较短的一段长度不应少于2500mm，接头处应剪切整齐，并加长150mm备作搭接。优等品中有接头的油毡数不得超过批量的3%。每卷油毡的重量应符合表8-6的规定。

石油沥青油毡每卷重量　　　　表8-6

标号	200号		350号		500号	
品种	粉毡	片毡	粉毡	片毡	粉毡	片毡
重量/kg	≥17.5	≥20.5	≥28.5	≥31.5	≥39.5	≥42.5

（2）玻璃布油毡

玻璃布油毡是用沥青浸涂玻璃纤维布的两面，然后撒布滑石粉或云母片而成。其制法与纸胎油毡相同。玻璃布油毡的抗拉强度、耐久性等都比纸胎油毡好，宜用于防水性、耐久性和耐腐蚀性要求都较高的工程。

还有以石棉纸、石棉布、矿棉纸或麻布为胎料制成的油毡，分别称为石棉纸油毡、石棉布油毡、矿棉纸油毡、麻布油毡。这些油毡的抗拉强度、耐久性、不透水性也都较纸胎油毡好，一般用于防水要求较高的地下或结构复杂的工程。

8.2.5.4　辊压卷材

再生胶油毡是用再生橡胶、10号石油沥青和碳酸钙（石灰石粉）经混炼、压延而成的无胎防水卷材。它具有较好的弹性、抗蚀性、不透水性、低温柔韧性以及较高的抗拉强度。适用于水工、桥梁、地下建筑物、管道等重要的防水工程和建筑物变形缝处的防水。

8.2.5.5　SBS改性沥青

SBS改性沥青防水卷材属弹性体沥青防水卷材，以聚酯纤维无纺布等为胎体，以SBS橡胶改性沥青为面层，表面带有砂粒或覆盖PE膜。具有较高的耐热性、低温柔性、弹性及耐疲劳性等，施工时可以冷粘贴（氯丁粘合剂），也可以热熔粘贴。适合于寒冷地区和结构变形频繁的建筑。

8.2.5.6　APP改性沥青防水卷材

这一类卷材属塑性体沥青防水卷材，以无规聚丙烯（APP）等为沥青的改性材料，卷材具有良好的强度、延伸性、耐热性、耐紫外线照射及耐老化性，单层铺设，适合于紫外线辐射强烈及炎热地区的屋面使用。

8.3　沥青砂浆和沥青混凝土

沥青砂浆是由沥青、矿质粉料和砂拌制而成。如再加入碎石或卵石，就成为沥青混凝土。

沥青砂浆和沥青混凝土的结构是以较粗一级的矿料为骨架，细一级的矿料填充粗一级矿料的空隙，矿粉填充粗细骨料之间的空隙，沥青包覆、粘结矿料并填充矿料之间的空隙。

沥青砂浆和沥青混凝土中的沥青和矿粉的作用及选用原则与沥青胶相同。对砂石则要求洁净、干燥和级配良好。为了提高耐水性和沥青与砂石的粘结力，粗细骨料最好采用石灰石、自云石等碱性岩石，但用于防酸处理时应采用耐酸的矿料，如石英岩、花岗岩、玄武岩等。

用于防水的沥青砂浆配合比一般为：沥青12%～16%，粉料22%～32%，砂50%～60%，具体配合比要根据用途和施工条件经试拌确定。

"热拌热铺"是沥青砂浆和沥青混凝土的主要施工方法。先将砂石预热至120～140℃，并放入拌锅或搅拌机中，然后将加热至180～220℃的熔化沥青加入，搅拌均匀，及时趁热铺筑压实。

"冷拌冷铺"沥青砂浆和沥青混凝土是采用液体沥青或乳化沥青配制，具有施工安全、方便的优点，但有时需采用价格较贵的稀释剂，目前应用较少。

9 建筑装饰材料

建筑主体结构及设备安装工程基本完成后,对建筑物的室内外空间环境进行装饰所用的各种材料称为建筑装饰材料。建筑装饰材料集功能、造型、色彩于一身,既能起到装饰作用,又可补充主体结构材料某些方面的不足。建筑装饰材料属建筑材料范畴,是建筑材料的重要组成部分。

9.1 建筑装饰材料的分类

建筑装饰材料涉及的范围很广,除了传统的建筑材料,如石材、木材、陶瓷等,还涉及化工建材、塑料建材、纺织建材、冶金建材等,品种繁多,分类方法也多,通常根据其化学成分和使用时的装修部位来进行分类。

按装饰材料的化学成分来分,一般分为三类:

(1) 金属材料。如黑色金属材料中的不锈钢、彩色不锈钢,有色金属材料中的铝及铝合金、铜及铜合金等。

(2) 非金属材料。如有机装饰材料中的壁纸、地板、高分子涂料及装饰织物等,无机装饰材料中的饰面石材、陶瓷、玻璃等。

(3) 复合材料。无机材料基复合材料如装饰混凝土、装饰砂浆等,有机材料基复合材料如树脂基人造装饰石材、玻璃纤维增强塑料(玻璃钢)等,其他复合材料如铝塑板、涂塑钢板、涂塑铝合金板等。

按装饰材料的装饰部位来分,分为外墙装饰材料、内墙装饰材料、地面装饰材料和顶棚装饰材料四类。

9.2 建筑装饰材料的功能

外墙装饰是建筑装饰的重要内容之一,其目的在于提高墙体抵抗自然界中各种因素如灰尘、雨雪、冰冻、日晒等侵袭破坏的能力,防止腐蚀性气体及微生物的侵蚀作用,弥补和改善墙体在保温、隔热、隔声、防水、美化等方面的功能。

内墙装饰是室内装饰的一部分,要兼顾装饰室内空间、满足使用要求和保护结构等各个方面。为了保证人们室内的正常工作、生活,墙面应易于保持清洁,同时具有较好的反光性能,使室内的亮度比较均匀。但墙体本身一般满足不了上述要求,必须由内墙饰面来弥补这方面的不足。内墙饰面的另一种作用是以本身的特性来改善使用环境,如传统内墙抹灰能起到"呼吸"作用,调节室内空气的相对湿度,当墙体本身热工性能不能满足要求时,可在饰面里侧做保温隔热处理。另外,对墙体的声学功能给予辅助,也是内墙饰面的一项重要功能,如影剧院、音乐厅等常通过墙面、地面、顶棚所采用的不同饰面材料在反射声波、吸声方面的性能来达到控制混响时间、改善音质的目的。

地面装饰材料能起到装饰地面并保护基底材料和楼板的作用。地面装饰材料应具有安全性（阻燃、防滑、电绝缘）、耐久性、舒适性（有弹性、隔声、吸声）以及装饰性。

顶棚是现代室内装饰的一个重要组成部分，它是除墙面、地面以外用来围合成室内空间的另一个大面。室内装饰的风格与效果，与顶棚的造型及所选用材料密切相关。顶棚装饰处理通常需要综合考虑音响、照明、暖通、防火等技术要求，全面的安排好照明灯具、通风口及音响系统设备等，并根据声学上要求铺放吸声材料、布置反射板。

9.3 建筑装饰材料的基本要求

9.3.1 颜色

装饰材料的各种颜色组合能创造出美好的工作空间和居住环境，因而就显得非常重要。人们对同一颜色的分辨不可能完全相同，这是因为颜色并非是材料本身所固有的，而取决于三个方面：材料的光谱反射，观看时射于材料上的光线的光谱组成，观看者眼睛的光谱敏感性。这三个方面涉及物理学、生理学和心理学。对物理学来说，颜色是光能；对心理学来说，颜色是感受；对生理学来说，颜色是眼部神经与脑细胞感应的联系。对颜色而言，光线尤为重要，因为在没有光线的地方也就看不出什么颜色，要科学地、客观地测定颜色，应依靠物理方法，在各种分光光度计上进行测定。

9.3.2 光泽

装饰材料的光泽是材料表面的一种特性，在评定装饰材料时，其重要性仅次于颜色。光线射于物体上，一部分光线会被反射，一部分光线会被吸收，如果物体是透明的，也有一部分光线透射过物体。被反射的光线可集中在与光线的入射角相对称的角度中（按照几何光学中的反射定律：反射角等于入射角），这种反射称为镜面反射。被反射的光线也可分散在所有的各个方向中，称为漫反射。漫反射与上面讲过的颜色（以及亮度）有关，而镜面反射则是产生光泽的主要因素。光泽是有方向性的光线反射性质，它对形成于表面上的物体形象的清晰程度，亦即反射光线的强弱，起着决定性的作用。材料表面的光泽可用光电光泽度仪来测定。

9.3.3 透明性

装饰材料的透明性也是与光线有关的一种性质。既能透光又能透视的物体称为透明体，只能透光而不能透视的物体称为半透明体，既不透光又不透视的物体称为不透明体。例如，普通门窗玻璃大多是透明的，而磨砂玻璃和压花玻璃则是半透明的。

9.3.4 质感

装饰材料的表面组织由于材料所用的原料、组成、配合比、生产工艺的不同而具有多种多样的特征。有细致或粗糙的，有平整或凹凸的，也有坚实或疏松的。同样的花岗石贴面做成剁斧面或抛光面，会给人以迥然不同的质感。选择装饰材料，不但要看材料本身装饰效果如何，还要结合具体建筑物的体型、体量、风格进行统筹考虑。

9.3.5 耐污性、易洁性

材料表面抵抗污染保持其原有颜色和光泽的性质，称为材料的耐污性。材料表面易于清洁的性质称为材料的易洁性，它包括在风、雨等作用下的易洁性（又称自洁性）以及在人工清洗作用下的易洁性。

9.4 建筑装饰材料的选用原则

房屋建筑是人们工作、学习和生活的场所，进行建筑装饰可以美化生活、愉悦身心、改善生活质量。建筑空间环境的质量直接影响着人们的身心健康，在选用装饰材料时应注意以下几点：

（1）满足使用功能

在选用装饰材料时，首先应满足与环境相适应的使用功能。对于外墙应选用耐大气侵蚀、不易褪色、耐污性好的材料。对于地面应选用耐磨性、耐水性好、易洁性的材料。而厨房、卫生间内应选用耐水性、抗渗性好，不发霉、易于擦洗的材料。

（2）满足装饰效果

装饰材料的色彩、光泽、形体、质感和花纹图案等性能都影响装饰效果，特别是装饰材料的色彩对装饰效果的影响非常明显。因此，在选用装饰材料时要合理应用色彩，给人以舒适的感觉。例如：卧室、客房宜选用浅蓝或淡绿色，以增加室内的宁静感；儿童活动室应选用中黄、蛋黄、橘黄、粉红等暖色，以适应儿童天真活泼的心理。

（3）材料的安全性

在选用装饰材料时，要妥善处理装饰效果和使用安全的矛盾，要优先选用环保型材料和不燃或难燃的安全型材料，尽量避免选用在使用过程中感觉不安全或易发生火灾等事故的材料，努力创造出一个美观、安全、舒适的环境。

（4）合理的耐久性

选用装饰材料应考虑其耐用年限与建筑装修的使用年限相适应。不同功能的建筑及不同的装修档次，所采用的装饰材料耐久性要求也不一样。有的建筑装修使用年限较短，就要求所用的装饰材料耐用年限不一定很长。但也有的建筑要求其耐用年限很长，如纪念性建筑物等。

（5）经济性原则

一般装饰工程的造价往往占建筑工程总造价的30%~50%，个别装修要求较高的工程甚至高达60%以上。因此，应根据使用要求和装饰等级，恰当地选择装饰材料，在不影响装饰工程质量的前提下，优先选用质优价廉、工效高、安装简便的材料，以降低工程费用。另外，在选用装饰材料时，要综合考虑一次性投资和日后的维修费用问题，从而达到总体上经济的目的。

（6）便于施工

在选用装饰材料时，应尽量做到构造简单、施工方便。这样既缩短了工期，又节约了开支，还为建筑物提前发挥效益提供了前提。应尽量避免选用有大量湿作业、工序复杂、加工困难的材料。

9.5 常用装饰材料

9.5.1 建筑装饰石材

石材是人类建筑史上应用最早的建筑材料，它不仅用于建筑基石，而且通过研磨、抛光等加工，以它特有的色泽和纹理被广泛用于建筑装饰工程之中。装饰石材有天然石材和人工石材之分。

9.5.1.1 天然石材

天然石材是从天然岩体中开采出来的，经加工成块状或板状，分为毛石、料石、板材及颗粒状石料四大类。料石分为毛料石、粗料石、半细料石及细料石四种，颗粒状石料包括碎石、卵石（即砾石）及石渣（即石米、米石、米粒石）。石渣规格俗称有大二分（粒径约20mm）、一分半（粒径约15mm）、大八厘（粒径约8mm）、中八厘（粒径约6mm）、小八厘（粒径约4mm）以及米粒石（粒径2~4mm）。

用于建筑装饰的天然石材主要有花岗岩和大理石。

（1）花岗岩

花岗岩由长石、石英和少量云母等矿物组成，主要化学成分为SiO_2（约占70%左右），强度高、吸水率小，耐酸性、耐磨性及耐久性好（不耐氢氟酸及氟硅酸），耐火性差，属硬石材，使用寿命为75~200年，常用于室内外墙面及地面装饰。花岗石经锯、磨、切等加工过程而成板材，板材按形状可分为普型板材（N）与异型板材（S）两种。按表面加工程度可分为细面板材（RB）、镜面板材（PL）及粗面板材（RU）三种。细面板材表面平整、光滑；镜面板材表面平整，具有镜面光泽；粗面板材表面平整、粗糙。

花岗岩板材多用于室外地面、台阶、勒脚、纪念碑，也用于外墙面和柱面的装饰。

（2）大理岩

大理岩由石灰岩、白云岩等沉积岩经变质而成的，其主要矿物成分是方解石和白云石，属中硬石材，比花岗岩易加工。大理岩主要化学成分为碳酸钙，易被酸腐蚀，若用于室外，在空气中遇CO_2、SO_2、水汽以及酸性介质作用，容易风化与溶蚀，使表面失去光泽、粗糙多孔，降低装饰效果，因此除少数质纯、杂质少的品种如汉白玉、艾叶青之外，一般不宜用于室外装饰，而多用于室内装饰。天然大理石荒料经锯、磨、切等加工过程而成为板材，板材也分为普型（N）与异型（S）两种。

9.5.1.2 人造装饰石材

（1）铸石

铸石是一种经加工而成的硅酸盐结晶材料，采用玄武岩、辉绿岩等天然岩石或工业废渣为主要原料，经配料、熔融、浇注、热处理等工序制成的晶体排列规整、质地坚硬、细腻的非金属工业材料。

铸石具有很好的耐腐蚀与耐磨性能，几乎耐各种酸或碱的腐蚀，耐磨性比锰钢高5~10倍，比碳素钢高数十倍。其莫氏硬度为7~8，仅次于金刚石和刚玉。但铸石的韧性和抗冲击性较差，切削加工困难。

由于铸石制品的韧性较差，硬度较高，难以切削加工，一般按一定形状和尺寸加工成制品，不仅可生产出各种板材，还可生产出管材及各种异型材。铸石除能替代天然石材外，还可替代金属、橡胶和木材等，广泛应用于土木工程、冶金工程、化学工程、电力工程及机械工程，其固定方式通常采用砌筑或镶嵌。

（2）微晶玻璃

微晶玻璃又称水晶玻璃或陶瓷玻璃，是以矿石、工业尾矿、冶金矿渣、粉煤灰、煤矸石等作为主要生产原料，在助剂的作用下高温熔融形成微小的玻璃结晶体，再按要求高温晶化处理后模制而成的仿石材料，属玻璃-陶瓷复合材料。由于生产过程中无污染，产品本身无放射性污染，故又被称为环保产品或绿色材料。

微晶玻璃具有良好的物理力学性能，能够适应不同的环境或满足不同的工程特殊要求。通常微晶玻璃的机械强度较高，抗冻性和热稳定性很好，具有良好的耐腐蚀性和耐候性，还有较强的耐磨性和抗冲击能力。

微晶玻璃集中了玻璃、陶瓷及天然石材的三重优点，优于天然石材和陶瓷，是性能优良的仿石材料。微晶玻璃经切割和表面加工后，表面可呈现出大理石或花岗岩的表面花纹，具有良好的装饰性，除了可用于建筑幕墙及室内高档装饰外，还可用做机械上的结构材料、电工（电子）上的绝缘材料、大规模集成电路的底板材料以及矿山耐磨材料等。

9.5.1.3 胶结型人造石材

胶结型人造大理石是以胶结剂、填料及颜料为原料，经模制、固化和加工制成的人造石材。按生产人造大理石的胶结材料不同可分为以下几种。

（1）树脂型人造大理石

树脂型人造大理石是以不饱和聚酯为胶结剂，天然碎石和石粉为填料，加入适当的颜料拌制而成的混合料，经浇捣、固化、脱模、烘干、抛光等工序制成的人造石材。这种人造石材具有耐水、抗冻、外观光洁细腻、力学强度高的优点，它的抗污染能力强，但耐磨性和大气稳定性较差。为进一步改善其物理力学性能，可先以坚硬的天然级配碎石充分密实地填充于密闭容器中，将其内部抽成真空，再以液体有机树脂填充碎石间的空隙，经固化后形成石材。这种人造石材也称真空高压石，它不仅节约树脂，而且具有更高的强度、耐久性和耐磨性，可用于室内外的墙面和地面装饰，是性能优良的人造石材。

（2）水泥型人造大理石

水泥型人造大理石是以白水泥、普通水泥或特种水泥为胶结剂，与碎大理石及颜料配制而成的混合料，经浇捣成型和养护制成的人工石材。这种人造大理石成本低、耐大气稳定性好、具有较强的耐磨性。

（3）复合型人造石材

复合型人造石材是以水泥型人造石材为基层，树脂型人造大理石为面层，将两层胶结在一起形成的人工石材，或以水泥型人造石材为基体，将其在有机单体中浸渍，再使浸入内部的单体聚合固化而形成的人工石材。复合型人造石材既有树脂型人造大理石的外在质量，又有水泥型人造大理石成本低的优点，是工程中较受欢迎的一种贴面材料。

9.5.2 建筑装饰陶瓷

凡以黏土、长石、石英为基本原料，经配料、制坯、干燥、焙烧而制成的成品，称为陶瓷制品。用于建筑工程中的陶瓷制品，则称为建筑陶瓷。我国建筑陶瓷源远流长，自古以来就是一种良好的建筑装饰材料。随着科学技术的发展和人民生活水平的不断提高，陶瓷的花色、品种、性能都发生了极大变化。在现代建筑装饰工程中应用的陶瓷制品，主要包括陶瓷墙地砖、卫生陶瓷、园林陶瓷、琉璃陶瓷制品等，其中以陶瓷墙地砖生产量最大。

9.5.2.1 陶瓷的分类

凡以陶土、河砂等为主要原料，经低温烧制而成的制品，称陶器。凡以磨细的岩石粉如瓷土粉、长石粉、石英粉等为原料，经高温烧制而成的制品，称瓷器。介于陶器和瓷器两者之间的称炻器。陶瓷是陶器、炻器和瓷器的总称，陶瓷制品分为陶质制品、瓷质制品和炻质制品三大类。

(1) 陶质制品

陶质制品烧结程度相对较低，为多孔结构，吸水率较大，断面粗糙无光，敲击时声音粗哑，有无釉和施釉两种。所谓釉是指附着于陶瓷坯体表面的连续玻璃质层，它具有与玻璃相类似的某些物理与化学性质。

陶质制品根据原料土杂质含量的不同，分为粗陶和精陶。粗陶不施釉，建筑上常用的烧结黏土砖就是最普通的粗陶制品。精陶一般经素烧和釉烧两次烧成，通常呈白色或象牙色，吸水率为9%～12%，建筑饰面用的釉面砖以及卫生陶瓷和彩陶均属此类。

(2) 瓷质制品

瓷质制品烧结程度高，结构致密，强度高，坚硬耐磨，基本上不吸水，断面细致并有光泽，具有一定的半透明性，其表面通常施有釉层。瓷质制品按其原料土化学成分与工艺制作的不同，分为粗瓷和细瓷。瓷质制品多为日用餐茶具、陈设瓷、电瓷及美术用品等。

(3) 炻质制品

炻质制品介于陶质制品和瓷质制品之间，也称半瓷。炻器分粗炻器和细炻器两种，粗炻器的吸水率为4%～8%，细炻器的吸水率小于2%，建筑饰面用的外墙面砖、地砖和陶瓷锦砖均属粗炻器。细炻器如日用器皿、化工及电器工业用陶瓷等。

建筑装饰工程中所用的陶瓷制品，一般都为精陶至粗炻器范畴的产品，其主要技术性质包括外观质量、吸水率、耐急冷急热性、耐磨性、抗冻性、抗化学腐蚀性等。

9.5.2.2 常用建筑陶瓷制品

常用建筑陶瓷制品有釉面砖、陶瓷墙地砖、陶瓷锦砖、陶瓷劈离砖、琉璃制品及卫生陶瓷等。

(1) 釉面砖

釉面砖又称外墙贴面砖、瓷砖、瓷片或釉面陶土砖，是适用于内墙装饰的薄片精陶建筑制品，有正方形砖、矩形砖、异形配件砖等品种。

釉面砖的装饰效果主要取决于颜色、图案和质感。其装饰特点是热稳定性好、防火、防湿、耐酸碱、表面光滑、易清洗。

因釉面砖为多孔精陶坯体，吸水率较大，吸水后将产生湿胀，而其表面釉层的湿胀性很小，若用于室外，经常受到大气湿度影响以及日晒雨淋作用，当砖坯体产生的湿胀应力超过了釉层本身的抗拉强度时，就会导致釉层发生裂纹或剥落，严重影响建筑物的饰面效果。

釉面内墙砖常用的规格见表9-1所示。

釉面内墙砖常用的规格尺寸/mm 表 9-1

模 数 化			非模数化	
装配尺寸	产品尺寸	厚度	产品尺寸	厚度
300×250	297×247	生产厂家自定	300×200	生产厂家自定
300×200	297×197		200×200	
200×200	197×197		200×150	
200×150	197×148		152×152	
150×150	148×148	5	152×75	5
150×75	148×73	5	152×75	5
100×100	98×98	5	108×108	5

（2）陶瓷墙地砖

陶瓷墙地砖又称陶瓷面砖，包括外墙贴面砖和室内、室外地面铺贴用砖。

陶瓷墙地砖是用于建筑物墙面、地面的精陶质或粗炻质饰面砖的总称。尽管有些面砖可以墙、地通用，但从装饰功能要求来讲，两者的材质、外形、质地、色彩都有所区别，有许多专用墙面砖和专用地面砖产品。

（3）陶瓷锦砖

陶瓷锦砖又称马赛克，是以优质瓷土烧制而成，呈多种色彩和不同几何形状的小规格墙地砖，它的边长尺寸为 20~40mm，厚 4~5mm。由于陶瓷锦砖规格小，出厂前已按预先设计好的图案反贴在一块护面纸上，每块称作一联，每联尺寸 305mm×305mm。

陶瓷锦砖对建筑立面具有很好的装饰效果，可加强建筑物的耐久性。陶瓷锦砖组合变化多，在平面上可以有多种表现方法，如拼成抽象的图案、同色系深浅跳跃或过渡、为瓷砖等其他装饰材料做纹样点缀等。彩色陶瓷锦砖还可以拼成文字、花边甚至壁画，形成一种别具风格的锦砖壁画艺术。对于房间曲面或转角处，陶瓷锦砖更能发挥它小规格的特长，把弧面包盖得平滑完整。

（4）陶瓷劈离砖

陶瓷劈离砖是以黏土为原料，经配料、真空挤压成型、烘干、焙烧、劈离（将一块双联砖分为两块砖）等工序制成，因焙烧后可劈开而得名。该产品富于个性，古朴高雅，既适用于墙面装饰，也适用于公共场所的地面铺设。

（5）琉璃制品

琉璃制品是覆有琉璃釉料的陶质器物，是陶瓷宝库中的古老珍品，是我国传统的建筑装饰材料，它以难熔黏土为原料，经配料、成型、干燥、素烧，表面涂以琉璃釉料后，再经烧制而成。

琉璃制品表面光滑、色彩绚丽、造型古朴、坚实耐用，富有民族特色。主要产品有琉璃瓦、琉璃砖、琉璃兽、琉璃花窗、栏杆等，还有琉璃桌、绣墩、鱼缸、花盆、花瓶等陈设用的建筑工艺品。琉璃瓦作为高级的建筑屋面材料，品种繁多，有板瓦、筒瓦、滴水、勾头、挡沟、脊、吻等，其他还有用于琉璃瓦屋面起装饰作用的各种兽形琉璃饰件。

琉璃制品价格高，一般用于有民族特色和纪念性的建筑，也用于园林建筑中的亭、台、楼阁，以增加园林的特色。

(6) 卫生陶瓷

卫生陶瓷多用耐火黏土或难熔黏土经素烧和釉烧而成。陶瓷卫生洁具颜色清澄、光泽度好、易于清洗、经久耐用。其主要制品有洗面器、大小便器、水箱水槽等，主要用于浴室、盥洗室、厕所等处。

9.5.3 建筑装饰玻璃

玻璃是现代建筑装饰不可缺少的材料之一。玻璃在建筑工程中已不单纯作为采光材料和装饰材料，而广泛用于控制光线、调节热量、节约能源、控制噪声、防辐射、防火、防爆等用途。在装饰工程中，玻璃占有重要的地位，并朝着多品种、多功能、绿色环保的方向发展。

9.5.3.1 玻璃的生产

玻璃是以石英砂、纯碱、长石及石灰石等为原料在 1500～1600℃ 高温下熔融后，再经急冷而成的无定形硅酸盐物质，主要化学成分是 SiO_2、Na_2O、CaO 及 MgO。如在玻璃生产过程中加入一些辅助性原料，或经特殊工艺处理，可制成各种不同性能的特种玻璃。

玻璃种类很多，按主要化学成分不同可分为钠玻璃、钾玻璃、铝镁玻璃、铅玻璃、硼硅玻璃和石英玻璃等，按功能和加工工艺不同可分为普通平板玻璃、热反射玻璃、花纹玻璃、夹丝玻璃、钢化玻璃、中空玻璃、玻璃马赛克等。

普通平板玻璃成品以标准箱计，厚度为 2mm 的平板玻璃，$10m^2$ 为一标准箱（重约 50kg）。

9.5.3.2 玻璃的基本性质

(1) 密度

普通玻璃的密度为 $2.45\sim2.55g/cm^3$，孔隙率几乎为零，可认为是绝对密实的材料。

(2) 光学性能

玻璃具有良好的光学性质，光线入射玻璃后，玻璃对它们产生透射、反射和吸收等作用。光线能透过玻璃的性质称为透射，清洁的普通玻璃光线透过率为 85%～90%。光线被玻璃阻挡，按一定角度折回称为反射或折射。光线通过玻璃后，一部分被损失掉，称为吸收。利用玻璃的这些性能，人们研制出很多具有特殊性能的玻璃品种，如吸热玻璃、热反射玻璃等。

(3) 力学性质

玻璃的力学性质与其化学组成、制品结构和制造工艺有密切关系。凡玻璃制品中含有未熔物质、结石和裂纹等瑕疵，都会造成应力集中，急剧地降低其强度。

玻璃的抗压强度很高，约为 600～1200MPa，抗拉强度很小，约为 30～60MPa。常温下玻璃具有弹性，弹性模量为 60000～75000MPa，约为钢材的 1/3，与铝相近。玻璃在冲击荷载作用下容易破碎，是典型的脆性材料。玻璃的莫氏硬度为 4～7。

(4) 化学稳定性

玻璃具有较高的化学稳定性，大部分玻璃都能很好地抵抗除氢氟酸以外的多种酸类侵蚀，但碱液和金属碳酸盐能溶蚀玻璃。此外，玻璃长期受水作用，会水解而生成碱和硅酸，这种现象称为玻璃的风化。

(5) 热稳定性

玻璃的热稳定性是指其抵抗温度变化而不破坏的能力。玻璃的导热性很差，在常温中导热系数仅为铜的1/400，当局部受热时，这些热量不能及时传递到整块玻璃上，玻璃受热部位产生膨胀，使其内部产生应力，或在温度较高的玻璃上，局部受冷也会使玻璃内部出现内应力，造成玻璃的破裂。玻璃的破裂，主要是拉应力的作用造成的，因玻璃的抗压强度远高于抗拉强度，故玻璃对急冷的稳定性比急热的稳定性还要差。

9.5.3.3 装饰用玻璃的主要品种

(1) 普通平板玻璃

普通平板玻璃，又称白片玻璃、原片玻璃或净片玻璃，是玻璃中生产量最大、使用最多的一种，也是进行玻璃深加工的基础材料。普通平板玻璃可分为引拉法玻璃和浮法玻璃两种，用浮法生产玻璃是当今最先进、最普遍和最流行的方法。

普通平板玻璃的厚度有2mm、3mm、4mm、5mm、6mm、8mm、10mm、12mm等，主要用于门和窗，起采光、保温和挡风雨的作用，要求具有良好的透明度，表面平整无缺陷。

根据GB 4871—1995《普通平板玻璃》，普通平板玻璃按外观质量分为优等品、一等品和合格品三个质量等级。

(2) 磨砂玻璃

磨砂玻璃又称毛玻璃、暗玻璃，是指经研磨、喷砂或氢氟酸溶蚀等加工，使其表面（单面或双面）均匀粗糙的平板玻璃。用硅砂、金刚砂、石榴石粉等作研磨材料，加水研磨制成的，称为磨砂玻璃；用压缩空气将细砂喷射到玻璃表面而制成的，称喷砂玻璃；用酸溶蚀的，称酸蚀玻璃。

由于毛玻璃表面粗糙，使透过的光线产生漫反射，造成透光而不透视，用于门窗可使室内光线柔和而不刺目，多见于浴室、卫生间和办公室的门窗以及隔断。还可用作黑板及灯罩等。

(3) 花纹玻璃

花纹玻璃根据加工方法的不同，分为压花玻璃和喷花玻璃两种。

压花玻璃又称滚花玻璃，是在压延玻璃时，将滚筒上的各种花纹图案印压在红热的玻璃上，制成压花玻璃。压花玻璃具有不规则的折射光线特性，可将集中光线分散，使室内光线均匀、柔和，被广泛应用于宾馆、大厦、办公楼的装修工程中。

喷花玻璃又称胶花玻璃，是在平板玻璃表面上贴以花纹图案，抹以护面层，经喷砂处理而成，其装饰效果与压花玻璃基本相同，适于门窗装饰。

(4) 彩色玻璃

彩色玻璃又称有色玻璃，分透明和不透明两种。透明的彩色玻璃是在玻璃原料中加入着色剂（金属氧化物），按平板玻璃的生产工艺加工而成。不透明的彩色玻璃是将平板玻璃按照要求的尺寸切割成型，然后经清洗、喷釉、烘烤、退火而成。彩色玻璃的颜色十分丰富，并可拼成各种图案，具有抗腐蚀、抗冲刷、易清洗等特点，主要用于建筑物的内外墙、门窗装饰及有特殊要求的采光部位。

(5) 中空玻璃

中空玻璃是在两层平板玻璃中间利用间隔框架隔开，周边密封，充入干燥空气，并且填入少量干燥剂保持空气干燥而制成的。还可以用不同颜色或镀有不同性能薄膜的平板玻璃制作。

中空玻璃的特点是保温绝热，隔声，并能有效地防止结露，已广泛用于住宅、饭店、宾馆、学校、商店等民用建筑中，是一种节能型绿色装饰材料。

（6）钢化玻璃

钢化玻璃属安全玻璃，由普通平板玻璃、彩色玻璃或浮法玻璃再加工生产出来的。钢化玻璃弹性好，抗冲击强度和抗弯强度比普通平板玻璃大为提高，具有热稳定性好、光洁、透明等特点，在遇超强冲击破坏时，碎片呈分散细小颗粒状，无尖锐棱角，不致伤人。因为钢化玻璃的强度高，可以薄代厚，减轻自重，适用于建筑物的门窗、幕墙。

（7）玻璃锦砖

玻璃锦砖又称玻璃马赛克，是一种用于墙体贴面的小规格彩色饰面玻璃，预先粘贴在纸上，所以又称玻璃纸皮石。玻璃锦砖的单体规格，一般为20～50mm见方，厚为4～6mm，有透明、半透明、不透明的，还有金色、银色斑点或条纹的，其一面光滑，另一面带槽纹，便于用砂浆粘贴。

玻璃锦砖具有耐热、耐寒、耐酸、耐碱、质地坚硬、耐久性好的特点。颜色绚丽柔和，可根据设计要求，拼成一定图案，有较强的装饰效果。表面光滑，不吸水，不吸尘，可雨天自涤，保持常新，抗污性好，是一种理想、经济、美观的墙体装饰材料。

（8）热反射玻璃

热反射玻璃属镀膜玻璃的一种，又称为"阳光控制玻璃"或"遮阳玻璃"。是在平板玻璃表面镀金属或金属氧化物，形成既有较高的热反射功能，又有良好透光性的玻璃，可作为中空玻璃、钢化玻璃的原片。

热反射玻璃对太阳辐射热有较高的反射能力，普通平板玻璃的辐射热反射率为7％～8％，热反射玻璃可达30％以上，可把大部分太阳热反射掉，如用作幕墙或门窗玻璃，则可大大减少进入室内的热量，节约能耗。

热反射玻璃还具有镜片效应及单向透视特性。在迎光面具有反光镜的特征，而在背光面又如窗玻璃那样透明。以这种玻璃用作幕墙，从室内向外眺望，可以看到室外景像，而从室外向室内观望，则只能看到一片镜面，对室内景物一无所见。热反射玻璃可有不同的透光率，使用者可以根据需要选用一定透光度的玻璃来调节室内的可见光量，以获得室内要求的光照强度，达到光线柔和、舒适的目的。

（9）夹丝玻璃

夹丝玻璃也称为防碎玻璃，属安全玻璃。它是将普通平板玻璃加热到红热软化状态，再将预热处理后的金属丝或网压入玻璃中间而制成的，表面可以是磨光或压花的，颜色可以是透明或彩色的。与普通玻璃相比，夹丝玻璃具有耐冲击性和防火性。由于金属丝或网与玻璃粘结在一起，当玻璃受外力引起破裂时，碎片粘连在金属丝网上，裂而不碎，碎而不落，不致伤人。当建筑物发生火灾时，夹丝玻璃受热炸裂后，仍能保持裂而不散，隔绝火势，起到一定的防火作用。由于夹丝玻璃具有良好的装饰功能和防护功能，因而广泛用于防火门窗、采光屋顶和阳台等处。

9.5.4 建筑装饰石膏制品

装饰石膏制品是以建筑石膏为主要原料，掺入适量纤维增强材料和外加剂，与水一同搅拌成均匀料浆，经浇注成型、干燥而得到的制品。这类制品包括各种石膏板、石膏花饰和石膏装饰品。装饰石膏制品具有质轻、绝热、不燃、隔声、吸声、调湿等性能，主要用于室内墙壁和吊顶装饰，是宾馆、饭店、公共建筑常用的装饰材料。

9.5.4.1 装饰石膏板

石膏板主要用于民用建筑室内墙壁、吊顶以及非承重内隔墙的装饰，具有质地细腻、表面平整、颜色洁白以及调湿、隔声等性能，可钉可锯，便于制作安装。

9.5.4.2 吸声用穿孔石膏板

以装饰石膏板和纸面石膏板为基础材料，由穿孔石膏板、背覆材料、吸声材料及板后空气层等组合而成的石膏板材称为吸声用穿孔石膏板。吸声用穿孔石膏板具有轻质、防火、隔声、隔热、调湿等性能，并可干法作业，加工性能好，施工简便，主要用于室内吊顶和墙体的吸声结构中。在潮湿环境中使用或对耐火性能有较高要求时，应采用相应的防潮、耐水或耐火基板。

9.5.4.3 艺术装饰石膏制品

艺术装饰石膏制品主要是根据室内装饰设计的要求而加工制作的。制品主要包括浮雕艺术石膏线角、线板、花角、灯圈、壁炉、罗马柱、圆柱、方柱、麻花柱、灯座、花饰等。在色彩上，可利用优质建筑石膏本身洁白高雅的色彩，造型上可"洋为中用、古为今用"，将石膏这一传统材料赋予新的装饰内涵。艺术装饰石膏制品以优质建筑石膏粉为基料，配以纤维增强材料、胶粘剂等，与水拌制成均匀的料浆，浇注在具有各种造型、图案、花纹的模具内，经硬化、干燥、脱模而成。

9.5.5 建筑塑料装饰制品

塑料重量轻，强度高，绝缘性好，耐腐蚀，易加工。制品有塑料壁纸、塑料地板、塑料地毯及塑料装饰板等。塑料地板按材质可分为硬质地板、半硬质地板与弹性地板，按外形又可分为块状与卷材两种。

9.5.5.1 塑料壁纸

塑料壁纸是以纸基、布基、石棉纤维等作为底层，以聚氯乙烯或聚乙烯为面层，经复合、印花、压花等工序制成的。这种壁纸装饰性好，广泛用于室内墙面、顶面、柱面的装饰。塑料壁纸可制成各色图案及丰富多彩的凹凸花纹，富有质感，美观大方。

塑料壁纸分为普通壁纸、发泡壁纸和特种壁纸三大类。

（1）普通壁纸也称为塑料面纸壁纸，即在纸面上涂刷塑料层而成。为了增加质感和装饰效果，常在纸面上印有图案或压出花纹，再涂上塑料层。这种壁纸耐水，可擦洗，比较耐用，价格也较便宜。

（2）发泡壁纸在纸面上涂上掺有发泡剂的塑料涂层，印花后，再加热发泡而成。有高发泡印花、低发泡印花、低发泡印花压花等品种。此类壁纸立体感强，富有弹性，能吸声，有较好的音响效果。为了增加粘结力，提高其强度，可用棉布、麻布、化纤布等作底来代替纸底，将它粘贴在墙上，不易脱落，受到冲击、碰撞等也不会破裂。

(3) 为满足特定的功能需要而生产出来的壁纸称特种壁纸，也称功能壁纸。如耐水壁纸、防火壁纸、彩色砂粒壁纸、金属基壁纸等。

9.5.5.2 塑料地板

塑料地板具有质轻、耐磨、耐腐、易清洁、色泽图案多、装饰效果好、脚感舒适、施工方便、价格较低等特点，是较为流行的一种地面装饰材料。

塑料地板种类繁多，按所用树脂，可分为聚氯乙烯塑料地板、聚丙烯塑料地板、聚乙烯塑料地板等。目前，绝大部分的塑料地板为聚氯乙烯塑料地板。按形状可分为块状与卷状，块状地板可以拼成不同的图案，也便于局部修补，卷状塑料地板铺设速度快，施工效率高。按质地可分为硬质、半硬质与软质三类，我国目前以生产半硬质塑料地板为主，并已制定了《带基材的聚氯乙烯卷材地板》（GB 11982—89）和《半硬质聚氯乙烯块状塑料地板》（GB 4085—83）等国家标准及有关试验方法。

此外，用塑料还可制成无缝塑料地面（亦称塑料涂布地面），它的特点是无缝、易于清洗、耐腐蚀、防漏、抗渗、施工简便，特别适用于实验室、医院等有侵蚀作用的地面。

抗静电塑料地板具有质轻、耐磨、耐腐蚀、防火、抗静电等特性，适用于计算机房及其他有抗静电要求的地面。

9.5.5.3 其他塑料制品

（1）塑料装饰板。是以树脂材料为基材或浸渍材料经一定工艺制成的具有装饰功能的板材。塑料装饰板材重量轻，可以任意着色，也可制成花点、凹凸图案和不同立体造型，有各种形状的断面和立面，具有独特的装饰效果，可用于护墙板、吊平顶及隔断等部位。

（2）玻璃纤维增强塑料（俗称玻璃钢）。是以玻璃纤维及其制品（玻璃布、玻璃带、玻璃纤维短切毡片等）为增强材料，以树脂为粘结剂，经过一定的成型工艺制作而成的复合材料。具有耐高温、耐腐蚀、电绝缘性好、质轻、强度高、装饰性好等特点，采用玻璃纤维增强塑料制成的波形瓦、采光板在建筑装饰工程中有着广泛的应用。

（3）塑料薄膜。具有耐水、耐腐蚀，伸长率大的特性，可以印花，并能与胶合板、纤维板、石膏板、纸张、玻璃纤维布等粘结、复合。塑料薄膜除用作室内装饰材料外，尚可作防水材料、混凝土施工养护材料等。

9.5.6 纤维类装饰材料

建筑装饰材料中，很多品种都含有一定量的纤维原料，建筑装饰中常用的纤维类装饰材料主要是壁纸、墙布和地毯。

9.5.6.1 壁纸

（1）纺织物壁纸

纺织物壁纸是以棉、麻、毛等天然纤维材料，经特殊工艺处理和巧妙的艺术编排，粘合于纸基上而制成的。这种壁纸面层的艺术效果主要通过各色纺线的排列来达到的，有的还可以压制成立体浮雕绒面图案。用这种墙纸装饰墙面，给人以高尚雅致、柔和舒适的感觉。

（2）植物纤维墙纸

由麻、草等植物纤维编织成面层，以纸为基底，经编织和复合加工而制成的一种墙面装饰材料。这种材料质感强、无毒、透气、吸声，使人感到既自然和谐，又天然美观。但因其制作工艺复杂，故价格较贵。植物纤维墙纸的抗拉强度远高于普通墙纸，若出现污迹，可以用水擦洗。

9.5.6.2 墙布

墙布是以天然纤维或人造纤维制成的布为基料，表面涂以树脂，并印刷上图案和色彩制成的，也可以用无纺成型法制成。墙布是壁纸的升级产品，它的色彩丰富绚丽、手感舒适、弹性良好，是一种室内常用的建筑装饰材料，有多种花色与品种可供选择。

（1）玻璃纤维墙布

玻璃纤维墙布是以玻璃纤维布为基材，表面涂以合成树脂，经加热塑化、印上彩色图案而制成的。特点是美观大方、色彩艳丽、不易褪色、不易老化、防火性能好、耐潮性强、可擦洗。

（2）纯棉装饰墙布

纯棉装饰墙布是以纯棉布经过处理、印花、涂层制作而成，特点是强度大、不易变形、无光、吸声、无毒、无味。缺点是表面易起毛、不能擦洗。

（3）无纺墙布

无纺墙布是采用棉、麻等天然纤维或涤纶、腈纶等合成纤维，经过无纺成型上树脂、印制彩色花纹而成的一种贴墙材料。特点是富有弹性、不易折断老化、表面光洁而有毛绒感、不易褪色、耐磨、耐晒、耐湿、具有一定透气性、可擦洗。

（4）化纤装饰墙布

化纤装饰墙布是以化纤布为基材，经过一定处理后印花而成。它具有无毒、无味、透气、防潮、耐磨、无分层等优点。

（5）丝绸墙布

丝绸墙布是用丝绸织物与纸张胶合而成。特点是质地柔软、色彩华丽、豪华高雅。

（6）锦缎墙布

锦缎墙布是以锦缎为原料制成。特点是花纹艳丽多彩、质感光滑细腻、不易长霉，但价格昂贵。

9.5.6.3 地毯

地毯是有着悠久发展历史的高级地面装饰品。它不仅具有隔热、保温、吸声、吸尘、弹性好、脚感舒适等优良品质，而且具有高雅、华贵、悦目等装饰特性，是建筑装饰工程中不可或缺的高品位装饰材料。

地毯按材质的不同，可分为纯毛地毯、混纺地毯、化纤地毯、塑料地毯、橡胶地毯、植物纤维地毯等。地毯按编制工艺不同可分为编织地毯、簇绒地毯、无纺地毯等。

纯毛地毯采用粗绵羊毛为原料经编织而成，具有弹性大、拉力强、光泽好的优点，是中国传统的工艺品，纯毛地毯分手工编织地毯和机织地毯两种。手工编织纯毛地毯由于做工精细，价格昂贵，日常生活中使用较少，常用于星级宾馆、高级住宅、舞台以及其他装饰性要求高的场所。机织纯毛地毯毯面平整，其性能与手工编织纯毛地毯相似，价格低于手工编织纯毛地毯，其回弹性、抗老化、耐燃性等优于化纤地毯，适合于宾馆和饭店的客房、楼梯、居室等地面装饰使用。

纤维地毯从传统的羊毛地毯发展而来，采用丙纶、腈纶、涤纶等合成纤维材料，经簇绒法或机织法制成面层，再用麻布作底层，加工成化纤地毯。化纤地毯具有质轻、耐磨、色彩鲜艳、富有弹性等优点，广泛用于宾馆、饭店、办公室等地面装饰。

9.5.7 金属类装饰材料

金属装饰材料以其独特的光泽与质感、优良的物理力学性能，在建筑装饰工程中获得了广泛应用。

9.5.7.1 装饰用钢材制品

常用的装饰用钢材制品有不锈钢板、彩色不锈钢板、彩色涂层钢板、压型钢板、轻钢龙骨等。

（1）不锈钢板

装饰用不锈钢板厚度一般小于4mm，用量最多的是厚度小于2mm的板材，分平面钢板和凸凹钢板两大类。平面钢板有镜面板（板面反射率＞90%）、有光板（反射率＞70%）和亚光板（反射率＜50%）三种，凹凸钢板也有浮雕板、浅浮雕花纹板和网纹板三种。不锈钢薄板可用作内外墙、幕墙、隔墙、屋面等部位的饰面材料。对大型商场、宾馆入口、中庭等处的柱面装饰，流行的做法就是用不锈钢镜面板外包，不锈钢的强反射性及金属质感对建筑空间环境起到了强化和点缀作用。

除不锈钢板材外还有方管、圆管、不锈钢型材及各种配件。

（2）彩色不锈钢板

彩色不锈钢板是在不锈钢板上进行了技术性和艺术性的加工，使其成为具有各种绚丽色彩的装饰板。彩色面层能在200℃温度下弯曲180°无变化，色层不剥离，色彩经久不退。具有耐腐蚀、耐磨、耐高温等特性，常用作建筑物的墙板、天花板、电梯厢板和外墙饰面板。

（3）彩色涂层钢板

为提高普通钢板的耐防腐蚀性和装饰性，近年来我国发展了各种彩色涂层钢板，其原板通常为热轧钢板和镀锌钢板，涂层可以是有机涂层、无机涂层或复合涂层，以有机涂层钢板发展最快，常用的有机涂层材料包括聚氯乙烯、聚丙烯酸酯、环氧树脂、纯酸树脂等。

有机涂层可以配制成各种不同的色彩和花纹，故通常称为彩色涂层钢板。该类钢板具有耐污染性强、装饰效果好、耐久性好及易加工和施工方便等优点，可用作外墙板、壁板和屋面板。

（4）压型钢板

采用不同类别的薄钢板如冷轧板、镀锌板或彩色涂层板，经辊压、冷弯，使其截面呈V形、U形、梯形或类似这几种形状的波形，我们称之为压型钢板（简称压型板）。敷以各种耐腐蚀涂层与彩色烤漆而制成彩色压型钢板。压型钢板质量轻（板厚0.5～1.2mm）、波纹平直坚挺，色彩鲜艳丰富，造型美观大方，具有耐久性强、抗震性及抗变形性好、加工简单、施工方便等特点。广泛用于建筑的内外墙面、屋面及吊顶，也可用于轻质夹芯板材的面板。

（5）轻钢龙骨

轻钢龙骨是吊顶和隔断中的骨架，是采用薄型冷轧钢板（或冷轧钢带）、镀锌钢板或彩色涂层钢板以冷弯或冲压等工艺生产出来的。它具有强度大、通用性强、耐火性好、安装简便等优点，可装配多种类型的罩面板，如石膏板、钙塑板、吸声板等，美观大方，经久耐用。

9.5.7.2 装饰用铝合金制品

铝属于有色金属中的轻金属，外观呈银白色，密度为 2.7g/cm³，只有钢密度的1/3。纯铝强度低，为增强其实用性，常在铝中加入铜、镁、锌、硅、锰等合金元素制成铝合金，这样既保持铝材的轻质，又提高了其机械强度。在建筑装修工程中，铝合金主要用来制作各类装饰板及门窗。

(1) 铝合金花纹板

采用防锈铝合金坯料，用特制的花纹机辊轧制成。铝合金花纹板花纹美观大方，肋高适中，不易磨损，防滑性能好，防腐蚀性能强，便于清洗。通过表面处理可以得到不同的颜色。花纹板板材平整，裁剪尺寸精确，广泛用于现代建筑物的墙面装饰以及楼梯踏板等处。

(2) 铝合金浅花纹板

铝合金浅花纹板是优良的建筑装饰板材，除具有普通铝合金花纹板的优点外，刚度比普通铝合金花纹板提高了20%，对白光反射率达75%～90%，热反射率达85%～95%，抗污垢、抗划伤能力较普通铝合金花纹板而言均有所提高。铝合金浅花纹板色彩丰富、花纹精致，是我国特有的建筑装饰产品。

(3) 铝合金波纹板

铝合金波纹板表面呈波浪状，有多种颜色，适用于墙面装饰，也可用于屋面、维护结构，有很强的反射阳光的能力，也有一定的装饰效果，突出的特点是经久耐用。

(4) 铝合金压型板

铝合金压型板表面呈凹凸状，质量轻，耐腐蚀，耐久性好，施工简单，通过表面处理可以得到不同的颜色，是目前广泛应用的一种新型建筑装饰材料，主要用于装饰墙面和屋面。

(5) 铝合金穿孔板

铝合金穿孔板是用各种铝合金平板经机械穿孔而成的。孔型根据需要做成圆孔、方孔、长圆孔、长方孔、三角孔、大小组合孔等。这是近年来开发的一种降低噪声并兼有装饰作用的新型产品，用于宾馆、饭店、剧场以及中、高级民用建筑中，能改善音质条件，用于各类车间、厂房、机房能起到降噪的作用。

(6) 铝合金门窗

铝合金门窗是将表面处理过的型材，经过下料、打孔、铣槽、攻丝、制作等加工工艺而制成门窗框料构件，再加上连接件、密封件、开闭五金件一起组合装配而成。铝合金门窗与普通木门窗、钢门窗相比，具有质量轻、密封性能好、色泽美观、耐腐蚀、经久耐用等特点，因而得到了广泛的应用。

9.5.8 建筑装饰涂料

涂料是一种可涂刷于基层表面并能结硬成膜的材料。涂料用于建筑装饰工程中，主要起装饰和保护基层表面的作用。涂料在建筑物表面干结成的薄膜称为涂膜（或干膜），也称为涂层。涂料自重小，施工工期短，维修方便，在建筑工程中应用相当广泛。

9.5.8.1 装饰涂料的基本组成

装饰涂料一般由成膜基料、分散介质、颜填料三种基本成分组成。

成膜基料主要由油料或树脂组成，作用是使涂料牢固附着于被涂物体表面，能与基材很好粘结并形成完整薄膜的主要物质，是构成涂料的基础，决定着涂料的基本性质。成膜物常用油料及树脂等。

油料类成膜物质有干性油（如桐油、亚麻籽油、梓油、菜籽油等）、半干性油（如向日葵油、大豆油、菜籽油、芝麻油及棉籽油等）以及不干性油（如花生油、蓖麻油、椰子油、牛油、猪油、柴油等）三类。

树脂类成膜物质有天然树脂（如虫胶、松香及天然沥青等）与合成树脂（如酚醛树脂、醇酸树脂、硝酸纤维、环氧树脂等）两种。

分散介质即挥发性有机溶剂或水，主要作用是使成膜基料分散而形成黏稠液体。它本身不构成涂层，但在涂料制造和施工过程中不可缺少。常用有机溶剂如松香水、香蕉水、汽油、苯、乙醇等。

颜填料本身不能单独成膜，主要用于着色和改善涂膜性能，增强涂膜的装饰和保护作用，亦可降低涂料成本。常用的着色颜料有钛白、铬黄等，填料（体质颜料）有滑石粉、碳酸钙、硫酸钡、二氧化硅等。

此外，还可根据需要加入各种辅助材料如催干剂、防结皮剂、固化剂、增塑剂等。

9.5.8.2 装饰涂料的种类

装饰涂料的种类繁多。按主要成膜物质的化学成分不同，分有机涂料、无机涂料和有机-无机复合涂料。按涂料分散系不同，分溶剂型涂料、水溶性涂料和乳胶涂料。按在建筑物的使用部位不同，分外墙涂料、内墙涂料、顶棚涂料、地面涂料和屋面防水涂料。按涂料的功能不同，有防霉涂料、防火涂料、保温涂料、防水涂料、防腐涂料等。按涂膜的质感不同有薄质涂料、厚质涂料、砂壁涂料及彩色复层凹、凸花纹涂料等。

9.5.8.3 油漆涂料

油漆涂料是用于木材及金属表面的传统涂料。分为天然漆、油料类油漆涂料和树脂类油漆涂料三大类。

(1) 天然漆

天然漆又名大漆，是漆树上取得的液汁，经部分脱水并过滤而得到的棕黄色黏稠液体，有生漆和熟漆之分。天然漆漆膜坚韧、耐久性好、耐酸耐热、光泽度好，与基底材料表面结合力强。缺点是黏度高，不易施工（尤其是生漆），漆膜色深、性脆，不耐阳光直射，抗强氧化剂和抗碱性差，漆酚有毒。

生漆不需催干剂可直接当作涂料使用。生漆经加工成熟漆、或改性后制成各种精制漆。精制漆具有漆膜坚韧、耐水、耐热、耐久、耐腐蚀等良好性能，光泽动人，装饰性强，适用于木器家具、工艺美术品及某些建筑部件等。

(2) 油料类油漆涂料

1) 清油。俗称熟油或鱼油，由精制的干性油加入催干剂制成，常用作防水或防潮涂层以及用来调制原漆与调和漆等。

2) 油性厚漆。俗称铅油，由清油与颜料配制而成，属最低级油漆涂料。使用时需用清油配置适宜稠度。涂膜较软、干燥慢、耐久性差。

3）油性调和漆。由清油、颜料及溶剂等配制而成，可直接使用。漆膜附着力好，有一定的耐久性，施工方便。

(3) 树脂类油漆涂料

1）清漆。属于树脂漆，是将树脂溶于溶剂中并加入适量催干剂制成。清漆一般不掺颜料，涂刷于材料表面，待溶剂挥发后干结成光亮的透明薄膜，能显示出材料表面原有的花纹。

2）瓷漆。在清漆中加入无机颜料制成。因漆膜光亮、坚硬，酷似瓷器，故名。瓷漆色泽丰富，附着力强，适用于在钢材和木材表面上涂刷。

3）调和漆。调和漆是在熟干性油中加入颜料、溶剂、催干剂等经调和而成，质地均匀，稀稠适度，使用特别方便。

9.5.8.4 建筑涂料

目前，在建筑装饰工程中使用的有机涂料主要有三种类型，即溶剂型涂料、水溶性涂料和乳胶涂料。

(1) 溶剂型涂料

由高分子合成树脂加入有机溶剂、颜料、填料等制成的涂料。涂膜细而坚韧，有较好的耐水性、耐候性及气密性，但易燃，溶剂挥发后对人体有害，施工时要求基层干燥，价格较贵。常用的有过氯乙烯内墙（地面）涂料、氯化橡胶外墙涂料、聚氨酯系外墙涂料、丙烯酸酯外墙涂料、苯乙烯焦油外墙涂料及聚乙烯醇缩丁醛外墙涂料等。

(2) 水溶性涂料

以溶于水的合成树脂、水、少量颜料及填料等配制而成。耐水性、耐候性较差，一般只用作内墙涂料。常用的是聚乙烯醇水玻璃内墙涂料。

(3) 乳胶涂料

又称乳胶漆，由极微细的合成树脂粒子分散在有乳化剂的水中构成乳液，加入颜料、填料等制成。这类涂料无毒、不燃、价低，有一定的透气性，涂膜耐水、耐擦洗性较好，可作为内外墙涂料。常用的如聚醋酸乙烯乳胶内墙涂料、苯丙乳液外墙涂料及丙烯酸乳液外墙涂料（又名丙烯酸外墙乳胶漆）等。

我国20世纪80年代末才开始研制、生产无机涂料，有碱金属硅酸盐系（JH80-1）和胶态二氧化硅系（JH80-2）两种，主要用于内外墙装饰。无机涂料粘结力强、耐久性好、不燃、无毒、成本较低。

有机-无机复合涂料克服了有机涂料和无机涂料的某些不足，对有机涂料和无机涂料两者取长补短，如聚乙烯醇水玻璃内墙涂料比单纯的聚乙烯醇涂料的耐水性要好，以硅溶胶、丙烯酸系复合的外墙涂料，在涂膜的柔韧性及耐候性方面表现的更出色。

9.5.9 建筑装饰木制品

木材具有优异的装饰性，它特有的质地、色泽、纹理甚至气味处处体现出自然之美。用木材作装饰，效果典雅、亲切、温和、自然。尽管当今世界新型建筑装饰材料层出不穷，但木材仍以其优良装饰特性在建筑装饰领域中保持着重要的地位。

9.5.9.1 木材的装饰特性

(1) 材质轻、强度高。木材的表观密度在 $550kg/m^3$ 左右，但其顺纹抗拉和抗弯强度均在100MPa左右。

(2) 弹性和韧性好。能承受较大的冲击荷载和振动荷载。

(3) 导热系数小。木材为多孔结构的材料，其孔隙率可达50%，一般木材的导热系数为0.3W/(m·K)左右，因此具有良好的保温隔热性能。

(4) 绝缘性佳。干燥的木材对电流有高度的绝缘性，是良好的绝缘材料。

(5) 易于加工和安装。木材材质较软，易于进行锯、刨、雕刻等加工，做成各种造型、线形、花饰等构件与制品，而且安装施工方便。

当然，木材也有其缺陷，如各向异性、胀缩变形大、天然疵点多、易腐、易燃、易虫蚀等。这些缺点，经过采取适当的措施，可大大减少其对应用的影响。

9.5.9.2 装饰木材制品

(1) 木地板

木质地板是常见的室内地面装修材料，具有自重轻、弹性好、脚感舒适、冬暖夏凉等特性。木地板多选用水曲柳、柞木、柚木、榆木等硬木。

1) 长条木地板

长条木地板板条宽度一般不大于120mm，厚度20~30mm，长度大于600mm。条木拼缝做成企口或错口，其中以企口为多，直接铺钉在楼面的木龙骨上，端头接缝要相互错开。

2) 短条木地板

短条木地板也称拼花木地板。木地板条宽度40~60mm，板厚20~25mm，长250~300mm，多数为企口接缝。拼花木地板通过组合，可拼造出不同的图案和花纹，美观大方。常用的有正芦席纹、斜芦席纹、人字纹、清水砖纹等

(2) 人造板材

人造板材是以木材或其他含有一定量纤维的植物为原料加工而成。

1) 胶合板

胶合板是将原木经软化处理后，沿年轮方向旋切成薄片，由数张干燥涂胶后的薄片（一般为3~13层，层数为奇数），按其纤维方向纵横交错方式叠放，经热压而成。胶合板克服了木材各向异性的缺点，剔除了木材的瑕疵部分。一般分普通胶合板与特种胶合板两类，普通胶合板按特性又分为Ⅰ类（耐气候，耐沸水）、Ⅱ类（耐水）、Ⅲ类（耐潮）和Ⅳ类（不耐潮）。

2) 纤维板

以树皮、刨花、树枝等为原料，研磨成木浆后加工而成。纤维板材质均匀，各向强度一致，不易翘曲开裂与胀缩。按纤维板的表观密度分为硬质纤维板（表观密度＞800kg/m³）、软质纤维板（表观密度＜500kg/m³）和中密度纤维板（表观密度为500~800kg/m³）三类。

3) 刨花板

以木质刨花或木质纤维材料（如木片、锯屑、亚麻等）为原料粉碎后与胶粘剂混合，经热压而成。

(3) 木装饰线材

木装饰线材是用实木、中密度板、厚胶合板等通过机械加工而成的装饰制品，种类繁

多,如天花边角线、墙腰线、地面踢脚线、镶板线及楼梯栏杆扶手等,起固定、连接、加强装饰效果的作用,在室内装饰工程中广泛采用。

木装饰线材耐磨、耐腐蚀、不劈裂、切面光滑,可弯曲成各种弧线,可进行对接、拼接及组合使用,可油漆成各种色彩或木纹本色,增添了古朴、高雅、亲切的感觉。

9.5.10　建筑装饰混凝土

装饰混凝土是指具有一定色彩、线型、质感或花饰的饰面与结构结合的混凝土墙体和其他混凝土构件,是经艺术加工的混凝土饰面技术。一般泛指彩色装饰混凝土、清水装饰混凝土和露骨料装饰混凝土。

9.5.10.1　彩色装饰混凝土

彩色混凝土是采用彩色水泥(或白水泥中掺加颜料)和彩色骨料或涂料罩面来制作的,分为整体着色混凝土和表面着色混凝土两种。

整体着色混凝土是用无机颜料混入混凝土拌合物中,使整个混凝土结构具有同一色彩。表面着色混凝土是将水泥、砂、无机颜料均匀拌和后干撒在新成型的混凝土表面,并抹平,或用水泥、粉煤灰、颜料、水拌和成色浆,喷涂在新成型的混凝土表面。

目前,表面着色的彩色混凝土路面砖得到了广泛的应用。常用的几种彩色混凝土地面砖和花格砖的外形图样如图 9-1 所示。

9.5.10.2　清水混凝土

清水混凝土是指结构混凝土在拆模后,直接作为建筑物外饰面,硬化后不再对其表面进行任何装修,视觉效果为混凝土本色,属于一次浇注成型,因此不同于普通混凝土。清水混凝土表面平整光滑、色泽均匀、棱角

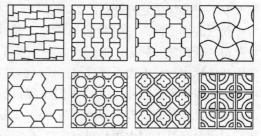

图 9-1　常用的彩色混凝土地面砖和花格砖的外形图样

分明、无碰损和污染,只是在表面涂一层或两层透明的保护剂,显得十分天然、庄重。随着人们对绿色建筑的客观需求和环保意识的不断提高,返璞归真的思想已深入人心,清水混凝土以其凝重典雅的质感和独特的装饰效果将被越来越多地采用。

9.5.10.3　露骨料混凝土

露骨料混凝土是在混凝土硬化前或硬化后,通过一定工艺手段使混凝土骨料适当外露,以骨料的天然色泽和不同的排列组合造型,达到一定的装饰效果。

露骨料混凝土的制作工艺有很多种,如水洗法、酸洗法、水磨法、抛丸法、凿剁法等。对现浇混凝土墙面饰面而言,水泥硬化前的露骨料工艺主要是水洗法,即先将缓凝剂涂刷在模板上,然后浇筑混凝土,借助缓凝剂使混凝土表面层水泥浆不硬化,待脱模后用水冲洗,即露出骨料,装饰效果显著。

9.6　建筑装饰材料的发展方向——绿色装饰材料

改革开放以来,我国建材工业取得了长足的发展,技术进步取得了丰硕的成果,明显缩短了行业整体水平与世界先进水平的差距,为满足国家经济建设和提高人民生活水平的

需要做出了贡献。我国已成为世界建材产品的生产、消费大国，经济建设正处于快速发展时期，国家重点工程的建设、农村城市化的快速推进、建筑和交通业的迅速发展以及科学技术的飞速进步等，为建材工业的发展带来了前所未有的机遇。

随着地球能源危机的不断升级，以及人们对生活环境质量的要求越来越高，建筑材料的绿色化成为其主要的发展方向之一。"以人为本，全面、协调、可持续发展"为建材工业指明了方向，发展绿色建材是对坚持科学发展观的主动响应，也是保护生态环境，为地球的未来储蓄资源的必然要求。

9.6.1 绿色建材研究的发展历程

1988年第一届国际材料科学研究会提出了"绿色材料（Green materials）"的概念。1992年国际学术界明确提出：绿色材料是指在原料采取、产品制造、使用或者再循环以及废料处理等环节中对地球环境负荷最小和有利于人类健康的材料。

近20年来，欧美日等发达国家对绿色建材发展非常重视。特别是20世纪90年代后，绿色建材的发展速度明显加快，他们制订出了一些有机挥发物（VOC）散发量的试验方法，规定了一些绿色建材的性能标准，对一些建材制品开始推行低散发量标志认证，并积极开发了一些绿色建材新产品。

德国的环境标志计划始于1977年，是世界上最早的环境标志计划。低散发量的产品可获得"蓝天使"标志。丹麦、芬兰、冰岛、挪威、瑞典等国也于1989年实施了统一的北欧环境标志。丹麦为了促进绿色建材的发展，推出了"健康建材"（HMB）标准，规定所出售的建材产品在使用说明书上除了标出产品质量标准外，还必须标出健康指标。英国是研究开发绿色建材较早的欧洲国家之一，早在1991年，英国建筑研究院（BRE）就对建筑材料及家具等室内用品对室内空气质量产生的有害影响进行了研究。通过对臭味、霉菌等的调研和测试，提出了污染物、污染源对室内空气质量的影响。通过对涂料、密封膏、胶黏剂、塑料及其他建筑制品的测试，提出了这些建筑材料不同时间的有机挥发物散发率和散发量。对室内空气质量的控制、防治提出了提议，并着手研究开发了一些绿色建筑材料。加拿大是积极推动和发展绿色建材的北美国家，加拿大的Ecologo环境标志计划——"环境选择"始于1998年。

我国政府也十分重视可持续发展的问题。于1994年3月通过了《中国21世纪议程》——中国21世纪人口、环境与发展白皮书。1996年8月，在政府有关部门的主持下编制的《"S-863计划纲要研究"新材料及制备技术领域研究报告》中明确提出了我国应积极研究、发展生态建材的建议，并起草了"S-863计划纲要新材料及制备技术领域——生态建材计划纲要"。1999年在我国首届全国绿色建材发展与应用研讨会上提出绿色建材的定义：绿色建材即采用清洁生产技术，不用或少用天然资源和能源，大量使用工农业或城市固态废弃物生产的无毒害、无污染、无放射性，达到使用周期后，可回收利用，有利于环境保护和人体健康的建筑材料。

9.6.2 绿色建筑材料的基本特征

绿色建材与传统建材相比具有以下五个基本特征：

（1）绿色建材生产所用原料尽可能少用天然资源，应大量使用尾矿、废渣、垃圾、废液等废弃物；

（2）采用低能耗制造工艺和不污染环境的生产技术；

（3）在配制或生产过程中不得使用甲醛、卤化物溶剂或芳香族碳氢化物，产品不得含有汞及其化合物，不得用铅、镉、铬及其他化合物作为颜料及添加剂；

（4）产品的设计是以改善生活环境、提高生活质量为宗旨，即产品不仅不损害人体健康，而且应有益于人体健康，产品具有多功能性，如抗菌、防霉、除臭、隔热、防火、调温、消声、消磁、防射线、抗静电等；

（5）产品可循环或回收再生利用，无污染环境的废弃物。

9.6.3 绿色装饰材料

大量研究表明，与人体健康直接相关的室内空气污染主要来自于室内墙面、地面装饰材料以及门窗和家具制作材料等。这些材料中 VOC、苯、甲醛、重金属等的含量及放射性强度均会造成人体健康的损害，损害程度不仅与这些有害物质含量有关，而且与其散发特性即散发时间有关，因此绿色建材测试与评价指标应综合考虑建材中各种有害物质含量及散发特性，并选择科学的测试方法，确定明确的、可量化的评价指标。

绿色装饰材料是指装饰材料中有害物质含量或释放量低于国家颁布的《室内装饰装修材料有害物质限量》中十项标准的装饰材料，凡用于室内的装饰装修材料中有害物质含量低于国家标准的一般可以称为"绿色装饰材料"。标准要求：涂料中的有害物质（TVOC）规定的指标限量值是 200g/L，人造板中的有害物质"甲醛"规定的指标是 1.5mg/L。

9.6.4 完善绿色建材评价体系和指标体系

绿色建材是一个系统概念，应包括原材料的采用、产品制造、制品使用和达到使用寿命后废弃物的处理等 4 个环节，并可实现环境负荷最小和有利于人体健康两大目的。

目前，对绿色建材的评价主要有 3 种方法：一是概念定性评价，二是单因子定量评价，这两种评价方法过于简单，不能系统评价材料的绿色程度。三是国际公认的 LCA 生命周期评价体系，并已在 ISO 14000 国际认证标准中加以规范化，但过于复杂，不易操作。《绿色奥运建筑评估体系》中对建筑材料的评估仅可用于选用建筑材料方案的评估，尚不能用于建设单位对所用建筑材料的具体选用。

中国建筑材料科学研究院根据我国建筑材料的生产及使用现状，并结合我国国情提出一套绿色建材评价体系，该评价体系由建筑材料体系、绿色建材评价体系、绿色建材评价体系使用手册三部分组成，用十个指标对绿色建筑材料进行评价，这十个指标分别是执行标准、资源消耗、能源消耗、废弃物排放、工艺技术、本地化、产品特性、洁净施工、安全使用性、再生利用性。绿色建材评价系统和指标体系的规范和完善，必将推动绿色建材的评价向着定量化、科学化、大众化的方向发展。

中国于 20 世纪 90 年代起开始对绿色建材进行较为广泛的研究和宣传，并开始进行材料的绿色环保认证，取得了一定的效果。随着研发制造绿色建材产品的成套技术进步和发展绿色建材的配套政策的制定，绿色建材产品必将大量出现，并成为 21 世纪的主导建筑材料。

下 篇
建筑设计概述与房屋构造

1 建筑设计概述

1.1 前 言

1.1.1 建筑工程设计的内容

建筑工程设计是指一项建筑工程的全部设计工作。它是一项政策性、技术性、综合性非常强的工作，整个建筑工程设计应包括建筑设计、结构设计和设备设计等几部分。

建筑设计可以是一个单项建筑物的建筑设计，也可以是一个建筑群的总体设计。根据审批下达的可行性研究报告和国家有关政策规定，综合分析其建筑功能、建筑规模、建筑标准、材料供应、施工水平、地段特点、气候条件等因素，提出建筑设计方案，直到完成全部的建筑施工图设计，这项工作应由建筑师来完成。

古代人类从事居所建设之时，由于房屋的功能单一、形式简单、构造简易，因而可以将脑中的设计意图直接付诸实践，建成可以蔽风遮雨的生活住所。建筑技术和社会分工比较单纯，建筑设计和建筑施工还没有形成明确界限，于是施工的组织者和指挥者往往也就是设计者。

近代随着社会生活功能的日趋复杂，人们对建筑的要求也随之提高。建筑设计再也不是一个简单的形象，单靠大脑的思索已不能完全把握整个建筑的合理性，无法有效地指导施工建设。表达设计思维的视觉媒介应运而生，用以把头脑中的设计意图表达出来并据以施工，建筑设计和建筑施工逐渐分离开来。

现代随着社会的发展和科学技术的进步，建筑所包含的内容、所要解决的问题越来越复杂，涉及的相关学科越来越多，加上建筑物往往要在很短时期内竣工使用，客观上需要更为细致的社会分工，这就促使建筑设计逐渐成为一门独立的分支学科。现代建筑设计已经不再是营造大师领导的卓越工匠的创作，而是属于一个独立的专业人员队伍——设计事务所或设计院的主要工作。建筑设计与建筑施工的专业分离，使得建筑设计的视觉表达媒介——建筑图纸或模型更显示出其重要价值，建筑图纸或模型成为沟通建筑设计人员与施工人员的主要桥梁，因而设计表达也成为建筑领域重要的研究对象。

建筑设计是一种需要有预见性的工作，要预见到拟建建筑物可能发生的各种问题，这种预见往往是随着设计过程的进展而逐步清晰、深化的。为了使建筑设计顺利进行、少走弯路，在众多矛盾和问题中，先考虑什么，后考虑什么大体上要有个程序。根据长期实践得出的经验，设计工作的着重点常是从宏观到微观，从整体到局部、从大处到细节、从功能体型到具体构造逐步深入的。通常，实现一项基本建设项目应经过如下过程：

项目建议书——描述对拟建项目的初步设想，如基建项目的内容、选址、规模、建设必要性、可行性、预测等等；项目可行性研究报告——由投资者或经济师对项目的市场情况、工程建设条件、投资规模、项目定位、技术可行性、原材料来源等进行调查、预测、分析，并做出投资决策的结论；建设立项——如果认为项目可行，投资者或业主则要将项目申报国家计划部门及规划部门；建筑策划——即不仅依赖于经验和规范，并借助于现代科技手段，以调查为基础对项目的设计依据进行论证，并最终制订设计任务书；建筑设计——根据设计任务书的要求和可行的工程技术条件，进行建筑专业设计、结构专业设计、设备专业设计，以及经济投入概预算的技术工作；建筑施工——根据建筑设计图纸，进行工程建设投标、施工组织设计、建筑施工、建设监理、竣工验收等工作。

在完成以上建设程序之后，建设项目才可以投入正常使用和运营。在整个基建过程之中，建筑设计起着承上启下的重要作用，它对前期确立的目标及要求进行具体落实，提出建筑的初步意图，协调解决设计过程之中各专业反馈回来的矛盾问题，同时又通过图纸及说明文件指导建筑施工。建筑设计的过程一般又可分为四个阶段：设计前的准备阶段、方案设计阶段、初步设计阶段及施工图设计阶段。每一阶段的工作总是在前一阶段工作的基础上进行，并将前一阶段制定的原则深化并予以完善。

1.1.2 建筑工程设计的程序

建筑工程设计一般按初步设计和施工图设计两个阶段进行。大型民用建筑工程设计由于功能复杂，设计难度大，故在设计之前应进行方案设计。而小型建筑工程项目，则可用方案设计代替初步设计，随后可以直接完成施工图设计。对于技术复杂各专业须紧密配合的工程，还要在施工图设计之前增加技术设计内容。

1.1.2.1 方案设计

设计者在对建筑物主要内容的安排有个大概的布局设想之后，首先要考虑和处理建筑物与城市规划的关系，其中包括建筑物和周围环境的关系、建筑物和城市交通或城市其他功能的关系等，这个工作阶段，通常叫初步方案规划阶段。一般由建筑师提出方案图，即简要的平、立、剖面图、透视效果图或模型。建筑方案设计是在熟悉设计任务书、明确设计要求的前提下，综合考虑建筑功能、空间、造型、环境、结构、材料等问题，做出较合理的方案的过程；初步设计是在方案设计的基础上，进一步深入推敲、深入研究、完善方案，并解决各工程之间的技术协调问题，初步考虑结构布置、设备系统及工程概算的过程；施工图设计是绘制满足施工要求的建筑、结构、设备专业的全套图纸，并编制工程说明书、结构计算书及设计预算书。此外，一般在大型、比较复杂的工程项目设计中还有技术设计阶段，而对于一般的项目则可省略，把这个阶段的一部分工作纳入初步设计阶段，并称"扩大初步设计"，另一部分工作则留待施工图设计阶段进行。

1.1.2.2 初步设计

初步设计是设计过程中的一个关键性阶段，也是整个设计构思基本成型的阶段。初步设计中，首先要考虑建筑物内部各种使用功能的合理布置，同时还要考虑建筑物各部分相互间的交通联系。使交通面积少而有效，避免交叉混杂，又使交通简捷，导向性强。由于人们在建筑物内部是遵循着交通路线往来的，建筑的艺术形象又是循着交通路线逐一展现的，所以交通路线的设计还影响人们对建筑物的艺术观感。此外，结构方式的选择，也是初步设计中的重要内容，主要考虑它的坚固耐久，施工方便和材料、人工、造价上的经济性，还要考虑工程概算。这一阶段设计出总平面图，各层平、立、剖面图，结构方案与造型，主要建筑材料的选用，主要设备和材料表，设计说明书等。

1.1.2.3 施工图设计

根据批准的初步设计进行施工图设计。在施工图设计阶段,主要将上一阶段所确定的内容进一步细化,为满足设备材料的准备、施工图预算的编制、施工要求以及保证施工质量提供必要的条件。施工图设计的内容包括绘制各专业工种施工图、详图及说明等。

1.1.3 建筑的概念及建筑三要素

建筑是科学技术与艺术的统一。它是艺术,但又与音乐、绘画及雕刻等艺术不一样。它有实用价值,需要耗费大量的人力、物力和财力,即受材料、技术和经济条件所制约。为此人们把建筑的要素概括为功能、技术和形象,并称为建筑三要素。

1.2 建筑平面的功能分析和平面组合设计

建筑方案设计的内容包括基地布置(或总体布置)和建筑单体的平、立、剖面设计。建筑平面一般由三部分组成,它们是使用部分(包括主要使用房间和辅助使用房间)、交通联系部分和结构部分(墙体、柱子等)。建筑平面主要表示建筑物在水平方向房屋各部分的组合关系,并集中反映建筑物的功能关系,因而平面设计是建筑设计中的重要一环。

1.2.1 建筑总平面的设计

一个好的建筑设计不能脱离一定的总体关系孤立地进行,而是应该把它放在一定的环境中去考虑,总平面设计应考虑周围环境、总体布置等方面的因素。

1.2.1.1 周围环境

周围环境主要包括人流、货流、间距、朝向、地形与绿化等因素。

1.2.1.2 总体布置

总体布置可按以下步骤进行:

首先,估计用地面积,包括建筑用地、建筑延伸到室外的用地(如室外活动场地)、独立的室外面积(如篮球场)、交通面积(车道、人行道等)、隔离面积(安全卫生要求的隔离带)等。其次,分析面积的联系关系,根据不同的各部分面积、按使用功能分析其联系关系,把需要联系的部分布置在一起,把需要隔离的部分用隔离面积隔开。分析过程中逐步确定建筑物的最优位置与空间组合的关系。

总体布置、单体组合和室内设计是一个过程中的几个阶段,它不是一个直线过程,而应是从外到里,再由里往外的反复过程,有时以总体布置为主,有时以建筑组合为主,是一个反复修正的过程。从总平面布置的要求应完善的平面关系为:

总平面布置:主要包括城市道路连接、场地道路、停车的考虑;绿化景观环境的合理安排,消防、日照等。要根据用地的性质和所处环境确定用地出入口的位置,并根据用地规模和建筑功能及规模确定用地出入口的数量。一般建筑用地情况下,宜设置不少于两个不同方向通向城市道路的出入口,并与主要人流应呈迎合关系;用地内道路布置应结合总体布局、交通组织、建筑组合、绿化布置、消防疏散等进行综合分析而确定,应将各建筑物的出入口顺畅地连接起来,保证人流、车流顺畅安全。

从功能、环境景观等方面完善平面关系:功能上要注意查缺补漏,优化个体空间的设计并及时补充必要的辅助用房等。景观设计先要分析各空间部分的内容和关联,确定哪些空间需要良好的景观朝向,然后在平面布局时优先考虑并按景观设计要求进行完善工作。如餐饮建筑中餐饮部分往往需要考虑室内外空间的通透,引入优美的景观而形成较好的就餐环境;注意建筑平面布局的"图"与"底"的关系,强调建筑所围合室外空间的完整性和丰富感;平面形态与环境形成有机结合,常常运用顺应地形、平面对位等手法使设计平面与自然环境、周边建筑平面形式形成有机联系。

1.2.1.3 基地环境对建筑物组合的影响

这里基地环境指总平面环境,主要是气候、地形、地貌等。

气温:我国幅员辽阔,南北方温差大,建筑设计应充分体现地区气候特点。如北方地区建筑平面应紧凑,减少外围面积及热耗,节约能源;炎热地区平面应为分散式,以利于散热通风。

朝向:朝向主要是日照与风向。在平面组合中,使用房间应以东、南、西南为宜。日照间距是确定建筑间距的主要因素。

风向:风向有全年主导风向与季节主导风向之分,这部分参数由有关部门用图的形式(风玫瑰图),提供给设计者做参考。建筑基地一经确定,从该地区的风玫瑰图中,可以掌握冬夏季各朝向风的频率情况以供平面组合、总平面设计等参考。如炎热地区建筑常垂直于主导风向展开,尽可能利用夏季主导风向,使房间有良好的通风;严寒地区则使建筑主要入口等尽可能避开冬季主导风向布置,以利保温;在总平面设计中,也尽可能把有气味污染的建筑放在下风向布置。

地形、地貌:基地大小、形状及道路走向等,对房屋的平面组合、层数、入口的布置等都有直接的影响,基地内人流、物流、道路走向,又是确定建筑平面各部分及门厅等位置的重要依据。基地的地形、地貌是多种多样的,有平地、丘陵、山地等,建筑平面应根据基地的地形、地貌特点来组合,具体如图1-1所示。

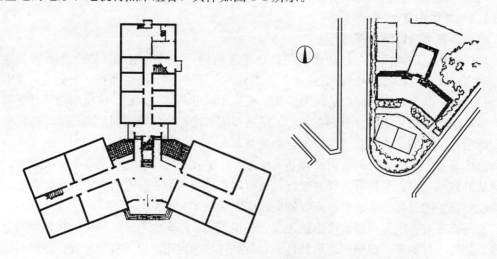

图1-1 基地状况对平面布置的影响

1.2.2 主要使用房间的设计

房间的尺寸,对矩形平面房间来说,常用开间和进深的房间轴线尺寸来表示。开间也叫面阔或面宽，是房间在外立面上占的宽度。垂直于开间的房间深度尺寸叫进深，这里开间、进深并不是指房间的净宽和净深尺寸，而是指房间的轴线尺寸。确定房屋墙体位置、构件长度和施工放线的基准线叫轴线，建筑制图中用点画线来表示。确定房间的进深和开间应很好考虑家具布置的要求和通风、采光的要求，此外，还要考虑结构布置的合理性和施工方便以及我国现行的模数制的要求。

辅助房间指厕所、盥洗室和浴室等服务用房。这些用房中的设备多少取决于使用人数、对象和特点；如大便器有蹲式和坐式两种，一般公共建筑，如车站、学校多选用蹲式；而标准较高、使用人数少或老年人使用的建筑，如宾馆、住宅宜采用坐式便器。厕所应布置在建筑平面上既隐蔽，又方便的位置，与走廊、大厅有较方便的联系。在确定厕所位置时，应考虑与浴室，盥洗室组合在一起，楼层竖向上尽量厕所上下对应，以利于节约管线。

1.2.2.1 主要使用房间的分类

主要使用房间，从使用房间的功能要求来分，主要有：

生活用房：如起居室、卧室、厨房、餐厅、集体宿舍等。

工作、学习用房：如办公室、教室、实验室等。

公共活动用房：如营业厅、剧场、观众厅、休息厅等。

上述各类房间的要求也各不相同。生活、工作和学习用的房间要求安静，干扰少，朝向好；公共活动房间人流比较集中，进出频繁，因此室内活动和通行面积的组织比较重要，特别是人员的疏散问题较为突出。

1.2.2.2 主要使用房间的设计要求

首先，房间的面积、形状和尺寸要满足室内使用活动和家具、设备合理的布置要求。其次，门窗的大小和位置应考虑人的出入方便、疏散安全及良好的采光、通风要求。其三，房间的构成应使结构布置合理，施工方便，要有利于房间之间的组合，所用材料要符合建筑标准。此外，还要考虑人们的审美要求。

1.2.2.3 房间面积的确定

房间面积是由使用人数的多少及活动特点、室内家具的数量及布置方式来决定的。一个房间的使用面积通常包括：家具、设备占用的面积；人们活动所需要的面积；室内行走需要的交通面积等，以教室和卧室为例，房间的使用面积具体组成如图1-2所示。

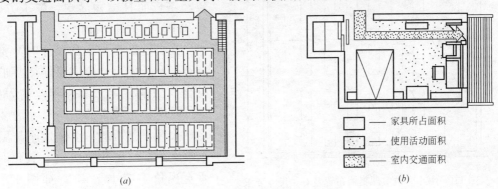

图 1-2 教室及卧室使用面积分析
(a) 教室；(b) 卧室

根据房间的使用特点，国家对不同类型建筑制定出相应的质量标准和建筑面积定额，要求在建筑设计中执行，如办公楼、中小学教室、幼儿园等建筑面积定额的规定如下：

办公楼：办公楼中的办公室按人均使用面积 3.5m² 考虑，会议室按每人 0.5m² 计。

中小学教学楼：中小学教学楼中，各类房间的面积指标分别是：普通教室 1.1～1.2m²/人、实验室 1.8m²/人、自然教室 1.57m²/人、计算机教室 1.57～1.80m²/人。

幼儿园：幼儿园中活动室的使用面积为 50m²/班、寝室的使用面积 50m²/班、卫生间为 15m²/班、储藏室为 9m²/班、音体活动室 150m²、医务保健室为 12m²/班、厨房为 100m² 左右。

1.2.2.4 房间的形状和尺寸

房间形状的确定有多种因素，房间的平面形状和尺寸与室内使用活动特点，家具、设备的类型及布置方式，以及采光、通风、音响等使用要求因素有关，有时还要考虑人们对室内空间的观感，结构、构造、施工等技术经济合理性等，以上因素都是决定房间形状与尺寸的重要因素。如教室平面形状可以是方形、矩形和六角形等。住宅、宿舍、办公楼等建筑类型，大多采用矩形平面的房间。

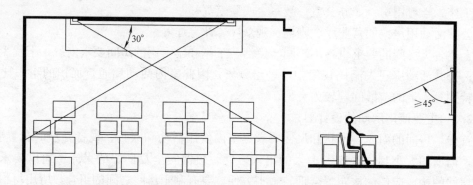

图 1-3 教室设计时视角方面的要求

一般民用建筑中，以矩形平面房间最多，这是因为矩形平面墙面平直，便于家具布置，能提高房间面积利用率，平面组合也容易，能充分利用天然采光，比较经济，而且结构简单，施工方便，有利于建筑构件标准化。

在决定矩形平面的尺寸时，要注意宽度及长度尺寸应满足使用要求和符合模数的规定。以普通教室为例，第一排座位距黑板的最小尺寸为 2m，当学生观看黑板时，前排边座与黑板远端夹角控制在不小于 30°，其允许的垂直视角不应小于 45°，如图 1-3 所示；最后一排座位距黑板的距离应不大于 8m；普通教室应注意从左侧采

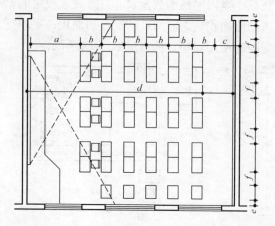

图 1-4 中小学教室课桌椅布置及有关尺寸要求
a＞2000mm；b≥850mm（小学）；b≥900mm（中学）；c＞600mm；d≤8000mm（小学），d≤8500mm（中学）；e≥120mm；f＞500mm

光；此外，教室宽度应满足家具设备和使用空间的要求，一般常用5.7m×9m，6.0m×9m，6.6m×9m等规格。办公室和住宅卧室等房间，大多采用沿外墙短向布置的矩形平面，这是综合考虑家具布置、房间组合、技术经济条件和节约用地等多方面因素所决定的，如图1-4所示。

多边形教室，如五边形或者六边形平面教室，主要是能最大限度地提高有效使用面积、试图在教室设计中，创造出一个良好的室内学习环境，满足视线、采光和通风的要求。多边形教室可有多种组合，外观处理上也有较多变化，但是结构上稍微复杂。在普通教室设计中，选用何种平面形式，需要考虑众多因素。图1-5为多边形教室的平面布置示例。

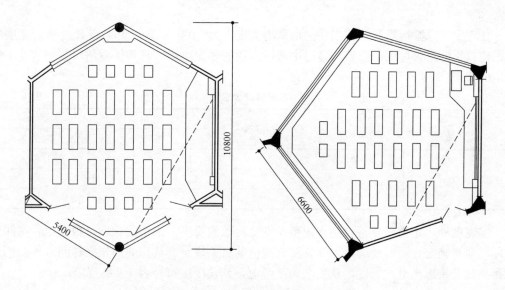

图1-5 多边形教室的平面布置形式

对于一些特殊的建筑物，如影院、剧场、体育馆的观众厅，由于使用人数多，有视听和疏散要求，一般平面形状复杂。这种平面一般以大厅为主，附属房间分布在大厅周围，见图1-6所示。

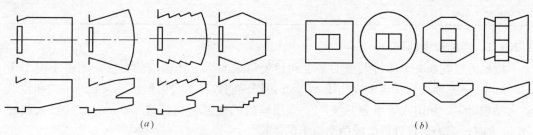

图1-6 剧院观众厅和体育比赛大厅的平、剖面形状
(a) 观众厅；(b) 比赛大厅

1.2.3 交通联系部分的设计

交通联系部分包括水平交通联系部分（走廊、过道等）、垂直交通联系部分（楼梯、

坡道、电梯、自动扶梯等）和交通联系枢纽部分（门厅、过厅等）。

交通联系部分要求做到：交通路线简捷明确，联系通行方便；人流通畅，紧急疏散时迅速安全；满足一定的采光通风要求；力求节省交通面积，同时考虑空间造型问题。

下面分述各种交通联系部分的平面设计要求及设计内容：

1.2.3.1 过道（走廊）

走道也叫走廊，是来联系同层房间之用。其宽度主要根据人流通行、安全疏散、走道性质、空间感受及走道侧门开启方向等来确定。过道应满足人流通畅和建筑防火的要求。单股人流的通行宽度一般为550～700mm，而走道至少要按照双向人流设计，故最小净宽度应大于等于1100mm，三股人流净宽度1700mm左右，兼有其他用途的走道宽度可适当加大。

住宅中考虑搬运家具的要求，过道最小宽度应为1100～1200mm，设计过道的宽度应根据建筑物的耐火等级，层数和过道中通行人数的多少决定，其具体数值可参照表1-1中规定的数据：

过道宽度要求　　　　　　　　　　　　　　　　　　　　　　表1-1

宽度(m/100人)		房屋耐火等级		
		一、二级	三级	四级
层数	1、2层	0.65	0.75	1.00
	3层	0.75	1.00	—
	>3层	1.00	1.25	—

除宽度外，走道还要符合防火规范及安全疏散的要求。走道的长度可根据组合房间的实际需要来确定，同时要满足采光、防火规范的有关规定。从房间门至楼梯间或外门的最大距离以及袋形走道的长度，从安全角度考虑，其长度应符合表1-2的规定。

房间门至外部出口或楼梯间的最大距离/m　　　　表1-2

建筑类型	位于两个外部出口或楼梯之间的房间			位于袋形走道两侧或尽端的房间		
	耐火等级			耐火等级		
	一、二级	三级	四级	一、二级	三级	四级
托儿所、幼儿园	25	20	—	20	15	—
医院、疗养院	35	30	—	20	15	—

1.2.3.2 楼梯和楼梯间

楼梯的宽度取决于通行人数的多少和建筑防火要求。楼梯段的宽度，通常不应小于1100mm。一些辅助楼梯也不应小于850mm，楼梯的数量主要根据楼层人数的多少和建筑防火要求而定。如耐火等级为三级，2～3层建筑的楼层面积超过200m²，或楼层人数超过50人时，都需要布置两个或两个以上的楼梯。

楼梯的位置根据人流组织、防火疏散等要求确定。主楼梯应放在主入口处，做到明显易找，次楼梯常布置在次要入口处或朝向较差位置，应注意楼梯间要有自然采光，但可以布置在朝向较差的一面。

1.2.3.3 坡道

室内坡道的坡度通常小于10°，通行能力几乎和平地相当，主要用于医院、幼儿园等，但占地面积较大。据统计，楼梯由上向下人流的通行速度为10m/min，坡道人流通行速度为16m/min，但占地面积较大。

1.2.3.4 电梯与自动扶梯

电梯按使用性质分为乘客、载货和客货两用等几种。民用建筑中常用的是乘客电梯，常用于高层建筑和多层有特殊需要的建筑，如宾馆、医院等。电梯间应布置在人流集中的地方，如门厅、出入口处。电梯前应有足够的等候面积，在电梯附近应有辅助楼梯备用。

自动扶梯用于有频繁出入而人流连续的大型公共建筑中，常位于高层建筑中某些公共房间较多的楼层，如商场，也可用于车站、地下铁路等。

1.2.3.5 门厅、过厅

门厅是建筑物主要出入口处的内外过渡、人流集散的交通枢纽。此外，一些建筑中，门厅兼有服务、等候、展览、陈列等功能。门厅对外出入口的总宽度应不小于通向该门厅的过道、楼梯宽度的总和。人流比较集中的公共建筑物，门厅对外出入口的宽度，一般按每100人0.6m计算。外门应向外开启或采用弹簧门内外开启。

门厅面积的大小，取决于建筑物的使用性质和规模大小。中小学门厅面积为总人数乘以$0.06\sim0.08m^2$/人，影剧场门厅按每位观众不小于$0.13m^2$计算。门厅的设计应做到导向性明确，避免人流交叉和干扰。此外，门厅还应该有空间组合和建筑造型方面的要求。

过厅通常设置在走道之间或走道与楼梯间的连接处，它起交通路线的转折和过渡的作用。有时为了改善走道的采光、通风条件，也可以在走道的中部设置过厅。

1.2.3.6 门廊、门斗

在建筑物的出入口处，为了给人们进出室内外有一个过渡的地方，通常在出入口前设置门廊或门斗，以防止风雨或寒气的侵袭。开敞式的做法叫门廊，封闭式的做法叫门斗，图1-7为一建筑物主入口处门斗实例。

图1-7 门斗

1.2.4 建筑平面的组合设计

建筑平面的组合，实际上是建筑空间在水平方向的组合。这一组合必然导致建筑物内外空间和建筑形体，在水平方向予以确定。因此在进行平面组合设计时，可以及时勾画建筑物形体的立体草图，考虑这一建筑物在三度空间中可能出现的空间组合及其形象，即从平面设计入手，但是着眼于建筑空间的组合。

1.2.4.1 建筑平面组合设计的主要任务

根据建筑物的使用和卫生要求等，合理安排建筑各组成部分的位置，并确定它们的相互关系；组织好建筑物内部以及内外之间的交通联系；综合结构布置、施工方法和所用材料等因素，合理掌握建筑标准，注意美观要求；考虑总体规划的要求，密切结合基地环境等平面组合的外在条件，注意节约用地和环境保护等问题。

1.2.4.2 平面组合要求

平面组合设计的要求主要体现以下几个方面：

合理的使用功能：按不同建筑物性质作功能分析图，明确主次、内外关系，分析人或物的流线与顺序，组成合理平面。

合理的结构体系：平面组合过程应同时考虑结构方案的可行性、经济性和建筑安全性，目前民用建筑常采用的结构形式有砖混结构、框架结构、空间结构等。

合理的设备管线布置：最好将各种管线集中布置，设管道间，使用方便，室内环境不受管线影响。

美观的建筑形象：平面设计时要为建筑体型与立面设计创造有利条件。

与环境的有机结合：任何一栋建筑物都不是孤立存在的，要与周围环境很好结合。

平面设计着重考虑建筑组成部分在水平方向的组合关系。由于一幢建筑物都是由各种不同的使用空间和交通联系空间组成，表达建筑物三度空间的具体构造的工程图，通常由建筑的平面、立面、剖面图和各细部构造详图等组成；而建筑平面通常能较为集中地反映建筑功能方面的问题，特别是一些剖面关系比较简单的民用建筑。它们的平面布置基本上能够反映空间组合的主要内容，因此建筑设计时，首先要从建筑平面设计分析入手。

1.2.4.3 建筑平面功能分析和组合方式应考虑的内容

建筑平面功能分析和组合方式应考虑的主要内容有：

各类房间的主次、内外关系：一幢建筑物，根据它的功能特点，各个房间相对说来总是有主有次。平面组合时，要根据房间使用要求的主次关系，合理安排它们在平面中的位置。如对于工作和生活的主要用房，应考虑设置在朝向好、比较安静的位置，以取得较好的日照、采光、通风等条件，并且应在出入和疏散方便、人流导向比较明确的部位。建筑物中各类房间或各个使用部分，有的与外来人流联系比较密切、频繁，例如医院门诊的挂号、问讯等房间，需要布置在靠近人流来往的地方或出入口处；有的主要是内部活动用房，例如商店的行政办公、生活用房，医院药房等主要考虑内部联系方便。在建筑平面组合中，分清各个房间使用的主次、内外关系，有利于确定它们在平面中的具体位置。

功能分区以及它们的联系和分隔：当建筑物中房间较多，使用功能又比较复杂的时候，这些房间可以按照它们的使用性质以及联系的紧密程度，进行分组分区。通常，借助于功能分析图能够比较形象地表示出建筑物的各个功能分区，并能形象地表达它们之间的联系或分隔要求以及房间的使用顺序。建筑物的功能分区，首先是把使用性质相同或联系紧密的房间组合在一起，以便平面组合时，能从几个功能分区之间大的关系来考虑；同时还需要具体分析各个房间或各区之间的联系、分隔要求，以确定平面组合中各个房间的合适位置。例如学校建筑，可以分为教学活动、行政办公以及生活后勤等几部分；教学活动和行政办公部分既要分区明确，避免干扰，又要考虑联系方便。对于使用性质同样属于教学活动部分的普通教室和音乐教室，由于音乐教室上课时对普通教室有一定的声响干扰，它们虽属同一个功能区中，但是在平面组合中却又要求有一定的分隔。以上例子说明，建筑平面组合需要在功能分区的基础上，深入分析各个房间或各个部分之间的联系、分隔要求，使平面组合更趋合理。

房间的使用顺序和交通流线分析：建筑物中不同使用性质的房间或各个部分，在使用过程中通常有一定的先后顺序，例如门诊部分从挂号、候诊、诊疗、记账或收费到取药的各个房间；车站建筑中的问讯、售票、候车、检票、进入站台上车，以及出站时由站台经过检票出站等；如图 1-8 所示。平面组合时要很好考虑这些前后顺序，有些建筑物对房间的使用顺序没有严格的要求，但是也要安排好室内的人流通行面积，尽量避免不必要的往返交叉或相互干扰。

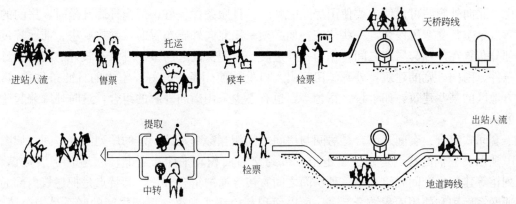

图 1-8　旅客进出站活动顺序示意图

房间的使用顺序、联系和分隔要求，主要通过房间位置的安排以及组织一定方式的交通路线来实现。平面组合中要考虑交通路线的分工、连接或隔离。通常联系主要出入口和主要房间的是主要交通路线，人流较少的部分（如工作人员内部使用、辅助供应等）可用次要交通联系，门厅或过厅作为交通路线连接的枢纽。

1.2.4.4　建筑平面组合的几种方式

建筑物的平面组合，是综合考虑房屋设计中内外多方面因素，反复推敲所得的结果。建筑功能分析和交通路线的组织，是形成各种平面组合方式内在的主要根据，通过功能分析，初步形成的平面组合方式，大致可以归纳为以下几种：

走廊式组合：这种平面结合方式是以走廊的一侧或两侧布置房间的，房间的相互联系和房屋的内外联系主要通过走廊。它常用于单个房间面积不大，同类房间多次重复的建筑中平面组合，如办公楼、学校、宾馆、宿舍等建筑。走廊式组合能使各个房间不被穿越，较好地满足各个房间单独使用的要求，如图 1-9 所示。

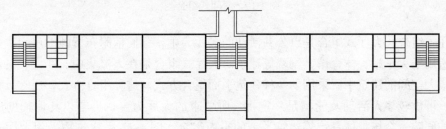

图 1-9　走廊式组合

走廊两侧布置房间的为内廊式，这种组合方式平面紧凑，走廊所占面积较小，房屋进深大，节省用地，但是有一侧的房间朝向差。当走廊较长时，其采光、通风条件较差，房间需要开设高窗或设置过厅，以改善走廊的采光、通风条件。

走廊一侧布置房间的为外廊式，房间的朝向、采光和通风都较内廊式好，但是房屋的进深较浅，辅助交通面积增大，故占地较多，相应造价增加。敞开设置的外廊，较适合于气候温暖和炎热的地区。加窗封闭的外廊，由于造价较高，一般多用于疗养院、医院等医疗建筑。

外廊应该采用南向还是北向布置，需要结合建筑物的具体使用要求和地区气候条件来考虑。北向外廊，可以使主要使用房间的朝向、日照条件较好，但当外廊开敞时，房间的北入口冬季常受寒风侵袭，一些住宅，如必须采用北向外廊布置时，常将厨房、前厅等过渡部分布置在外廊与居室之间，作为一种过渡，以便保证起居室、卧室有较好的朝向和日照条件。南向外廊的建筑，外廊和房间出入口处的使用条件较好，室内的日照条件稍差，南方地区的某些建筑，如学校、宿舍等，也有不少采用南向外廊的组合，这时外廊兼起遮阳的作用。

套间式组合：套间式组合是房间与房间之间相互穿套，按一定的序列组合空间，如图1-10所示。它们的特点是减少了走道，节约交通面积，平面布置紧凑。适合于展览馆、陈列馆等建筑。套间式组合是一种房间之间直接穿通的组合方式，其特点是把建筑内部的交通联系面积和使用面积结合起来，所以面积利用率非常高，房间之间的联系最为简捷。这种组合方式，一般用于房间内部的使用顺序和连续性较强，且各个房间不需要单独分隔的建筑之中，如展览馆、车站、浴室等等。在住宅中，由于使用人数少，面积要求紧凑，在厨房、起居室、卧室之间也常采用套间式布置方法，以达到交通联系简捷的目的。

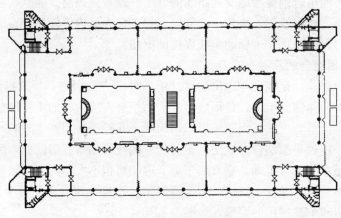

图 1-10　套间式组合

大厅式组合：大厅式组合是以公共活动的大厅为主，穿插依附布置辅助房间。这种组合方式适用于火车站、体育馆、剧院等建筑。大厅式组合是在人流集中、厅内有一定活动并需要较大空间的建筑中所采用的一种建筑平面组合方式。这种组合方式，通常以一个面积较大、可供较多人活动及能满足一定视、听要求的大厅为主，再辅以其他辅助房间形成，例如剧院、会场、体育馆等建筑类型的平面组合。图1-11是建筑物采用大厅式组合的实例。采用大厅式组合方式时，应保证各种人流通行的通畅安全，并应该导向明确，因此，其交通路线的组织，是一个比较突出的问题。另外，合理选择大厅的结构方式以及大厅的覆盖和围护结构也极为重要。

单元式组合：将关系密切的房间组合在一起，成为一个相对独立的整体，称为单元。单元可沿水平或竖直重复组合成一幢建筑，如住宅、学校、幼儿园等建筑，单元式组合的

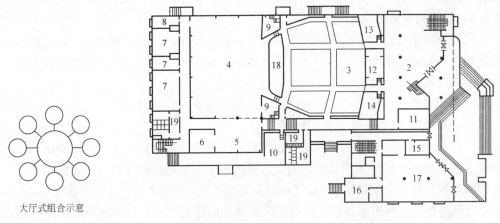

图 1-11 某建筑物采用大厅式组合
1—平台；2—前厅；3—池座；4—主台；5—侧台；6—道具；7—化妆；8—配电；9—耳光；
10—贵宾室；11—值班室；12—放映室；13—声控室；14—光控室；15—售票室；
16—办公室；17—商店；18—乐池；19—卫生间

特点是简化设计、生产和施工工作，提高了建筑标准化水平。图 1-12 是一单元式组合的幼儿园平面。

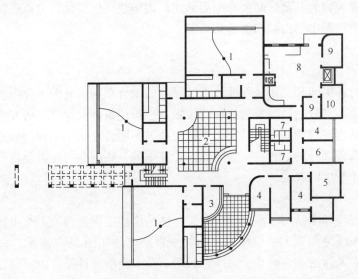

图 1-12 单元式组合的幼儿园平面
1—活动卧室；2—中庭；3—晨检；4—办公；5—会议；6—教师休息；7—厕所；8—厨房；9—库谒；10—休息

混合式组合：混合式组合是在一幢建筑中采用多种组合方式，如门厅、展厅采用套间，各活动室采用走道式，阶梯教室又采用大厅式。

以上几种建筑平面的组合方式，并不是绝对的，程式化的，在实际的建筑设计中，结合建筑物各部分功能分区的特点，也经常形成以一种组合方式为主，局部结合其他组合方式的灵活布置，即综合式的组合布局。随着建筑使用功能的发展和变化，平面组合的方式也会有一定的变化。

1.2.4.5 平面利用系数

各类建筑的平面组成，从使用性质分析，可分为使用部分和交通部分。使用部分又可分为使用房间和辅助房间；此外，平面中各类墙、柱占用一定的面积，称为结构面积。建筑面积是使用面积、交通面积和结构面积的总和。

平面利用系数简称平面系数，它是使用面积占建筑面积的百分比。

平面系数＝使用面积/建筑面积×100％。

其中使用面积是除交通面积和结构面积之外的所有空间净面积之和；建筑面积是指外墙包围（含外墙）各楼层面积总和，阳台、雨篷等部分也应按规定计取一定的面积。

平面系数是衡量设计方案经济合理性的主要经济技术指标之一。该系数值越大，使用面积在总建筑面积中的利用率越高。在满足使用功能的前提下，在同样投资，同样的建筑面积，应采用最优的平面布置方案，才能提高建筑面积利用率，使设计方案达到最经济合理。

1.3 建筑物各部分的高度确定和剖面设计

建筑剖面主要反映内部垂直方向的空间组合关系和结构体系，还涉及房屋层数和各部分的标高、楼梯、通风、采光、排水和隔热等一系列问题。这些问题要结合建筑和构造要求来设计。剖面设计同样也涉及建筑的使用功能、技术经济条件、周围环境等方面。剖面设计的任务有：分析建筑物的各部分高度和剖面形式；确定建筑的层数；分析建筑空间的组合和利用；分析建筑剖面中结构和构造的关系等。

1.3.1 房间的剖面形状

建筑剖面设计是对各房间和交通联系部分进行竖向的组合布局。它的主要内容有确定房间的剖面形状、建筑各部分的高度及建筑物的层数，进行建筑剖面组合，研究建筑空间的利用。此外，还要处理建筑剖面中的结构、构造关系等问题。建筑平面和剖面是从两个不同的方向来表示建筑各部分的组合关系。因此，设计中的一些问题往往需要将平面和剖面结合在一起考虑，才能加以解决。

1.3.1.1 房间的高度

房间的高度包括层高和净高两大部分。房间的净高是指楼地面到楼板下凸出物底面的垂直距离。层高是指该楼地面到上一层楼面之间的垂直距离，如图 1-13 所示。一般净高是根据室内家具设备、人体活动、采光、通风、照明、技术经济条件及室内空间比例等要

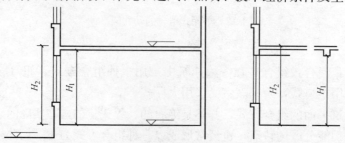

图 1-13 净高与层高（H_1—净高，H_2—层高）

求，综合考虑诸因素而确定的。

层高是国家对各类建筑房间高度的控制指标，表 1-3 为各类建筑的常用层高。在满足使用功能要求的前提下，降低层高可降低房屋造价，因为可以减少墙体材料，减轻自重，改善结构受力；降低房屋高度又能缩小房屋间距，节约用地，在严寒地区可减少采暖费，炎热地区降低空调费。但应注意空间比例，给人以舒适感。

各类建筑的常用层高值（m）　　　　　　　　表 1-3

房间名称	教室、实验室	风雨操场	办公、辅助用房	传达室	居室、卧室
中学	3.30~3.60	3.80~4.00	3.00~3.30	3.00~3.30	
小学	3.20~3.40	3.80~4.00	3.00~3.30	3.00~3.30	
住宅					2.70
办公楼			3.00~3.30		
宿舍楼					2.80~3.30
幼儿园	3.00~3.20				3.00~3.20

建筑平面中房间的分层安排及各层面积大小需要结合剖面中建筑物的层数一起考虑；建筑剖面中建筑物的层高需要与平面中房间的面积大小、进深尺寸综合考虑。房间的剖面形状主要根据房间使用功能、物质技术、经济条件和共同艺术效果来考虑；如住宅、学校等一般剖面形状多为矩形，而影院观众厅等有视听要求的房间，顶棚常做成折面。地面也有坡度要求，一般视点选择越低，地面坡度越大，反之，地面坡度越小。矩形剖面简单，有利于梁板布置，施工也方便。结构形式对剖面影响也较大，如体育馆等大跨度建筑剖面与结构形式紧密结合。同时通风、采光、排气都会影响剖面形状。通过剖面设计可以深入研究空间的变化与利用，检查结构的合理性，以及为立面设计提供依据。

与在平面中运用墙体来围合分隔空间一样，在剖面上主要运用变化楼面形态的设计手法处理各层空间之间的关系，形成各空间的分隔、流通与穿插，结合不同空间的层高形成丰富的复合空间。特别是对于起伏较大的地形，一般要因势利导，从剖面入手利用错层依山就势进行功能布局，以此决定平面关系，使建筑与环境能有机结合。通过剖面设计可以合理解决结构空间高度与使用空间的矛盾，检查结构的合理性，如结构选型、支撑体系、各层墙体上下对位、梯段净高是否合理等。只有在剖面上合理确定了层高和室内外高差，才能得出建筑物竖向上的高度，而且立面细节的比例与尺度，如洞口尺寸、女儿墙顶、屋脊线等只能在剖面上加以研究确定。

净高是供人们直接使用的有效高度，它与室内活动特点、采光通风要求、结构类型、设备尺寸等因素有关，如图 1-14 所示。有时房间的平面形状也间接地要求房间有适当的净高。

净高的常用数值如下：
卧室、起居室不低于 2.5m，
办公、工作用房不低于 2.7m，
会议、文娱用房不低于 3.0m，
厨房不低于 2.2m，
走廊不低于 2.1m，

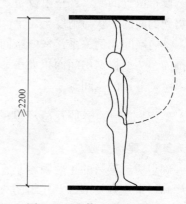

图 1-14　人体活动所需尺寸

教室：小学为3.1m，中学为3.4m，

宿舍：单层床为2.5m，双层床为3.0m，

幼儿园活动室为2.8m，音体室为3.6m。

1.3.1.2 房间的剖面形式

房间的剖面形状与许多因素有关，主要有：

室内使用性质和活动特点：对于室内使用人数少、房间面积小的房间，应以矩形为主；对于室内使用人数多、面积较大且有视听特殊要求等使用特点的房间应做成阶梯形或斜坡形，图1-15为某室内游泳馆剖面图。

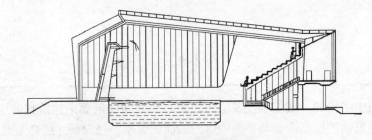

图1-15 某室内游泳馆剖面

采光和通风要求：采光一般以自然光线为主，室内光线的强弱和照度是否均匀与窗的宽度、位置和高度有关。单面采光时窗的上沿高度应大于房间进深长度的1/2，双面采光时，窗的上沿高度应大于房间进深长度的1/4。

窗台的高度：窗台高度与使用要求，家具设备布置等有关。窗台过低会增加窗的造价，窗台过高，不能满足采光的基本要求。一般窗台高度取900mm，因为书桌高度常取800mm，窗台高出桌面100mm左右，保证了工作照度，同时开窗和使用桌面均不受影响。房间内的通风要求与室内进出风口在剖面上的位置高低有关，也与房间净高有一定的关系。温湿和炎热地区的民用房屋，应利用空气的气压差组织室内穿堂风，一些特殊房间，如厨房，可以利用气楼来排除热量。

结构类型的要求：在砌体结构中，现浇梁板比预制梁板的净空大，为减小梁的高度，可以把矩形截面改作T形或十字形。空间结构可以与剖面形状结合起来选用，常用的空间结构有悬索、壳体、网架等类型。

设备位置的要求：室内设备，如手术室的无影灯、舞台的吊景设备等，其布置都直接影响到剖面的形状与高度。

室内空间比例关系：室内空间宽而低常给人以压抑的感觉，狭而高的房间又会使人感到拘谨。一般根据房间面积大小、室内顶棚的处理方式、窗子的比例关系等因素，进而创造出感觉舒适的空间。

1.3.2 建筑物的层数及总高度的确定

1.3.2.1 建筑层数

确定房屋层数的主要因素是：房屋使用性质和要求、建筑结构和施工材料要求、基地环境和城市规划要求以及建筑防火和经济条件限制等，同时建筑层数与建筑物造价也有密切关系。

1.3.2.2 房屋层数的确定

影响房屋层数的因素很多，主要有房屋本身的使用要求、城市规划要求、结构类型特点和建筑防火等。

不同的建筑性质对层数要求不同。如幼儿园、医院门诊楼应以单层或低层为主。城市规划从改善城市面貌和节约用地角度考虑，也对房屋层数作了具体的规定。以北京地区为例：北京是以紫禁城为中心，呈"盆形"向四周发展；即紫禁城两侧，必须保留部分平房，新建建筑应该以低层为主，二环路以内以建造多层为主，一般为4～6层。二环路以外可以适当建造高层，但层数不宜过高。

建筑层数与所采用的结构类型也有十分密切的关系。一般来讲，壳体、悬索等特种结构只适宜建造低层建筑；而承重砌体结构以建造多层建筑为主；至于其他结构类型，如钢结构、框架结构等，则既可用于建造多层建筑、又可用于高层建筑的建造。此外，建筑防火也是影响结构和建筑层数的重要因素，应按其有关规定确定层数。

1.3.3 建筑剖面的组合方式和空间的利用

1.3.3.1 建筑剖面的组合方式

建筑剖面的组合方式，主要是由建筑物中各类房间的高度、剖面形状、使用要求、结构布置特点等因素决定的。剖面的组合方式大体上可以归纳为以下几种。

单层：单层建筑便于房屋中各部分人流、物品和室外直接联系，它适应于覆盖面及跨度较大的结构布置，一些顶部要求自然采光和通风的房屋，也经常采用单层的剖面组合方式。单层房屋的主要缺点是用地很不经济。如把1幢5层住宅和5幢单层的平房相比，在日照间距相同的条件下，用地面积要增加2倍左右，如图1-16所示，同时道路和室外管线设施也都相应增加。

多层和高层：多层建筑的室内交通联系比较紧凑，适应于较多相同高度房间的组合，垂直交通通过楼梯联系。多层剖

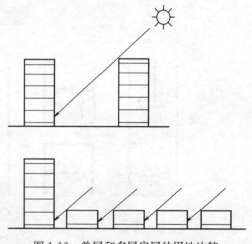

图1-16 单层和多层房屋的用地比较

面的组合应注意上下层墙、柱等承重构件的对应关系，以及各层之间相应的面积分配。许多单元式平面的住宅和走廊式平面的学校、宿舍、办公、医院等房屋的剖面，较多采用多层的组合方式。

高层建筑能在占地面积较小的条件下，提供最大的使用面积。这种组合方式有利于室外辅助设施和绿化等的布置。但是，高层建筑的垂直交通需用电梯联系，管道设备等设施也较复杂，费用较高。由于高层房屋承受侧向风力的问题比较突出，因此通常以框架结合剪力墙体或将电梯间、楼梯间和设备管线组织在竖向筒体中，以加强房屋的刚度。

错层和跃层：错层是在建筑物纵向或横向剖面中，房屋几部分之间的楼地面，高低错

开。它主要适应于结合坡地地形建造住宅、宿舍以及其他类型的房屋。

房屋剖面中的错层高差，通常有以下几种方法解决：利用室外台阶解决错层高差；利用楼梯间解决错层高差，即通过选用楼梯梯段的数量（如二梯段、三梯段等），调整梯段的踏步数，使楼梯平台的标高和错层楼地面的标高一致，这种方法能够较好地结合地形、灵活地解决纵横向的错层高差。

跃层剖面的组合方式多用于住宅建筑中，这些房屋的公共走廊每隔 1～2 层设置一条，每个住户可有前后相通的一层或上下层的房间，住户内部以小楼梯上下联系。跃层住宅的特点是节约公共交通面积，各住户之间的干扰较少，由于每户都有两个朝向，因此通风条件好；但跃层房屋的结构布置和施工比较复杂，通常每户所需的面积较大，居住标准要高一些，图 1-17 为跃层建筑物的平面与剖面示意图。

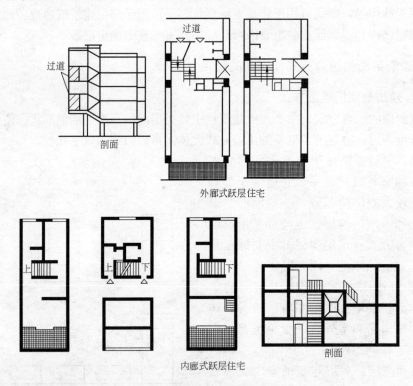

图 1-17　跃层建筑物的平面与剖面

1.3.3.2　建筑剖面空间的组合

在前面，我们已经初步分析了建筑空间在水平方向的组合关系以及结构布置等有关内容，下面我们将着重分析房间的空间组合以及建筑空间利用等问题。

高度相同或高度接近的房间组合：高度相同、使用性质接近的房间，如教学楼中的普通教室和实验室，住宅中的起居室和卧室等，可以组合在一起。高度比较接近，使用上关系密切的房间，考虑到房屋结构构造的经济合理和施工方便等因素，在满足室内功能要求的前提下，可以适当调整房间之间的高差，尽可能统一这些房间的高度。例如对于教学楼设计，其中教室、阅览室、贮藏室以及厕所等房间，由于结构布置时从这些房间所在的平面位置考虑，要求组合在一起，因此可把它们调整为同一高度；至于阶梯教室，由于和普通教室的高度相差较大，故可采用单层附建于教学楼主体；图1-18为层高较大的阶梯教室依附于教学楼主体而设置。行政办公部分从功能分区考虑，平面组合上和教学活动部分有所分隔，这部分房间的高度可比教室部分略低，仍按行政办公房间所需要的高度进行组合，它们和教学活动部分的层高高差，通过踏步解决，这样的空间组合方式，使用上能满足各个房间要求，也比较经济。

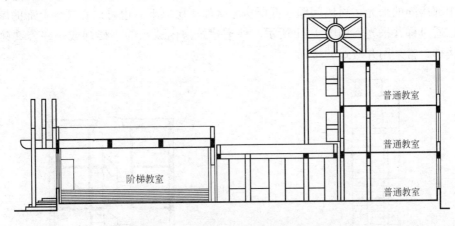

图1-18　阶梯教室依附于教学楼主体设置

高度相差较大房间的组合：如果一个空间内不同区域所需高度不同，或若干不同高度的空间需要组合在一起时，可以根据房间实际使用要求所需的高度，设置不同高度的屋顶，如图1-19所示。

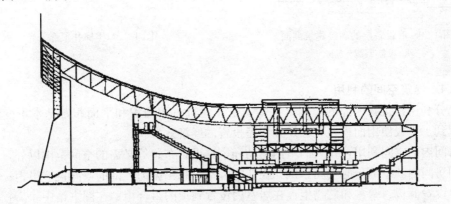

图1-19　体育馆剖面中不同高度房间的组合

在多层和高层房屋的剖面中，高度相差较大的房间可以根据不同高度房间的数量多少和使用性质，在房屋垂直方向进行分层组合。例如旅馆建筑中，通常把房间高度较高的餐厅、会客、会议等部分组织在楼下的一、二层或顶层，旅馆的客房部分相对来说高度要低一些，可以按客房标准层的层高组合。高层建筑中通常还把高度较低的设备房间组织在同一层，称为设备层或技术层，如图1-20所示。

1.3.3.3　楼梯在剖面中的位置

楼梯在剖面中的位置，是和楼梯在建筑平面中的位置以及建筑平面的组合关系紧密联系在一起的。由于采光通风等要求，通常楼梯沿外墙设置，进深较大的外廊式房屋，由于采光通风容易解决，楼梯可设置在中部。在建筑剖面中，要注意梯段坡度和房屋层高、进深的相互关系，也要安排好人们在楼梯下出入或错层搭接时的平台标高。

当楼梯在房屋剖面的中部时，须用一定措施解决楼梯的采光通风问题。多层住宅为了节约用地，加大房屋的进深，当楼梯设置在房屋中部时，常在楼梯边设置小天井，以解决楼梯和中部房间的采光、通风问题；低层房屋（如4层以下）也可以在楼梯上部的屋顶开设天窗，通过梯井采光，如图1-21所示。住宅建筑户内联系的小楼梯或一些公共建筑大厅中的楼梯，常采用开敞式的楼梯。

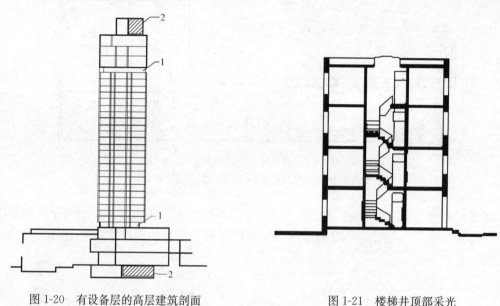

图1-20 有设备层的高层建筑剖面
1—设备层；2—机房

图1-21 楼梯井顶部采光

1.3.3.4 建筑空间的利用

充分利用建筑物内部的空间，实际上是在建筑占地面积和平面布置基本不变的情况下，起到了扩大使用面积，充分发挥房屋投资的经济效果。

房间内的空间利用：在人们室内活动和家具设备布置等必需的空间范围以外，可以充分利用房间内其余部分的空间。例如在住宅卧室中利用床铺上部的空间设置吊柜；又如在厨房中设置搁板、壁龛和贮物柜；在居室内设置到顶的组合柜；在图书馆中净高较高的阅览室内设置夹层等做法，均可以充分利用室内空间。

一些坡顶房屋，充分利用房间内山尖部分的空间，可以扩大室内的实际使用面积。我国许多地方民居，常在山尖部分设置搁板、搁楼，甚至把沿街的楼房局部出挑，以充分利用并争取使用空间。这些优秀的传统设计手法，有许多值得我们借鉴的地方。图1-22为建筑物内部空间的充分利用实例。

走廊、门厅和楼梯间的空间利用：由于建筑物整体结构布置的需要，房屋中的走廊通常和层高较高的房间高度相同，这时走廊的上部，可以作为设置通风、照明设备和铺设管线的空间；一些公共建筑的门厅和大厅，由于人流集散和空间处理等要求，当厅内净高较高时，也可以在厅内的部分空间中设置夹层或走廊，以扩大门厅或大厅内的活动面积和交

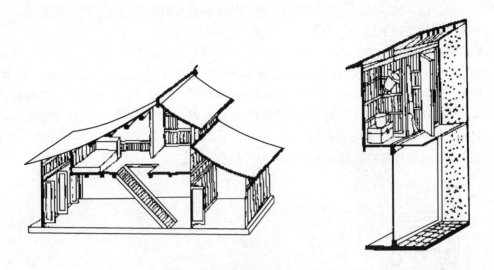

图 1-22　地方民居中的空间充分利用

通联系面积,也可用于暗设管线。楼梯间的底部和顶部,通常都有可以利用的空间。当楼梯间底层平台下不作出入口时,平台以下的空间可作贮藏或厕所等辅助房间;楼梯间顶层平台以上的空间高度较大时,也能用作贮藏室等辅助房间,但是须增设一个梯段,以通往楼梯间顶部的小房间,如图 1-23 所示。

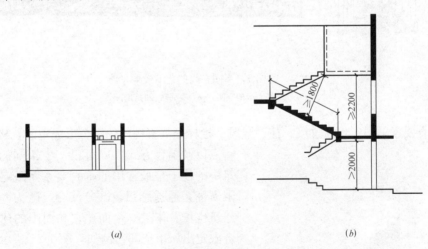

(a)　　　　　　　　　　　　(b)

图 1-23　走廊和楼梯上部空间的利用
(a) 走廊上部设备的空间;(b) 楼梯间的顶层平台上部设置房间

1.3.4　建筑空间的形式变化

建筑空间的存在形式是丰富变化的,同时不同空间形式的性格特征也不尽相同。建筑设计人员对建筑空间艺术的驾驭能力是保障建筑使用功能、影响其艺术表现力的一个十分重要的关键因素。建筑空间是一种人为的空间。墙、地面、屋顶、门窗等围成建筑的内部空间；建筑物与建筑物之间，建筑物与周围环境的树木、山峦、水面、街道、广场等形成建筑的外部空间，建筑是以它所提供的各种空间来满足人们生产或者生活的需要的。下面介绍建筑空间的处理手法。

1.3.4.1 空间的限定

抽象的空间是广阔无垠的，因而也是虚无的。特定的空间是通过一定的介质加以限定得以实现的，在我们容易体察的客观世界中，这种介质往往是人们的视觉能力所能够感受的实体。所以说，空间和实体是互为依存的，实体的限定是获得各种空间的前提条件，而且会带来空间不同的艺术效果。图1-24表示了不同空间的艺术效果。为了理解的方便，下面结合实例就实体在空间限定中的不同位置进行介绍。

图1-24 不同空间的艺术效果
(a) 高而窄的空间；(b) 宽而较矮的空间

垂直要素的限定：通过墙、柱、屏风、栏杆等垂直构件的围合形成空间，构件自身的特点以及围合方式不同可以产生不同的效果。建筑中的柱子是最常用的垂直要素，限定的空间界限模糊，通透感强，既分又合，融为一体。一栋建筑也可看作是一个面，它和周围的建筑之间围合限定出城市空间，例如，图1-25所示加拿大多伦多市政厅，以两幢建筑围合中间会议部分，限定一个明显的圆柱形空间。围合的开口前大后小，围中有透，使建筑空间与城市空间相沟通，为城市景观增添了魅力。

图1-25 加拿大多伦多市政厅

水平要素限定：通过顶面或地面等不同形状、高度和材质对空间进行限定，以取得水平界面的变化和不同的空间效果。如图1-26所示，某建筑物单元内，居室的地面局部下沉，两侧栏杆以及

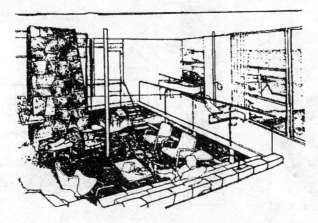

图 1-26　利用水平要素的变化来限定空间

地面材料的变化，形成一个更为安定和亲切的空间。

各要素的综合限定：空间是一个整体，在大多数情况下，是通过水平和垂直等各种要素的综合运用，以取得特定的空间效果。具体处理手法多种多样。如在建筑入口大厅室内空间设计中，运用多种手法限定出各种不同使用功能的空间。

1.3.4.2　空间的组合

空间的组合方式有连接、接触、包容和相交等。如图 1-27 所示。

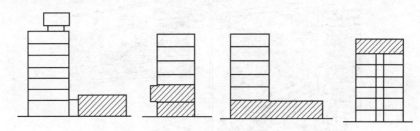

图 1-27　大空间在空间组合中的处理方法

连接：两个相互分离的空间由一个过渡空间相连接。

接触：两空间之间的视觉与空间联系程度取决于分隔要素的特点。

包容：大空间中包含着小空间，两空间产生视觉与空间上的连续性。

相交：两个空间的一部分重叠而成公共空间，并保持各自的界限和完整。

1.3.4.3　空间的围与透

围合与通透是处理两个或多个相邻空间关系的常用手法。围合性越强，空间越封闭，反之越开敞。空间关系中围与透不同程度的处理，为塑造建筑空间艺术的表现提供了广阔的天地。如我国的四合院民居，通过房、廊、墙、门等多种元素的运用，以围为主，形成一个气氛亲切的半私密空间。日本熊本市某幼儿园活动室，采用整面墙的隔断式推拉门，室内外连成一体，如图 1-28 所示。

1.3.4.4　空间的穿插与贯通

界面在水平方向的穿插、延伸，可以为空间的划分带来更多的灵活性，增加空间的层

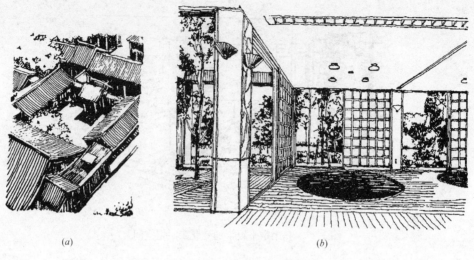

图 1-28 空间的围与透
(a) 我国四合院民居；(b) 日本熊本市幼儿园

次感和流动感。空间穿插中的交接部分，可处理成不同的形式。如贝聿铭设计的东馆，在三角形为母题的巨大空间内，以不同高度的通廊造成强烈的空间穿插，丰富了空间的变化，如图 1-29 所示。

图 1-29 贝聿铭设计的东馆

空间的贯通是指根据建筑功能和审美的要求，对空间在垂直方向所做的处理。如北京昆仑饭店餐饮街，利用斜坡形玻璃顶和挑台，形成一个上下贯通的流动空间，如图 1-30 所示，图 1-31 为某写字楼大厅上下贯通的空间。

1.3.4.5 空间的导向与序列

空间导向是指通过暗示、引导、夸张等建筑处理手法，把人流引向某一方向或空间，从而保证人在建筑中的有序活动。墙面、地面、屋顶、柱子、门洞、楼梯、台阶、花坛、灯具等都可作为空间导向的手段。

图 1-30　北京昆仑饭店上下贯通的流动空间　　图 1-31　某写字楼大厅上下贯通的空间

空间序列处理是保证建筑空间艺术在丰富变化中取得和谐统一的重要手段。尤其是以群体组合为特征的中国古代建筑，把时间与空间序列交织在一起，使建筑成为四度空间艺术。

1.4　建筑物体型组合及立面设计

1.4.1　建筑体型及立面设计的要求

建筑具有科学与艺术的双重性。建筑的美主要通过内部空间及外部造型艺术处理和装修设计来体现，同时也涉及到建筑的群体空间布局等。其中建筑外观形象经常地、广泛地被人们接触，对人的精神影响尤为深刻。建筑外部形象包括体型和立面两个部分。

建筑体型及立面设计要求为：要反映建筑功能和建筑类型特征；要体现材料、结构与施工技术特点；符合规划设计要求并与环境相结合；满足建筑标准和相应的经济技术指标；符合建筑造型和立面构图规律。

1.4.1.1　建筑的形象

建筑形象指的是建筑的外观。建筑形象即为建筑的观感或美观问题。绘画主要是利用线条和色彩的手段，以二维的平面形式来表现不同的形象，那么建筑形象则是通过客观实在的多维参照系的表现方式来实现自己的艺术追求的，概括下来主要通过下列手段来表达。

空间：建筑能形成可供人使用的室内外空间，这是建筑艺术有别于其他造型艺术最本质的特点。

实体：是获得建筑的手段，从本质上讲，它属于建筑空间的副产品，与建筑空间是相对存在的，主要由线、面、体组成。

色彩、质感：建筑上各种不同的材料表现出不同的色彩和质感。色彩方面如人造材料的明快纯净与自然材料的柔和沉稳；质感方面如金属、玻璃材料的光滑与透明，砖石材料的敦厚粗糙。色彩、质感的变化在建筑上被广泛运用，就是为了获得优美、有特色的建筑艺术形象。

光影：建筑一般处在自然的环境中。当受太阳光照射时，光线和阴影能够加强建筑形体凹凸起伏的感觉，形成有韵律的变化，从而增添建筑形象的艺术表现力。

从古至今许多优秀的建筑师正是巧妙地运用了这些建筑表现手段，创造了许多优美的建筑形象。如图 1-32 所示，建筑师用不同的表现手段创造优美的建筑形象。

1.4.1.2 形式美的概念

建筑形象客观地说并不单纯是形式美观的问题，如前所述还要涉及社会思想意识、民族习俗、文化传统等各方面的因素。但是作为一个良好的建筑形象，它首先应该是美观的。这就要符合建筑形式美的一些基本的规律。古今中外的建筑，尽管在形式处理方面有很大的差别，但凡属优秀的建筑作品，必然遵循一个共同的准则——多样统一。这就是建筑形式美的法则。即在统一中求变化，在变化中求统一。

图 1-32　用不同的表现手段创造优美的建筑形象

以简单的几何形状求统一：美学研究认为，简单、肯定的几何形状可以引起人的美感。因此，特别推崇像圆、三角形、正方形等这些基本的几何形状，认为它们是完整、自然的象征，具有抽象的一致性。

重点与一般：自然界中，植物的杆与枝，花与叶，动物的躯干与四肢都呈现出一种主与从的差异。它们正是凭借着这种差异的对立，才形成为一种统一协调的有机整体。因此，在一个有机统一的整体中，各组成部分是不可能不加区分而一律对待的。它们应当有重点与一般的差别；有核心与外围组织的差别。否则，各要素平均分布，同等对待，即使排列得整整齐齐，很有秩序，也难免会流于松散，单调而失去统一性。所以在建筑形象处理时要注意突出重点，即在设计中充分利用功能特点，有意识地突出其中的某个部分，并以此为重点，而使其他部分处于从属地位，这样可以达到主从分明，完整统一。

均衡与稳定：处于地球引力场内的一切物体，都摆脱不了地球引力——重力的影响，人类的建筑活动从某种意义上讲就是与重力作斗争的产物。存在决定意识，也决定着人们的审美观念。在古代，人们崇拜重力，并从与重力作斗争的实践中逐渐地形成了一整套与重力有联系的审美观念，这就是均衡与稳定。人们从自然现象中意识到一切物体要想保持均衡与稳定，就必须具备一定的条件，如像山那样上小下大；像树那样下粗上细，并向四周对应分权；像人那样具有左右对称的体形；像鸟那样具有保持均衡的双翼等。此外人类还通过建筑实践证实了上述的均衡与稳定的原则，并认为凡是符合这些原则的，不仅在实际上是安全的，而且在视觉上也是舒服的。于是，人们在建造建筑时都力求符合均衡与稳定的原则，图 1-33 表示了建筑物的对称均衡和非对称均衡的取得；图 1-34 表示了建筑物稳定的取得。

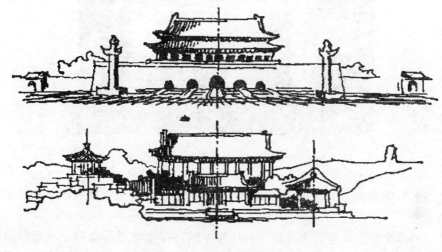

图 1-33 对称均衡与不对称均衡

图 1-34 建筑物的稳定
(a) 传统的稳定；(b) 现代的稳定

对比与微差：就建筑来讲，它的内容主要是功能，建筑形式必然要反映功能的特点，而功能本身就包含有很多差异性，反映在建筑形式上也必然会呈现出各种各样的差异。对比与微差所研究的正是如何利用这些差异性来求得建筑形式的完美统一。

对比指的是要素之间显著的差异。对比可以借彼此之间的烘托陪衬来突出各自的特点以求得变化，从而达到强调和夸张的效果。对比需要一定的前提，即对比的双方总是要针对某一共同的因素或方面进行比较。如形状的对比（方与圆）；方向的对比（水平与垂直、纵向与横向）；材料质感对比（光滑与粗糙、轻盈与厚重）；色彩对比（冷色与暖色）；还有光影对比（明与暗）；虚实对比等，图 1-35 表示了某建筑设计中对比手法的运用。

图1-35 某建筑设计中对比手法的运用

微差指各要素之间不显著的差异。借彼此之间的连续性来求得和谐，而容易使人感到统一和完整。

韵律：韵律是指韵味与节律现象。自然界中的许多事物或现象都存在着节律性的特点，日夜、四季的轮回，都有着规律性的重复和有秩序的变化；作为生物体的一种，人类的生理活动也有着明显的生物节律现象，同时对于有节律的事物现象有着天性的认同，音乐和诗歌之所以能够打动人的心灵，其中的韵味与节律现象是重要的原因。

建筑中的许多部分，或因功能的需要，或因结构的布置，也常常是按一定的规律重复出现的。如窗子、阳台、柱子等的重复，都会产生一定的韵律感。建筑的韵律主要体现在构件、空间、形体的连续重复、有规律的渐变、起伏和交错上。如图1-36所示，建筑物富有韵律的变化。

韵律具有极其明显的条理性、重复性和连续性，因此，既可以加强整体统一性，又可以取得丰富多彩的变化。韵律美在建筑中的体现极为广泛、普遍，不论是中国建筑或西方建筑，也不论是古代建筑还是现代建筑，几乎处处都能给人以美的韵律节奏感。

比例与尺度：任何物体都存在着三个方向——长、宽、高的度量。比例所研究的就是建筑的各种大小、高矮、宽窄、厚薄等的比较关系。建筑形象所表现的各种不同比例常与建筑的功能要求、技术条件、审美观点有密切关系。良好的比例一般是指建筑形象的总体以及各部分之间，在长、宽、高各度量之间具有一定的和谐关系。

西方建筑学家常用几何分析法来探索建筑的比例关系。如巴黎凯旋门，建筑的整体外轮廓为一正方形，立面上若干个控制点分别与几个同心圆或正方形相重合，因而它的比例一般认为是严谨的。

应该指出的是以不同的材料所建造的建筑造型比例是不同的。以我国古代木构架建筑与西方古典石砌结构建筑比较，木梁的抗弯能力较强，因而开间可以大一些，柱间比例较开阔，而石梁抗弯能力较差，因而开间小，形成的比例较狭窄，看上去柱子排列较密。

尺度指的是建筑物的整体或局部与人之间在度量上的制约关系。这两者如果统一，建

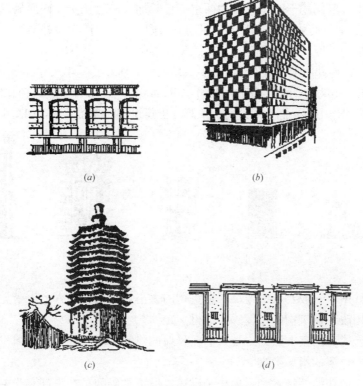

图 1-36 建筑物富有韵律的变化
(a) 连续的节律;(b) 渐变的节律;(c) 起伏的节律;(d) 交错的节律

图 1-37 人民英雄纪念碑

图 1-38 颐和园万寿山昆明湖碑

211

筑形象就可以正确反映出建筑物的真实大小；如果不统一，建筑形象就会歪曲建筑物的真实大小。如人民英雄纪念碑采用了我国传统的石碑形式，但并没有将它们简单的放大，而是仔细地处理了尺度问题——基座采用两重栏杆，加大碑身比例，因而显示了它的实际尺寸，如图1-37所示。而颐和园万寿山昆明湖碑（图1-38），作为园林中的建筑小品，要有亲切感，因而抬高底座，减小碑身，使其感觉比实际尺寸小。

建筑中有一些构件由于是人们经常接触或使用的，所以其基本尺寸必须符合人体工学的要求，如踏步高一般为150mm，窗台、栏杆高900mm左右。人们熟悉它们的尺寸大小，因此会起到参照物的作用，人们会通过它们来感觉出建筑物的高矮大小，如图1-39所示。

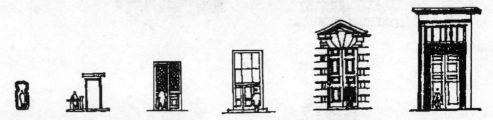

图1-39 门的大小与形式的关系

在建筑设计中，一般要真实地反映建筑物的大小，否则会使人产生错觉。但在特殊情况下也可以利用改变建筑物的尺度感而取得一定的艺术效果。

上述建筑形式美的基本法则，是人们在长期的建筑活动实践中总结和积累的，它对建筑艺术创作有着重要的指导意义。

以上对建筑的功能、技术和形象作了讲述，但更重要的是在设计实践中如何处理好三者之间的关系。功能要求是建筑的主要目的，材料结构等物质技术条件是达到目的的手段，建筑形象则是综合表现形式。功能居于主导地位，对建筑的结构和形象起决定作用，而结构等物质技术条件是实现建筑的手段，建筑的功能和形象要受到它的制约。图1-40表示了不同的结构形式体现不同的外观形象。

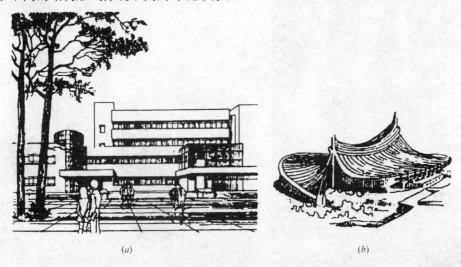

图1-40 不同结构体系体现不同的外观形象
(a) 框架结构建筑物外观形象特征；(b) 悬索结构外观形象特征

各种类型的公共建筑，通过体量组合处理往往最能表现建筑物的性格特征，因为不同类型的公共建筑的功能要求不同，各自都有其独特的空间组合形式，反映在外部，必然也各有其不同的体量组合特点。例如办公楼、医院、学校等建筑，由于功能特点，通常适合于采用走廊式的空间组合形式，反映在外部形体上必然呈带状的长方体，再如剧院建筑，它的巨大的观众厅和高耸的舞台在很大程度上就足以使它和别的建筑相区别。至于体育馆建筑，其比赛和观众席看台空间形成的一体性体量之巨大，几乎没别的建筑可以与之相匹敌。仅仅抓住这些由功能而赋予的体量组合上的特征，便可表现出各类公共建筑的个性特征。

此外，功能特点还可以通过其他方面得到反映。例如墙面和开窗处理就和功能有密切的联系。采光要求愈高的建筑，其开窗的面积就愈大，立面处理就愈通透；反之，其开窗的面积就愈小，立面处理就愈敦实。

1.4.2 建筑体型组合

1.4.2.1 建筑造型的具体方法

了解了建筑造型的规律和法则，还有必要掌握正确的处理建筑造型的方法，也就是说，要有正确运用各种形式法则的手段和能力。这些方法，在某种意义上说，也是对于建筑造型设计的基本要求。

主从法：所谓主从法，即建筑造型中的相异要素，在对比关系上，必须使一方占优势地位，对另一方起支配作用。这种关系体现在建筑造型的各种要素之间的关系上，如明度、色彩、质地、形体等各方面。如果对立的要素之间没有量的主从关系，就会使造型滑到二元体的方向上去，从而使之失去了统一性，变成两个互不相关的事物了。如两个体量同大、同形的建筑形体并列，各自单设出入口，相互间没有其他形体连接，我们宁可称它为两个建筑，如图 1-41 所示；如果是将其中一个增大变成主体，另一个变小作为从体，它们之间就构成了统一的整体关系了。其他造型要素之间的关系也是如此。也就是说，无论哪种要素之间的对比关系，必须做到有主有从。

图 1-41　两幢并列建筑

建筑造型的主从关系比例不同，会形成不同的视觉效果，从而产生不同的心理影响。一般情况下，这种对比关系可分为弱对比、中对比、强对比。弱对比的造型会产生温和、柔美的心理反应；中对比会产生适中、平衡的心理反应；强对比则会产生醒目、鲜明和生动的心理反应。此外，悬殊的比例也会造成统一的效果。如两种要素之间性质完全相反，但由于一方占有决定的优势地位，另一方处于完全的从属地位时，两者的关系仍是统一的，或者说是一种对比的和谐，如图1-42所示。

图1-42　建筑造型设计中主从手法的运用

母题法：所谓母题法，是在建筑造型中，以某同一要素作主题，经过反复的变化，取得造型形式统一的手法。在建筑造型中，常用的主要是形体母题法。在使用母题法的时候，同时也要遵守主从法的原则，包括形体大小的主从关系、形体的方向主从关系和形体质感的主从关系等等。

母题法的运用应尽量强调它的相异性，使之对比强烈，反差要大，以避免建筑造型过于单调和呆板。母题法在建筑造型中主要体现在形体造型和装饰图案的处理上。虽然其他要素均可以成为造型母题，但作为三维的立体和空间造型形式，母题法主要体现在立体造型形式上。

重点法：在造型形式中，起支配作用的要素并不取决于量的大小。面积大、体量大，可以是主要造型要素，但却并不一定是造型的重点。造型中的重点往往不靠面积、体量、数量方面的优势，而常常是靠它的强度和位置的优势来统治全局，主宰所有的其他元素。在各种形式构图中，造型要素越是靠近十字线的中心，而且形象有相对的集中，就越有强

图1-43　建筑造型设计中重点法的运用

力的控制作用，而成为构图的中心，成为天然的重点，如图 1-43 所示。

在建筑造型中，它的重点往往处在构图平衡中心的位置，一般均为入口处。这一方面是由于构图方面的作用，另一方面，从建筑功能方面来看，入口处是人流必经之处，所以它是建筑造型的天然重点。只有重点突出、鲜明，才能使建筑造型具有中心，即我们通常所说的"趣味中心"。也只有这样，才能形成一个完整的建筑群体，才会使建筑造型生动，具有生命意义。图 1-44 表示了建筑物入口处的重点处理。

图 1-44 入口处重点处理

在处理建筑重点时，除要求形象鲜明、生动、突出外，还要求加工细致，耐人寻味，经得起推敲和玩味。尤其是建筑入口，其尺寸近人，目望所及，清晰可见，一般均应做适当的装饰处理。另外，从建筑的空间心理上讲，也需要有个内外空间的标志。因此重点法在建筑造型方法中占有不可忽视的地位。

1.4.2.2 建筑形体组合方式

（1）建筑体型的组合方式

建筑体型的组合方式主要有：

主从分明、有机结合：尽管不同类型的建筑表现在体形上各有特点，但不论哪一类建筑其体量组合通常都遵循一些共同的原则，这些原则中最基本的一条就是主从分明、有机结合。所谓主从分明就是指组成建筑体量的各要素不应平均对待、各自为政，而应当有主有从、宾主分明；所谓有机结合就是指各要素之间的连接应当巧妙、紧密、有秩序，而不是勉强地或生硬地凑在一起，只有这样才能形成统一和谐的整体。

对比与变化：为避免单调，组成建筑体量各要素之间应当有适当的对比与变化。体量是内部空间的反映，要想在体量组合上获得对比与变化，必须巧妙地利用功能特点来组织空间、体量，从而借它们本身在大小之间、高低之间、横竖之间、曲直之间、不同形状之间等的差异性来进行对比，以打破体量组合上的单调而求得变化。图 1-45 所示为采用非对称的体形组合方式。

各组合体之间的连接方式，归纳起来有直接、咬接和插接三类，如图 1-46 所示。

直接：是指两个部分的各立面直接组合，这种组合显得明确简洁；咬接，是指两个

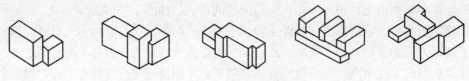

图 1-45　非对称的体形组合

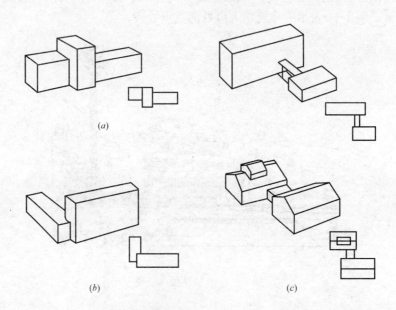

图 1-46　房屋各部分组合体之间的连接方法
(a) 直接；(b) 咬接；(c) 插接

部分之间互有交叉的组合，显得紧凑而复杂；插接，是指在组合的两部分之间插入一个"插入体"，即走廊或连接体的连接。这三种组合方式，常和房屋的结构构造布置、地区的气候条件、地震烈度，以及基地环境关系密切，故在组合时应综合考虑，灵活运用。

体量组合的对比与变化主要表现在以下三方面：方向的对比与变化，这是最基本的一个方面，可以有横竖、左右、前后三个方向的对比与变化，如图 1-47 所示。形状的对比

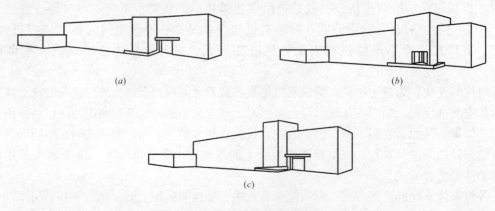

图 1-47　不同比例的体量组合比较

与变化，少数建筑由于功能特点可以利用不同形状体量的对比取得变化。直与曲的对比与变化；有些建筑可以通过直线与曲线的对比取变化。

均衡与稳定：均衡与稳定表现在体量组合中尤其突出，这是因为由具有一定重量感的建筑材料所做成的建筑体形一旦失去了均衡与稳定，就可能产生畸轻畸重、轻重失调或不稳定的感觉。无论是传统建筑或新建筑在体量组合上都应当考虑到均衡与稳定问题，所不同的是传统手法往往侧重于静态稳定的均衡，而新建筑则考虑到动态稳定的均衡。传统形式的均衡主要是就立面处理而言，而近现代建筑则强调从运动和行进的连续过程中来观赏建筑体形的变化，这就是说传统形式所注重的是面上的均衡，而现代建筑所注重的则是三度空间内的均衡。

对称形式的均衡，可以给人以严谨、完整和庄严的感觉，但由于受到对称关系的限制，往往与功能有矛盾，适应性不强。如图 1-48 所示。

非对称的均衡，可以给人以轻巧活泼的感觉，由于制约关系不甚严格，功能的适应性

图 1-48　对称式均衡

图 1-49　非对称式均衡

较强,如图1-49所示。动态均衡,组合更自由灵活,从任何角度看都有起伏变化,功能适应性更强。

(2) 外轮廓线的处理

外轮廓线是反映建筑体形的一个重要方面,给人的印象极为深刻。特别是当从远处或在晨曦、黄昏、雨雾天来观看建筑物时,由于细部和内部的凹凸转折变得相对模糊,这时建筑物的外轮廓线则尤其显得突出。为此,应当力求使建筑物具有良好的外轮廓线。现代建筑与传统建筑相比较,更加着眼于以形体组合和轮廓线的变化来获得较好的效果;在处理外轮廓线的时候,更多地强调大的变化,而不拘泥于细部的转折。其次,则更多地考虑到在运动中来观赏建筑物轮廓线的变化,而不限于仅从某个角度看建筑物——就是说比较强调轮廓的透视效果,而不仅是看它的正投影。图1-50所示为悉尼歌剧院富于变化的轮廓线处理。

图1-50 悉尼歌剧院外轮廓线的处理

(3) 比例与尺度的处理

在建筑设计过程中,几乎处处都存在着比例关系的处理问题。具体到外部体形,首先,必须处理好建筑物整体的比例关系(即指建筑物基本体形在长、宽、高三个方向的比例关系)。其次,还要处理好各部分相互之间的比例关系,墙面分割的比例关系,直至最后还必须处理好每一个细部的比例关系。基本体形的比例关系和内部空间的组织关系十分密切,墙面分割的比例关系则更多地涉及到开门、开窗的问题。如果从整体到细部都具有良好的比例关系,那么整个建筑必然具有统一和谐的效果。

建筑物能否正确地表现出其真实的大小,在很大程度上取决于立面处理。一个抽象的几何形状只有实际的大小而无所谓尺度感的问题,但一经建筑处理可以使人感觉到它的大小。如果这种感觉与其实际大小相一致,则表明它的尺度处理是合适的,如果不一致则意味着尺度处理不合适。在建筑设计过程中,通常可以用人或人所常见的某些建筑构件——踏步、栏杆、阳台、槛墙等来做衡量建筑物尺度的标准。

1.4.3 建筑立面设计

立面部分包括门、窗、柱、墙、阳台、雨篷、花饰、勒脚、檐口等。建筑立面设计的主要任务是恰当地确定立面中这些组成部分和构件的比例、尺度、韵律;用对比等手法,使立面既有变化,又有统一,装饰色彩适合建筑物的特点和风格;重点处进行适当装饰等,最终设计出体型完整,形式与内容统一的建筑立面。

建筑的立面是建筑形象的主角，立面的调整可分为主要轮廓的调整和细部形象的调整两类。主要轮廓的调整，如住宅建筑可以利用顶层的高低错落和屋顶形式的适当变化，形成比较丰富的外轮廓；立面细部形象的调整，主要是针对虚实关系差别和细部形象塑造等问题的解决，最终达到既变化又统一的效果。建筑立面设计中，常用的统一的手法有：寻求对位关系，减少窗的形式，局部如立面端部或楼梯间部位稍加窗型变化；利用形状（门、窗、柱、墙）、尺寸（柱间距、开间等）的重复，构成有规律性的连续印象，加强立面要素组合的韵律感；利用母题、对位、材质色彩强调统一感，并突出形象重点的处理，如往往重点加强入口的地位等。图1-51所示为建筑立面处理中突出建筑物的主入口。

图1-51　建筑立面处理

建筑形体完整后，还要研究推敲立面处理，包括比例、门窗排列、入口及细部处理等，如图1-52所示，某建筑物屋顶、墙面的细部处理。在建筑中，无论在平面或空间之间，一定的尺寸关系就会产生比例关系，如果这一关系和谐协调，就会产生良好的比例效果，给人以美感。各种古典建筑都有它一定的比例，如西方建筑的柱式，中国古代建筑的"柱高一丈，出檐三尺"等，很多古典建筑经过分析看出它符合一定的几何比例关系。但是应该指出，比例不是千古不变的东西，也不是机械地以公式套用，在设计中要根据具体情况处理。

尺度就是建筑物与人的比例关系。建筑物既是供人居住使用的，人体就成为衡量建筑物尺度的一种单位。在设计中要妥

图1-52　建筑立面的细部处理

善考虑尺度的应用，使之恰如其分。在处理立面时要注意与内容统一。所谓内容，包括平面空间和结构形式，大小不同的平面空间，在立面上应有所反映，不同的结构形式给立面带来不同的影响。

在设计中应将立面不仅看作它是一个"面",而是建筑物立体的四个面中的一个面,所以在设计一个面时,要有总的立体概念。设计时应从整个建筑高低、前后、左右、大小以及门窗洞口开设与建筑界格划分等方面,把四个立面统一组合起来考虑,注意四个立面之间的统一性,但同时又要注意适当变化。在建筑立面设计中,外围护墙体的表面一般应该开设门窗洞口、阳台、雨篷等功能构件,它们彼此并不直接相连,但是,它们可以通过人的视觉形成心理感觉,产生一定的几何联系。所以,我们在立面设计中,往往将这些凹入的洞口和凸出的构件的某一边沿(如洞口的上平线)取齐对正,从而取得一定的统一秩序感,这种方法在建筑设计之中被称为"对位"。为了便于研究建筑物的整体体形,设计时常采用画徒手透视草图及在立面图上加画阴影的手段。

对建筑立面的处理,一般可采取大面处理、横向划分、竖向划分等手段。设计立面时,除了要把门窗、阳台、檐口等细部,处理好比例尺度关系外,还希望能有和谐统一的效果,这就是说立面上不要产生杂乱,要和谐统一。但事物总是一分为二的,过分统一后就会感到缺乏变化,产生单调的感觉。因此在统一的前提下,也要适当考虑立面处理上的变化,这种变化的办法可以采取对比的处理方式,如线条的对比——横线条与竖线条;虚实的对比——玻璃窗与实墙面,凹凸阳台与墙面;色彩的对比——冷色与暖色;质感的对比——粗糙面材料与光滑面材料等等,如图1-53、图1-54所示,但是采用对比处理要慎

图1-53 材料质感的处理

图1-54 建筑立面中凹凸对比

重，不能破坏统一的效果。

　　此外，在立面划分之中，还应该注意其划分的层次性。一个成熟的建筑立面处理，应该在给人以第一感官——"好看"印象冲击以后，往往可以继续给人以美感的印象补充，也就是常人所说的"耐看"。这种耐看的印象来自于划分的细节处理，以墙面为例，门窗洞口是第一层次的划分的话，墙面界格划分线和门窗框棱可以说就是第二层次的划分。这些都是我们设计之中不能忽视的问题。

2 民用建筑构造概述

建筑物是由许多部件构成的。通常把墙体、柱、梁、板、楼梯、屋顶等承重部件称为构件；把门窗、地面、隔墙、栏杆以及细部装修等部件称为配件。建筑构造就是研究构成建筑物的构件、配件的组合原理以及构造方法的科学。而建筑构造原理就是以选型、选材、工艺和安装为依据，研究各种构件、配件以及细部构造的合理性和能够更有效地满足建筑使用功能的理论；构造方法则是在构造理论的前提下，进一步研究如何运用各种材料、合理地组合各种构件、配件以及使构件、配件之间有效结合的方法。

2.1 建筑构件的组成及其作用

在介绍建筑构造理论与构造方法之前，首先介绍建筑物主要构件的组成及其作用，民用建筑的构配件组成如图 2-1 所示。

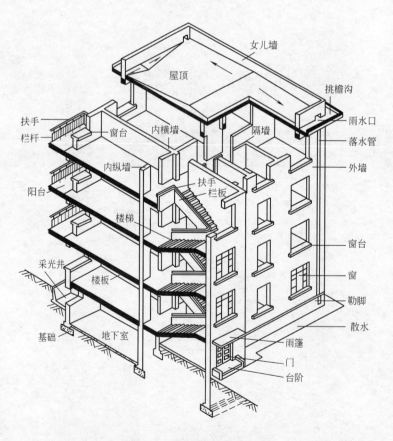

图 2-1 民用建筑构配件组成

建筑物通常是由基础、柱、墙体、楼地层、垂直交通设施、屋盖、门窗、阳台、雨篷、散水等部分组成。

基础：基础是位于建筑物底部的最主要的承重构件。埋设在自然地坪以下，承受建筑物的全部荷载，并把承受的荷载传递到下部的地基。基础应该具有足够的强度和稳定性，并且能够抵御地下水、冰冻等因素的侵袭。基础的类型与主体结构状况有关，与下部地基土的状况也有密切的联系。

墙或柱：在不同结构体系的建筑物中，屋盖、楼盖所承受的活荷载以及自重等，是通过支撑它们的墙体或者柱传递到基础上，由基础再传递给地基的。通常情况下，墙、柱都是承重构件，在特殊建筑中，墙体可能不是承重构件，而仅仅是围护构件。墙体必须具有足够的承载力和稳定性；作为围护构件的外墙，还必须抵御自然界各种因素对室内的侵袭。内墙必须具有一定的隔声、隔热、防火等性能。

楼板：楼板是水平方向的承重构件，将其所承受的荷载传递到墙或柱。楼板支撑在墙体上，对墙体起着水平支撑的作用，增强了建筑物的刚度和整体性，并在水平方向分隔空间。楼板应具有足够的承载力、刚度、隔声、防潮等性能。

屋盖：屋盖是建筑物顶部的承重构件和围护构件，屋盖除具有足够的承载力和刚度以外，还必须具有防水、隔热、保温等性能。同时，屋盖的形式往往对建筑物的形态起着非常重要的作用。

垂直交通设施：垂直交通设施主要包括楼梯、电梯、自动扶梯等。垂直交通设施是解决建筑物上下楼层之间联系的交通枢纽，特别是楼梯，在设计时要考虑建筑物内部使用人员的安全疏散问题。

门窗：门窗主要是解决建筑物的交通和通风问题。位于建筑物外墙上的门窗还具有分隔和围护的作用。

2.2 影响构造设计的因素

在进行建筑物的构造设计时，必须要考虑各种影响因素。影响构造设计的因素较多，归纳分析，主要有以下几个方面：

2.2.1 外界作用力的影响

在构造设计时，我们把作用在建筑物上的作用力称为荷载。荷载根据性质不同，可以分为静荷载和动荷载。静荷载是指作用力的大小、作用点以及作用方向不变化的荷载，如建筑物的自重、建筑物内部固定设备的自重等；动荷载是指作用力的大小、方向、作用点随着时间的变化而变化的荷载，如建筑物内部家具、人的重量、风荷载以及地震作用等。静荷载和动荷载是构造设计中必须考虑的主要因素。风荷载、地震作用对建筑物的影响较大，因此，必须考虑它们对建筑物的影响。

2.2.2 气候条件的影响

自然界中，气候条件的变化，太阳的辐射以及风、雨、霜、雪等都会对建筑物使用功能和建筑构配件产生不同的影响。在构造设计时，必须考虑以上自然因素对建筑物产生的影响，采取相应的措施，如在屋顶设计时，要考虑屋顶的防水、保温、隔热等问题。

2.2.3 建筑标准的影响

影响建筑构造的标准主要是建筑相关的规范、建设投资标准等。其中建设投资对构造标准影响较大。一般而言，对于大量性的建筑，如住宅类建筑、一般公共建筑，构造往往采用一般做法，而一些重要的公共建筑、城市标志性建筑，构造做法标准较高，对建筑物的观瞻方面考虑较多。

2.2.4 建筑技术条件的影响

建筑技术条件主要是指建筑结构、建筑材料、建筑施工等方面。结构是建筑物的骨架，它为建筑提供合乎使用的空间并承受建筑物的全部荷载，抵抗由于风、雪、地震、温度变化等可能引起建筑物的破坏。结构的坚固程度直接影响着建筑物的安全和寿命。建筑通过施工，把设计变为现实，建筑施工主要包括两个方面：施工技术和施工组织。建筑构造具有较强的技术综合性，建筑结构形式、建筑材料、施工方法等均会对建筑构造设计产生影响。

2.3 建筑构造的设计原则

建筑构造设计是建筑初步设计的细化，根据建筑物的使用功能、施工方法、建筑材料的性能、建筑物承受的荷载，选择合理的构造方案，以保证建筑物的安全。在构造设计时，应遵循的原则为：坚固适用、技术先进、经济合理、美观大方。

2.3.1 坚固适用

建筑构造设计既需要根据建筑物所承受的荷载，合理地选择建筑结构形式、确定承重构件的尺寸及相应的配筋，同时对构件与构件、构件与配件之间的连接必须在构造上采取措施，以确保建筑物具有相应的刚度，安全可靠、经久耐用。

2.3.2 经济合理

构造设计应合理地选择建筑材料，考虑降低建筑物的投资，节约能源、建筑物在整个生命周期内成本，考虑建筑物的综合经济效益。在构造设计时，应合理地选择建筑材料、采用合理的施工方法，既要考虑初始成本，又要考虑建筑物正常使用期间的居住成本。

2.3.3 技术先进

构造设计应尽量推广先进的建筑科学技术、选用新型的建筑材料、采用标准设计和定型构件，以提高建设速度，改善施工条件；新型建筑材料的应用可以很好地改善建筑物的性能。

2.3.4 美观大方

构造设计在满足安全坚固、经济合理的前提下，应考虑其造型、尺度、装饰材料的质感、色彩、形体的虚实对比等有关美观方面的问题。

2.4 民用建筑的分类

2.4.1 按照建筑物的使用功能划分

建筑物根据使用功能，可以划分为生产性建筑和非生产性建筑两大类。生产性建筑根据生产性质分为工业建筑、农业建筑等，非生产性建筑统称为民用建筑。民用建筑又分为居住建筑和公共建筑；居住建筑主要包括住宅、宿舍、别墅和公寓等。公共建筑是供人们从事各种社会活动所需要的建筑物，公共建筑涵盖的范围较广，按其功能特征可分为：

生活服务性建筑：如餐饮店、菜场、浴场等；
文教建筑：如各类学校、图书馆等；
托幼建筑：指幼儿园、托儿所；
科研建筑：如研究所、科研试验场馆等；
医疗建筑：如医院、诊所、疗养院等；
商业建筑：如商店、商场等；
行政办公建筑：如各类政府机构用房、办公楼等；
交通建筑：如各类空港码头、汽车站、地铁站等；
通信广播建筑：如电视台、电视塔、广播电台、邮电局、电信局等；
体育建筑：如各类体育竞技场馆、体育训练场馆等；
观展建筑：如电影院、音乐厅、剧院、杂技场等；
展览建筑：如展览馆、博物馆等；
旅馆建筑：如宾馆、饭店、招待所等；
园林建筑：如公园、动物园、植物园、各类城市绿化小品等；
纪念性建筑：如纪念堂、陵园等；
宗教建筑：如各种寺庙、教堂等。

公共建筑是为公众提供服务的场所，往往会有大量的人流，其完善的使用功能和安全性能是首先需要关注的问题。此外，许多公共建筑往往还与当地群众的政治、文化生活有关，而且有可能建造在城市的重要部位，并具有相当规模的体量，因此对其造型、外观和内部装修的要求也应当重视。

2.4.2 按照承重结构的材料分类

2.4.2.1 砖木结构建筑

砖木结构建筑是指用砖砌筑墙体，屋顶采用木构架、木楼板的建筑。砖木结构建筑是我国古代建筑中经常采用的结构形式之一。由于我国森林资源稀少，而木材的防火性能、耐久性能较低，这种结构类型的建筑物在我国已经较少采用。砖木结构建筑如图2-2所示。

2.4.2.2 砖混结构建筑

砖混结构建筑是指用砖砌筑墙体，楼板采用钢筋混凝土作为承重构件的建筑。砖混结构建筑造价较低，能够充分发挥建筑材料的性能，在低层和多层建筑中得到了较为广泛的

图 2-2 砖木结构建筑

应用，如住宅楼、办公楼等。如图 2-3 所示。

图 2-3 砖混结构的建筑物

2.4.2.3 钢筋混凝土结构建筑

由钢筋混凝土的基础、柱、梁、板等形成承重构件的建筑物。钢筋混凝土结构建筑具有坚固耐久、防火性能强、可塑性的优点，在当前的建筑领域应用非常广泛。钢筋混凝土结构建筑又分为框架结构建筑、框架-剪力墙结构建筑、框架-筒体结构建筑等。框架结构建筑是钢筋混凝土结构建筑中最常用的一种形式,分为横向框架承重、纵向框架承重以及纵横向框架混合承重几种形式。框架结构建筑适用于平面布局灵活、室内需要加大空间、平面对位较为规整、空间使用功能经常变化、上下楼层之间空间分隔较难对应的公共建筑中,如商场、办公楼、学校、医院、宾馆类建筑中。如图 2-4～图 2-6 所示。框架结构中,墙体不承重,可以创造开敞的空间,外墙上门窗设置较为灵活。

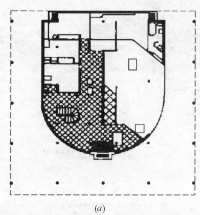
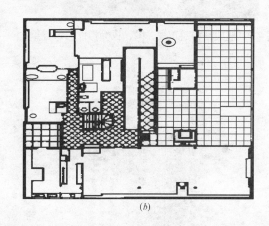

图 2-4　框架结构的建筑物
(a) 首层平面图;(b) 二层平面图

　　框架结构的建筑物空间刚度较低,在高层建筑中常常需要增加抵抗水平力的构件,一般通过适当增加剪力墙来解决,由框架和剪力墙形成的体系,习惯上称为框架-剪力墙体系。对于平面是点状的建筑物,也可以通过周边加密柱距来形成框筒,或者将建筑物的楼梯、电梯等组合布置成刚性的核心筒,在四周用梁、柱等形成外围结构。框架-剪力墙结构的建筑物如图 2-6 所示。

2.4.2.4　钢结构的建筑物

　　建筑物全部由钢柱、钢梁组成承重骨架的建筑物。钢结构建筑具有力学性能好、便于制作和安装、自重轻、可以形成较大的室内空间的优点,因此在大型的公共建筑中被广泛地应用。钢结构建筑物如图 2-7～图 2-11 所示。

图 2-5　框架结构建筑柱、梁、板等构件的设置

图 2-6　框架-剪力墙结构的建筑物

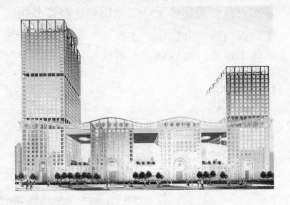

图 2-7　钢结构的建筑物

图 2-8　钢结构的建筑物

图 2-9　网架结构建筑

图 2-10　空间结构（钢结构）建筑物

图 2-11　上海浦东国际机场悬索结构的屋顶

2.4.2.5　其他结构的建筑物

其他结构的建筑如生土建筑、张拉膜结构以及充气膜建筑等。其他结构的建筑物如图 2-12、图 2-13 所示。

图 2-12　张拉膜顶盖的体育场

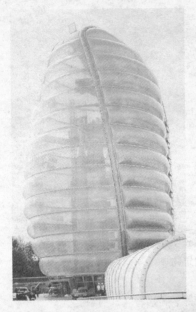

图 2-13 膜结构的空间研究大楼

2.4.3 按照建筑物的耐火等级进行分类

建筑物按其性质和耐久程度分为不同的建筑等级。设计时应根据不同的建筑等级，采用不同的标准和定额，选择相应的材料和结构。建筑物的耐火性能标准，主要是由建筑物的重要性和其在使用中的火灾危险程度来确定的。例如，对于国家级重要的建筑物或使用贵重设备的工厂和实验楼，以及使用人数众多的大型公共建筑或使用易燃原料的车间和热加工车间等，都应采用耐火性能较高的建筑材料和结构形式。有些建筑为了保证在 3～4 小时的燃烧时间内不发生结构倒塌，还必须在结构设计中通过耐火计算，包括由于局部高温、钢筋混凝土强度降低，断面出现塑性铰时的结构内力分布计算，以确定钢筋混凝土构件断面与配筋的构造尺寸。而一般住宅，则可采用耐火性能较低的建筑材料和结构形式。

建筑物的耐火等级是由建筑材料燃烧性能和建筑构件最低的耐火极限决定的。建筑材料根据其燃烧性能通常划分为以下三类，即非燃烧材料、难燃烧材料以及燃烧材料。

非燃烧材料：是指在空气中受到火烧或者高温作用时，不起火、不微燃、不碳化的材料，如金属材料和无机矿物材料，如钢、混凝土、砖、石棉等建筑材料。

难燃烧材料：是指在空气中受到火烧或者高温作用时，难起火、难微燃、难碳化，当火源移走后，燃烧或微燃立即停止的材料，如塑化刨花板和经过防火处理的有机材料、沥青混凝土、加粉刷的灰板墙等。

燃烧材料：是指在空气中受到火烧或高温作用时，立即起火或微燃，把火源移走后，仍能继续燃烧或微燃的材料，如木材、纸板、沥青及各种有机材料等。

耐火极限是按实验所规定的火灾升温曲线，对建筑构件进行耐火试验，即从受到火的作用时起，到失掉支承能力或发生穿透、裂缝或者背火的一面温度升到 220℃时，所需要的时间（用小时表示）。火灾升温曲线如图 2-14 所示。

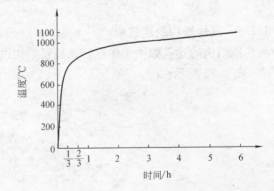

图 2-14 火灾升温曲线

根据图 2-14 所示，由火灾升温曲线划分建筑物耐火等级的方法，一般是以楼板为基准，例如，钢筋混凝土楼板的耐火极限可达 1.50h，即以一级为 1.50h，二级为 1.00h，三级为 0.50h，四级 0.25h；然后再按构件在结构安全上所处的地位，分级选定适宜的耐火极限，如在一级耐火等级建筑中，支承楼板的梁要比楼板重要，可定为 2.00h，而墙体因承受梁的重量而比梁更重要，则可定为 2.50～3.00h 等等。仅提出构件的耐火极限还不能完全满足对结构防火安全的要求，因为构件材料还有燃烧体、难燃体、非燃体的区别。因此，一般规定，一级的房屋构件都应是非燃体；二级除顶棚为难燃体外，其他都是非燃体；三级除屋顶、隔墙用难燃体外，其余也都用非燃体；四级除防火墙为非燃体外，其余构件按其部位不同可以是难燃体，也可以是燃烧体。通常而言，一级耐火建筑为钢筋混凝土楼板、屋顶、砌体墙组成的钢筋混凝土混合结构；二级耐火建筑和一级基本相似，但所用材料的耐火极限可较低；三级耐火建筑为木屋顶、钢筋混凝土楼板和砖墙组成的砖木结构；四级耐火建筑为木屋顶，难燃体楼板和墙组成的可燃结构，具体如表 2-1 所示。

建筑物的耐火等级 (h)   表 2-1

建筑构件		耐火等级 一级	二级	三级	四级
墙	防火墙	非燃烧体 4.00	非燃烧体 4.00	非燃烧体 4.00	非燃烧体 4.00
	承重墙、楼梯间、电梯井墙	非燃烧体 3.00	非燃烧体 2.50	非燃烧体 2.50	难燃烧体 0.50
	非承重墙、疏散走道两侧的墙	非燃烧体 1.00	非燃烧体 1.00	非燃烧体 0.50	难燃烧体 0.25
	房间隔墙	非燃烧体 0.75	非燃烧体 0.50	非燃烧体 0.50	难燃烧体 0.25
柱	支撑多层的柱	非燃烧体 3.00	非燃烧体 2.50	非燃烧体 2.50	难燃烧体 0.50
	支撑单层的柱	非燃烧体 2.50	非燃烧体 2.00	非燃烧体 2.00	燃烧体
梁		非燃烧体 2.00	非燃烧体 1.50	非燃烧体 1.00	难燃烧体 0.50
楼板		非燃烧体 1.50	非燃烧体 1.00	非燃烧体 0.50	难燃烧体 0.25
屋顶承重构件		非燃烧体 1.50	非燃烧体 0.50	难燃烧体 0.50	燃烧体
疏散楼梯		非燃烧体 1.50	非燃烧体 1.00	非燃烧体 1.00	燃烧体
吊顶(包括吊顶隔栅)		非燃烧体 0.25	难燃烧体 0.25	难燃烧体 0.15	燃烧体

注：见 GB 50045—95（2001 年版）。

2.4.4 按照建筑物的耐久性进行分类

建筑物的耐久一般包括抗冻、抗热、抗腐蚀等。耐久年限在 100 年以上，耐火等级不低于二级的国家性和国际性的高级建筑为Ⅰ等；耐久年限在 50～100 年，耐火等级不低于三级的较高级的公共建筑和居住建筑为Ⅱ等；耐久年限在 25～50 年，耐火等级不低于三～四级的一般公共建筑和居住建筑为Ⅲ等；耐久年限在 5～20 年的称为简易房屋；耐久年限在 5 年以下的称为临时建筑。

2.4.5 按照建筑物的层数或者总高度进行分类

住宅类建筑按照层数进行划分，分为低层、多层、高层建筑。建筑层数是房屋的实际层数的控制指标，但多与建筑总高度共同考虑。住宅建筑的 1～3 层为低层；4～6 层为多层；7～9 层为中高层；10 层及以上为高层。公共建筑及综合性建筑总高度超过 24m 为高层，不超过24m为多层。建筑总高度超过100m时，不论其是住宅或公共建筑均为超高层建筑。

联合国经济事务部于1974年针对当时世界高层建筑的发展情况，把高层建筑划分为四种类型。

低高层建筑：层数为9～16层，建筑总高为50m以下。

中高层建筑：层数为17～25层，建筑总高为50～75m。

高高层建筑：层数为26～40层，建筑总高可达100m。

超高层建筑：层数为40层以上，建筑总高在100m以上。

2.4.6 按照建筑物抗震设防类别进行划分

建筑物按照抗震设防类别进行划分可以分为甲类、乙类、丙类、丁类等四类。

甲类建筑：属于重大建筑工程和地震时可能发生严重次生灾害的建筑。

乙类建筑：属于地震时使用功能不能中断或需尽快恢复的建筑。

丙类建筑：属于除甲、乙、丁类以外的一般建筑。

丁类建筑：属于抗震次要建筑。

2.5 建筑模数制

2.5.1 建筑模数统一协调标准

为了使建筑制品、建筑构配件及其组合件实现工业化大规模生产，使不同材料、不同形式和不同制造方法的建筑构配件、组合件等符合模数，并具有较大的通用性和互换性，在1973年，我国颁布了《建筑统一模数制》（GBJ 2—73）。1986年对上述规范进行了修订、补充，并更名为《建筑模数协调统一标准》（GBJ 2—86）并重新颁布，作为设计、施工、构件制作、科研的尺寸依据。

建筑模数协调统一标准包括以下几点内容：基本模数、扩大模数、分模数、模数数列、建筑模数统一协调标准、构件的有关尺寸要求等。

基本模数：是建筑模数协调统一标准中的基本数值，用M表示，1M=100mm。

扩大模数：它是导出模数的一种，其数值为基本模数的倍数。为了减少类型、统一规格，扩大模数按3M（300mm）、6M（600mm）、12M（1200mm）、15M（1500mm）、30M（3000mm）、60M（6000mm）选用。

分模数：它是导出模数的另一种。其数值为基本模数的分倍数。为了满足细小尺寸的需要，分模数按1/2M（50mm）、1/5M（20mm）、1/10M（10mm）选用。

模数数列：是由基本模数、扩大模数和分模数为基础扩展成的一系列尺寸。水平基本模数的数列幅度为1M至20M，它主要应用于门窗洞口和构配件断面尺寸。竖向基本模数的数列幅度为1M至36M，它主要应用于建筑物的层高、门窗洞口和构配件断面尺寸。水平扩大模数主要应用于建筑物的开间或柱距、进深或跨度、构配件尺寸和门窗洞口尺寸。分模数主要应用于缝隙、构造节点和构配件的断面尺寸。表2-2为模数数列的数据。

模数数列（mm） 表 2-2

基本模数	扩 大 模 数						分 模 数		
1M	3M	6M	12M	15M	30M	60M	1/10M	1/5M	1/2M
100	300	600	1200	1500	3000	6000	10	20	50
100	300	600	1200	1500	3000	6000	10	20	50
200	600	1200	2400	3000	6000	12000	20	40	100
300	900	1800	3600	4500	9000	18000	30	60	150
400	1200	2400	4800	6000	12000	24000	40	80	200
500	1500	3000	6000	7500	15000	30000	50	100	250
600	1800	3600	7200	9000	18000	36000	60	120	300
700	2100	4200	8400	10500	21000		70	140	350
800	2400	4800	9600	12000	24000		80	160	400
900	2700	5400	10800		27000		90	180	450
1000	3000	6000	12000		30000		100	200	500
1100	3300	6600			33000		110	220	550
1200	3600	7200			36000		120	240	600
1300	3900	7800					130	260	650
1400	4200	8400					140	280	700
1500	4500	9000					150	300	750
1600	4800	960					160	320	800
1700	5100						170	340	850
1800	5400						180	360	900
1900	5700						190	380	950
2000	6000						200	400	1000
2100	6300								
2200	6600								
2300	6900								
2400	7200								
2500	7500								
2600									
2700									
2800									
2900									
3000									
3100									
3200									
3300									
3400									
3500									
3600									

2.5.2 几种尺寸及其相互间的关系

为了保证建筑设计、建筑施工和建筑构配件的生产各阶段，建筑制品、构配件等有关尺寸间的统一与协调，应该明确标志尺寸、构造尺寸、实际尺寸之间的关系。

标志尺寸：用于标注建筑物定位轴线之间的垂直距离（如开间、柱距、进深、跨度、层高等）以及建筑构配件、建筑制品、有关设备界限之间的尺寸。

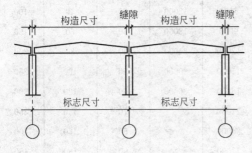

图 2-15 三种尺寸之间的关系

构造尺寸：建筑构配件、建筑制品等的设计尺寸，一般情况下，标志尺寸减去缝隙或加上支承长度为构造尺寸。

实际尺寸：建筑构配件、建筑制品等生产后的实际尺寸，实际尺寸与构造尺寸之间的差数应符合相应的规定要求。

标志尺寸、构造尺寸以及实际尺寸之间的关系如图 2-15 所示。

2.5.3 定位轴线

定位轴线是用来确定建筑物主要的承重构件位置及标志尺寸的基准线，用于平面时，称为平面定位轴线；用于竖向时，称为竖向定位轴线。为了统一与简化结构或者构件尺寸和节点构造，减少构件规格类型，提高互换性和通用性，满足建筑工业化的要求，定位轴线之间的距离，如跨度、层高、柱距等，应该符合模数数列的规定。

水平定位轴线是施工中定位、放线的重要依据。对于主要的承重构件，如承重梁、框架柱、屋架、基础等，必须依靠定位轴线确定其位置；而对于非承重的隔墙、建筑构配件的位置可以依靠定位轴线和细部尺寸来确定。

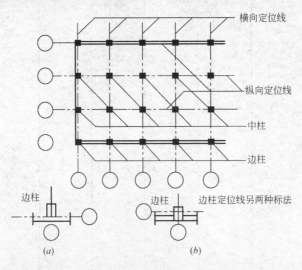

图 2-16 框架柱与定位轴线之间的关系
(a) 墙体内缘与柱外侧重合；(b) 墙体外缘与柱外侧重合

定位轴线与构件之间的关系通常有以下几种情况：

在框架结构中，中柱（上柱或者顶层中柱）的中心线一般与定位轴线相重合；边柱的外缘一般与纵向定位轴线相重合，在工业厂房中，也可以偏离一定的距离，边柱的中心线也可以与纵向定位轴线相重合，如图2-16所示。

在墙体承重的建筑物中，墙身中心线一般与平面定位轴线相重合。承重外墙顶层墙身的内缘与平面定位轴线的距离，一般为顶层承重内墙厚度的一半、半砖、或者半砖的倍数。非承重墙与平面定位轴线的关系，可以使墙身内侧与定位轴线相重合，如图2-17所示。

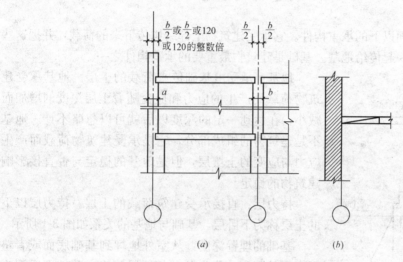

图 2-17 墙体与定位轴线的关系
(a) 承重墙；(b) 非承重墙

3 基础与地下室

3.1 基本概念

基础：建筑物地面以下的承重构件。它承受建筑物上部结构传下来的荷载，并把这些荷载连同本身的自重一起传给地基。基础是建筑物最重要的承重构件之一。

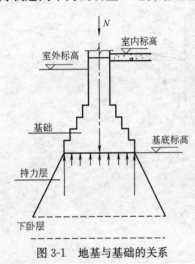

图 3-1 地基与基础的关系

地基：承受由基础传来荷载的土层。地基承受建筑物荷载而产生的应力和应变随着土层深度的增加而减小，在达到一定的深度以后就可以忽略不计。地基不是建筑物的组成部分，它是承受建筑物荷载而产生应力与应变的土壤层，但是地基的稳定与否直接影响建筑物的稳定。

持力层：直接承受建筑荷载的土层。持力层以下的土层称为下卧层。基础与地基的关系如图 3-1 所示。

基础的埋置深度：从室外地坪到基础底面或者垫层底面的距离，称为基础的埋置深度。基础埋置深度受到地基土分布情况和建筑上部结构情况等众多因素的影响。

大放脚：基础墙加大加厚的部分，用砖、混凝土、灰土等材料制作的基础均应做大放脚。

灰土垫层：采用 3∶7 灰土（3 份消石灰与 7 份素土拌和而成）制作的基础垫层。它是基础的一部分。

3.2 地基的分类及地基的设计要求

3.2.1 地基土的分类

根据《建筑地基基础设计规范》（GB 5007—2002）的规定，地基土层分为岩石、碎石土、沙土、粉土、黏性土以及人工填土等不同的类型。

岩石：岩石为颗粒间联结牢固，呈整体或者具有节理的岩体。根据其坚固和风化程度不同，可以分为不同的种类，岩石承载力标准值在 200~4000kPa 之间。

碎石土：碎石土是指粒径大于 2mm，颗粒含量超过 50% 的土，根据颗粒形状和粒组含量可以分为漂石、块石、卵石、碎石、圆砾石、角粒石等；碎石土承载力标准值在 200~1000kPa 之间。

砂土：砂土是指粒径大于 2mm 的颗粒含量不超过 50%，粒径大于 0.075mm 的颗粒超过全重50%的土。砂土根据粒组含量可分为砾砂、粗砂、中砂、细砂、粉砂等，其承载力标准值在140~500kPa之间。

粉土：粉土为塑性指数小于或等于10的土，其性质介于砂土和黏性土之间。粉土的承载力标准值在105~410kPa之间。

黏性土：黏性土为塑性指数大于10的土，按塑性可分为黏土（塑性指数大于17）和粉质黏土（塑性指数在10~17之间），按沉积年代可分为老黏性土、一般黏性土和新近沉积黏性土，其中老黏性土具有较高的强度和较低的压缩性。黏性土的承载力标准值在105~475kPa之间。

人工填土：是指经人工堆填而成的土，土层分布不均匀，压缩性高，承载力较低。根据其组成和成因可分为素填土、杂填土、冲填土等，素填土为碎石土、砂土、粉土、黏性土等组成的填土；杂填土为含有建筑垃圾、工业废料、生活垃圾等杂物的填土；冲填土为水力冲填泥砂形成的填土。人工填土的承载力标准值在65~160kPa之间。

3.2.2 地基的类型

地基的类型包括天然地基和人工地基。

天然地基：天然地基是具有足够的承载能力，不需要经过人工加固，可以直接在其上砌筑或者浇筑建筑物基础的地基。一般呈连续整体状的岩层或者由岩石风化破碎成的松散颗粒状土层可以作为天然地基。

人工地基：当建筑物上部荷载较大，地基土层的承载力较差，为了保证基础的稳定性必须对地基土进行人工加固或者进行换土处理。这种经过人工处理的土体，称为人工地基或者复合地基。

人工加固地基的处理方法有：压实法、换土法、化学加固法、排水法、加筋法、热学加固法等，图3-2为压实法处理地基土。

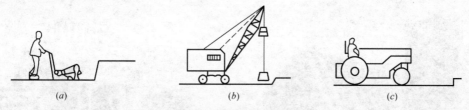

图3-2 压实法处理地基土
(a) 夯实法；(b) 重锤夯实法；(c) 机械碾压法

3.2.3 地基应满足的要求

地基应满足的要求为稳定性方面的要求、强度方面的要求以及刚度方面的要求。

稳定性方面的要求：地基土应具有防止产生滑坡、倾斜的能力，必要时可以加设挡土墙，以防止地基土出现滑坡。

强度方面的要求：地基土应该具有足够的承载能力，设计时应该首先采用岩石、碎石土、沙土、黏性土等天然地基。

刚度方面的要求：地基土要有均匀的压缩量，以保证基础和建筑物能够均匀沉降；如果地基土有不均匀沉降时，上部结构容易发生破坏。

地基虽然不是建筑物的组成部分，但是地基的稳定与否直接影响建筑物的稳定。在世界上，由于地基土的不稳定造成建筑物发生倾斜或者破坏的案例是较多的；如加拿大特兰斯康谷仓的地基破坏，引起上部结构发生严重的倾斜；加拿大特兰斯康谷仓平面呈矩形，长59.44m，宽23.47m、高31.0m，容积36368m³，谷仓为圆筒仓，每排13个圆筒仓，共5排65个圆筒仓组成。谷仓的基础为钢筋混凝土筏基，厚61cm，基础埋深3.66m。谷仓于1911年开始施工，1913年秋完工。谷仓自重20000t，相当于装满谷物后满载总重量的42.5%。1913年9月起往谷仓装谷物，当谷仓装了31822m³谷物时，发现1小时内垂直沉降达30.5cm。建筑物向西倾斜，并在24小时内谷仓倾斜度离垂线达26°53′。谷仓西端下沉7.32m，东端上抬1.52m。1913年10月18日谷仓倾斜后，上部钢筋混凝土筒仓仍然完好，仅有极少的表面裂缝。加拿大特兰斯康谷仓发生地基滑动强度破坏的主要原因是对谷仓地基土层事先未作勘察、试验与研究，采用的设计荷载超过地基土的抗剪强度，最终导致这一严重事故。

又如1954年兴建的上海工业展览馆中央大厅，因地基约有14m厚的淤泥质软黏土，尽管采用了7.27m的箱形基础，建成后当年就下沉600mm。1957年6月展览馆中央大厅四角的沉降最大达1465.5mm，最小沉降量为1228mm。1957年7月，经清华大学的专家观察、分析，认为对裂缝修补后可以继续使用（均匀沉降）。1979年9月时，展览馆中央大厅平均沉降达1600mm，当沉降逐渐趋向稳定后，建筑物可继续使用。大量事故充分表明：对基础工程必须慎重对待。只有深入了解地基情况，掌握勘察资料，经过精心设计与施工，才能使基础工程做到既经济合理，又安全可靠。图3-3、图3-4为地基土不稳定对建筑物所造成的影响案例。

图3-3 加拿大特兰斯康谷仓的地基破坏实例

图3-4 上海展览中心

3.3 基 础

3.3.1 影响基础埋置深度的因素

影响基础埋置深度的因素较多，主要有建筑物上部结构的影响、地基土层构造的影响、地下水位的影响、冻土深度的影响以及相邻建筑物基础的影响等。

3.3.1.1 建筑物上部结构的影响

建筑物主体结构的形式不同,下部基础的类型也相应不同,基础的类型不同,基础的埋置深度也相应地有所差异。

3.3.1.2 地基土层构造的影响

基础底面应尽量坐落在常年没有扰动而且坚实平坦的土层或者岩石上,根据地基土层分布的差异,确定基础埋置深度时,一般存在下列几种情况:

(1) 地基由均匀的、压缩性较小的良好土层构成且承载力能满足建筑物的要求时,基础应该尽量浅埋,但不宜小于 500mm。

(2) 地基上层为软弱土层,且厚度在 2m 以内,下层为承载能力较高的土层时,基础应跨越表层的软弱土,埋置在承载能力较高的土层之内。

(3) 地基表层为软弱土,且厚度在 2~5m,下层为承载能力较高的土时,低层建筑可以将基础埋在表层的软弱土层内,可采取加宽基础底面、加强上部结构整体性等措施,必要时可采取换土法、压实法等经济的人工地基处理方式。

(4) 地基的上层软弱土层厚度在 5m 以上时,低层建筑应尽量利用表层的软弱土层为持力层,必要时加强上部结构或进行人工地基加固,如采用换土法等。高层建筑和带地下室的建筑,进行技术经济比较后确定是否将基础埋到下面的承载能力比较好的土层上。

(5) 地基土层的上层为承载能力较高的土,下层为软弱土时,应根据表层土的厚薄来确定基础的埋置深度;如果表层土足够厚,基础争取浅埋,同时对软弱下卧层进行应力和应变验算。

(6) 地基由承载力较高的土和软弱土层交替构成时,总荷载小的低层建筑应尽可能将基础埋在表层好土层中,高层建筑可采用桩基础。

3.3.1.3 相邻建筑物基础的影响

为了保证原有建筑物的稳定性,新建建筑与原有建筑基础之间应具有一定的距离,新建建筑物的基础不宜深于原有建筑物的基础。当新建建筑物的基础埋置深度低于原有建筑物基础的埋置深度时,两基础之间的水平净距离应大于两基础高差的 1~2 倍。如图 3-5 所示。

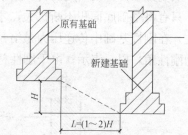

图 3-5 新建建筑物基础埋深与相邻建筑物基础埋深的关系

3.3.1.4 地下水位的影响

地下水对某些土层的承载能力有很大影响。如黏性土在地下水上升时,会因含水量增加而膨胀,使土的强度降低;当地下水下降时,基础将产生下沉。为避免地下水的变化影响地基承载力及防止地下水给基础施工带来的麻烦,一般将基础埋在最高水位以上。当地下水位较高,基础不能埋在最高水位以上时,宜将基础底面埋置在最低地下水位以下 200mm。这时,基础应该采用耐水材料,如混凝土、钢筋混凝土等;施工时还应考虑基坑的排水问题。如图 3-6 所示。

3.3.1.5 冰冻深度对基础埋置深度的影响

冻结土与非冻结土的分界线称为冰冻线。冻结土的厚度,即冰冻线至地表的垂直距离称为冰冻深度。地基土冻结后,使基础向上拱起;土层解冻,基础又下沉。这种冻融交替

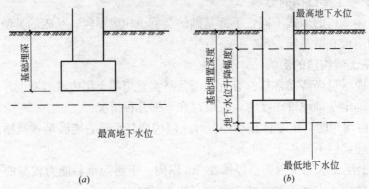

图 3-6 地下水位对基础埋置深度的影响
(a) 基础埋置在最高地下水位以上；(b) 基础埋置在最低地下水位以下

会导致建筑物处于不稳定状态，产生变形，如墙身开裂，严重者会导致建筑物结构发生破坏。地基土冻结后是否产生冻胀，主要与土壤颗粒的粗细程度、含水量和地下水位的高低有关。一般情况下，基础埋置在冻土线以下 200mm 为宜。

3.3.2 基础的类型

建筑物基础的类型较多，按照基础所采用的材料和受力特点进行分类，有刚性基础和柔性基础；按照构造形式进行分类，有条形基础、独立基础、筏形基础、箱形基础以及桩基础等。

3.3.2.1 按照基础所用材料及受力特点进行分类

刚性基础：由刚性材料制作的基础称为刚性基础。在常用的建筑材料中，砖、毛石、混凝土等抗压强度高，而抗拉、抗剪强度低，均属刚性材料。由这些材料制作的基础都属于刚性基础。

从受力和传力的角度而言，由于土壤单位面积的承载能力小，基础将其荷载传给地基时，只有将基础底面积不断扩大，才能适应地基受力的要求。由试验可知，上部结构（墙或柱）在刚性基础中传递压力是沿一定的角度分布的，这个传力角度称压力分布角，或者称为刚性角，以 α 表示；由于刚性材料抗压能力强，抗拉能力差，因此，压力分布角只能

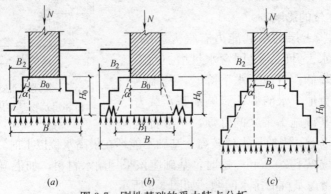

图 3-7 刚性基础的受力特点分析
(a) 基础的 B_2/H_0 值在允许范围内时，基础底面不开裂；
(b) 基础宽度加大，B_2/H_0 值大于允许范围，基础因受拉开裂而破坏；
(c) 在基础宽度增加的同时，基础高度也增加，B_2/H_0 值在允许范围内

在材料的抗压范围内控制。如果基础底面宽度超过控制范围，基础会因受拉而破坏，所以，刚性基础底面宽度的增大要受到刚性角的限制。如图3-7所示。

从受力角度来分析，基础相当于一个倒置的悬臂梁，基础底面受拉，上部受压。当采用毛石、混凝土、灰土等抗压强度好而抗弯、抗剪强度低的材料做基础时，基础底面将会出现裂缝以至破坏。为保证用以上材料做基础时，基础不被拉裂或者造成冲切破坏，对基础的底面挑出长度 B_2 和高度 H_0 比（通称宽高比）应加以限制，一般不应超过宽高比的允许值。刚性基础宽高比允许值，如表3-1所示。

刚性基础台阶宽高比的允许值　　　　　　表3-1

基础名称	质量要求	台阶宽高比的允许值		
		$p_k \leqslant 100$	$100 < p_k \leqslant 200$	$200 < p_k \leqslant 300$
混凝土基础	C15混凝土	1∶1.00	1∶1.00	1∶1.25
毛石混凝土基础	C15混凝土	1∶1.00	1∶1.25	1∶1.50
砖基础	砖不低于MU10，砂浆不低于M5	1∶1.50	1∶1.50	1∶1.50
毛石基础	砂浆不低于M5	1∶1.25	1∶1.50	—
灰土基础	体积比为3∶7或2∶8的灰土，其最小干密度：黏土 1.55t/m³；粉质黏土 1.50t/m³；黏土 1.45t/m³	1∶1.25	1∶1.50	—
三合土基础	体积比为1∶2∶4～1∶3∶6（石灰∶砂∶骨料），每层均虚铺220mm，夯至150mm	1∶1.50	1∶2.00	—

注：1. p_k 为荷载效应标准组合时基础底面处的平均压力值（kPa）。
　　2. 阶梯形毛石基础的每阶伸出宽度，不宜大于200mm。

柔性基础：当建筑物上部结构层数较多，建筑物的荷载较大，地基承载能力较低时，基础底面宽度较大。采用刚性基础时，由于受刚性角的控制，基础宽度较大时，基础的深度也必须增加，这样会使基础的断面尺寸增加，提高了基础材料的用量和基础施工挖土工程量，最终会提高建筑物基础部分的造价。如果在混凝土基础的底部配置双向钢筋，利用钢筋来承受拉应力，基础底部就能够承受较高的拉应力和剪切应力。这样，基础底面宽度的增加不受刚性角的限制，习惯上把钢筋混凝土基础称为柔性基础。柔性基础的底部通常要浇注一层素混凝土垫层，以保证基础中的钢筋不被锈蚀，同时还可以作为绑扎钢筋的工作面。垫层一般采用C10混凝土，厚度为100mm。如图3-8所示。

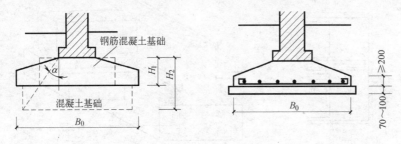

图3-8　钢筋混凝土柔性基础

3.3.2.2 按照基础的构造形式进行分类

按照基础的构造形式进行分类，可以分为：

柱下独立基础：当建筑物上部结构为框架结构或者排架结构，柱网尺寸较大，地基土的承载能力较高时，基础经常采用方形或者矩形的单独基础，这种基础称为柱下独立基础。独立基础常用的断面形式有阶梯形、锥形、杯形等。这种基础节约材料，由于基础之间连接构件较少，因而整体性能较差，独立基础适应于土质均匀及荷载均匀的骨架结构建筑中。如图3-9、图3-10所示。

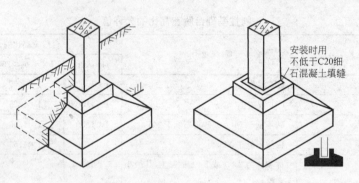

图 3-9　独立基础

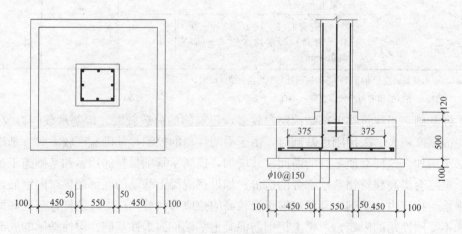

图 3-10　柱下独立基础配筋示意图

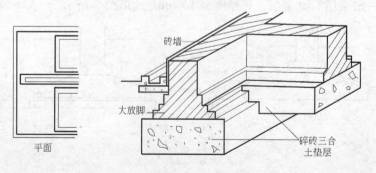

图 3-11　条形基础示意图

条形基础：建筑物采用墙体承重，如砖混结构或者钢筋混凝土墙体承重时，在墙体的底部通常设置连续的长条形基础，称为条形基础。条形基础所选用的材料主要有毛石、混凝土、钢筋混凝土等。如图 3-11、图 3-12 所示。

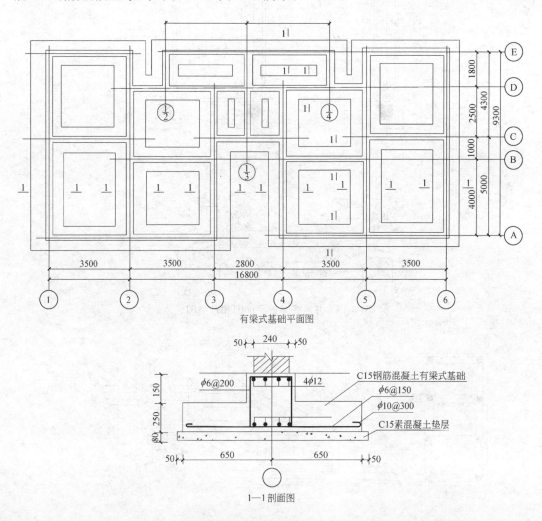

图 3-12　有梁式钢筋混凝土条形基础平面图与配筋详图

井格式基础：建筑物下部地基条件较差时，为了提高建筑物的稳定性，避免框架柱产生不均匀沉降，通常将柱下独立基础沿纵横方向连接起来，形成十字交叉的井格形基础，又称为十字交叉带形基础。如图 3-13 所示。

筏形基础：当建筑物上部荷载较大，地基承载能力较低或者地基分布不均匀时，采用柱下独立基础或者条形基础，不能够满足要求，可以将建筑物下部的基础连接在一起，形成筏板式基础。筏形基础包括平板式基础、梁板式基础等。如图 3-14 所示。

箱形基础：当上部结构荷载较大，建筑物下部表层土承载能力较低，基础需要深埋并需要设置地下室时，为了减少基础回填土工程量，充分利用空间，建筑物的基础通常由基础底板、纵横墙和顶板组成，形成刚度很大的盒体，通常由混凝土或者钢筋混凝土浇注而形成，这样的基础称为箱形基础。如图 3-15 所示。

243

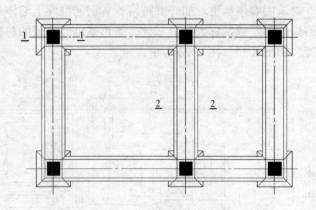

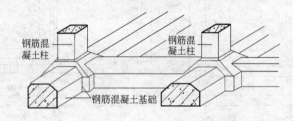

图 3-13 井格式基础平面图和轴测图

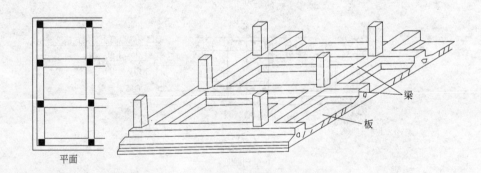

图 3-14 梁板式筏形基础的平面图和轴测示意图

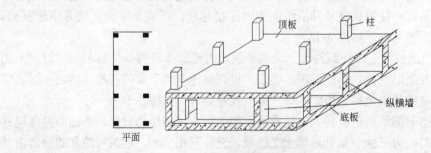

图 3-15 箱形基础示意图

桩基础：建筑物应该尽量采用天然浅基础或者人工地基的浅基础。当建筑物下部土层软弱，建筑物对变形和稳定要求较高时，可以采用深基础，深基础有桩基础、墩基础、沉井基础、地下连续墙以及高层建筑深基础护坡工程等，其中，桩基础应用较为广泛。

桩基础是一种常用的深基础形式，它由桩柱和桩顶的承台组成。承台是在桩的顶部现浇的钢筋混凝土板或者梁。承台的厚度由结构设计计算，一般不小于300mm，桩顶嵌入承台的深度不应小于100mm。桩柱按照材料的不同分为木桩、土桩、砂桩、混凝土桩、钢筋混凝土桩、钢管桩、钢板桩等；目前应用较多的主要由混凝土桩、钢筋混凝土桩、钢管桩、钢板桩等。按桩的受力情况，桩分为摩擦桩和端承桩两类。前者桩上的荷载由桩侧摩擦力和桩端阻力共同承受；后者桩上的荷载主要由桩端阻力承受。如图3-16所示。

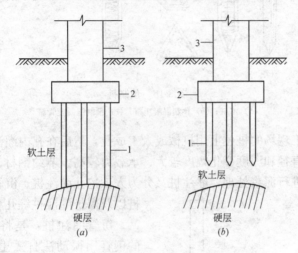

图3-16 桩基础
（a）端承桩；（b）摩擦桩
1—桩；2—承台；3—上部结构

图3-17 预制桩打桩机械示意图

桩按照施工方法不同分为预制桩和灌注桩两类。预制桩是在工厂或施工现场制成的各种材料和形式的桩,然后用沉桩设备将桩打入、压入、旋入或振入(有时还兼用高压水冲)土中。预制桩类型较多,质量易于保证,施工中不受地基其他条件的影响,但是用钢量较多,现场施工时常用的打桩机械如图3-17所示。预制桩如图3-18所示。

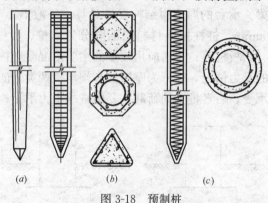

图 3-18 预制桩
(a)木桩;(b)预制混凝土桩;(c)预制混凝土管桩

灌注桩是在施工现场的桩位上用机械或人工成孔,然后在孔内灌注混凝土或钢筋混凝土而成。具有桩柱直径和深度变化幅度较大、承载力较高、节约钢材、造价低等优点,缺点是在施工时必须进行泥浆处理,灌注桩又分为人工挖孔灌注桩、沉管灌注桩、钻孔灌注桩以及爆扩灌注桩等几种。

沉管灌注桩:是将端部带有活瓣桩尖的钢管用振动法打入土中,向钢管内放入钢筋笼,然后灌注混凝土至设计标高后,缓慢拔出钢管,混凝土在土中硬化成桩,如图3-19所示。

人工挖孔灌注桩:是利用人工挖孔,成孔后放置钢筋笼,然后灌注混凝土的一种桩。这种桩具有进退场方便、对环境污染小、施工质量有保证、造价低廉等优点,而且适应于平坦地形、山区地貌条件的施工,特别是适用于场地土质变化较大的场地土环境。但是在施工中通常遇到浅水位桩的施工,如何保证浅水位桩的质量是该种桩施工的关键环节,如图3-20所示。

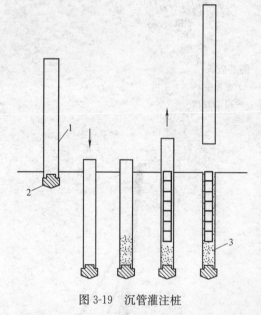

图 3-19 沉管灌注桩

钻孔灌注桩:钻孔灌注桩自1963年问世以来,因其施工工艺简单、对地层适应性强、造价经济等特点迅速在建筑、铁路、桥梁等工程中得到应用。钻孔灌注桩是使用钻孔机械在桩位上钻孔,排除孔中的土后,在孔中放置钢筋笼,浇灌混凝土而形成的。在成孔时,如果使用特制钻具加大桩底部直径,可以形成扩底灌注桩,以增大桩底部的阻力。钻孔灌注桩的施工,因其所选护壁形式的不同,有泥浆护壁方式法和全套管施工法两种,泥浆护壁钻孔灌注桩的施工如图3-21~图3-23所示。

图 3-20 人工挖孔灌注桩人工成孔

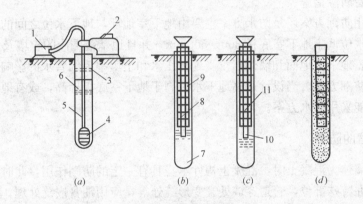

图 3-21 钻孔灌注桩

1—泥浆泵;2—钻机;3—护筒;4—钻头;5—钻杆;6—尾浆;
7—沉淀泥浆;8—导管;9—钢筋笼;10—隔水塞;11—混凝土

图 3-22 钻孔灌注桩钢筋笼的制作

图 3-23 钻孔灌注桩钢筋笼的吊装

爆扩灌注桩：爆扩灌注桩简称爆扩桩，它的成孔方法有两种：一种是用人工或钻机钻孔，另一种是先钻一细孔，在孔内放入装有炸药的塑料管（药条），经引爆后成孔。桩身成孔后，用炸药爆炸扩大孔底，灌注混凝土形成爆扩桩。它的桩端是略呈球状的扩大体，因桩端有阻力，有一定的端承作用。爆扩桩桩身直径一般为300～500mm，扩大端直径为桩身直径的2～3倍。桩长一般为3～7m。目前采用较多的是长度为3米左右的爆扩短桩。爆扩桩的优点是因有扩大端，故承载能力较高，施工也不复杂。它的缺点是爆炸时的振动对周围房屋有一定的影响，且使用炸药易出事故，城市内使用受到限制。预制桩的混凝土强度等级不应低于C30，灌注桩不应低于C15。桩内的配筋应按计算确定。

3.4 地下室的防潮与防水

地下室的地面和墙体位于室外地坪以下，经常受到地潮和地下水的侵袭，如果不做防潮或者防水处理，会影响建筑物的耐久性，影响地下室的使用。因此，在地下室设计时，应采取防水或者防潮措施。

地下室采用防潮方案还是防水方案主要由地下室地坪与地下水位之间的关系而定。当设计最高地下水位低于地下室底板300～500mm，并且地基范围内的土壤及回填土不会形成上层滞水时，地下室地面和墙体仅仅受到无压水和土壤中毛细管水的影响，在这种情况下，可以采用防潮方案。当设计最高地下水位高于地下室底板标高，或有地面水下渗的可能时，应尽可能采用防水方案。

3.4.1 地下室的防潮

地下室的墙体为混凝土时，混凝土构件本身具有一定的防潮作用，此时，可以不必再做防潮处理。在特殊部位，管道穿墙处、变形缝处等，应用油膏嵌缝处理。

当地下室的墙体为砖砌体时，地下室的所有墙体都必须设置两道水平防潮层，一道设置在地下室地坪附近，另一道设置在室外地面散水以上150～200mm的位置，以防止地下潮气沿底下墙身或者勒脚处侵入室内。墙面垂直防潮的具体措施是，地下室墙体必须采用水泥砂浆砌筑，灰缝饱满，在墙体外侧设垂直防潮层。具体做法是在墙体外表面，先抹一层20mm厚的水泥砂浆找平层，再涂一道冷底子油和两道热沥青，然后在防潮层外侧回填低渗透性的土壤，如三七灰土等，并逐层夯实。

地下室地面，通常利用混凝土材料的憎水性能来防潮，当地下室防水要求较高时，地面也要做防潮处理。防潮层一般敷设在地面垫层和面层之间，与墙体水平防潮层在同一高度。地下室垂直防潮和地面防潮的做法如图3-24所示。

3.4.2 地下室的防水

地下室的墙体和地面一般采用现浇钢筋混凝土材料。混凝土材料本身具有一定的防水性能，添加外加剂后，混凝土的密实性能进一步提高。但是，混凝土构件在有压水的作用下，耐久性能受到影响。因此，利用混凝土构件自防水往往效果不理想。

地下室防水主要是利用防水材料来隔断地下水。根据防水材料的类型不同，地下室防水分为卷材防水、砂浆防水和涂料防水。此外，也可以采用人工降排水的方法，使地下水

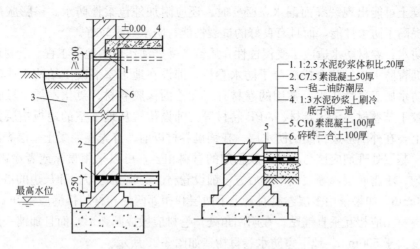

图 3-24 地下室地面与墙面的防潮处理
1—水平防潮层；2—利用水泥砂浆砌筑墙体；
3—回填灰土；4—楼板；5—嵌油膏；6—抹灰层

位降低到地下室底板以下，变有压水为无压水，减少地下水对地下室的影响。

根据《地下工程防水规范》(GB 50108—2001) 的规定，地下室防水工程分为四个等级，具体要求如表 3-2 所示。

地下室防水工程设防表　　　　　　表 3-2

防水等级	一级	二级	三级	四级
标准	不允许漏水,结构表面无湿渍	不允许漏水,结构表面可有少量湿渍	有少量漏水点,不得有线流和漏泥沙	有漏水点,不得有线流和漏泥沙
设防做法	多道设防,其中应有一道钢筋混凝土结构自防水和一道柔性防水,其他各道可采用其他防水措施	两道设防,一道钢筋混凝土结构自防水和一道柔性防水	可采用一道设防或两道设防,也可对结构做抗渗处理,外做一道柔性防水层	一道设防,也可做一道外防水层
选材要求	1. 自防水钢筋混凝土 2. 优先选用合成高分子卷材 3. 增加其他防水措施,如架空层或者夹壁墙等	1. 自防水钢筋混凝土 2. 合成高分子卷材一层,或者高聚物改性沥青防水卷材	合成高分子卷材一层,或高聚物改性沥青防水卷材	高聚物改性沥青防水卷材

地下室材料防水做法分为防水混凝土、卷材防水、涂料防水以及水泥砂浆防水几种。

防水混凝土：是由防水混凝土依靠其材料本身的憎水性和密实性来达到防水目的。混凝土防水结构既是承重、围护结构，又有可靠的防水性能。防水混凝土分为普通混凝土和掺外加剂防水混凝土两类。普通防水混凝土是以调整配合比的方法，在普通混凝土的基础上提高其自身密度和抗渗能力的一种混凝土。混凝土抗渗性能的好坏不仅在于材料的级配，更主要取决于混凝土的密实度；掺外加剂防水混凝土所使用的外加剂主要包括加气剂、减水剂、三乙醇胺、氯化铁防水剂等。混凝土防水属于刚性防水。普通防水混凝土和掺防水剂混凝土有较好的防渗性能，但不能抗裂，因此，在一定情况下能达到防水目的，为防止混凝土可能出现裂缝而漏水,必要时,还应附加外包柔性防水。掺膨胀剂的混凝土,不仅提高了防渗性能,而且有良好的抗裂性能,防水效果较好。

卷材防水:卷材防水适应于受侵蚀性介质或者受震动作用的地下工程。卷材应采用高聚物改性沥青防水卷材和合成高分子防水卷材,铺设在地下室混凝土结构主体的迎水面上,卷材防水属于柔性防水。常用的卷材有三元乙丙橡胶卷材、氯化乙烯、橡胶共混卷材、再生胶丁苯卷材、SBS 卷材、APP 卷材等。铺设位置从地下室的地板垫层到墙体顶端的基面上,在外围形成封闭的防水层。在铺设卷材以前,首先在混凝土基层表面涂刷基层处理剂,基层处理剂应该与卷材及胶粘剂的材料相容,可以采用喷涂或者涂刷法施工,喷涂应均匀、不露底层,等表面干燥后方可铺设卷材。两幅卷材短边和长边的搭接宽度不应小于 100mm。如果采用多层卷材时,上下两层和相邻两幅卷材的接缝应错开 1/3 幅宽,并且两层卷材不应相互垂直铺贴。在阴阳角处,卷材应做成圆弧形,而且加铺一层相同的卷材,宽度大于 500mm。地下室防水卷材构造如图 3-25 所示。

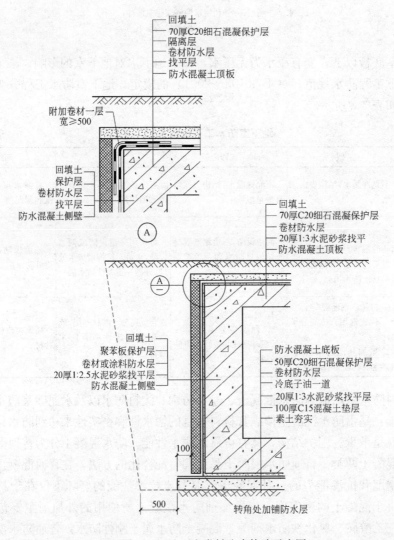

图 3-25　地下室卷材防水构造示意图

水泥砂浆防水：有多层普通水泥砂浆及掺外加剂水泥砂浆防水层两种，属于刚性防水。适用于主体结构刚度较大、建筑物变形较小的工程，不适应于有侵蚀性、有剧烈振动的工程。用作防水的砂浆可以做在主体结构的迎水面或者背水面。水泥砂浆的配合比应在 1：1.5～1：2，单层厚度同普通粉刷。高聚物水泥砂浆单层厚度为 6～8mm，双层厚度为 10～12mm；掺外加剂或者掺和料的防水砂浆防水层厚度为 18～20mm。

涂料防水：涂料防水适用于受侵蚀性介质或受振动作用的地下工程主体迎水面或者背水面的涂刷。按地下工程应用防水涂料的分类，有机防水涂料主要包括合成橡胶类、合成树脂类和橡胶沥青类；其中如氯丁橡胶防水涂料、SBS改性沥青防水涂料等聚合物乳液防水涂料，属挥发固化型；聚氨酯防水涂料等属反应固化型。另有聚合物水泥涂料，是以高分子聚合物为主要基料，加入少量无机活性粉料（如水泥及石英砂等），具有比一般有机涂料干燥快、弹性模量低、体积收缩小、抗渗性好的特点，国外称之为弹性水泥防水涂料，近年来应用也相当广泛。有机防水涂料固化成膜后形成柔性防水层，适宜做在主体结构的迎水面。无机防水涂料主要包括聚合物改性水泥基防水涂料和水泥基渗透结晶型涂料，是在水泥中掺有一定的聚合物，能够不同程度地改变水泥固化后的物理力学性能，但是应认为是刚性防水材料，所以不适应于变形较大或受振动部位，应当做在主体结构的背水面。

3.5 地下室采光井的设置

为了解决地下室的采光问题，对于全地下室可以通过设置采光井来解决。采光井可以每个窗子设置一个，也可以将多个窗户连接在一起设置。采光井由底板和侧墙构成，侧墙由砖砌筑或者采用钢筋混凝土浇筑，底板通常由钢筋混凝土浇注，采光井的上部可用钢化玻璃进行覆盖。采光井的做法如图 3-26 所示。

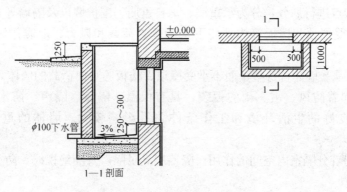

图 3-26 地下室采光井示意图

4 墙 体

在砖混结构中，墙体是重要的承重构件；在框架结构、框架剪力墙以及其他结构类型的建筑中，墙体是围护构件。在建筑物中，墙体工程量较大，合理地选择墙体的材料和布置方式对于降低投资、改善建筑物的性能具有非常重要的意义。

4.1 墙体的分类

4.1.1 按照墙体所处的位置进行划分

按照墙体所处的位置分为外墙和内墙，外墙又分为外横墙和外纵墙，内墙分为内横墙和内纵墙。位于窗与窗之间的墙体称为窗间墙，位于窗下部的墙体称为窗下墙。

4.1.2 按照墙体所采用的材料不同划分

按照墙体所采用的材料不同分为砖墙、加气混凝土砌块墙、粉煤灰硅酸盐砌块墙、承重混凝土砌块墙、水泥砌块墙等。砖墙所采用的砌块为标准机制黏土砖、黏土空心砖、灰砂砖和焦渣砖等。

4.1.3 按照受力特点进行划分

按照受力特点进行划分，分为承重墙、承自重墙、围护墙以及隔墙等。

承重墙：承受屋顶和楼板等构件传下来的垂直荷载和风力、地震作用等水平荷载的墙体。

承自重墙：承受墙体自身重量而不承受屋顶、楼板等竖向荷载的墙体。

围护墙：起着防风、雪、雨的侵袭，具有保温、隔热、隔声、防水等作用，对保证房间内具有良好的生活环境和工作条件关系影响较大。墙体的重量由梁和柱来承担。

隔墙：它起着分隔室内空间的作用。隔墙应满足隔声及隔绝视线、防火等的要求，隔墙不作基础。

4.1.4 按构造方式进行分类

墙体按构造方式可以分为实体墙、空体墙和复合墙三种。实体墙包括普通砖墙、实心砌块墙等。空体墙可由单一材料砌成内部空腔，如空斗砖墙，也可用具有孔洞的砌块材料砌筑或拼装而成，如空心砌块墙、空心板材墙等。复合墙是由两种以上材料组合而成的多功能墙体，如混凝土、加气混凝土复合板材墙等，其中混凝土起承重作用，加气混凝土起保温隔热作用。

4.1.5 按照施工方法不同进行分类

按照施工方法可分为块材墙、板材墙和板筑墙。由砂浆等胶结材料将块材等组砌而成的墙体称为块材墙，如砖墙、砌块墙和石墙等。板材墙是在工厂预制成的系列墙板，然后在施工现场安装而成的墙，如预制混凝土大板墙、各种轻质条板内隔墙。板筑墙是在现场支模板，然后浇注墙体材料，如利用滑模、大模板等现场浇筑的混凝土墙。

4.2 墙体的设计要求

在进行墙体设计时，应该满足的要求是：强度和稳定性的要求、保温隔热性能的要求、隔声要求、防潮要求以及防水的要求，具体如图 4-1 所示。

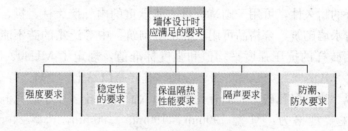

图 4-1 墙体设计要求

强度和稳定性的要求：墙体的承载能力是以强度作为衡量指标的。对于承重墙体而言，应该具有足够的强度，以满足承重的要求。稳定性是指墙体在荷载的作用下不产生过大的位移。

满足保温隔热的要求：为了提供适宜的居住和工作空间，降低建筑物在正常使用期间的能源消耗，实现节能的目的，墙体必须具有一定的保温、隔热性能。

隔声要求：建筑物的围护构件，如墙体、楼板等应该具有相应的隔声能力，以减轻室外噪声对室内环境的影响，减轻相邻单元的声音干扰。

防火要求：墙体设计应该满足《建筑设计防火规范》的规定，合理地划分防火分区，以材料的燃烧性能和耐火极限控制构件的选材。

防水与防潮要求：为了保证建筑构件的耐久性，在建筑物特殊部位，如地下室、卫生间、厨房等有地下水或者用水较多的地方，应当考虑建筑物的防潮或者防水处理。

4.3 砖墙构造

黏土砖具有一定的承载能力，保温、隔热、防火、隔声性能较好，便于就地取材，砌筑方便，在我国古代建筑和现代建筑中广泛地应用。在砖混结构中，砖墙是主要的承重和围护构件。砖墙存在着施工速度慢、劳动强度高的特点，黏土砖在生产时使用大量的黏土，存在着与农业争地的问题，随着墙体材料的不断改革，各种砌块，如加气混凝土砌块、粉煤灰砌块等在墙体中逐步得到应用。

4.3.1 砖墙的材料

砖墙的材料为砖和砂浆。砖有黏土砖、灰砂砖、水泥砖以及各种工业废料砖，如粉煤灰砖等。砂浆胶结材料主要有混合砂浆和水泥砂浆。

4.3.1.1 砖

砖按照孔洞率不同分为无孔洞或孔洞率小于15%的实心砖（普通砖）；孔洞率等于或大于15%，孔的尺寸小而数量多的多孔砖；孔洞率等于或大于15%，孔的尺寸大而数量少的空心砖等。按制造工艺分为经焙烧而成的烧结砖；经蒸汽（常压或高压）养护而成的蒸养（压）砖；以自然养护而成的免烧砖等。

标准黏土砖的规格为240mm×115mm×53mm，砌筑时，错缝搭接，错缝方便，标准黏土砖的规格与现行的模数制不协调，给设计和施工带来一定的麻烦。烧结普通砖具有一定的强度、较好的耐久性，可用于砌筑承重或非承重的内外墙、柱、拱、沟道及基础等。优等品可用于清水墙砌筑，合格品可用于混水墙砌筑。中等泛霜的砖不能用于潮湿部位。烧结黏土砖根据砖样的抗压强度平均值和强度标准值，规定了MU30、MU25、MU20、MU15、MU10、MU7.5六个强度等级。烧结多孔砖是以黏土、页岩、煤矸石等为主要原料，经焙烧而成。烧结多孔砖为大面有孔的直角六面体，孔多而小，孔洞垂直于受压面，烧结多孔砖的主要规格为：M型190mm×190mm×90mm，P型240mm×115mm×

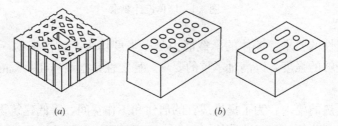

图4-2 烧结多孔砖示意图
(a) M型；(b) P型

图4-3 烧结多孔黏土砖

90mm。根据烧结多孔砖的抗压强度和抗折荷重，分为30、25、20、15、10、7.5六个强度等级。烧结多孔砖的形状如图4-2、图4-3所示。

4.3.1.2 砂浆

砂浆是砌体的胶结材料，将砖块胶结成为墙体，具有填缝和密实作用，提高墙体的隔热、隔声的能力。砌筑砂浆要求有一定的强度，以保证墙体的承载能力，还应该有良好的和易性，便于砌筑。

砂浆的强度等级分为M15、M10、M7.5、M5、M2.5、M1和M0.4七个等级。砂浆的强度是用龄期为28天的标准立方体试块

(70.7mm×70.7mm×70.7mm)，以 N/mm² 为单位的拉伸强度来划分的。常用的砂浆有水泥砂浆、石灰砂浆和混合砂浆三种。水泥砂浆由水泥、沙子和水拌和而成，具有强度高、耐潮湿的特点，适合于地下室、基础的砌筑。石灰砂浆由石灰膏、沙子和水通过拌和而形成，属于气硬性材料，强度较低，主要用于次要的民用建筑主体部分的砌筑。混合砂浆由水泥、石灰膏、沙子和水拌和而成，具有强度高、和易性好的特点，适合主体部分的砌筑。

4.3.2 砖墙的砌筑方式

砖墙的砌筑方式是指砖块在砌体中的排列组合方法。黏土砖在砌筑时，应该满足横平竖直、砂浆饱满、错缝搭接等基本要求，以保证墙体具有一定的强度和稳定性。砖的砌筑方式有一顺一丁式、全顺式、顺丁相间式等，如图 4-4 所示。

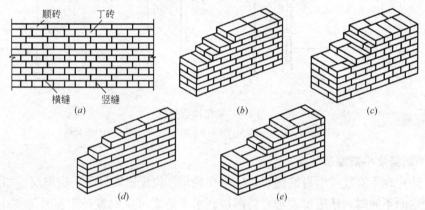

图 4-4　砖墙的砌筑方式
(*a*) 砖缝形式；(*b*)、(*c*) 一顺一丁式（240mm、370mm）；(*d*) 全顺式；(*e*) 顺丁相间式

一顺一丁式：在砌筑时，一层顺砖、一层丁砖，间隔排列，重复组合。在转角的地方要增加配砖以满足错缝的要求。这种砌筑方法，砌体中没有通缝，整体性强。

全顺式：这种砌筑方法是每皮砖都采用顺砖组砌，上下两皮砖左右搭接半砖，一般适用于模数型多孔砖的组砌。

顺丁相间式：也称为梅花丁式砌筑。这种砌筑法整体性好，观瞻性强，可用于清水墙面的砌筑。

以上几种砌筑方法，均应做到砌体灰缝饱满，水平灰缝砂浆饱满度不低于 80%，竖向灰缝应采用加浆填灌的方法，以保持灰缝饱满。

4.3.3 砖墙的节点构造处理

砖墙的节点构造处理主要包括勒角构造、墙身水平防潮处理、门窗过梁构造处理、散水与明沟构造处理等。

4.3.3.1 勒角

墙身接近室外地面的部分称为勒角。通常把室内外高差外墙面的处理称为勒角。有的建筑物在立面装修时，把勒角延伸到首层窗台。勒角部位的墙体极易受到雨、雪的侵袭和外界的碰撞；地下水形成的潮气会因毛细作用沿着墙身逐步上升，勒角部位的墙体容易受到破坏。因此，在勒角部位对外墙面要进行处理。勒角应选用耐久性高的材料或者采用防水性能好的外墙饰面，通常采用以下几种做法：抹灰勒角、贴面勒角、石砌勒角等。

抹灰勒脚多用于一般建筑，表面可采用20mm厚1∶3水泥砂浆抹面，1∶2水泥白石子浆水刷石或斩假石抹面。贴面勒脚，耐久性强、装饰效果好，用于高标准建筑，可用天然石材或人工石材贴面，如花岗石、水磨石板等。石砌勒脚，采用条石、毛石、蘑菇石等坚固耐久的材料砌筑，以取得特殊的艺术效果。勒脚构造处理如图4-5所示。

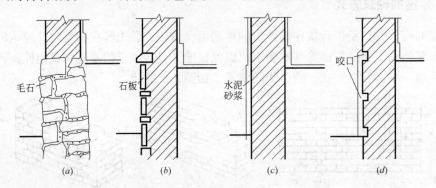

图4-5 勒角构造处理
(a) 毛石勒角；(b) 贴面勒角；(c) 抹灰勒角；(d) 带咬口的抹灰勒角

4.3.3.2 墙身水平防潮层

为了防止地下潮气对墙身的侵袭，应该在勒角部位设置墙身水平防潮层。如果内墙两侧室内外地面不同时，还应设置垂直防潮层。水平防潮层应设置在距室外地面150mm以上的勒角砌体中，以防止地表水反渗的影响。同时考虑到室内实铺地坪层下填土或者垫层的毛细作用，一般应将水平防潮层设置在地坪的结构层厚度之间的砖缝处，即−0.06m处，以便更有效地起到防潮作用。墙体防潮层的设置位置如图4-6和图4-7所示。

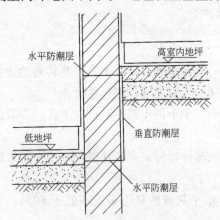

图4-6 墙体水平防潮层与垂直防潮层

4.3.3.3 散水与明沟

为了迅速地排除建筑物外墙附近的雨水，在建筑物的四周可以设置散水或者明沟。建筑物采用有组织排水时，通常设置散水；建筑物为无组织排水时，可以同时设置散水和明沟。散水是在外墙的四周将室外地面做成向外倾斜的坡面，将屋面下落的雨水排至远处，通常把这一坡面称为散水。常见散水与明沟的做法如图4-8、图4-9所示。图4-10为明沟实例。

4.3.3.4 过梁构造

建筑物为了满足交通和采光的需要，必须设置门窗等配件，在门窗洞口的上侧为了支撑上部墙体的重量，必须设置门窗过梁。过梁属于承重构件，根据在施工中所选用的建筑材料不同，过梁主要有以下几种类型：砖拱过梁、钢筋砖过梁、钢筋混凝土过梁等，如图4-11所示。

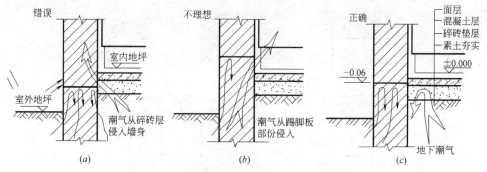

图 4-7 墙体水平防潮层的合理设置位置
(a) 防潮层太低；(b) 防潮层较高；(c) 防潮层的合理位置

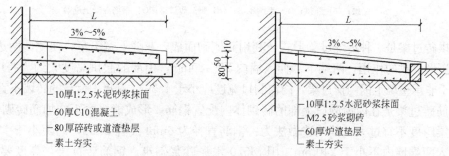

图 4-8 常见散水的做法

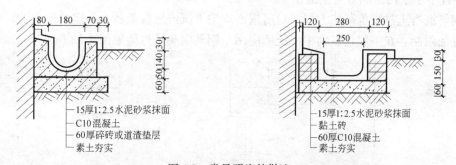

图 4-9 常见明沟的做法

图 4-10 明沟实例

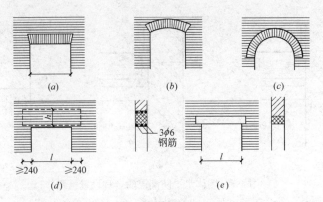

图 4-11 常见的过梁形式

(a) 平拱；(b) 弧拱；(c) 半圆砖拱；(d) 钢筋砖过梁；(e) 钢筋混凝土过梁

平拱砖过梁是一种传统过梁形式，利用砖侧砌而成，灰缝上宽下窄，使侧砖两边倾斜，相互挤压形成拱的作用，两端下部伸入墙内 20～30mm，中部的起拱高度大约为跨度的 1/50。用于非承重墙上的门窗过梁，门窗洞口宽度应小于 1.2m，有集中荷载的砖墙不宜使用。

钢筋砖过梁是在门窗洞口上部的砖砌体内配置钢筋，形成能受弯矩的加筋砖砌体。钢筋砖过梁跨度不宜过大。其构造做法为：钢筋直径为 6mm 或者 8mm，间距小于 120mm，钢筋伸入两端墙内不小于 240mm。用 M5.0 水泥砂浆砌筑。钢筋砖过梁，高度要大于 5 皮砖，且不小于门窗洞口宽度的 1/4。

钢筋混凝土过梁承载能力强，对房屋不均匀下沉或地震荷载有一定的适应性，一般不受跨度的限制，在一般建筑物中广泛地应用。钢筋混凝土过梁如图 4-12 所示。

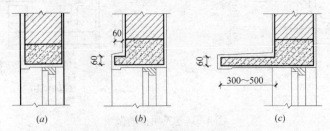

图 4-12 钢筋混凝土过梁的形式

(a) 平墙过梁；(b) 带窗套过梁；(c) 带窗眉过梁

4.4 砌体结构墙体抗震构造措施

砌体结构以其构造简单，施工方便，造价低，大量应用地方材料，在我国广泛地得到应用。据有关资料统计，砌体结构在住宅类建筑中所占的比例超过 85%，在整个建筑业中约占 70%～80%，根据我国国情，砌体结构在较长的一段时间内将继续被采用，但是砌体结构房屋主要以脆性材料为主，其特点是自重大，延性差，材料的抗拉、抗弯及抗剪强度低，在地震中容易造成脆性破坏。如图 4-13、图 4-14、图 4-15 所示。而我国又位于世界两大地震带——环太平洋地震带与欧亚地震带之间，地震活动频率高，强度大，震源浅，分布广，震害非常严重，因此，对砌体结构的房屋必须进行抗震性能研究，并采取相应的抗震构造措施。

图 4-13　震害实例——唐山开滦煤矿医院七层大楼

图 4-14　震害实例——唐山市商业局招待所

图 4-15　震害实例——唐山市某宾馆客房

在地震作用下，砌体结构房屋产生破坏的原因可以分为外因和内因。引起砌体结构产生破坏的外因主要是地震产生的地震力。从地震力角度来分析，地震波纵波产生垂直力，横波产生水平力和扭转力，当水平力与墙体走向一致时，由于剪切作用，墙体产生交叉裂缝，底层破坏比上层严重；当水平力与墙体走向垂直时，由于弯曲，墙体产生出平面破坏，墙体被甩出。因此，为了防止墙体被甩出，必须设置钢筋混凝土圈梁。沿长度方向出平面，墙体被甩出，显示出构造柱设置的重要性。垂直力一般在地震等级不高时小于建筑物的重力，但是当建筑物层数较多时，垂直力在上部会产生拉应力，必须对砌体结构总高度和总层数进行控制。而扭转力会使质心绕刚度中心旋转，如果偏心较大，则建筑物的墙角会产生严重破坏，因此，尽量使建筑物平面布局规则以减少偏心。引起砌体结构破坏的内因是砌体结构本身的特性。砌体材料的脆性和结构整体性是多层砌体房屋抗震性能差的主要原因。从结构特征来分析，结构薄弱处、受力复杂处、突出的部位、连接不牢处、约束不强处都容易发生破坏。同时施工质量的优劣将直接影响房屋的抗震性能。

砌体结构建筑物抗震构造措施主要有：布局规整、房屋限高、设置圈梁和构造柱、砌体加固钢筋、提高墙体面积和砂浆强度等。

4.4.1 建筑物平面布局规整

按照抗震概念设计的基本原理，砌体结构建筑物平面布置宜规则、对称、刚度均匀。墙体布置应该连续、贯通，房屋布局尺寸限值应该满足规范上的相应要求。在实际设计中，如果遇到刚度不均时，应采取一定的构造措施，如加强薄弱部位，在远离刚度中心的部位增设钢筋混凝土构造柱和圈梁，加强对墙体的约束；增强楼盖的整体性，采用砌体加固筋等；调整刚度，抗震计算允许时，将刚度较大部分墙体改为轻质隔墙，或者加大刚度较小部位的构件断面尺寸等。

4.4.2 房屋限高

砌体结构的建筑物一般情况下，房屋的总高度不应超过表4-1的规定。对教学楼、办公楼等横墙较少的建筑物，总高度应该比上表规定的数值要适当降低。

房屋的层数和总高度限制　　　　　表4-1

房屋类别		最小墙厚度(mm)	设防烈度							
			6		7		8		9	
			高度	层数	高度	层数	高度	层数	高度	层数
多层砌体	普通砖	240	24	8	21	7	18	6	12	4
	多孔砖	240	21	7	21	7	18	6	12	4
	多孔砖	190	21	7	18	6	15	5	—	—
	小砌块	190	21	7	21	7	18	6	—	—
底部框架—抗震墙		240	22	7	22	7	19	6	—	—
多排柱内框架		240	16	5	16	5	13	4	—	—

注：1. 房屋的总高度指室外地面到主要屋面板板顶或者檐口的高度，半地下室从地下室室内地面算起，全地下室和嵌固条件好的半地下室应允许从室外地面算起，对带阁楼的坡屋面应该算至山尖高度的一半。
　　2. 室内外高差大于0.6m时，房屋总高度应该允许比表中的数据有所增加，但不应多于1m。
　　3. 本表小砌块砌体房屋不包括配筋混凝土小型空心砌块砌体房屋。

4.4.3 设置圈梁和构造柱

圈梁是砌体结构房屋最为经济有效的一种抗震措施,其主要作用在于增强房屋的整体性,由于圈梁的约束,使结构纵横墙能保持一个箱形结构,充分发挥各片墙的抗剪强度,有效地抵抗来自各个方向的地震作用;圈梁可作为楼板的边缘构件,提高了楼板的水平刚度,减轻了墙体平面外破坏的危险;限制墙体斜裂缝的开展和延伸,使砌体结构整体的抗剪强度充分发挥;减轻地震时地基不均匀沉降对房屋破坏。砌体结构房屋现浇钢筋混凝土圈梁的设置要求如表 4-2 所示。

砌体结构房屋现浇钢筋混凝土圈梁的设置要求　　　　表 4-2

墙体类别	烈　　　度		
	6、7 度	8 度	9 度
外墙和内纵墙	屋盖处及隔层楼盖处	屋盖处及每层楼盖处	屋盖处及每层楼盖处
内横墙	同上;屋盖处间距不大于 7m,楼盖处间距不大于 15m,构造柱对应部位	同上,屋盖处沿所有横墙,且间距不大于 7m,楼盖处间距不大于 15m,构造柱对应部位	同上,各层所有横墙

圈梁是沿着建筑物的全部外墙和部分内墙或者全部内墙设置的连续封闭的梁。钢筋混凝土圈梁应设置在楼板的下侧,应为全部现浇,并且能够闭合,最好在同一高度闭合。当被门、窗洞口截断时,应该设置附加圈梁,附加圈梁与原有圈梁必须有一定的搭接长度,附加圈梁与原有圈梁的搭接长度不应小于 2h,也不应小于 1m,如图 4-16 所示。

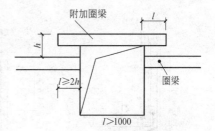

图 4-16　附加圈梁的设置要求

圈梁的高度一般不小于 120mm,宽度可与墙体厚度相同,在 6、7 度抗震设防时,纵筋为 4ϕ8;8 度设防时,纵筋为 4ϕ10;9 度设防时,纵筋为 4ϕ12。箍筋一般为 ϕ6、ϕ8,箍筋间距 6、7 度、8 度、9 度设防时,分别为 250、200、150mm。

构造柱的设置对砌体结构房屋的抗震作用是,设置构造柱可以提高结构的变形能力和结构的延性,使结构在遭遇强烈地震时虽有严重开裂面而不突然倒塌;在墙体开裂后,特别是在墙体开裂分成 4 大块后,设置的构造性能够约束破碎的三角形墙体不脱落、崩塌,即使在构造柱上下结点出现塑性铰时也能阻止墙体倒塌;能够加强结构的整体性,构造柱的设置,使砖砌体结构形成了一个由钢筋混凝土圈梁和构造柱组成的带边框的体系;在施工中,设置构造柱后允许外墙分别砌筑,而通过现浇构造柱使墙体连接,既解决了施工中的难点,又增强了内外墙的连接,提高了结构的整体性。

根据带构造柱墙片往复加载的试验发现,在墙片变形的最初阶段,构造柱只是协助砖墙抗剪,当墙已出现贯通的交叉裂缝后构造柱的主要作用是约束裂开的三角形块体向外的错动;当墙体达到严重破坏阶段、墙体破碎、变形很大时,构造柱才进入变弯状态。为此,构造柱竖向钢筋采用 4ϕ12 可以满足各种情况的要求。

构造柱一般设置在建筑物容易发生变形的部位,如建筑物的四角、内外墙交接处、楼梯间、有错层的部位以及某些较长墙体的中部,具体如表 4-3 所示。构造柱应与圈梁和墙

砖混结构房屋构造柱设置要求 表4-3

房屋层数				设 置 部 位	
6度	7度	8度	9度		
四、五	三、四	二、三		外墙四角,错层部位横墙与外纵墙交接处,大房间内外墙交接处,较大洞口的两侧	7,8度时,楼、电梯间的四角;隔15米或者单元横墙与外纵墙交接处
六、七	五	四	二		隔开间横墙(轴线)与外纵墙交接处,山墙与内纵墙交接处;7~9度时,楼、电梯间的四角
八	六、七	五、六	三、四		内墙与外墙交接处,内墙的局部较小墙垛处;7~9度时,楼、电梯间的四角;9度时,内纵墙与横墙交接处

体紧密连接。构造柱为非承重柱,下部通常不需要设置基础,在浇注地圈梁时,预埋构造柱纵筋。构造柱施工顺序与承重柱相反,先砌墙后浇筑构造柱,为了加强构造柱与墙体的连接,墙体通常预留马牙槎。构造柱截面不应小于180mm×240mm,纵筋为4φ12或者4φ14,箍筋一般φ6、φ8,间距不大于250mm。在圈梁上下1/6层高处,箍筋加密,间距为100mm。构造柱与墙体之间应设置拉结钢筋,沿墙体高度每500mm设置2φ6的拉结钢筋,拉结钢筋伸入墙体长度不小于1000mm。构造柱配筋及要求如图4-17、图4-18所示。

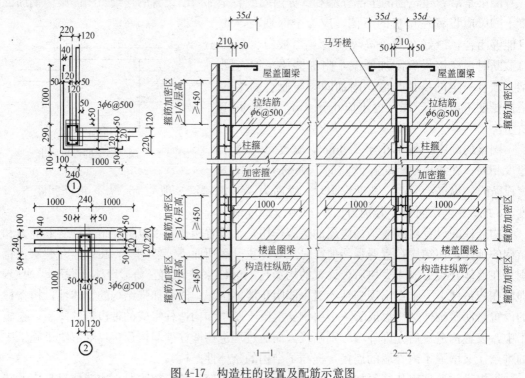

图4-17 构造柱的设置及配筋示意图

4.4.4 砌体加固钢筋

为了加强砌体与砌体之间的连接,提高墙体的整体性,在砌体灰缝中应该加设加固钢筋,加固筋一般为2φ6或者2φ8,沿墙体高度每隔500mm增设一道,加固钢筋的延伸长度不小于1000mm,具体如图4-19所示。

图 4-18 构造柱示意图

4.4.5 提高墙体面积和砂浆强度

历次震害表明,多层砖混房屋的抗震能力与墙体面积大小和砂浆强度等级高低成正比,提高墙体面积和砂浆强度等级是减轻震害的有效途径。对 6、7 度抗震设防地区,设计中宜保证砖混房屋的层墙体面积率不低于 10%。6 层以上房屋的层墙体面积率不低于 12%,砂浆强度等级不低于 M5。通常,震害随着楼层的增加而加剧,我国规定了在不同设防烈度下的砖混房屋总高度和层数限制。砖混房屋高度和层数不同,其薄弱楼层的位置有所差异,4 层以下房屋薄弱楼层多发生在底层;5 层以上的房屋底部 2 层墙体抗力较为接近,部分底层墙体的抗力大于 2 层墙体的抗力,使

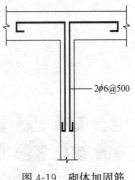

图 4-19 砌体加固筋

薄弱楼层位置上移;因此,在提高整体结构墙体面积和砂浆强度基础上,需要进一步对薄弱层加强,4 层以下房屋适当增加底层墙体面积及砂浆强度,5 层以上房屋抗震设计时,应适当增加底部 1~3 层墙体面积及砂浆强度等级;对 6、7 度抗震设防地区,设计中宜保证薄弱层墙体面积率不低 12%,砂浆强度等级不低于 M5,另外要注意变化处的抗震验算。

4.5 砌 块 墙

砌块墙是采用各种砌块所砌筑的墙体。砌块在预制构件厂预制,在施工现场组砌而成。砌块的优点在于质量轻、制作方便、施工速度快、节约黏土等。块材可以充分利用工业废料,节约能源,随着建筑材料工业的不断发展,砌块在建筑中得到广泛的应用。

4.5.1 砌块的材料、常用规格及组砌要求

4.5.1.1 砌块的材料

砌块的生产应该结合各地区的实际情况,尽量就地取材、采用工业废料。当前,常用

的砌块主要有混凝土砌块、加气混凝土砌块、粉煤灰砌块、煤矸石砌块以及石渣砌块等。

4.5.1.2 砌块的规格

当前，我国各地生产的砌块，以中小型砌块和空心砌块为主，砌块规格和类型较多，常见的砌块形式如图4-20、图4-21所示。

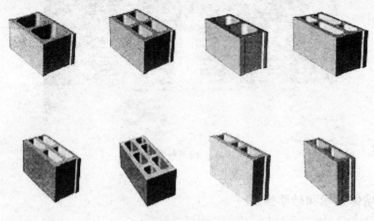

图4-20 空心砌块的形式

图4-21 混凝土空心砌块

混凝土小型空心砌块是以碎石或者卵石为粗骨料制作的混凝土砌块，其孔洞有单排孔、双排孔和多排孔之分，适用于低层和多层混凝土小型空心砌块建筑及相近的民用建筑承重墙体与隔墙墙体。

普通混凝土小型空心砌块的主要规格按宽度分，有190mm和90mm两个系列。190mm系列的主砌块尺寸为：390mm×190mm×190mm，为解决墙体转角、丁字接头等部位的变化，还有辅助砌块和配套系列砌块。90mm系列的主砌块尺寸为：390mm×190mm×190mm和390mm×90mm×90mm，也有辅助砌块和配套系列砌块。混凝土小型空心砌块的一部分规格尺寸示例如表4-4所示。

中型砌块也有空心砌块和实心砌块之分。砌块的形式应首先满足建筑热工使用要求，并具有良好的受力性能。砌块的形状力求简单，细部尺寸合理。砌块的尺寸由各地区使用材料的力学性能和成型工艺确定。空心砌块有单排方孔、单排圆孔和多排扁孔三种形式，砌块材料有混凝土和工业废料之分。常见中型的空心砌块尺寸为180mm×630mm×

普通混凝土小型砌块规格表 表 4-4

砌块编号	规 格	备 注
K_1	90×190×190	
$K_{1.5}$	140×190×190	
K_2	190×190×190	
K_3	290×190×190	
K_4	390×190×190	标准砌块
K_6	590×190×190	用于内外墙"T"字节点、"L"型节点以及"十"字型节点

845mm、180mm×1280mm×845mm、180mm×130mm×845mm（厚×长×高）；实心砌块的尺寸为240mm×280mm×380mm、240mm×430mm×380mm、240mm×580mm×380mm、240mm×880mm×380mm（厚×长×高）。

4.5.1.3 砌块的组砌要求

为了使砌块墙组砌合理并搭接牢固，建筑施工图设计时必须根据建筑初步设计做砌块的试排工作，即按建筑物的平面尺寸、层高，对墙体进行合理的分块和搭接，并画出专门的砌块排列图，以便正确选定砌块的规格、尺寸。砌块排列应做到如下几点要求：砌块整齐、划一、有规律性；大面积墙面上、下皮砌块应错缝搭接，避免通缝；内、外墙的交接处应咬砌，使其结合紧密，排列有致；尽量多使用主要砌块，并使其占砌块总数的70%以上；使用钢筋混凝土空心砌块时，上、下皮砌块应尽量孔对孔、肋对肋，以方便设置钢筋，灌注芯柱。

4.5.2 砌块墙的构造

为了加强砌块墙的整体性能和稳定性，在砌筑砌块墙时，同样需要设置圈梁和构造柱（芯柱）。芯柱通常利用空心砌块的孔洞，通过设置钢筋和浇注混凝土而形成。为了满足建筑物抗震设防要求，芯柱应与圈梁有较好的连接。芯柱截面不宜小于120mm×120mm。

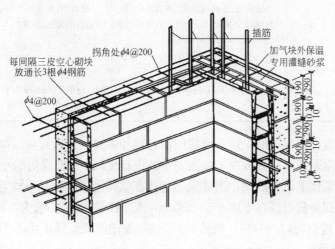

图 4-22 芯柱与拉接筋示意图

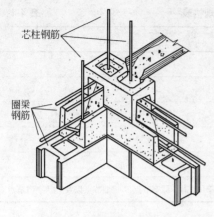

图 4-23 圈梁芯柱构造示意

混凝土强度等级不应低于 C20。芯柱的竖向插筋应贯通墙身且与圈梁连接,插筋不应小于 1ϕ12,7 度时超过 5 层、8 度时超过 4 层,9 度时,插筋不应小于 1ϕ14。芯柱宜在墙体内均匀布置,最大净距不宜大于 2.0m。芯柱应沿房屋层高贯通,并与各层圈梁整体现浇,在底层应伸入室外地面下或锚入嵌于 500mm 的基础圈梁内,顶部在屋盖圈梁内锚固,其锚固长度为 35d。芯柱插筋应与每层圈梁顶面搭接,搭接长度为 40d。在墙体(或芯柱)与墙体交接处的水平灰缝中,应沿墙高每隔 600mm 设置一道拉接钢筋网片,网片可采用直径 4mm 的钢筋点焊而成,每边伸入墙内不小于 1m。纵横墙应同时砌筑,当非承重隔墙后砌时,应沿墙高每隔 600mm 设置一道拉接钢筋网片。芯柱与拉接筋构造如图 4-22 所示、圈梁芯柱构造示意如图 4-23 所示。芯柱的设置要求如表 4-5 所示。

小砌块房屋芯柱设置要求 表 4-5

房屋层数			设 置 部 位	设 置 数 量
6 度	7 度	8 度		
四、五	三、四	二、三	外墙转角、楼梯间四角;大房间内外墙交接处;隔 15m 或者单元横墙与外纵墙交接处	外墙转角,灌实 3 个孔;内外墙交接处,灌实 4 个孔
六	五	四	外墙转角、楼梯间四角;大房间内外墙交接处;山墙与内纵墙交接处,隔开间横墙(轴线)与外纵墙交接处	
七	六	五	外墙转角、楼梯间四角;各内墙(轴线)与外纵墙交接处;8、9 度时,内纵墙与横墙(轴线)交接处和洞口两侧	外墙转角,灌实 5 个孔;内外墙交接处,灌实 4 个孔;内墙交接处,灌实 4~5 个孔;洞口两侧各灌实 1 个孔
	七	六	同上,横墙内芯柱间距不宜大于 2m	外墙转角,灌实 7 个孔;内外墙交接处,灌实 5 个孔;内墙交接处,灌实 4~5 个孔;洞口两侧各灌实 1 个孔

砌块墙中设置门窗洞口时,应该设置门窗过梁和圈梁。当建筑物层高较小时,可以用圈梁替代过梁,但是圈梁应该按照过梁所受荷载进行配筋。8 度设防的小砌块多层房屋应在每层内外纵横墙体上设置圈梁;当建筑物建造在软弱土层或地基不均匀沉降时,圈梁刚度应适当加强。圈梁截面高度不应小于 200mm,纵向钢筋设置要求为:7 度设防时 ≥4ϕ8,箍筋 ϕ6@250;8 度设防时 ≥4ϕ10,箍筋 ϕ6@200;基础圈梁配筋不小于 4ϕ12。圈梁与楼板交接如图 4-24 所示。

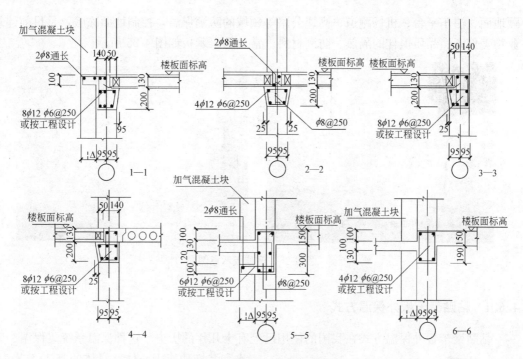

图 4-24 圈梁与楼板交接图

4.6 墙体的保温

对建筑物的外墙采取保温措施，可以有效地避免由于室内外温差导致的室内热量损失，改善建筑物内部环境。随着节能建筑的推广，外墙保温技术已经成为围护结构节能技术的重要部分。外墙保温根据保温材料的设置位置不同，可以分为外保温、内保温、夹心保温三种类型。实验证明，外保温效果更为理想，其主要原因在于外保温可以有效地避免热桥产生，在墙体和保温材料厚度相同的情况下，外保温比内保温的热损失要小，从而节约采暖能耗；外保温有利于改善室内热环境，进行外保温后，由于内部实体墙热容量大，室内能储蓄更多的热量，使诸如太阳辐射或者间歇采暖造成的室内温度变化减缓，室温较为稳定，同时外保温提高了外墙的内表面温度，即使室内的温度有所降低，也能获得舒适的室内环境；外保温与内保温相比可增加住宅的使用面积；外保温还可以保护主体结构，延长了建筑的使用寿命。

随着外保温方式施工工艺的不断完善、成熟，外墙外保温技术近几年得到了迅速发展。目前，我国住宅建筑结构体系的外墙保温方式主要有以下几种形式：

粘贴聚苯板外保温方式、现抹聚苯颗粒外保温方式、大模内置聚苯板外保温方式、预制外挂保温板方式。

聚苯板是以聚苯乙烯树脂辅以聚合物在加热混合的同时，注入催化剂，而后挤塑压出连续性闭孔发泡的硬质泡沫塑料板，其内部为独立的密闭式气泡结构，是一种具有高抗压、吸水率低、防潮、不透气、质轻、耐腐蚀、超抗老化、导热系数低等优异性能的环保型保温材料。聚苯板广泛应用于墙体保温、平面混凝土屋顶及钢结构屋顶的保温，低温储藏地面、泊车平台、机场跑道、高速公路等领域的防潮保温，控制地面冻胀，是目前建筑业物美价廉、品质俱佳的隔热、防潮材料。常见的聚苯板如图4-25所示。

图4-25 聚苯板示意图

4.6.1 粘贴聚苯板外保温方式

粘贴聚苯板外保温方式在我国的使用已经有十几年的历史。这种保温系统集保温、防水和装饰功能于一体。具体的施工工艺为，在经过平整处理的外墙面上涂抹聚合物粘结胶剂，然后贴上分割好的聚苯乙烯板，在聚苯板外侧涂抹面砂浆并压铺增强玻璃纤维网格布，以保证保温材料和外墙面更加牢固地连接，最后作外墙饰面。如图4-26所示。

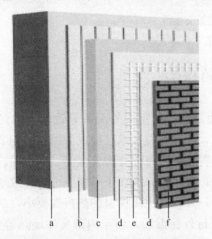

图4-26 聚苯板保温构造示意图
a—基层墙体；b—聚合物改性粘结砂浆粘结层；c—膨胀型聚苯板（简称EPS板）厚度（30～100mm）或挤塑型聚苯板（简称XPS板）厚度（20～60mm）；d—聚合物改性抹面砂浆护面层；e—耐碱玻璃纤维网格布；f—饰面层

4.6.2 现抹聚苯颗粒外保温方式

在施工现场外墙现抹聚苯颗粒保温浆料，固化后外抹抗裂砂浆复合耐碱网布。这种保温方式充分利用EPS颗粒，系统阻燃性好，价格较低；这种保温方式对施工熟练程度依赖性高，施工周期长，保温效果比聚苯板效果稍差，因此，要达到与聚苯板相当的保温效果，应适当增加保温层的厚度。这种保温方式适用于寒冷地区或者夏热冬冷地区的新建和改造住宅外墙保温。如图4-27、图4-28所示。

4.6.3 大模内置聚苯板外保温方式

大模内置聚苯板保温方式适用于现浇混凝土高层建筑外墙的保温，其具体做法是：将钢丝网架聚苯板放置于将要浇注墙体的外模内侧，当墙体混凝土浇灌完毕后，外保温板和墙体一次成活，可节约大量人力、时间以及安装机械费和零配件。但是由于混凝土在浇注

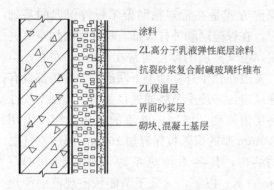

图 4-27 多层建筑外墙外保温技术
构造示意图（现抹聚苯颗粒外保温）

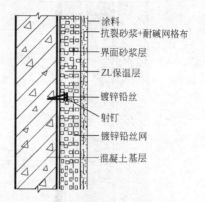

图 4-28 高层建筑外墙外保温技术
构造示意图（现抹聚苯颗粒外保温）

过程中引起的侧压力有可能对保温板产生压缩而影响墙体的保温效果。同时，在混凝土的凝结过程中，下侧的混凝土由于重力作用，会向外侧的保温板挤压，等到拆模后，具有一定弹性的保温板可能向外鼓出，会对墙体外立面的平整度有所破坏。

采用这种保温方式，保温层的厚度 40~50mm，就可以满足民用建筑节能标准和民用建筑热工设计规范中对寒冷地区的外墙热工设计要求。适用于寒冷地区和夏热冬冷地区的新建和改造住宅的外墙保温。大模内置聚苯板保温节点详图如图 4-29 所示。

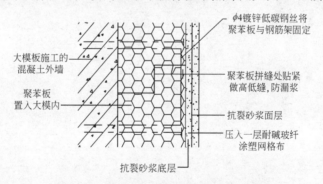

图 4-29 大模内置聚苯板外保温节点详图

4.6.4 预制外挂保温板

这种方式是以普通水泥砂浆为基材，预制盒形刚性骨架结构，然后将聚苯板保温层复合于其内，通常预先批量制好，施工时一次性运输到施工现场，通过建筑外立面的预埋件与外墙拉接。这种保温方式，具有安装方便，施工速度快，灵活处理外立面装饰效果等优点。但是也存在着预制板块大小有所限制，使其对围护结构细部节点的处理较为困难，在高层建筑的施工中会增加施工难度等问题。预制外挂保温板的保温层厚度通常在 50~60mm。

4.6.5 聚苯板和空气夹层复合外墙外保温方式

聚苯板和空气夹层复合外墙外保温方式是近年来节能小区中采用的一种保温形式。该

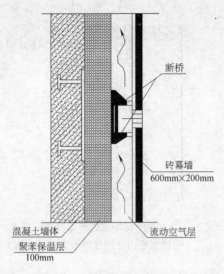

图 4-30 聚苯板和空气夹层
复合外墙外保温节点详图

保温方式是在常规粘贴聚苯板外保温的基础上，在保温层和外挂装饰石材之间增加空气夹层，空气夹层的厚度通常在 100mm 左右，空气夹层在整个外立面上下联通，并在顶部设有通风口，寒冷季节将通气口关闭，抑制空气在夹层内流动，增加了外墙的传热热阻，采用 100mm 厚的聚苯板保温加 100mm 厚的空气层的结构，其冬季传热系数可降低到 $0.4W/(m^2 \cdot K)$ 以下，远低于节能住宅规范中传热系数限值；夏季将上部的通风口打开，夹层空气上下流动，可将外挂石材吸收的太阳辐射热及时带走，降低了保温材料外层的厚度，也大幅度地减少了向室内传递的热量，隔热效果明显。同时，流动的空气夹层可以带走保温材料的湿气，防止保温材料受潮。这种保温方式不仅适用于寒冷地区外墙保温，还适用于我国南方炎热地区的隔热设计。这种外墙保温方式的节点详图如图 4-30 所示。

5 楼板与地坪

楼板层与地坪层是建筑物内部的主要受力构件，楼板层承受着其上的全部荷载，并把这些荷载传递到墙体或者柱，楼板层对墙体还起着支撑作用，加强了建筑物的整体刚度和稳定性，楼板层还具有围护作用和分割空间的作用。

5.1 概 述

5.1.1 楼板层的基本组成

为了满足承载能力和使用功能的要求，楼板层通常由以下几部分组成：面层、附加层、结构层、吊顶或者装饰层等。

面层：习惯上又称为楼面，主要起着保护楼板层、美化室内环境、分布荷载等作用。建筑物地面或者楼面的名称一般是根据面层所采用的装饰材料来进行命名的。面层材料的选择可以根据建筑物的使用性质来确定。

附加层：附加层通常设置在面层以下，是为了满足建筑物的使用要求，如隔声、隔热、保温、防水、防腐蚀和防静电等，所设置的附属层次。

结构层：又称为承重层，主要包括梁、板等构件。其主要作用是承受楼板本身和其上的荷载，并把这些荷载传递给墙或者柱。结构层对墙体或者柱起着水平支撑作用，增强了建筑物的刚度。

吊顶及装饰面层：公共建筑中，为了满足安装空调、灯饰以及各种水平管线的需要，通常在结构层的下侧设置吊顶，以满足采暖、通风、视听等特殊功能的需要，吊顶的类型和材料可根据室内空间的功能要求进行设计，图 5-1、图 5-2、图 5-3 是公共建筑吊顶实例。住宅类建筑中，由于受到层高的限制，通常直接在结构层的下侧通过抹灰和涂刷进行处理。

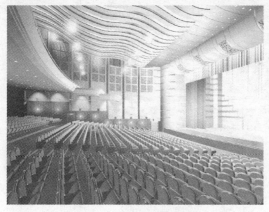

图 5-1 某剧场吊顶实例

图 5-2 某会议室内部吊顶实例

图 5-3 某建筑物内部吊顶实例

5.1.2 楼板层的设计要求

为了满足建筑物使用功能的需要，对楼板层的设计要求是，具有足够的强度和刚度、具有一定的隔声能力、具有一定的防火性能、具有必要的防潮和防水性能。如图 5-4 所示。

强度和刚度要求：强度要求是指楼板在自重荷载与活荷载的作用下，不会发生破坏，安全可靠。刚度要求是指楼板层在荷载的作用下，不会产生较大的变形，变形控制在规范规定的范围内，以满足正常使用的需要。

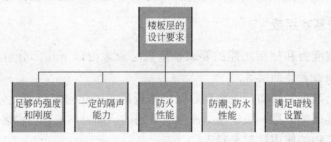

图 5-4 楼板层的设计要求

隔声能力：为了避免相邻居住单元、相邻房间之间以及室外声音的干扰，建筑物的楼板层必须具有一定的隔声能力，以获得正常的居住、工作和生活环境。

防火性能：建筑物的楼板必须具有一定的防火性能，根据建筑设计防火规范的规定，一级、二级、三级耐火建筑的楼板必须采用非燃烧体，四级建筑可采用难燃烧体。

防潮、防水性能：建筑物内部的特殊房间，如卫生间、厨房、实验室等，室内通常设置用水器具，这些房间的楼板应该具有一定的防潮、防水性能，以避免由于水的渗漏而影响建筑物的正常使用。

图 5-5 楼板必须满足暗线布置的要求

满足建筑物内部各种管线的布置：为了满足观瞻的需要，建筑物内部的各种管道和照明线路通常采用暗线布置，即将照明及管道布置在现浇的楼板内，因此，楼板设计时，应该满足管线的布置要求。如图5-5所示。

5.2 楼板的类型

楼板按照所采用的材料不同，可以分为木楼板、砖拱楼板、钢筋混凝土楼板和压型钢板组合楼板等几种。由于木楼板隔声和耐久性能较差，现在已经较少采用；而砖拱楼板施工麻烦、抗震性能较差，目前也较少采用。当前，钢筋混凝土楼板和压型钢板组合楼板应用较多。

钢筋混凝土楼板：是由混凝土和钢筋共同浇注而形成的。具有强度高、刚度大、耐久性和防火性能较好的特点，并且具有良好的塑性，适应于大规模的工业化生产，因此在工业和民用建筑中得到了广泛的应用。钢筋混凝土楼板如图5-6所示。

图5-6 钢筋混凝土楼板

压型钢板组合楼板：压型钢板组合楼板是在底部以凹凸不平的压型薄钢板作为衬板和模板，在衬板的上侧浇注现浇混凝土板带，下部以钢梁或者钢筋混凝土梁作为承重构件的整体式楼板结构。这种楼板，具有

图5-7 常见压型钢板示意图

图5-8 钢结构工程中采用的压型钢板

强度高、自重轻、施工方便、整体性强的特点，主要应用于工业建筑、公共建筑中，压型钢板组合楼板在国外已经得到了广泛应用，最近几年，国内许多公共建筑中也逐步应用这种楼板。常见的压型钢板如图5-7所示，图5-8为钢结构工程中使用的压型钢板，压型钢板组合楼板如图5-9所示。

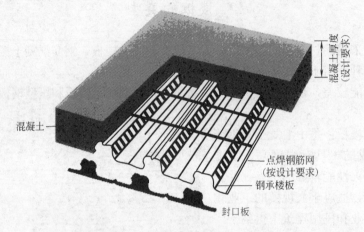

图5-9 压型钢板组合楼板示意图

5.2.1 钢筋混凝土楼板

钢筋混凝土楼板按照施工方法不同，可以分为现浇钢筋混凝土楼板、预制装配式钢筋混凝土楼板和装配整体式钢筋混凝土楼板三种类型。如图5-10所示。

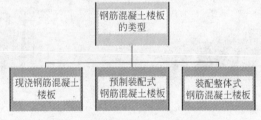

图5-10 钢筋混凝土楼板的类型

5.2.1.1 现浇钢筋混凝土楼板

现浇钢筋混凝土楼板是在施工现场经过支模板、绑扎钢筋、浇注混凝土等施工工序而浇注成型的楼板。这种楼板结构整体性能好，特别适用于有抗震要求和整体性要求较高的建筑物中，有管道穿过楼板的房间以及形状不规则的房间。现浇钢筋混凝土楼板由于现场浇注、湿作业，施工工序较多，并且需要养护，施工周期较长。近年来，随着工具式钢模板的发展，现场浇注机械化程度的提高以及集中搅拌混凝土的供应，克服了以前现场浇注混凝土的诸多弊端，因而，现浇钢筋混凝土楼板在民用建筑中得到广泛应用。

现浇钢筋混凝土楼板根据支撑构件设置情况不同，分为板式楼板、梁板式楼板和无梁楼板三种；根据受力不同，分为单向板和双向板。

(1) 板式楼板

在住宅类以及宾馆类建筑中，特别是墙体承重建筑中，建筑物内部房间的开间和进深尺寸较小,在进行楼板设计时,将楼板浇注成平板的形式,直接支撑在周边的墙体或者梁上,这种楼板称为板式楼板。板式楼盖结构层底部平整,可以使房间在层高相同的情况下,与其他楼板相比获得较大的净高。

板式楼板根据受力不同,又分为单向板和双向板两种类型。四边支撑的现浇板,如果板的长边尺寸 l_2 与短边尺寸 l_1 之比大于 2 时,在荷载的作用下,板基本上只在 l_1 方向上发生挠曲,而在 l_2 方向上的挠曲很小,这表明荷载主要沿短边方向传递,所以称为单向板。这时板下沿长边的支撑构件是起承重作用的。当板的长边尺寸 l_2 与短边尺寸 l_1 之比小于或者等于 2 时,板的两个方向都有挠曲,所以称为双向板。这时板下两个方向的支撑都是承重构件,如图 5-11、图 5-12 所示。单向板和双向板是根据德国学者 Marcus H 在 20 世纪 20 年代提出的板带理论而进行的划分,并且其理论计算方法一直沿用到今天,具有非常重要的应用价值。但是,随着计算理论方法的改进,上述划分方法及其计算理论有待于进一步的改进,国内有的学者提出用弹性力学和有限元法进行计算。

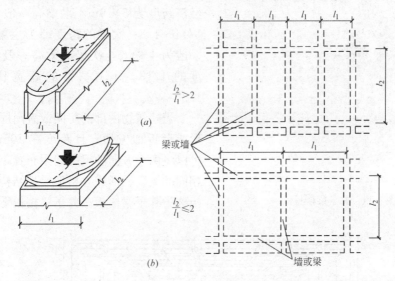

图 5-11 根据 Marcus H 的板带理论划分单向板与双向板

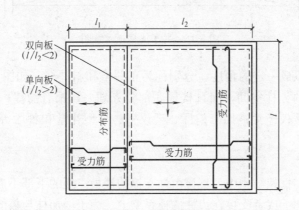

图 5-12 单向板和双向板配筋示意图

（2）梁板式楼板

当建筑物内部房间的空间尺寸较大时，为了使楼板的结构和受力情况较为合理，通常在现浇楼板的底部增加梁，作为板的支撑，以减少板的跨度。在设置梁时，通常在两个方向都设置，称为主梁和次梁。楼板上的荷载首先传递给梁，然后再传递给墙和柱。通常把这种楼板称为梁板式楼板。如图5-13所示。梁板式楼板应合理地布置承重构件和选择梁的尺寸，应根据建筑平面设计的尺度，使主梁沿支点的短跨方向布置，次梁与主梁方向垂直。主梁的经济跨度为5～9m，主梁高一般为跨度的1/14～1/8；次梁的跨度即为主梁的间距，一般为4～6m，次梁的梁高一般为次梁跨度的1/18～1/12。梁的高宽比一般为1/3～1/2。

图5-13　梁板式楼板

图5-14　井子梁楼板

当建筑物内部的房间或者门厅形状为方形或者近似方形，且跨度在10m左右时，可以将两个方向的梁等间距布置，并且采用相同的梁高，形成井格形梁板结构，这种楼板称为井子梁楼板。井子梁楼板下部的梁可

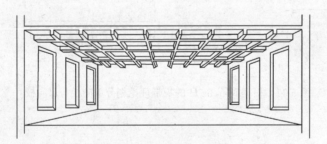

图5-15　井子梁楼板示意图

与墙体垂直，也可以成一定的角度，分别称为正井格和斜井格，如图5-14所示。井子梁楼板可以用于较大的无柱空间，而且楼板底部整齐划一，很有韵律，具有较好的装饰效果。因此，井子梁楼板经常被用于门厅、会议室、小型礼堂和餐厅等处。如图5-15、图5-16所示。

（3）无梁楼板

无梁楼板是指在框架结构中，直接由柱支撑的楼板。板的下部不需要布置梁，楼板的四周可以支撑在墙体上或者支撑在边柱的连系梁上。为了增加柱与板的接触面积以及减小板的跨度，通常在柱的顶部设置柱帽。无梁楼板通常用于荷载较大的商店、展览馆以及仓

图 5-16 井子梁楼板

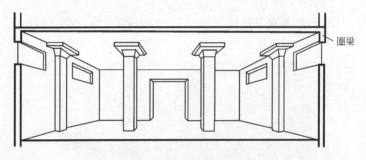

图 5-17 无梁楼板示意图

库类建筑中，见图 5-17、图 5-18 所示。无梁楼板在层高相同的情况下，与有梁楼板相比，可以提高室内的净高。

现浇混凝土（GBF）空心无梁楼板，是一种不同于传统结构模式，集肋梁楼板、密肋楼板、无粘结预应力平板后开发的一种现浇结构体系。它是融合了预制空心板、无梁楼板、密肋楼板等各自优点于一体，将受力性能良好的工字梁与蜂窝状结构特性运用到楼板结构中去的一种优化体系，适用于各种类型建筑中，特别适应于大跨度、荷载较高以及设置中央空调的公共建筑中。现浇混凝土（GBF）空心无梁楼板具有适用范围广、综合造价低、自重较轻、保温隔声效果较好的特点。如图 5-19、图 5-20 所示。

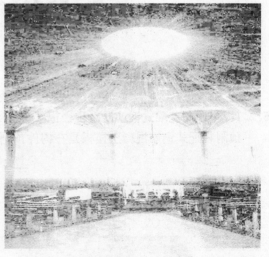

图 5-18 无梁楼板

这种楼板的主要特征是在现浇钢筋混凝土中内置 GBF 薄壁空心管作为永久芯模，在管肋间配筋形成工字形小肋梁。GBF 管为采用水泥、粉煤灰、水、适量外加剂等按一定比例混合拌置，内置玻璃纤维网格成型并经养护成型的两端封闭的空心圆柱形复合管。

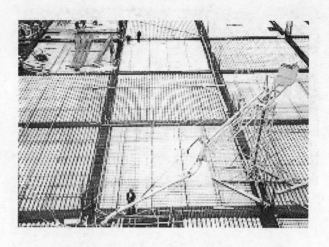

图 5-19 现浇混凝土（GBF）空心无梁楼板（浇注混凝土前）

图 5-20 现浇混凝土（GBF）空心无梁楼板（浇注完毕拆模后）

5.2.1.2 预制装配式钢筋混凝土楼板

预制装配式钢筋混凝土楼板是在构件预制加工厂或者施工现场预先制作，然后通过运输工具运到工地现场进行安装的钢筋混凝土楼板。这种楼板提高了建筑工业化的水平，缩短建筑施工周期，有利于建筑工业化的推广。但是预制装配式楼板，存在着楼板的整体性、抗震性、防水性较差的弊端。随着人们对建筑抗震性能要求的提高，预制装配式钢筋混凝土楼板的应用受到一定程度的限制。

预制装配式钢筋混凝土楼板根据在制作过程中是否添加预应力，分为预应力和非预应力两种。预应力楼板是在预制加工

图 5-21 预应力檐口板

楼板的过程中，预先给板下部的混凝土施加压应力，楼板安装就位后，混凝土楼板下部所受到的拉应力和预压应力相抵消，从而延缓裂缝出现的时间。楼板中混凝土内部的预压应力是通过张拉钢筋来实现的，根据在施工中，张拉钢筋与浇注混凝土的先后顺序不同，可以分为先张法和后张法两种。常见的预应力钢筋混凝土楼板的类型如图5-21、图5-22、图5-23所示。

图 5-22 预应力混凝土双 T 板

图 5-23 SP 板（大跨度预应力空心板）

先张法预应力混凝土楼板是在浇灌混凝土以前张拉钢筋，其施工顺序为，在构件制作场地两端设置牢固的、永久性的、可重复使用的张拉台座，把拟配置在板中的预应力钢筋在台座上张拉，当张拉到一定的应力值后，用夹具将钢筋临时锚固在台座上，然后在两个台座之间铺设模板，浇捣混凝土并进行养护，当混凝土硬结到一定强度后，截断钢筋，钢筋的回弹力作用在板下部的混凝土上，使混凝土产生弹性压缩而获得预压应力。如图5-24所示。

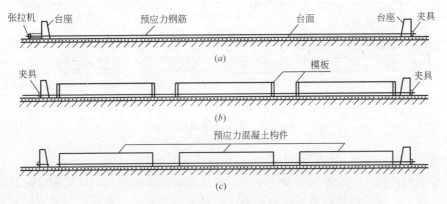

图 5-24 先张法预应力钢筋混凝土楼板的施工过程
（a）张拉预应力钢筋；（b）浇捣混凝土并进行养护；（c）钢筋放张

后张法是混凝土结硬后在构件上张拉钢筋，它是先浇捣混凝土构件，在构件中拟布置预应力钢筋的部位预留孔洞，待混凝土达到一定强度后，将预应力钢筋穿入预留孔内，并把钢筋的一端用锚具锚固在构件端部，另一端用张拉设备顶在构件端部，夹住钢筋进行张拉，当张拉到预定的张拉应力后，用锚具将钢筋锚固在构件端部使其不能回缩，最后卸下张拉设备并在孔道内压力灌浆，后张法是靠锚具来保持预应力的。后张法的锚具非常重要，永久性地固定在构件上，又称为工作锚具。

随着施工技术的不断进步，在许多工程中，开始采用现场浇注预应力混凝土楼板，特

图 5-25 地下车库顶板浇筑完混凝土，无粘结预应力钢绞线待张拉

别是在住宅楼建筑中，应用非常广泛，图 5-25 是某高层住宅地下车库现浇预应力钢筋混凝土楼板的施工现场图。

目前，在我国普遍采用预应力的预制钢筋混凝土楼板，少量地区采用普通钢筋混凝土构件。预制装配式混凝土楼板根据外观形式不同，分为预制实心平板、槽形板和空心板等几种主要类型。

预制实心平板跨度一般较小，通常小于 2.4m，宽度在 500～1000mm 之间，板厚在 50～80mm 之间，板的两端通常支撑在梁上或者墙上，通常用于暖气沟盖板、走道板以及室外管沟的盖板等。预制空心楼板又分为方孔和圆孔两种。槽形板分为槽口向下的正槽形板和槽口向上的倒槽形板两类。预制板的厚度与楼板的跨度有关，通常在 80～240mm 之间，标准型楼板的宽度通常为 600mm、900mm、1200mm 三种规格，此外还有其他宽度的补空板。常见楼板的类型如图 5-26 所示。

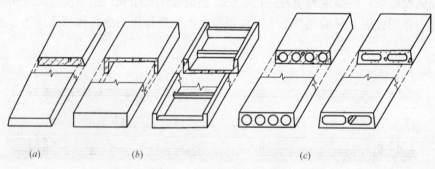

图 5-26 常见预制楼板的类型
(a) 实心板；(b) 槽形板；(c) 空心板

空心板的两端孔内通常用混凝土填块、砖块或者砂浆块填充，以免灌缝时混凝土进入孔内。预制空心板的结构布置方式有两种，一种是板式布置，即板的两端直接搁置在承重墙上；另一种是梁板式布置，即预制空心板两端搁置在梁上，前者主要用于建筑物的开间较小的住宅楼、办公楼等建筑中；后者主要用于教学楼、办公楼等开间和进深较大的公共建筑中。采用梁板式布置时，板在梁上的搁置方式有两种，一种是直接搁置在梁的顶部，另一种是搁置在花篮梁或者十字梁的梁肩上，预制空心板的上侧正好与梁顶部平齐，这时，在同样的层高和板厚的情况下，室内净高可增加一个板的厚度，如图 5-27 所示。

预制空心板在搁置时，必须两边搁置，不能出现三边支撑的板，预制空心板内的配筋是按照简支梁的受力来配置的，而三边支撑的板为双向受力状态，在荷载作用下，会出现沿长边的裂缝。预制板搁置在墙上或者梁上时，应该具有足够的搁置长度，支撑于梁上

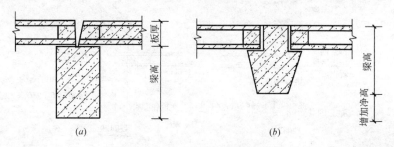

图 5-27 空心板的梁板式布置
(a) 板搁置在矩形梁上；(b) 板搁置梁肩上

时，搁置长度不应小于 60mm，支撑于内墙上时，搁置长度不应小于 100mm；支撑于外墙上时，搁置长度不应小于 120mm。

采用预制楼板，虽然具有施工速度快，提高建筑施工工业化水平，降低施工工期的特点，但是建筑物整体结构和抗震性能较差。在房屋出现不均匀沉降导致建筑物产生变形时，预制板的板缝处极易产生开裂现象，在地震荷载的作用下，预制楼板的搁置状况通常不能满足要求。因此，必须采取相应的抗震构造措施，以加强预制楼板的整体性。当楼板搁置在墙体或者梁上时，楼板与墙体或者梁之间应该用锚固钢筋进行拉结，如图 5-28 所示。

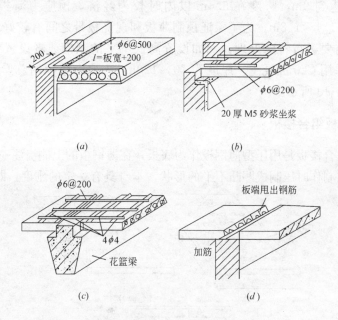

图 5-28 锚固钢筋的设置
(a) 板侧锚固；(b) 板端锚固；(c) 板与梁之间的锚固；(d) 甩出钢筋锚固

在有抗震要求的建筑物中，预制空心板必须直接搁置在现浇圈梁上，外墙应该设置缺口圈梁，将预制楼板箍在圈梁内，以加强墙体与楼板之间的连接，圈梁与墙体、楼板之间的连接如图 5-29 所示。

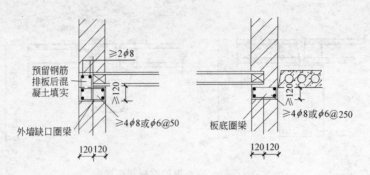

图 5-29 楼板、圈梁以及墙体的连接

5.2.1.3 装配整体式钢筋混凝土楼板

装配整体式楼板主要包括预制薄板叠合楼板。装配整体式楼板是指楼板通常有两部分组成，一部分为预制部分，另一部分为现浇部分；预制构件经工厂制作吊装就位后，在其上部浇注混凝土使整个楼板连接成一体。装配整体式楼板的整体刚度比预制楼板要好，在现浇板内又可以布置管线等，满足暗线施工的要求。板底的预制部分，还可以作为现浇部分的永久性模板。

预制薄板叠合楼板是用混凝土或者预应力的混凝土薄板作为底板，在其上现浇钢筋混凝土而形成的，现浇板内配置一定的负弯矩钢筋。预制薄板叠合楼板的跨度一般在 4～6m，最大可以达到 9m，跨度在 5.4m 以内时较为经济，预应力薄板的厚度在 50～70mm，板宽在 1.1～1.8m。为了保证预制薄板和现浇板带之间有较好的连接，在预制薄板的上表面需要进行特殊处理，例如设置高低不平的刻槽或者设置结合钢筋等。顶部的现浇板带采用 C20 混凝土，厚度为 70～120mm，叠合楼板的总厚度一般为 150～250mm，如图 5-30 所示。

5.2.2 压型钢板组合楼板

压型钢板组合楼板是用压型薄钢板作为底板，在薄钢板的上侧浇注一层混凝土而形成的。压型钢板在制作时压制成凹凸不平的形状，本身具有一定的刚度，既作为受力部分，

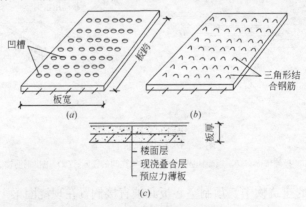

图 5-30 预制薄板叠合楼板

(a) 预制薄板表面刻槽；(b) 预制薄板设置插筋；(c) 叠合楼板构造层次

又可以用作混凝土永久性的底模,经过构造处理以后,可以使下部的钢衬板和上部的混凝土共同受力,即混凝土承受剪力和压应力,钢衬板主要承受拉应力。压型钢板组合楼板根据钢衬板的设置数量不同分为单层和双层。压型钢板组合楼板如图5-31、图5-32所示。

图 5-31　压型钢板组合楼板钢梁与压型钢板结构示意图

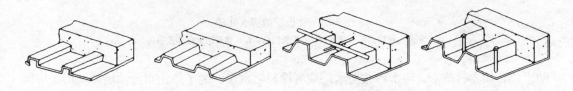

图 5-32　单层压型钢板叠合楼板

压型钢板组合楼板,只能够用作单向板,组合楼板的跨度在1.5～4.0m,经济跨度在2.0～3.0m之间。如果建筑物平面尺寸较大时,通常在板的下侧设置I字形梁作为支撑;压型钢板与其下部梁的连接构造做法如图5-33所示。

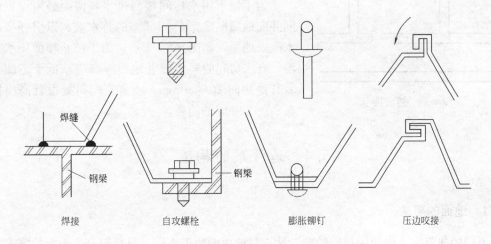

图 5-33　压型钢板组合楼板与梁连接构造及分段咬合

5.3 楼板层的防水做法

5.3.1 楼板的防水构造处理

为了防止楼面出现漏水,在经常用水的房间,如住宅楼的卫生间、厨房等部位,应该采用现浇楼板为宜。对防水要求较高的房间,可以在楼板的结构层和面层之间,设置一道

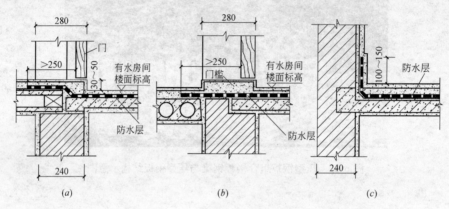

图 5-34 楼板层的防水处理
(a) 用水房间楼面标高降低; (b) 设置门槛; (c) 楼板防水层伸入踢脚线内

防水层,如卷材防水、防水砂浆防水层或者涂料防水层。为了防止水侵蚀墙体,用水房间的现浇板四边搁置端可以加厚,同时将防水层沿房间四周墙边向上伸入踢脚线内。遇到门洞时,防水层应该铺出门外不小于250mm,如图5-34所示。

5.3.2 楼面排水

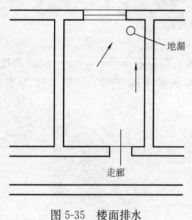

图 5-35 楼面排水

为了便于用水房间楼面排水,楼面必须设置地漏并向地漏形成1‰~1.5%的排水坡,以引导楼面水流入地漏,如图5-35所示。为了防止楼面积水外溢,有水房间的楼面或者地面标高应该低于走廊或者其他房间20~30mm,或者在门口处设置高出楼面20~30mm的门槛。

5.4 地坪层的构造

5.4.1 地面的要求

不同的建筑物,因使用功能的差异性,对地面的要求不同,总括而言,地面的要求主要有以下几个方面:

坚固耐久的要求：地面直接与人接触，家具、设备也大多都摆放在地面上，因而地面必须耐磨，行走时不起尘土、不起砂，并有足够的强度。

减少吸热的要求：由于人们直接与地面接触，地面则直接吸走人体的热量，为此应选用吸热系数小的材料作地面面层，或在地面上铺设辅助材料，用以减少地面的吸热。如采用木材或其他有机材料（塑料地板等）作地面面层，比一般水泥地面的效果要好得多。

防水要求：用水较多的厕所、盥洗室、浴室、实验室等房间，应满足防水要求。一般应选用密实不透水的材料，并适当做排水坡度。在楼地面的垫层上部有时还应做防水层。

因此，在进行地面的设计和施工时，应根据房间的使用功能和装修标准，选择适宜的地面面层和附加层。

5.4.2 地坪层的构造做法

地坪层由面层、结构层、垫层和素土夯实层、附加层等构成，如图5-36所示。

素土夯实层：素土夯实层是地坪的基层，也称地基。素土即为不含杂质的砂质黏土，经夯实后，才能承受垫层传下来的地面荷载。

垫层：垫层是承受并传递荷载给地基的结构层，垫层有刚性垫层和非刚性垫层之分。刚性垫层常用低标号混凝土，一般采用C10混凝土，其厚度为80～100mm；非刚性垫层，常用的有50mm厚砂垫层、80～100mm厚碎石灌浆、50～70mm厚石灰炉渣、70～120mm厚三合土（石灰、炉渣、碎石）等。

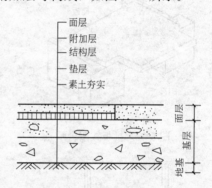

图5-36 地坪层的构造

面层：面层又称为地面。面层应坚固耐磨、表面平整、光洁、易清洁、不起尘。面层材料的选择与室内装修的要求有关。

附加层：附加层主要是根据建筑物不同房间的特殊要求而设置的特殊构造层次，如保温层、防水层、防潮层、隔热层等。

5.5 阳台与雨篷

5.5.1 阳台

在住宅类和宾馆类建筑中，为了满足建筑功能的要求，通常要设置阳台。按照阳台与外墙的相对位置关系，将阳台分为挑阳台、凹阳台和半凹半挑阳台等几种形式，如图5-37所示。

阳台结构的支撑方式可以分为墙承式和梁承式两种。墙承式是将阳台底板直接搁置在墙体上，这种形式适用于凹阳台，或者直接采用挑板处理，在浇筑房间楼板时，直接向外悬挑形成阳台板，阳台荷载直接传递给纵墙，房间的现浇楼板来抵抗阳台的倾覆力矩。挑

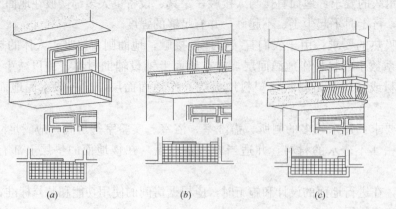

图 5-37 常见的几种阳台形式
(a) 挑阳台；(b) 凹阳台；(c) 半凹半挑阳台

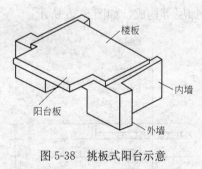

图 5-38 挑板式阳台示意

板式阳台底部平整,阳台可以根据需要设计成弧形、半圆形以及其他形状,如图 5-38 所示。

梁承式主要采用挑梁式,这种形式在砖混结构中一般从横墙向外悬挑挑梁以承担阳台荷载;在框架结构中,从框架梁或者连系梁向外悬挑,并与框架柱浇注在一起。挑梁式阳台是建筑设计中经常采用的一种形式。如图 5-39、图 5-40 所示。

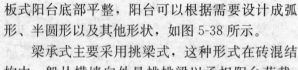

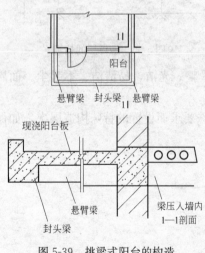

图 5-39 挑梁式阳台的构造

图 5-40 挑梁式阳台图形示意

5.5.2 雨篷

在建筑物的主要入口和辅助入口部位通常要设置雨篷,以遮挡雨雪。不设置竖向支撑构件的雨篷通常有悬挑式和悬挂式等多种形式。雨篷多采用现浇钢筋混凝土或者采用钢结构。

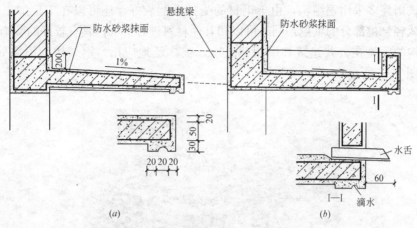

图 5-41 悬挑式钢筋混凝土雨篷构造示意
(a) 挑板式雨篷；(b) 挑梁式雨篷（反梁）

悬挑式雨篷必须和建筑物的主体结构有可靠的连接，以防止雨篷产生倾覆。悬挑式雨篷有挑板式和挑梁式两种形式，采用钢筋混凝土雨篷时，雨篷通常与门洞上部的圈梁浇筑在一起。挑板式雨篷主要用于辅助入口部位，外挑长度较小，一般为 0.8～1.5m，板根部厚度一般不小于挑出长度的 1/12，雨篷宽度要大于门洞宽度，每边应大于 25mm，雨篷排水可以采用有组织排水或者无组织排水，雨篷顶部应该采用防水砂浆进行抹面，以防止雨篷与墙体交接部位出现漏雨现象。雨篷与墙体交接处应作泛水，即用防水砂浆进行抹面处理，泛水高度不小于 250mm。当采用有组织排水时，雨篷板边应该设置翻沿，并在雨篷边沿设置泄水管。

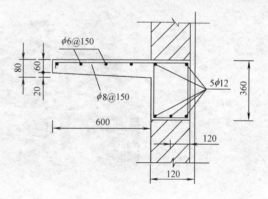

图 5-42 挑板式雨篷配筋图

挑梁式雨篷，一般用于建筑物的主要入口部位，为了满足观瞻的需要，使雨篷的底面保持平整，挑梁式雨篷一般要做反梁。挑板式和挑梁式雨篷如图 5-41、图 5-42、图 5-43 所示。

图 5-43 带反梁的雨篷

悬挂式雨篷多采用钢结构，由于钢材的受拉性能较好，还可以在工厂加工成轻型构件，可以减轻悬挑部分的重量，同时可以和其他材料进行组合，具有较好的装饰效果，悬挂式钢结构的雨篷在公共建筑和民用建筑中，被广泛地应用，钢结构的雨篷如图5-44、图5-45、图5-46所示。

图5-44　某科研楼主入口处的钢结构雨篷

图5-45　悬挑的钢结构玻璃雨篷

图5-46　某高校教学楼主入口处悬挂的钢结构雨篷

5.6 遮阳设施

在地球日益变暖的今天,太阳辐射对人们生活的影响愈趋强烈。研究遮阳系统不仅是建筑功能发展的需要,也是节约建筑能耗的主要举措,更是表达建筑自身地域性、文化性的手段。由于技术的高速发展,遮阳方式和材料的多样性,艺术效果的丰富性,为遮阳发展带来了宽广的前景。

5.6.1 建筑遮阳的作用和类型

建筑遮阳是防止直射阳光照入室内,引起夏季室内过热及避免产生眩光而采取的一种措施。直接对外的门窗口经过遮阳后,对抵挡太阳辐射热和降低室内气温效果较为显著,但对采光和通风也有较大的影响。

在北方地区,夏季的遮阳措施要考虑不能阻挡冬季对太阳热能的利用,宜采取如竹帘、软百叶、布篷等可拆除遮阳措施;长江中下游地区的建筑必须充分满足夏季防热要求,适当兼顾冬季保温,宜采用活动式遮阳;在南方沿海地区,夏季的遮阳可以不考虑冬季对太阳辐射的遮挡,虽可采取固定遮阳,但仍以活动式的为主。

过去,遮阳设计在建筑上的体现往往只是一片片固定装配在外墙上的或水平、或垂直、或倾斜的水泥混凝土板或者金属板。随着成套遮阳产品的发展丰富,建筑师和使用者有了更多的选择,遮阳设计得以简化,甚至可以简单到只需挑选产品,而无需进行复杂的设计工作与细节性的施工装配。如今专业生产的遮阳篷一般都能调节倾斜角度,以遮挡不同高度角的阳光,这使得它可以胜任任何朝向的遮阳。遮阳篷还为阳台、露台等提供了极好的遮阳方式,与此同时,它还为部分墙壁遮挡了太阳辐射,也有利于防止室内过热。

如今,国内外的遮阳产品品种繁多,同类产品中还有多种式样和颜色供选择。它们大都可以收放,其操作可在建筑室内由手动或电动控制,或者由阳光传感器自动作用。

在太阳高度角较大的南向窗口或北回归线以南低纬度地区北向附近窗口宜采用水平遮阳。在太阳高度角较小,阳光从窗口侧斜射入的东北、北、西北向附近朝向窗口宜采用垂直遮阳。在太阳高度角中等,阳光从窗口前方斜射下来的东南、西南或东北、西北向窗口宜采用综合遮阳。在太阳高度角较小,阳光正向射入窗口的情况,东西向附近的窗口遮阳可采用挡板式遮阳。

5.6.2 遮阳设施的基本方式

遮阳设施按其位置可分为外遮阳、内遮阳和表皮中间的遮阳,其位置不同所取得的节能效果也不一样。一般建筑的遮阳板则根据遮阳需要及立面造型要求,设计成更复杂更具装饰效果的形式。

5.6.2.1 外遮阳

夏季外窗节能设计应该首选外遮阳。对于节能而言,外遮阳的效果是最好的。因为它可以充当太阳辐射热进入室内的第一道屏障,减少透过玻璃的日照量,削弱温室效应从而减轻室内的空调负担。外遮阳只有透过的那部分阳光会直接达到窗玻璃外表面,并有部分可能形成冷负荷。

当然在居住建筑中室外遮阳不可能完全替代内遮阳。内遮阳在实用功能上不仅仅是出于遮阳的考虑，还有私密性的需要。而且还是改善室内空间品质的重要手段之一，两者同时使用，实用功能更好。以垂直悬挂的遮阳百叶为例，当采用外遮阳时约有70%的热量被阻挡，如果采用内遮阳时则降到40%，而平面遮阳帘幕能够达到100%的遮阳效果。由于位于室外，外遮阳体在设计和选材时有着严格的要求，一是设计中要考虑遮阳形式与室内空间和外立面设计的配合，使内外空间相得益彰；二是要求遮阳体的材料耐久性强，少沾灰，易清洁。外遮阳如图5-47所示。

图 5-47 外遮阳

5.6.2.2 内遮阳

内遮阳指遮阳和控制体都位于室内的做法，由于其安装、使用和维护都十分方便，因而在各地都有普遍的应用。从隔热效果讲，内遮阳不如外遮阳，因为在遇到内遮阳之前，太阳辐射热已经进入室内，内遮阳同样可以反射掉部分阳光，但吸收和透过的部分均变成了室内的冷负荷，只是对得热的峰值有所延迟和衰减。在欧洲，许多情况下将内外遮阳结合起来使用，既有良好的节能效果又有很强的灵活性。内遮阳如图5-48所示。

双层皮结构已经成为欧洲办公建筑的一种新趋势，由两层玻璃幕墙组成。外层"皮肤"上有开口，供新鲜空气进入两层外墙之间的空腔，可开启的窗户设置在内层墙壁上。这样即使是最高层办公室的窗户打开，也不会受到强风的吹袭而能获得

图 5-48 某建筑物内遮阳

自然通风。在双层皮结构中，遮阳体常被置于外皮和内皮之间，百叶被外层的玻璃保护起来，免遭风雨的侵蚀，起到遮阳和热反射的作用。遮阳设施又能起到类似外遮阳的节能性，而且比外遮阳多了一个容易清洁维护的优点。

5.6.3 遮阳设施的基本材质

遮阳设施遮挡太阳辐射热量的效果除取决于遮阳形式和位置外，还跟遮阳设施的材料和颜色有关。遮阳设施的材质多种多样，近年来还发展了太阳能光电板作为遮阳构件，一方面可节约室内制冷能源，另一方面还可产生电能。材质的不同所获得的遮阳效果也不同，同种材质颜色越浅遮阳效果越好。

5.6.3.1 织物

织物具有柔软性，一般国际流行采用玻璃纤维或聚酯纤维面料。根据不同需要（自然光线、热辐射遮挡、视觉享受等）来选择不同的面料。有的面料经过特殊的设计和处理可以让室内的人透过织物欣赏室外景色，而室外的人不能透过织物看到室内的情况。另外在室外景观不具有可观价值时可以采用不可视但透光的材料。有些面料采取特殊织造技术，面料两面颜色深浅不同，浅色朝外隔热，深色朝里以达到高透明度和更好控制眩光的作用。织物的一面进行金属膜涂层来达到更好的抗热辐射效果。织物材料色彩丰富，在外立面效果中具有柔性化效果。

5.6.3.2 金属

金属具有现代感，遮阳设施中的金属材质以铝合金居多。铝合金拥有优越的耐候性，在紫外线、潮湿、高温和腐蚀等恶劣环境中均能长期使用，不用特别维护。金属的可塑性很强，造型处理都很灵活，在现代风格的建筑中广泛应用。金属百叶片还可设计成包裹有玻璃棉或其他保温材料的复合结构，提高保温隔热性能。在金属百叶中，百叶的形状很多，基本为梭形，也有海鸥翅膀形、方形等等，穿孔百叶能营造出美妙的雾光效果。安装在窗户外侧的百叶适用于对隔热和防护要求较高的场合，有卷帘、折叠、平开、推拉等开启方式。

图 5-49 金属遮阳

另外，质地坚固的百叶窗还可替代防盗网，成为集遮阳、防护、保温、防盗等为一体的多功能百叶窗。金属遮阳如图 5-49 所示。

5.6.3.3 玻璃纤维

玻璃纤维是遮阳纱幕的主要材料，耐火防腐，坚固耐久。遮阳纱幕在安装上与防虫纱窗类似，紧贴着窗户外侧。纱幕的稀疏度是决定有多少光线能够穿过纱幕的关键因素之一，如稀疏度为14%或是6%，即分别阻挡86%和94%的太阳热辐射。同时，使用遮阳纱幕还保持了玻璃的可见度和自然采光，保护人们减少有害紫外线的伤害。遮阳纱幕之所以成为玻璃门窗极好的遮阳方式的另一重要原因就是，使用者能够拥有不受眩光干扰的视野，纱幕的颜色越深，视野越清晰。而且纱幕不失为一种雅致的门窗装饰，当需要大面积连续的遮阳时，纱幕便于形成建筑外观的整体性。遮阳纱幕还可兼作防虫纱窗，同时它极易清洗，只需使用温和的洗涤剂与清水即可。

5.6.3.4 木材

木材有着自然气息，可以表现温馨典雅的气质。木百叶遮阳效果与铝合金百叶的遮阳效果类似，但是木材的使用寿命和耐腐性不及铝合金。

5.6.3.5 玻璃

玻璃制成的百叶通透性最好但遮阳效果较弱。叶片有选用透明或磨砂等不同材料，可以取得不同的外观效果。玻璃镀膜还可以用在建筑窗户上来改变远红外线与可见光的数量和减少紫外线的透射。利用玻璃镀膜进行遮阳，可以说是不涉及建筑外形的遮阳方式。常用的类型有：

热反射玻璃：热反射玻璃是在玻璃表面镀上金属、非金属及其氧化物薄膜使其具有一定的反射能力，也称作阳光控制玻璃，对太阳光中的热辐射有较高的反射作用。它遮蔽太阳辐射热的效率较高，此外还能减少紫外线透射。它有较理想的可见光透过率和反射率，可有多种反射色调，如灰色、古铜色、银色、金色、蓝色等，装饰效果强烈。但是玻璃的可见光透过率会随着反射率的升高而降低，在减弱眩光的同时也会影响自然采光。

低辐射玻璃：普通透明玻璃的辐射率较高，低辐射玻璃是将非常薄的、透明的金属氧化物膜层直接镀到玻璃表面而形成的。

5.6.3.6 太阳能光电板

太阳能光电板根据其物理特性不同有数十种颜色、透明度和表面形状可供选择，可以将太阳能转化为电能。单晶硅通常呈黑色，光能利用率14%～16%；多晶硅呈微蓝色，光能利用率12%～14%；非晶硅电池不透明或半透明，光能利用率4%～5%。为提高光能利用率，光电板遮阳设施通常安装于朝南、接受到太阳直射光多的部位。其倾斜角度根据光线的强度和方向而定。位于马塔罗的庞佩法布拉图书馆是一个很典型的具功能性的图书馆。在其立面和屋顶上均安装了太阳能光电板（0.3m^2）。这些电池板成为了建筑的构造元素，而不仅仅是附加物。多功能的太阳能板夹在两层玻璃之间，由连接了电力系统的太阳能电池构成，通过开发幕墙技术实现了可以发电并产生半透明的维护体系。该建筑的室内光线也可以通过立面的太阳能板实现，从室内往室外看，太阳能板表皮产生半透明效果。

5.6.4 遮阳设施的立面处理

遮阳设施在立面上的构成有点式、线式和面式三种。

点状的遮阳设施一般都应用在单个窗口上。如法国的海外档案中心的立面和顶部以1.2m×2.4m的方格为模数，这些方格的模数间以折叠状向室外打开，它可以通过反射减少进入室内的光。这种点状的遮阳方式在立面上形成了独特的效果。可由细管构成的遮阳百叶为线式。面式遮阳设施以面的形式出现。

遮阳构件可以根据设计为建筑形体的外观带来各种美学表现，遮阳设施通过面状的表现使建筑表面均质化以表现其体量感：荷兰格罗宁根旅馆当百叶窗和门被打开时，整栋建筑的立面发生变化，遮阳板的开与闭完全展示了建筑的两种形象。

遮阳设施的布置可以体现建筑表皮的节奏韵律感。伦佐·皮亚诺设计的位于美国休斯敦的Menil艺术藏馆，通过顶部遮阳构件的应用，使得外立面十分轻快而有节奏感；遮阳设施通过线性化的布置使建筑看起来具有整体感；另外外遮阳构件还可以增强建筑表面的层次感和虚实对比。遮阳设施的关闭与开启之间带来建筑表情的动态性变化，比如住宅伸出的阳台用铜制遮阳构件封闭起来，在居民的使用过程中呈现变化的闭合和开口，让建筑的表面具有动态性。图5-50、图5-51为遮阳立面处理实例。

总之，良好的建筑遮阳设计要综合考虑各方面的需要，既能够节约能源，又要创造建筑的独特个性。在遮阳设施应用的过程中还要考虑遮阳体对视线和通风采光等方面的影响，遮阳设施对不同天气状况的应变能力以及遮阳体的经济性、耐久性、可清洁度和适用性。

图 5-50 遮阳设施的处理

图 5-51 遮阳设施的立面处理

5.6.5 现代建筑遮阳的发展趋势

在上个世纪三十年代，遮阳板设计曾经是建筑国际化的重要标志，时至今日，在欧洲日照强烈的国家如荷兰、法国、德国，遮阳板设计仍着重与建筑外墙面结合，组织全新的艺术形式和设计理念。很多经典建筑中都有遮阳板的身影，可见遮阳板在建筑立面处理中的历史地位。随着建筑技术日臻成熟，建筑遮阳系统呈现新的发展趋势。

5.6.5.1 遮阳设计的复合化

如今西方遮阳板主流造型手法是打破原有建筑各功能构件的联系，更多地考虑采光口与阳台、外廊、检修道、屋顶、墙面的综合遮阳设计，使遮阳构件与建筑浑然天成。这种集遮阳、通风、排气等实用功能和物理功能于一身的设计理念得到了大多数建筑师的青睐。如图 5-52 所示。

5.6.5.2 遮阳设计的智能化

智能遮阳系统也是建筑智能化系统不可或缺的一部分，将被越来越多的建筑所采用，并在设计阶段就应被集成进去。遮阳系统为改善室内环境而设，遮阳系统的智能化将是建筑智能化系统最新和最有潜力的一个发展分支。目前国外已经成功开发出以下几种控制系统：

图 5-52 复合化的遮阳

时间电机控制系统：这种时间控制器储存了太阳升降过程的记录，而且已经事先根据太阳在不同季节的不同起落时间作了调整。还能利用阳光热量感应器（热量可调整），来进一步自动控制遮阳帘的高度或遮阳板角度，使房间不被太强烈的阳光所照射。

气候电机控制系统：这种控制器是一个完整的气象站系统，装置有太阳、风速、雨量、温度感应器。此控制器在厂里已经输入基本程序包括光强弱、风力、延长反应时间的数据。这些数据可以根据建筑地点和建筑需要而随时更换。德国柏林议会的新穹顶遮阳叶板就是由计算机控制随太阳移动的。

随着技术的不断进步和建筑智能化的普及，建筑遮阳将具备完备的智能控制系统，而与传统的遮阳体系和窗帘有着本质区别。

这种控制系统是一套较为复杂的系统工程，涉及气候测量、制冷机组运行状况的信息采集、电力系统配置、楼宇控制、计算机控制、外立面构造等多方面的因素。例如，当室外风力或降雨超过设定允许值时，气候测量装置将采集到的信息传给计算机，计算机发出指令给控制中心，操纵传动机构，以保证在恶劣气候下，强行收回帘幕。大厦空调系统可以根据运行状况，选择最经济方式，依靠遮阳系统遮挡太阳辐射热，来保持室内温度，这个过程也依靠智能控制系统的空调运行状况监控装置采集信息，从而对遮阳系统做出强制性动作要求。阳光测量装置采集信息后对遮阳系统的控制过程，可以通过窗帘降低强光和刺眼光，给人视觉上形成一个舒适的空间。总之，人们会日益体会到建筑遮阳智能化水平提高所带来的舒适方便。广州发展中心大厦坐落在广州珠江新城的珠江边上，建筑占地面积6900m²，总建筑面积7.8万m²，高度150m，如图5-53所示，该大厦建筑设计有以下几个特点。

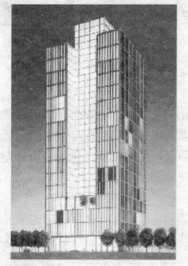

图5-53 广州发展中心大厦

外立面四周采用了竖向遮阳百叶，这是本建筑的最大特点，此百叶可根据太阳照射角度、风力、天气等因素自动调节角度，达到最佳的遮阳和景观效果，也保证恶劣天气条件下的结构安全性。遮阳铝板上布满了直径约5毫米的圆孔，即使处于关闭状态，也可透过遮阳板看到窗外景色，具有奇特视觉效果。镂空圆孔的设计还具有减轻重量、减少风荷载、降低反射光的作用。这种遮阳板在超高层建筑上的应用在世界上尚属首例。每块板的尺寸为0.9m×7m，并对结构的安全性进行设计。遮阳铝板的镂空穿孔处理，降低了铝板的反光度，使其变得较为素雅细腻。

活动的遮阳板产生了活动的立面：由于遮阳板随着太阳照射角度而转动，建筑外观从早到晚都在不停地变换，随之产生的色彩反射及光影效果也在不停地变换，赋予建筑生命和活力。

外立面玻璃幕墙全部采用低辐射浅色双层玻璃：既保证很好的视觉效果，又有效阻隔了太阳辐射，和遮阳板一起对室内空间起到了很好的节能作用。

5.6.5.3 遮阳设计的地方性、文化性

技术和生产方式的全球化，使地域特色渐趋衰弱。而建筑遮阳由于有利于节省能源、降低能耗，符合建筑设计日益趋向生态人性化的发展而具有极强的生命力。例如，马来西亚杨经文致力于"生物气候学"的设计方法论，致力于从生物气候学的角度研究建筑设计，将设计目标定于满

图5-54 遮阳实例

足人的舒适、精神需求及降低建筑能耗上。具体手法之一就是采用在屋顶上设置固定的遮阳格片，并根据太阳各季节的运行轨迹，将格片做成不同的角度，以控制不同季节和时间阳光进入的多少，创造室内通风条件，既可节省运转能耗的 40%，又创造了独特的建筑个性——具有生态合理性的艺术个性。良好的建筑遮阳设计既可节约能源，又可创造独特的建筑个性，既符合建筑设计发展趋向，又具备技术上的发展空间。如图 5-54 所示。

6 饰面装修

6.1 概　述

建筑饰面装修是指建筑物除主体结构部分以外，使用建筑材料及其制品或其他装饰性材料对建筑物内外与人接触部分以及看得见部分进行装潢和修饰的构造做法。

6.1.1 饰面装修的作用

6.1.1.1 保护墙体，提高墙体的耐久性

建筑物墙体要受到风、雨、雪、太阳辐射等自然因素和各种人为因素的影响。对于常用的砖墙，由于材料本身存在很多微小空隙，吸水性很强，会使这些影响更为严重。对墙面进行装修处理，可以提高墙体对水、火、酸、碱、氧化、风化等不利因素的抵抗能力，同时还可以保护墙体不直接受到外力的磨损、碰撞和破坏，从而提高墙体的坚固性和耐久性，延长其使用寿命。

6.1.1.2 密实和平整墙体，改善环境条件

对墙面进行装修处理，会增加墙厚，并可利用饰面材料堵塞墙身空隙，因而可提高墙体的保温、隔热和隔声能力，而且平整光滑、浅色的室内装修，不仅便于保持清洁，改善卫生条件，还可增加光线的反射，提高室内照度。选择恰当的材料作室内饰面，还会收到良好的声响效果。

6.1.1.3 美化环境，提高建筑的艺术效果

饰面装修不仅可以改变建筑物的外观，而且对丰富室内空间，提高其艺术性，也有很大影响。不同材料的质地、色彩和形式，会给人不同的视觉感受，设计中可以通过正确合理地选材，并对材料表面纹理的粗细、凹凸，对光的吸收、反射程度，以及不同的加工方式所产生的各种感观上的效果，进行恰当处理和巧妙组合，创造出优美、和谐、统一而又丰富的空间环境。

6.1.2 建筑饰面构造选择的原则

选择一种饰面构造做法，必须对多种因素加以考虑和分析比较，才有可能从众多的装饰构造方法中选择出一种对于特定的建筑装饰任务来说是最佳的构造方案。选择装饰构造的一般原则如下：

6.1.2.1 功能性原则

建筑装饰的基本功能，包括满足与保证使用的要求、保护主体结构免受损害和对建筑的立面、室内空间等进行装饰这三个方面。但是，根据建筑类型的不同、装饰部位的不同，装饰设计的目的是不尽相同的，这就导致了在不同的条件下，饰面所承担的三方面的

功能是不同的。因此，在选择装饰构造时，应根据建筑物的类型、使用性质、主体结构所用材料的特性、装饰的部位、环境条件及人的活动与装饰部位间接触的可能性等各种因素，合理地确定饰面构造处理。

6.1.2.2 安全性原则

建筑饰面工程，无论是墙面、地面或顶棚，其构造都要求具有一定的强度和刚度，符合计算要求。特别是各部分之间相互连接的节点，更要安全可靠。如果构造本身不合理，材料强度、连接件刚度等不能达到安全、坚固的要求，也就失去了其他一切功能。

6.1.2.3 经济性原则

建筑饰面装修标准差距甚大，不同性质、不同用途的建筑有不同的装饰标准。普通住宅和高级宾馆装饰标准就十分不同。要根据建筑的实际性质和用途确定装饰标准，不要盲目提高标准，单纯追求艺术效果，造成资金的浪费。也不要片面降低标准而影响使用。重要的是在同样的造价情况下，通过巧妙的构造设计达到较好的装饰效果。

6.1.3 建筑饰面装修的基本分类

饰面装修根据所处部位的不同，可分为三类：墙面装修、地面装修、顶棚装修。

6.2 墙面装修

墙体饰面是指墙体工程完成以后，为满足使用功能、耐久及美观等要求，而在墙面进行的装饰和修饰层，即墙面装修层。

6.2.1 墙面装修的类型

墙体饰面依其所处的位置，分室内和室外两部分。室外装修起保护墙体和美观的作用，应选用强度高、耐水性好，以及有一定抗冻性和抗腐蚀、耐风化的建筑材料。室内装修主要是为了改善室内卫生条件，提高采光、音响等效果，美化室内环境。室内装修材料的选用应根据房间的功能要求和装修标准确定。同时，对一些有特殊要求的房间，还要考虑材料的防水、防火、防辐射等能力。

按材料和施工方式的不同，常见的墙体饰面可分为抹灰类、贴面类、涂料类、裱糊类和铺钉类等，见表6-1。

饰面装修分类　　　　　　　　　表6-1

类别	室外装修	室内装修
抹灰类	水泥砂浆、混合砂浆、聚合物水泥砂浆、拉毛、水刷石、干粘石、斩假石、假面砖、喷涂、滚涂等	纸筋灰、麻刀灰粉面、石膏粉面、膨胀珍珠岩灰浆、混合砂浆、拉毛、拉条等
贴面类	外墙面砖、马赛克、水磨石板、天然石板等	釉面砖、人造石板、天然石板等
涂料类	石灰浆、水泥浆、溶剂型涂料、乳液涂料、彩色胶砂涂料、彩色弹涂等	大白浆、石灰浆、油漆、乳胶漆、水溶性涂料、弹涂等
裱糊类		塑料墙纸、金属面墙纸、木纹壁纸、花纹玻璃、纤维布、纺织面墙纸及锦缎等
铺钉类	各种金属饰面板、石棉水泥板、玻璃	各种木夹板、木纤维板、石膏板及各种装饰面板等

6.2.2 饰面装修构造

饰面装修一般由基层和面层组成，基层即支托饰面层的结构构件或骨架，其表面应平整，并应有一定的强度和刚度。饰面层附着于基层表面起美观和保护作用，它应与基层牢固结合，且表面须平整均匀。通常将饰面层最外表面的材料，作为饰面装修构造类型的命名。

6.2.2.1 抹灰类

抹灰类墙面是指用石灰砂浆、水泥砂浆、水泥石灰混合砂浆、聚合物水泥砂浆、膨胀珍珠岩水泥砂浆，以及麻刀灰、纸筋灰、石膏灰等作为饰面层的装修做法。它主要的优点在于材料的来源广泛、施工操作简便和造价低廉。但也存在着耐久差、易开裂、湿作业量大、劳动强度高、工效低等缺点。一般抹灰按质量要求分为普通抹灰、中级抹灰和高级抹灰三级。

为保证抹灰层与基层连接牢固，表面平整均匀，避免裂缝和脱落，在抹灰前应将基层表面的灰尘、污垢、油渍等清除干净，并洒水湿润。同时还要求抹灰层不能太厚，并分层完成。普通标准的抹灰一般由底层和面层组成，装修标准较高的房间，当采用中级或高级抹灰时，还要在面层与底层之间加一层或多层中间层，如图 6-1 所示。墙面抹灰层的平均总厚度，施工规范中规定不得大于以下规定：

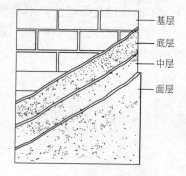

图 6-1 墙面抹灰分层结构

外墙：普通墙面——20mm，勒脚及突出墙面部分——25mm。

内墙：普通抹灰——18mm，中级抹灰——20mm，高级抹灰——25mm。

石墙：墙面抹灰——35mm。

底层抹灰，简称底灰，它的作用是使面层与基层粘牢和初步找平，厚度一般为5～15mm。底灰的选用与基层材料有关，对黏土砖墙、混凝土墙的底灰一般用水泥砂浆、水泥石灰混合砂浆或聚合物水泥砂浆。轻质混凝土砌块墙的底灰多用混合砂浆或聚合物水泥砂浆。板条墙的底灰常用麻刀石灰砂浆或纸筋石灰砂浆。另外，对湿度较大的房间或有防水、防潮要求的墙体，底灰宜选用水泥砂浆。

中层抹灰的作用在于进一步找平，减少由于底层砂浆开裂导致的面层裂缝，同时也是底层和面层的粘结层，其厚度一般为5～10mm。中层抹灰的材料可以与底灰相同，也可根据装饰要求选用其他材料。

面层抹灰，也称罩面，主要起装饰作用，要求表面平整、色彩均匀、无裂纹等。根据面层采用的材料不同，除一般装修外，还有水刷石、干粘石、水磨石、斩假石、拉毛灰、彩色抹灰等做法，如表 6-2 所示。

在室内抹灰中，对人群活动频繁、易受碰撞的墙面，或有防水、防潮要求的墙身，常做墙裙对墙身进行保护。墙裙高度一般为1.5m，有时也做到1.8m以上。常见的做法有水泥砂浆抹灰、水磨石、贴瓷砖、油漆、铺钉胶合板等。同时，对室内墙面、柱面及门窗洞口的阳角，宜用1:2水泥砂浆做护角，高度不小于2m，每侧宽度不应小于50mm，如图 6-2 所示。此外，在室外抹灰中，由于抹灰面积大，为防止面层裂纹和便于操作，或立

常用抹灰做法说明　　　　　　　表 6-2

抹灰名称	做法说明	适用范围
纸筋灰墙面(一)	1. 13厚1:3石灰砂浆打底 2. 8厚1:3石灰砂浆 3. 2厚纸筋灰罩面 4. 喷内墙涂料	砖基层的内墙
纸筋灰墙面(二)	1. 涂刷TG胶浆一道,配比:TG胶:水:水泥=1:4:1.5 2. 6厚TG砂浆打底扫毛,配比:水泥:砂:TG胶:水=1:6:0.2:适量 3. 8厚1:3石灰砂浆 4. 2厚纸筋灰罩面 5. 喷内墙涂料	加气混凝土基层的内墙
混合砂浆墙面	1. 15厚1:1:6水泥石灰混合砂浆打底找平 2. 5厚1:0.3:3水泥石灰混合砂浆面层 3. 喷内墙涂料	内墙
水泥砂浆墙面(一)	1. 10厚1:3水泥砂浆打底扫毛或划出纹道 2. 9厚1:3水泥砂浆刮平扫毛 3. 6厚1:2.5水泥砂浆罩面	砖基层的外墙或有防水要求的内墙
水泥砂浆墙面(二)	1. 喷一道107胶水溶液配比:107胶:水=1:4 2. 6厚2:1:8水泥石灰砂浆打底扫毛 3. 6厚1:1:6水泥石灰砂浆刮平扫毛 4. 6厚1:2.5水泥砂浆罩面	加气混凝土基层的外墙
水刷石墙面(一)	1. 6厚2:1:8水泥石灰砂浆打底扫毛 2. 6厚1:1:6水泥石灰砂浆刮平扫毛 3. 刷素水泥浆一道(内掺3%～5% 107胶) 4. 8厚1:1.5水泥石子(小八厘)	加气混凝土基层的外墙
水刷石墙面(二)	1. 12厚1:3水泥石灰砂浆打底扫毛 2. 刷素水泥浆一道(内掺水重的3%～5% 107胶) 3. 8厚1:1.5水泥石子(小八厘)或10厚1:1.25水泥石子(中八厘)罩面	砖基层外墙
斩假石墙面(剁斧石)	1. 12厚1:3水泥砂浆打底扫毛或划出纹道 2. 刷素水泥浆一道(内掺水重的3%～5% 107胶) 3. 10厚1:1.25水泥石子(米粒石内掺30%石屑)罩面赶平压实 4. 斧剁斩毛两遍成活	外墙
水磨石墙面	1. 12厚1:3水泥砂浆打底扫毛 2. 刷素水泥浆一道(内掺水重3%～5% 107胶) 3. 10厚1:1.25水泥石子罩面	墙裙、踢脚等处

面处理的需要,常对抹灰面层做线脚分隔处理。面层施工前,先做不同形式的木引条,待面层抹完后取出木引条,即形成线脚,如图6-3所示。

6.2.2.2 贴面类

贴面类是指利用各种天然石材或人造板、块,通过绑、挂或直接粘贴于基层表面的饰面做法。这类装修具有耐久性好、施工方便、装饰性强、质量高、易于清洗等优点。常用

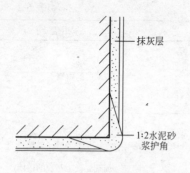
图 6-2 护脚做法

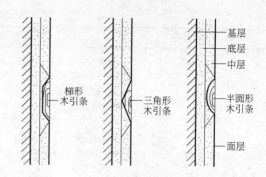
图 6-3 引条线脚做法

的贴面材料有陶瓷面砖、马赛克，以及水磨石和天然的花岗岩、大理石板等。其中，质地细腻、耐候性差的材料常用于室内装修，如瓷砖、大理石板等。而质感粗放、耐候性较好的材料，如陶瓷面砖、马赛克、花岗岩板等，多用作室外装修。但这也不是绝对的，在公共建筑体量较大的厅堂内，有不少运用质感丰富的面砖、彩绘烧成图案的陶板装饰墙面取得了良好的建筑艺术效果。

贴面类饰面的基本构造，因两种不同的工艺形式而分成两类。直接镶贴饰面的构造比较简单，大体上由底层砂浆、粘结层砂浆和块状贴面材料面层组成。底层砂浆具有使饰面层与基层之间粘附和找平的双重作用，因此，习惯上也将其称为"找平层"。粘结层砂浆的作用，是与底层形成良好的连接，并将贴面材料粘附在墙体上。采用一定构造连接方式的饰面的构造则与直接镶贴饰面的构造有显著的差异。下面板材类饰面部分将对其细部构造一般处理方法加以介绍。

(1) 面砖、陶瓷锦砖、玻璃马赛克等饰面

陶瓷面砖、锦砖系以陶土或瓷土为原料，经加工成型、煅烧而制成的产品。可以根据是否上釉而分为以下几种：

陶土釉面砖，它色彩艳丽、装饰性强。其规格为100mm×100mm×7mm，有白、棕、黄、绿、黑等色。具有强度高、表面光滑、美观耐用、吸水率低等特点，多用作内、外墙及柱的饰面。

陶土无釉面砖，俗称面砖，它质地坚固、防冻、耐腐蚀。主要用作外墙面装修，有光面、毛面或各种纹理饰面。

瓷土釉面砖，常见的有瓷砖、彩釉墙砖。瓷砖系薄板制品故又称瓷片。瓷砖多用作厨房、卫生间的墙裙或卫生要求较高的墙面贴面。彩釉墙砖多用作内外墙面装修。瓷土无釉砖，主要包括锦砖及无釉砖。锦砖又名马赛克，系由各种颜色、方形或多种几何形状的小瓷片拼制而成。生产时将小瓷片拼贴在300mm×300mm或400mm×400mm的牛皮纸上，又称纸皮砖。瓷土无釉砖，图案丰富、色泽稳定，耐污染，易清洁，价廉，变化多，近年来已大量用于外墙饰面，效果甚佳。

陶、瓷墙砖作为外墙面装修，其构造多采用10～15厚1∶3水泥砂浆打底，5厚1∶1水泥砂浆粘结层，然后粘贴各类装饰材料。如果粘结层内掺入10%以下的107胶时，其粘贴层厚可减为2～3mm厚，在外墙面砖之间粘贴时留出约13mm缝隙，以增加材料的透气性。如图6-4a所示。作为内墙面装修，其构造多采用10～15厚1∶3水泥砂浆或1∶

3∶6水泥、石灰膏砂浆打底，8～10厚1∶0.3∶3水泥、石灰膏砂浆粘结层，外贴瓷砖，如图6-4b所示。

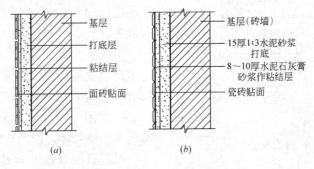

图6-4 瓷砖、面砖贴面
(a) 面砖贴面；(b) 瓷砖贴面

(2) 天然石板、人造石板贴面

用于墙面装修的天然石板有大理石板和花岗岩板，属于高级装修饰面。

大理石又称云石，表面经磨光后纹理雅致，色泽鲜艳，美丽如画。全国各地都有十分艳丽的产品，如杭灰、苏黑、宜兴咖啡、南京红以及北京房山的白色大理石（汉白玉）等等。花岗岩质地坚硬、不易风化、能适应各种气候变化，故多用作室外装修。它也有多种颜色，有黑、灰、红、粉红色等。根据对石板表面加工方式的不同可分为剁斧石、火爆石、蘑菇石和磨光石四种。

人造石板常见的有人造大理石、水磨石板等。

天然石板安装方法有三种，第一种是粘贴法，第二种是绑扎法，第三种是干挂法。小规格的板材（一般指边长不超过400mm，厚度在10mm左右的薄板）通常用粘贴的方法安装，这与前述的面砖铺贴的方法基本相同，在这里不予讨论，而着重讨论大规格的饰面板安装方法。大规格饰面板是指块面大的板材（边长500～2000mm）；或者厚度大的块材（40mm以上）。这样的板块重量大，如果用砂浆粘贴，有可能承受不了板块的自重，引起坍落。

绑扎法：先在墙身或柱内预埋中距500mm左右、双向的φ8"Ω"形钢筋，在其上绑扎φ6～φ10的钢筋网，再用16号镀锌钢丝或铜丝穿过事先在石板上钻好的孔眼，将石板绑扎在钢筋网上。固定石板用的横向钢筋间距应与石板的高度一致，当石板就位、校正、

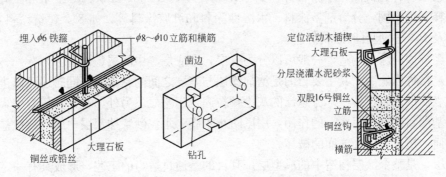

图6-5 绑扎法

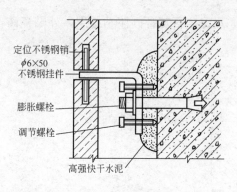

图 6-6 干挂构造

绑扎牢固后,在石板与墙或柱面的缝隙中,用 1:2.5 水泥砂浆分层灌缝,每次灌入高度不应超过 200mm。石板与墙柱间的缝宽一般为 30mm。如图 6-5 所示。

干挂:在需要铺贴饰面石材的部位预留木砖、金属型材或者直接在饰面石材上用电钻钻孔,打入膨胀螺栓,然后用螺栓固定,或用金属型材卡紧固定,最后进行勾缝和压缝处理。如图 6-6 所示。

人造石板装修的构造做法与天然石板相同,但不必在板上钻孔,而是利用板背面预留的钢筋挂钩,用铜丝或镀锌铁丝将其绑扎在水平钢筋上,就位后再用砂浆填缝,如图 6-7 所示。

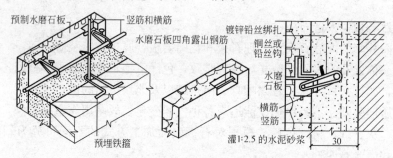

图 6-7 预制人造石板墙面装修构造

6.2.2.3 涂刷类饰面

在已做好的墙面基层上,经局部或满刮腻子处理使墙面平整,然后涂刷选定的材料即成为涂刷类饰面。

建筑物的内外墙面采用涂刷材料作饰面,是各种饰面做法中最为简便的一种方式。这种饰面做法省工省料,工期短,工效高,自重轻,颜色丰富,便于维修更新,而且造价相对比较低,因此,涂刷类饰面无论在国内还是在国外,都成为一种传统的饰面方法得到广泛地应用。

涂料按其成膜物的不同可分无机涂料和有机涂料两大类。无机涂料包括石灰浆、大白浆、水泥浆及各种无机高分子涂料等,如 JHS0—1 型、JHN84—1 和 F832 型等。有机涂料依其稀释剂的不同,分溶剂型涂料、水溶性涂料和乳胶涂料等,如 812 建筑涂料、106 内墙涂料及 PA—1 型乳胶涂料等。

涂刷类饰面的涂层构造,一般可以分为三层,即底层、中间层、面层。

底层,俗称刷底漆,其主要目的是增加涂层与基层之间的粘附力,同时还可以进一步清理基层表面的灰尘,使一部分悬浮的灰尘颗粒固定于基层。另外,在许多场合中,底层漆还兼具基层封闭剂(封底)的作用,用以防止木脂、水泥砂浆抹灰层中的可溶性盐等物质渗出表面,造成对涂饰饰面的破坏。

中间层,是整个涂层构造中的成型层。其目的是通过适当的工艺,形成具有一定厚度的,匀实饱满的涂层。通过这一涂层,达到保护基层和形成所需的装饰效果。因此,中间层的质量如何，对于饰面涂层的保护作用和装饰效果的影响都很大。中间层的质量好，不仅可以保证涂层的耐久性、耐水性和强度，在某些情况下对基层尚可起到补强的作用。为了增强中间层的作用，近年来往往采用厚涂料、白水泥、砂粒等材料配制中间造型层的涂料，这一作法，对于提高膜层的耐久性显然也是有利的。

面层的作用是体现涂层的色彩和光感。从色彩的角度考虑，为了保证色彩均匀，并满足耐久性、耐磨性等方面的要求，面层最低限度应涂刷二遍。从光泽度的角度考虑，一般地说溶剂型涂料的光泽度普遍比水溶性涂料、无机涂料的光泽度要高一些。但从漆膜反光的角度分析，却不尽然。因为反光光泽度的大小不仅与所用溶剂的类型有关，还与填料的颗粒大小、基本成膜物质的种类有关。当采用适当的涂料生产工艺、施工工艺时，水溶性涂料和无机涂料的光泽度赶上、或超过溶剂型涂料的光泽度是可能的。

6.2.2.4 裱糊类饰面

裱糊类是将各种装饰性墙纸、墙布等卷材裱糊在墙面上的一种饰面做法。包括墙纸、墙布、皮革和人造革、丝绒和锦缎等。

(1) 墙纸饰面

墙纸又称壁纸。墙纸是室内装饰中常用的一种装饰材料，不仅广泛地用于墙面装饰，也可应用于吊顶饰面。它具有色彩丰富、图案的装饰性强、易于擦洗等特点。同时，更新也比较容易，施工中湿作业减少，能提高工效，缩短工期。

墙纸应粘贴在具有一定强度、表面平整、光洁、干净、不疏松掉粉的基层上。如水泥砂浆、混合砂浆、石灰砂浆抹面，纸筋灰罩面，石膏板、石棉水泥板等预制板材，以及质量达到标准的现浇或预制混凝土墙体。一般构造方法是：在墙体上做12mm厚1:3:9水泥石灰砂浆打底，使墙面平整，再做8mm厚1:3:9水泥、石灰膏、细黄砂粉面。干燥后满刮腻子并用砂纸磨平，然后用胶粘贴墙纸。构造如图6-8所示。

(2) 墙布饰面

墙布饰面包括玻璃纤维墙布和无纺墙布饰面。

玻璃纤维墙布是以玻璃纤维布作为基材制成的墙布。这种饰面材料强度大，韧性好，耐水、耐火，可用水擦洗，本身有布纹质感，适用于室内饰面。其不足之处是它的盖底力稍差，当基层颜色有深浅时容易在裱糊面上显现出来；涂层一旦磨损破碎时有可能散落出少量玻璃纤维，要注意保养。

无纺墙布是采用棉、麻、涤、腈等合成的高级饰面材料。无纺墙布挺括，有弹性，不易折断，表面光洁而又有羊绒毛感，色彩鲜艳，图案雅致，不褪色，具有一定透气性、可擦洗，施工简便。

裱糊玻璃纤维墙布和无纺墙布的方法大体与纸基壁纸类同，不予赘述。

(3) 丝绒和锦缎饰面

丝绒和锦缎是一种高级墙面装饰材料，其特点是绚丽多彩，质感温暖，古雅精致，色泽自然逼真。属于较高级的饰面材料，只适用于室内高级饰面裱糊。

其构造方法是：在墙面基层上用水泥砂浆找平后刷冷底子油，再做一毡二油防潮层，然后立木龙骨（断面为50mm×50mm），纵横双向间距450mm构成骨架。把胶合板（五层）钉在木龙骨上，最后在胶合板上用化学浆糊、107胶、墙纸胶或淀粉面糊裱贴丝绒、锦缎。构造如图6-9所示。

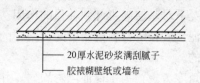
图 6-8 墙纸或墙布饰面构造

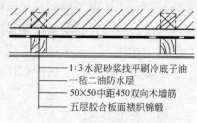
图 6-9 锦缎饰面构造

（4）皮革与人造革饰面

皮革与人造革是高级墙面装饰材料，格调高雅，触感柔软、温暖，耐磨并且有消声消震特性。皮革或人造革墙面可用于健身房、练功房、幼儿园等要求防止碰撞的房间，以及酒吧台、餐厅、会客室、客房、起居室等，以使环境优雅、舒适。也适用于录音室等声学要求较高的房间。

皮革与人造革饰面一般构造方法是：将墙面先做防潮处理，即用1：3水泥砂浆20mm厚找平墙面并涂刷冷底子油，再做一毡二油。然后立墙筋，墙筋一般是采用断面为20～50mm×40～50mm的木条，双向钉于预埋在砖墙或混凝土墙中的木砖或木楔之上。在砖墙或混凝土墙上埋入木砖（或木楔）的间距尺寸，同墙筋的间距尺寸一样。一般为400～600mm，按设计中的分格需要来划分。常见的划分尺寸为450mm×450mm见方。墙筋固定好后，将五合板做衬板钉于木墙筋之上。然后，以皮革或人造革包矿棉（或泡沫塑料、棕丝、玻璃棉等）覆于五合板之上，并采用暗钉口将其钉在墙筋上。最后，以电化铝帽头钉按划分的分格尺寸在每一分块的四角钉入即可。图6-10为皮革或人造革墙面构造。

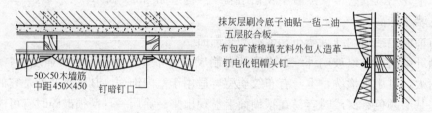
图 6-10 皮革或人造革墙面构造

6.2.2.5 铺钉类饰面

铺钉类是指利用天然板条或各种人造薄板借助于钉、胶粘等固定方式对墙面进行的饰面做法。选用不同材质的面板和恰当的构造方式，可以使这类墙面具有质感细腻，美观大方，或给人以亲切感等不同的装饰效果。同时，还可以改善室内声学等环境效果，满足不同的功能要求。

铺钉类装修构造做法与骨架隔墙的做法类似，是由骨架和面板两部分组成，施工时先在墙面上立骨架（墙筋），然后在骨架上铺钉装饰面板。

骨架有木骨架和金属骨架，木骨架截面一般为50mm×50mm，金属骨架多为槽形冷轧薄钢板。木骨架一般借助于墙中的预埋防腐木砖固定在墙上，木砖尺寸为60mm×60mm×60mm，中距500mm，骨架间距还应与墙板尺寸相配合。金属骨架多用膨胀螺栓固定在墙上。为防止骨架和面板受潮，在固定骨架前，宜先在墙面上抹10mm厚混合砂浆，然后刷二遍防潮防腐剂（热沥青），或铺一毡两油防潮层。

常见的装饰面板有硬木条（板）、竹条、胶合板、纤维板、石膏板、钙塑板及各种吸声墙板等。面板在木骨架上用圆钉或木螺丝固定，在金属骨架上一般用自攻螺丝固定面板。图6-11为常见的铺钉类墙面的装饰构造。

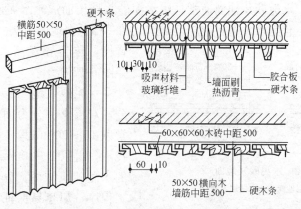

图6-11 木质面板墙面装修构造

6.3 地面装修

楼面和地面分别为楼板层和地层的面层，它们在构造要求和做法上基本相同，对室内装修而言，两者统称地面。

6.3.1 地面的设计要求

地面是人和家具设备直接接触的部分，它直接承受地面上的荷载，经常受到摩擦，并需要经常清扫或擦洗。因此，地面首先必须满足的基本要求是坚固耐磨，表面平整光洁并便于清洁。标准较高的房间，地面还应满足吸声、保温和弹性等要求，特别是人们长时间逗留且要求安静的房间，如居室、办公室、图书阅览室、病房等。具有良好的消声能力、较低的热传导性和一定弹性的面层，可以有效地控制室内噪声，并使人行走时感到温暖舒适，不易疲劳。对有些房间，地面还应具有防水、耐腐蚀、耐火等性能。如厕所、浴室、厨房等用水的房间，地面应具有防水性能；某些实验室等有酸碱作用的房间，地面应具有耐酸碱腐蚀的能力；厨房等有火源的房间，地面应具有较好的防火性能等。

6.3.2 地面的类型

地面的名称是依据面层所用材料而命名的。按面层所用材料和施工方式不同，常见地面可分为以下几类：

整体类地面：包括水泥砂浆、细石混凝土、水磨石及菱苦土地面等；

板块类地面：包括黏土砖、大阶砖、水泥花砖、缸砖、陶瓷锦砖、地砖、人造石板、天然石板及木地板等地面；

卷材类地面：包括油地毡、橡胶地毡、塑料地毡及地毯等地面；

涂料类地面：包括各种高分子合成涂料所形成的地面。

6.3.3 地面的构造做法

6.3.3.1 整体浇注地面

水泥砂浆地面：水泥砂浆地面通常是用水泥砂浆抹压而成。水泥砂浆地面构造简单，施工方便，造价低，且耐水，是目前应用最广泛的一种低档地面做法。但地面易起灰，无弹性，热传导性高，且装饰效果较差，如图 6-12 所示。

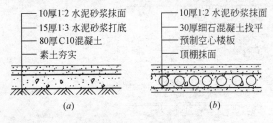

图 6-12 水泥砂浆地面
(a) 底层地面；(b) 楼层地面

水泥砂浆地面有双层和单层构造之分，双层作法分为面层和底层，构造上常以 15～20mm 厚 1∶3 水泥砂浆打底、找平，再以 5～10mm 厚 1∶1.5 或 1∶2 的水泥砂浆抹面。分层构造虽增加了施工程序，却容易保证质量。单层构造是在结构层上抹水泥浆结合层一道后，直接抹 15～20mm 厚 1∶2 或 1∶2.5 的水泥砂浆一道，抹平后待其终凝前，再用铁板压光。

细石混凝土地面：为了增强楼板层的整体性和防止楼面产生裂缝，可采用细石混凝土层。构造做法是，在基层上浇筑 30～40mm 厚 C20 细石混凝土，随打随压光。为提高其整体性、满足抗震要求，可内配 $\phi 4@200$ 的钢筋网。

水磨石地面：水磨石地面是用水泥作胶结材料、大理石或白云石等中等硬度石料的石屑作骨料而形成的水泥石屑浆浇抹硬结后，经磨光打蜡而成。

水磨石地面坚硬、耐磨、光洁、不透水，而且由于施工时磨去了表面的水泥浆膜，使其避免了起灰，有利于保持清洁，它的装饰效果也优于水泥砂浆地面，但造价高于水泥砂浆地面，施工较复杂，无弹性，吸热性强，常用于人流量较大的交通空间和房间，如公共建筑的门厅、走廊、楼梯以及营业厅、候车厅等。对装修要求较高的建筑，可用彩色水泥或白水泥加入各种颜料代替普通水泥，与彩色大理石石屑做成各种色彩和图案的地面，即美术水磨石地面。它比普通的水磨石地面具有更好的装饰性，但造价较高。

水磨石地面的常见做法是先用 15～20mm 厚 1∶3 水泥砂浆找平，再用 10～15mm 厚 1∶1.5 或 1∶2 的水泥石屑浆抹面，待水泥凝结到一定硬度后，用磨光机打磨，再用草酸清洗，打蜡保护。为便于施工和维修，并防止因温度变化而导致面层变形开裂，应用分格条将面层按设计的图案进行分格，这样做也可以增加美观。分格形状有正方形、长方形、多边形等，尺寸常为 400～1000mm。分格条按材料不同有玻璃条、塑料条、铜条或铝条等，视装修要求而定。分格条通常在找平层上用 1∶1 水泥砂浆嵌固，如图 6-13 所示。

6.3.3.2 板块地面

板块地面是指利用板材或块材铺贴而成的地面。按地面材料不同有陶瓷板块地面、石板地面、塑料板块地面和木地面等。

陶瓷板块地面：用作地面的陶瓷板块有陶瓷锦砖和缸砖、陶瓷彩釉砖、瓷质无釉砖等

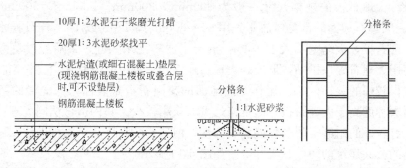

图 6-13 水磨石地面

各种陶瓷地砖。陶瓷锦砖（又称马赛克）是以优质瓷土烧制而成的小块瓷砖，它有各种颜色、多种几何形状，并可拼成各种图案。陶瓷锦砖色彩丰富、鲜艳，尺寸小，面层薄，自重轻，不易踩碎。陶瓷锦砖地面的常见做法是先在混凝土垫层或钢筋混凝土楼板上用15～20mm厚1∶3水泥砂浆找平，再将拼贴在牛皮纸上的陶瓷锦砖用5～8mm厚1∶1水泥砂浆粘贴，在表面的牛皮纸清洗后，用素水泥浆扫缝，如图6-14所示。

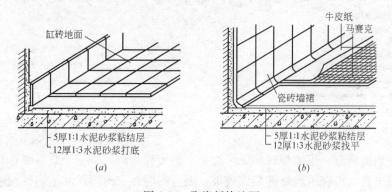

图 6-14 陶瓷板块地面
(a) 缸砖地面；(b) 陶瓷锦砖地面

缸砖是用陶土烧制而成，缸砖可根据需要做成方形、长方形、六角形和八角形等，并可组合拼成各种图案，其中方形缸砖应用较多。缸砖通常是在15～20mm厚1∶3水泥砂浆找平层上用5～10mm厚1∶1水泥砂浆粘贴，并用素水泥浆扫缝。

陶瓷彩釉砖和瓷质无釉砖是较理想的新型地面装修材料，其规格尺寸一般较大。瓷质无釉砖又称仿花岗石砖，它具有天然花岗石的质感。陶瓷彩釉砖和瓷质无釉砖可用于门厅、餐厅、营业厅等，其构造做法与缸砖相同。

陶瓷板块地面的特点是坚硬耐磨、色泽稳定，易于保持清洁，而且具有较好的耐水和耐酸碱腐蚀的性能，但造价偏高，一般适用于用水的房间以及有腐蚀的房间，如厕所、盥洗室、浴室和实验室等。这种地面由于没有弹性、不消声、吸热性大，故不宜用于人们长时间停留并要求安静的房间。陶瓷板块地面的面层属于刚性面层，只能铺贴在整体性和刚性较好的基层上，如混凝土垫层或钢筋混凝土楼板结构层。

石板地面：石板地面包括天然石地面和人造石地面。

天然石有大理石和花岗石等。天然大理石色泽艳丽，具有各种斑驳纹理，可取得较好的装饰效果。大理石板的规格尺寸一般为300mm×300mm～500mm×500mm，厚度为20～30mm。大理石地面的常见做法是先用20～30mm厚1∶3或1∶4干硬性水泥砂浆找平，铺贴大理石板，板缝宽不大于1mm，洒干水泥粉浇水扫缝，最后经过草酸打蜡。另外，还可利用大理石碎块拼贴，形成碎大理石地面，它可以充分利用边脚料，既能降低造价，又可取得较好的装饰效果。用作室内地面的花岗石板是表面打磨光滑的磨光花岗石板，它的耐磨程度高于大理石板，但价格昂贵，应用较少。其构造做法同大理石地面。天然石地面具有较好的耐磨、耐久性能和装饰性，但造价较高，属于高档做法，一般用于装修标准较高的公共建筑的门厅、大厅等，如图6-15所示。

人造石板有预制水磨石板、人造大理石板等，其规格尺寸及地面的构造做法与天然石板基本相同，而价格低于天然石板。

塑料板块地面：随着石油化工业的发展，塑料地面的应用日益广泛。塑料地面材料的种类很多，目前聚氯乙烯塑料地面材料应用最广泛。有块材、卷材之分。其材质有软质和半硬质两种，目前在我国应用较多的是半硬质聚氯乙烯块材，其规格尺寸一般为100mm×100mm～500mm×500mm，厚度为1.5～2.0mm。塑料板块地面的构造做法是先用15～20mm厚1∶2水泥砂浆找平，干燥后再用胶粘剂粘贴塑料板，如图6-16所示。

图6-15　石板地面　　　　　　　　图6-16　塑料板块地面

塑料板块地面具有一定的弹性和吸声能力，热传导性低，脚感舒适温暖，并有利于隔声，它的色彩丰富，可获得较好的装饰效果，而且耐磨性、耐湿性和耐燃性较好，施工方便，易于保持清洁。但其耐高温性和耐刻划性较差，易老化，日久失光变色。这种地面适用于人们长时间逗留且要求安静的房间，或清洁要求较高的房间。

木地面：木地面是指表面由木板铺钉或胶合而成的地面，优点是富有弹性、不起砂、不起灰、易油漆、易清洁、不返潮，纹理美观，蓄热系数小，常用于住宅的室内装修中。从板条规格及组合方式上，木地面可分为普通木地面、硬木条形和拼花木地面；从木地面材料上分有纯木材、复合木地板等。纯木材的木地面系指以柏木、杉、松木、柚木、紫檀等有特色木纹与色彩的木材做成的木地板，要求材质均匀，无节疤。而复合木地板则是一种两面贴上单层面板的复合构造的木板。木地面按构造方式有空铺式、实铺式和粘贴式三种。

空铺式木地面是将支承木地板的搁栅架空搁置。木搁栅可搁置于墙上，当房间尺寸较大时，也可搁置于地垄墙或砖墩上。空铺木地面应组织好架空层的通风，通常应在外墙勒脚处开设通风洞，有地垄墙时，地垄墙上也应留洞，使地板下的潮气通过空气对流排至室外。空铺式木地面的构造如图6-17所示。空铺式木地面构造复杂，耗费木材较多，因而采用较少。

实铺式木地面是直接在实体基层上铺设的地面。木搁栅直接放在结构层上，木搁栅截面，一般为50mm×50mm，中距小于450mm。搁栅可以借预埋在结构层内的U形铁件嵌固或用镀锌铁丝扎牢。有时为提高地板弹性质量，可做纵横两层搁栅。搁栅下面可以放入垫木，以调整不平坦的情况。为了防止木材受潮而产生膨胀，须在与混凝土接触的底面涂刷冷底子油及热沥青各一道。

实铺式木地面可用单层木板铺钉，也可用双层木板铺钉。单层木地板通常采用普通木地板或硬木条形地板，如图 6-18 所示。双层木地板的底板称为毛板，可采用普通木板，与搁栅呈 30°或 45°方向铺钉，面板则采用硬木拼花板或硬木条形板，底板和面板之间应衬一层油纸，以减小摩擦。双层木地板具有更好的弹性，但消耗木材较多，如图 6-19 所示。

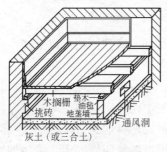

图 6-17 空铺木地板

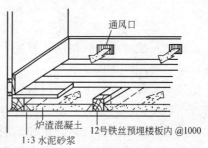

图 6-18 单层实铺木地板

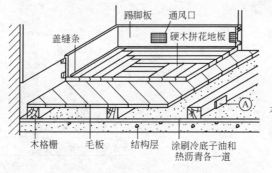

图 6-19 双层实铺木地板

粘贴式实铺木地面是将木地板用沥青胶或环氧树脂等粘结材料直接粘贴在找平层上，若为底层地面，则应在找平层上做防潮层，或直接用沥青砂浆找平。粘贴式木地面由于省略了搁栅，比实铺式节约木材，造价低，施工简便，应用较多，如图 6-20 所示。复合木地板可采用粘贴式和无粘结式。无粘结式复合木地板是直接在实体基层上干铺 4~5 厚阻燃发泡型软泡沫塑料垫层。

6.3.3.3 卷材地面

卷材地面是用成卷的铺材铺贴而成。常见的地面卷材有软质聚氯乙烯塑料地毡、油地毡、橡胶地毡和地毯等。

软质聚氯乙烯塑料地毡的规格一般为：宽 700~

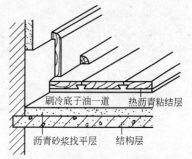

图 6-20 粘贴木地板

2000mm，长 10～20m，厚 1～8mm，可用胶粘剂粘贴在水泥砂浆找平层上，也可干铺。塑料地毡的拼接缝隙通常切割成 V 形，用三角形塑料焊条焊接，如图 6-21 所示。

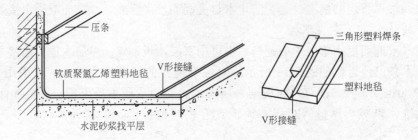

图 6-21　塑料卷材地面

油地毡一般可不用胶粘剂，直接干铺在找平层上即可。橡胶地毡可以干铺，也可用胶粘剂粘贴在水泥砂浆找平层上。

地毯类型较多，按地毯面层材料不同有化纤地毯、羊毛地毯和棉织地毯等，其中用化纤或短羊毛作面层，麻布、塑料作背衬的化纤或短羊毛地毯应用较多。地毯可以满铺，也可局部铺设，其铺设方法有固定和不固定两种。不固定式是将地毯直接摊铺在地面上；固定式通常是将地毯用胶粘剂粘贴在地面上，或用倒刺板将地毯四周固定。为增加地面的弹性和消声能力，地毯下可铺设一层泡沫橡胶衬垫，如图 6-22、图 6-23 所示。

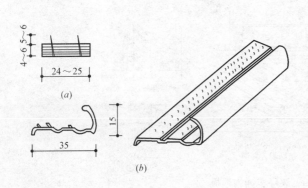

图 6-22　倒刺板
(a) 倒刺板；(b) L 形倒刺收口条

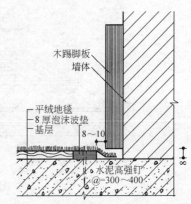

图 6-23　地毯的固定及与踢脚板的关系

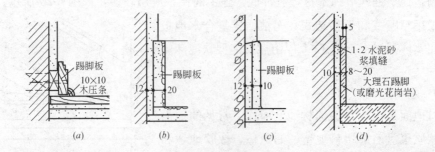

图 6-24　踢脚线构造
(a) 木踢脚；(b) 预制水磨石踢脚；(c) 水泥砂浆踢脚；(d) 大理石踢脚

为保护墙面，防止外界碰撞损坏墙面，或擦洗地面时弄脏墙面，通常在墙面靠近地面处设踢脚线（又称踢脚板）。踢脚线的材料一般与地面相同，故可看作是地面的一部分，即地面在墙面上的延伸部分。踢脚线通常凸出墙面，也可与墙面平齐或凹进墙面，其高度一般为100～150mm。踢脚线构造如图6-24所示。

6.4 顶棚装修

顶棚又称平顶或天花。系指楼板层的下面部分，也是室内装修部分之一。作为顶棚，要求表面光洁、美观，且能起反射光照的作用，以改善室内的亮度。对某些特殊要求的房间，还要求顶棚具有隔声、防水、保温、隔热等功能。

一般顶棚多为水平式，但根据房间用途的不同，顶棚可做成弧形、凹凸形、高低形、折线型等。依其构造方式的不同，顶棚有直接式顶棚和悬吊式顶棚之分。

6.4.1 直接式顶棚

直接式顶棚是指直接在楼板结构层的底面做饰面层所形成的顶棚。直接式顶棚构造简单，施工方便，造价较低。

6.4.1.1 直接喷刷顶棚

是在楼板底面填缝刮平后直接喷或刷大白浆、石灰浆等涂料，以增加顶棚的反射光照作用。直接喷刷顶棚通常用于观瞻要求不高的房间。

6.4.1.2 抹灰顶棚

是在楼板底面勾缝或刷素水泥浆后进行抹灰装修，抹灰表面可喷刷涂料，抹灰顶棚适用于一般装修标准的房间。

抹灰顶棚一般有麻刀灰（或纸筋灰）顶棚、水泥砂浆顶棚和混合砂浆顶棚等，其中麻刀灰顶棚应用最普遍。麻刀灰顶棚的做法是先用混合砂浆打底，再用麻刀灰罩面，如图6-25a所示。

6.4.1.3 贴面顶棚

是在楼板底面用砂浆打底找平后，用胶粘剂粘贴墙纸、泡沫塑胶板或装饰吸声板等。贴面顶棚一般用于楼板底部平整、不需要顶棚敷设管线而装修要求又较高的房间，或有吸声、保温隔热等要求的房间，如图6-25b所示。

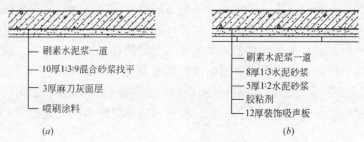

图6-25 直接式顶棚
(a) 抹灰顶棚；(b) 贴面顶棚

6.4.2 悬吊式顶棚

悬吊式顶棚又称吊顶棚或吊顶，是将饰面层悬吊在楼板结构上而形成的顶棚，如图 6-26 所示。吊顶棚的构造复杂、施工麻烦、造价较高，一般用于装修标准较高而楼板底部不平或在楼板下面敷设管线的房间，以及有特殊要求的房间。

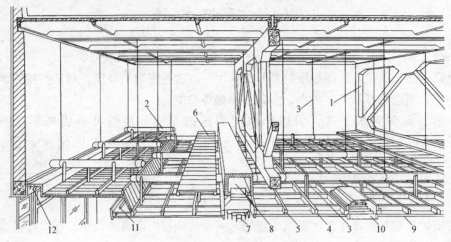

图 6-26　悬吊式顶棚构造示意
1—屋架；2—主龙骨；3—吊筋；4—次龙骨；5—间距龙骨；6—检修走道；
7—出风口；8—风道；9—吊顶面层；10—灯具；11—灯槽；12—窗帘盒

吊顶棚应具有足够的净空高度，以便于照明、空调、灭火喷淋、感应器、广播设备等管线及其装置各种设备管线的敷设；合理地安排灯具、通风口的位置，以符合照明、通风要求；选择合适的材料和构造做法，使其燃烧性能和耐火极限符合防火规范的规定；吊顶棚应便于制作、安装和维修，自重宜轻，以减少结构负荷。同时，吊顶棚还应满足美观和经济等方面的要求。对有些房间，吊顶棚应满足隔声、音质等特殊要求。

悬吊式顶棚一般由吊杆、基层和面层三部分组成。吊杆又称吊筋，顶棚通常是借助于吊杆吊在楼板结构上的，有时也可不用吊杆而将基层直接固定在梁或墙上。吊筋的作用主要是承受吊顶棚和搁栅的荷载，并将这一荷载传递给屋面板、楼板、屋架等构件。另一方面的作用，是用来调整、确定吊式顶棚的空间高度，以适应不同场合、不同艺术处理上的需要。吊杆有金属吊杆和木吊杆两种，一般多用钢筋或型钢等制作的金属吊杆。基层用来固定面层并承受其重量，一般有主龙骨（又称主搁栅）和次龙骨（又称次搁栅）两部分组成。主龙骨与吊杆相连，一般单向布置。次龙骨固定在主龙骨上，其布置方式和间距视面层材料和顶棚外形而定。龙骨也有金属龙骨和木龙骨两种，为节约木材、减轻自重以及提高防火性能，现多用薄钢带或铝合金制作的轻型金属龙骨，常用的有 T 形、U 形、C 形、LT 形。面层固定在次龙骨上，可现场抹灰而成，也可用板材拼装而成。

吊顶按面层施工方式不同有抹灰吊顶、板材吊顶和格栅吊顶三大类。

6.4.2.1 抹灰吊顶

抹灰吊顶按面层做法不同有板条抹灰、板条钢板网（或钢丝网）抹灰和钢板网抹灰三种。

(1) 板条抹灰吊顶

板条抹灰吊顶的吊杆一般采用 $\phi 6$ 钢筋或带螺栓的 $\phi 8$ 钢筋，间距一般为 900～1500mm。吊杆与钢筋混凝土楼板的固定方式有若干种，如现浇钢筋混凝土楼板中预留钢筋做吊杆或与吊杆连接，预制钢筋混凝土楼板的板缝伸出吊杆，或用射钉、螺钉固定吊杆等，如图 6-27 所示，这种吊顶也可采用木吊杆。吊顶的龙骨为木龙骨，主龙骨间距不大于 1500mm，次龙骨垂直于主龙骨单向布置，间距一般为 400～500mm，主龙骨和次龙骨通过吊木连接。面层是由铺钉于次龙骨上的板条和表面的抹灰层组成。这种吊顶造价较低，但抹灰劳动量大，抹灰面层易出现龟裂，甚至破损脱落，且防火性能差，一般用于装修要求不高且面积不大的房间，如图 6-28a 所示。

(2) 板条钢板网抹灰吊顶

是在板条抹灰吊顶的板条和抹灰层之间加钉一层钢板网，以防抹灰层开裂脱落，见图 6-28b 所示。

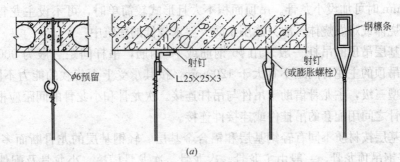

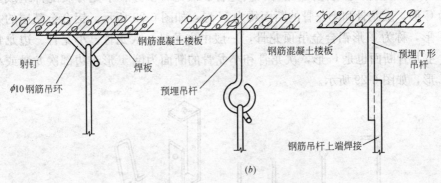

图 6-27 吊筋与楼板的固定方式
(a) 不上人吊点连接；(b) 上人吊点连接

(3) 钢板网抹灰吊顶

一般采用金属龙骨，主龙骨多为槽钢，其型号和间距应视荷载大小而定，次龙骨一般为角钢，在次龙骨下加铺一道 $\phi 6$ 的钢筋网，再铺设钢板网抹灰。这种吊顶的防火性能和耐久性好，可用于防火要求较高的建筑，如图 6-28c 所示。

6.4.2.2 板材吊顶

板材吊顶按基层材料不同主要有木基层吊顶和金属基层吊顶两种类型。

木基层吊顶的吊杆可采用 $\phi 6$ 钢筋，也可采用 40mm×40mm 或 50mm×50mm 的方木，吊杆间距一般为 900～1200mm。木基层通常由主龙骨和次龙骨组成。主龙骨钉接或

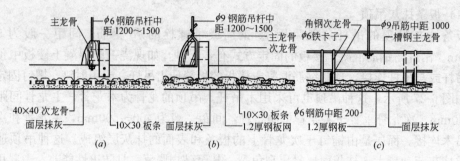

图 6-28 抹灰吊顶
(a) 板条抹灰吊顶；(b) 板条钢板网抹灰吊顶；(c) 钢板网抹灰吊顶

拴接于吊杆上，其断面多为 50mm×70mm。主龙骨底部钉装次龙骨，次龙骨通常纵横双向布置，其断面一般为 50mm×50mm，间距应根据材料规格确定，一般不超过 600mm，超过 600mm 时可加设小龙骨。吊顶面积不大且形式较简单时，可不设主龙骨。木基层吊顶属于燃烧体或难燃烧体，故只能用于防火要求较低的建筑中。

金属基层吊顶的吊杆一般采用 $\phi 6$ 钢筋或 $\phi 8$ 钢筋，吊杆间距一般为 900～1200mm。金属基层吊顶的主龙骨间距不宜大于 1200mm，按其承受上人荷载的能力不同分为轻型、中型和重型三级，主龙骨借助于吊件与吊杆连接。次龙骨和小龙骨的间距应根据板材规格确定。龙骨之间用配套的吊挂件或连接件连接。

金属基层按材质不同有轻钢基层和铝合金基层。轻钢基层的龙骨断面多为 U 形，称为 U 形轻钢吊顶龙骨，一般由主龙骨、次龙骨、次龙骨横撑、小龙骨及配件组成。主龙骨断面为 C 形，次龙骨和小龙骨的断面均为 U 形，如图 6-29 所示。铝合金基层的龙骨断面多为 T 形，称为 T 形铝合金吊顶龙骨，一般由主龙骨、次龙骨、小龙骨、边龙骨及配件组成，主龙骨断面也是 C 形，次龙骨和小龙骨的断面为倒 T 形，边部次龙骨或小龙骨断面为 L 形，如图 6-29 所示。

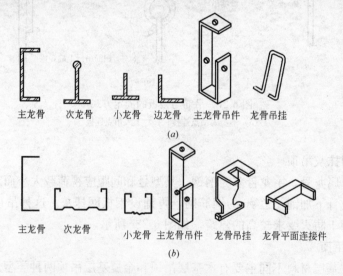

图 6-29 金属龙骨主配件
(a) T 形铝合金龙骨主配件；(b) U 形轻钢龙骨主配件

金属基层吊顶的板材主要有石膏板、金属板、塑料板和矿棉板等。

石膏板吊顶：石膏板有普通纸面石膏板、石膏装饰吸声板等，它具有质轻、防火、吸声、隔热和易于加工等优点。石膏板可以直接搁置在 T 形龙骨的翼缘上；也可以用自攻螺钉固定于龙骨上，如图 6-30 所示。

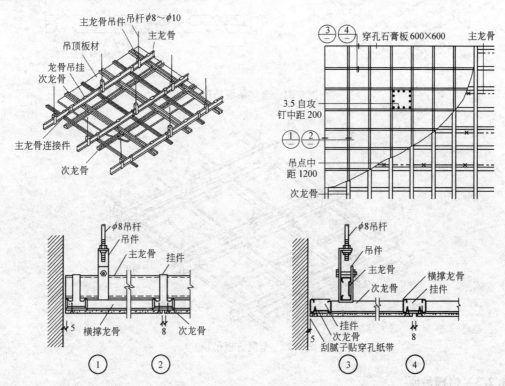

图 6-30 石膏板吊顶

金属板吊顶：金属板吊顶是用轻质金属板材，例如铝板、铝合金板等作面层的吊顶。

金属板顶棚自重小，色泽美观大方，不仅具有独特的质感，而且平、挺、线条刚劲而明快，这是其他材料所无法比拟的。在这种吊顶中，吊顶龙骨除了作为承重杆件外，还兼有卡具的作用。

金属板吊顶分为金属条板和金属方板两种类型。

(1) 金属条板吊顶

铝合金和薄钢板线轧而成的槽形条板，有窄条、宽条之分。根据条板与条板间相接处的板缝处理形式，可将其分为两大类，即开放型条板顶棚和封闭型条板顶棚。

金属条板，一般多用卡固方式与龙骨相连，如图 6-31 所示。

(2) 金属方板吊顶

金属方板吊顶有方形及矩形板块，按其材质可分为铝合金板、彩色镀锌钢板、不锈钢板和钛金板等。按板材的表面效果，有平板、穿孔板、图案板、各种彩色板等。

金属方板安装的构造有搁置式和卡入式两种。搁置式多为 T 形龙骨，方板四边带翼，搁置在 T 形龙骨的翼缘上，如图 6-32 所示。卡入式的金属方板卷边向上，形同有缺口的盒子形式，一般边上轧出凸出的卡口，卡入有夹簧的龙骨中。

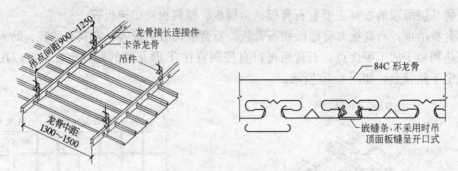

图 6-31 金属条板吊顶

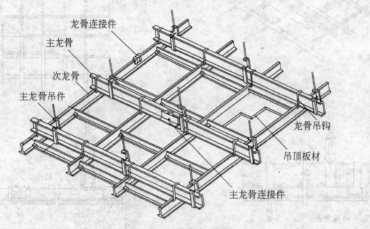

图 6-32 金属方板吊顶

6.4.2.3 格栅吊顶

格栅吊顶也称开敞式吊顶。这种吊顶虽然形成了一个顶棚，但其顶棚的表面是开口的。格栅吊顶，减少了吊顶的压抑感，而且表现出一定的韵律感。一般可分为木质和铝质开敞式吊顶，如图 6-33 所示。

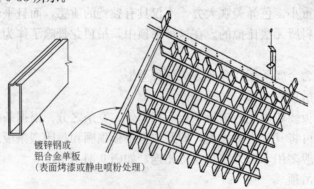

图 6-33 格栅吊顶示意

格栅类顶棚是通过一定单体构件组合而成的。标准单体构件的连接，通常是采用将预拼安装的单体构件插接、挂接或榫接在一起的方法。

格栅类吊顶的安装构造，可分为两种类型。一种是将单体构件固定在可靠的骨架上，然后再将骨架用吊杆与结构相连；另一种方法，是对于用轻质、高强材料制成的单体构件，不用骨架支持，而直接用吊杆与结构相连。

6.5 幕　　墙

幕墙是建筑物外围护墙的一种新的形式。幕墙一般不承重，形似挂幕，又称为悬挂墙。幕墙的特点是装饰效果好、质量轻、安装速度快，是外墙轻型化、装配化较理想的形式，因此在现代大型和超高层建筑上得到广泛地采用。

常见的幕墙有玻璃幕墙、金属幕墙两种类型。

6.5.1　玻璃幕墙

6.5.1.1　玻璃幕墙类型及设计要求

玻璃幕墙以其构造方式分为有框和无框两类。在有框玻璃幕墙中，又有明框和隐框两种。明框玻璃幕墙的金属框暴露在室外，形成外观上可见的金属格构；隐框玻璃幕墙的金属框隐蔽在玻璃的背面，室外看不见金属框。隐框玻璃幕墙又可分为全隐框玻璃幕墙和半隐框玻璃幕墙两种，半隐框玻璃幕墙可以是横明竖隐，也可以是竖明横隐。在无框玻璃幕墙中，又有全玻璃幕墙、挂架式玻璃幕墙两种。全玻璃幕墙不设边框，以高强粘结胶将玻璃连接成整片墙。无框玻璃幕墙的优点是透明、轻盈、空间渗透强，因而为许多建筑师所钟爱，有着广泛的应用前景。

幕墙处于建筑物外表面，经常受自然环境，如：日晒、雨淋、风沙等不利因素的影响。因此，要求幕墙材料要防腐蚀、防雨、防渗、保温、隔热，满足防火、防雷、防止玻璃破碎坠落、防变形等安全性要求。

6.5.1.2　玻璃幕墙材料

玻璃幕墙主要由玻璃和固定它的骨架系统两部分组成。所用材料概括起来，基本上有幕墙玻璃、骨架材料和填缝材料三种。

幕墙玻璃：玻璃幕墙的饰面层。主要有热反射玻璃（镜面玻璃）、吸热玻璃（染色玻璃）、双层中空玻璃及夹层玻璃、夹丝玻璃、钢化玻璃等品种。另外，各种无色或着色的浮法玻璃也常被采用。从玻璃的特性来讲，通常将前三种称为节能玻璃，将夹层玻璃、夹丝玻璃及钢化玻璃等称安全玻璃。而各种浮法玻璃则具有机械磨光、两面平整，光洁而且板面规格尺寸较大的优点。玻璃原片厚度有3～10mm等不同规格，色彩有无色、茶色、蓝色、灰色、灰绿色等。组合玻璃产品厚度尺寸有6mm、9mm、12mm等规格。

骨架材料：玻璃幕墙的骨架，主要由构成骨架的各种型材，以及连接与固定用的各种连接件、紧固件组成。型材可采用角钢、方钢管、槽钢等，但最多的还是经特殊挤压成型的各种铝合金幕墙型材。铝合金幕墙型材，主要有竖向的立柱（竖框）、水平向的横梁（横档）两种类型。其断面高度有多种规格，可根据使用部位和抗风能力，经过结构计算要求进行选择。

玻璃幕墙常用的紧固件主要有膨胀螺栓、铝拉钉、射钉等。连接件大多用角钢、槽钢或钢板加工而成，其形式与断面因使用部位及幕墙结构的不同而不同。

填缝材料：填缝材料用于幕墙玻璃装配及块与块之间的缝隙处理。一般是由填充材料、密封材料与防水材料组成。填充材料主要用于间隙内的底部，起到填充作用，目前使用最多的材料是聚乙烯泡沫胶等。密封材料在玻璃装配中起密封、缓冲和粘结作用，常用的有橡胶密封条。防水密封材料使用最多的是硅酮系列。

6.5.1.3 玻璃幕墙的构造

明框玻璃幕墙：明框玻璃幕墙的玻璃镶嵌在框内，成为四边有铝框的幕墙构件。幕墙构件镶嵌在横梁及立柱上，形成梁、立柱均外露，铝框分格明显的立面。

明框玻璃幕墙是最传统的形式，最大特点在于横梁和立柱本身兼龙骨及固定玻璃的双重作用。横梁上有固定玻璃的凹槽，而不用其他配件。这种类型应用最广泛，工作性能可靠。相对于隐框幕墙，施工技术要求较低。

(1) 立柱、横梁的安装

立柱为竖向构件，立柱安装的准确性和质量，将影响整个玻璃幕墙的安装质量。立柱通过连接件固定在楼板上，立柱与楼板之间应留有一定的间隙，以方便施工安装时的调差工作。一般情况下，间隙为100mm左右，如图6-34b所示。立柱一般根据施工及运输条件，可以是一层楼高为一整根，长度可达到7.5m，接头应有一定空隙，采用套筒连接，可适应和消除建筑挠度变形和温度变形的影响，如图6-35所示。

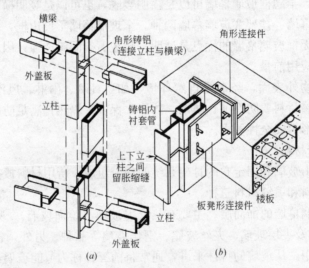

图6-34 玻璃幕墙铝框连接构造
(a) 立柱与横梁的连接；(b) 立柱与楼板的连接

横梁一般为水平构件，是分段在立柱中嵌入连接，横梁两端与立柱连接处应加弹性橡胶垫，弹性弹胶垫应有20%～35%的压缩性，以适应和消除横向温度变形的要求，图6-34a为横梁与立柱的安装透视。横梁通过连接件与不锈钢螺栓固定在立柱上，考虑构件间的变形，应留1.5mm缝，用弹性硅酮胶填缝。

(2) 玻璃的安装构造

在立柱上固定玻璃，其构造主要包括玻璃、压条、封缝三个方面。安装玻璃时，先在立柱的内侧上安铝合金压条，然后将玻璃放入凹槽内，再用密封材料密封。其基本构造如图6-36所示。

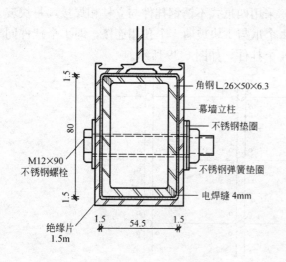

图 6-35 立柱接长

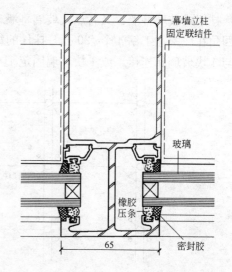

图 6-36 双层中空玻璃在立柱上的安装构造

在横梁上安装玻璃时,其构造与立柱上安装玻璃的构造稍有不同,主要表现在玻璃的下方设了定位垫块。另外在横梁上支承玻璃的部位是倾斜的,以排除渗入凹槽内的雨水,如图 6-37 所示。

隐框玻璃幕墙:在隐框玻璃幕墙中,金属框隐蔽在玻璃的背面,外面不露骨架,也不见窗框,使得玻璃幕墙外观更加新颖、简洁。隐框玻璃幕墙的横梁不是分段与立柱连接的,而是作为铝框的一部分与玻璃组成一个整体组件后,再与立柱连接的。图 6-38 为隐框玻璃幕墙构造。

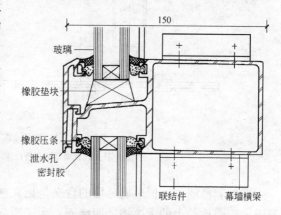

图 6-37 横梁上玻璃的安装构造

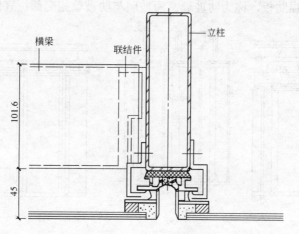

图 6-38 隐框玻璃幕墙构造

挂架式玻璃幕墙：又名点式玻璃幕墙，采用四爪式不锈钢挂件与立柱相焊接，每块玻璃四角在厂家加工钻 4 个 $\phi20$ 孔，挂件的每个爪与 1 块玻璃 1 个孔相连接，即 1 个挂件同时与 4 块玻璃相连接，或 1 块玻璃固定于 4 个挂件，如图 6-39 所示。

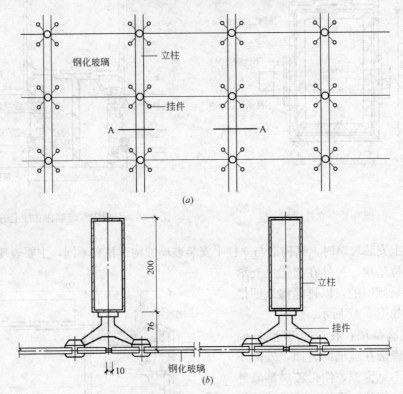

图 6-39 挂架式玻璃幕墙示意
(a) 挂架式玻璃幕墙立面；(b) A—A 节点剖面

无框玻璃幕墙：无框玻璃幕墙的含义是指在视线范围内不出现金属框料，形成在某一层范围内幅面比较大的无遮挡透明墙面。为了增强玻璃墙面的刚度，必须每隔一定的距离用条形玻璃作为加强肋板，称为肋玻璃。面玻璃与肋玻璃相交部位宜留出一定的间隙，用

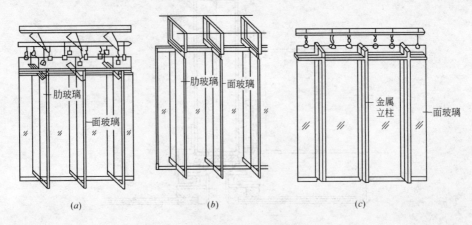

图 6-40 无框玻璃幕墙玻璃固定方式

硅酮系列密封胶注满。无框玻璃幕墙一般选用比较厚的钢化玻璃和夹层钢化玻璃。选用的单片玻璃面积和厚度，主要应满足最大风压情况下的使用要求。

无框玻璃幕墙的面玻璃和肋玻璃有三种固定方式：

（1）用上部结构梁上悬吊下来的吊钩，将肋玻璃及面玻璃固定。这种方式多用于高度较大的单块玻璃。如图 6-40a 所示。

（2）将面玻璃及肋玻璃的上、下两端固定，它的重量支承在其下部。如图 6-40b 所示。

（3）通过金属立柱将部分荷载传给下部结构。如图 6-40c 所示。

图 6-41 为玻璃幕墙的实例。

图 6-41 玻璃幕墙实例

6.5.2 金属幕墙

目前，大型建筑外墙装饰多采用玻璃幕墙、金属幕墙，且常为其中两种组合共同完成装饰及维护功能，形成闪闪发光的金属墙面，具有其独特的现代艺术感。

从构造体系划分大体可分为明框金属幕墙、隐框金属幕墙及半隐框金属幕墙（竖隐横明或横隐竖明）。从结构体系划分为型钢骨架体系、铝合金型材骨架体系及无骨架金属板幕墙体系等。从材料体系划分，可分为铝合金板（包括单层铝板、复合铝板、蜂窝铝板数种）、钢板等。

金属幕墙是由工厂定制的折边金属薄板作为外围护墙面。金属幕墙与玻璃幕墙在设计原理、安装方式等方面很相似。图 6-42、6-43、6-44 表示几种不同板材的节点构造。

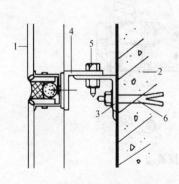

图 6-42 单板或铝塑板节点构造
1—单板或铝塑板；2—承重柱（或墙）；
3—角支撑；4—直角型铝材横梁；
5—调整螺栓；6—锚固螺栓

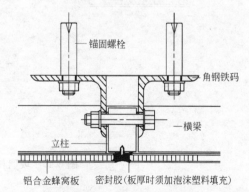

图 6-43 铝合金蜂窝板节点构造（一）

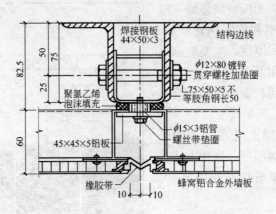

图 6-44 铝合金蜂窝板节点构造（二）

图 6-45 是铝板与玻璃的组合式幕墙。

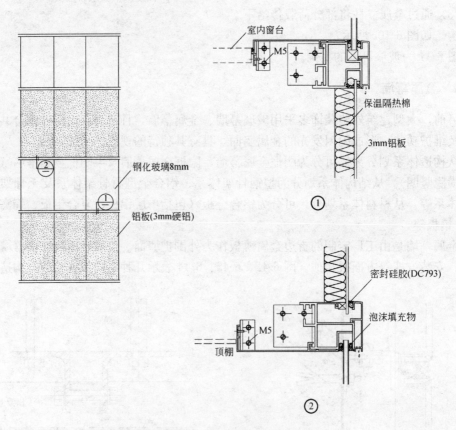

图 6-45 玻璃和铝板组合半隐框幕墙

6.5.3 国外新型玻璃幕墙技术简介

6.5.3.1 空间网架玻璃幕墙

这是一种玻璃幕脱离开墙体，而由空间网架支撑的结构形式。为保持玻璃幕墙的透明轻盈效果，一般网架制作尽可能地简捷，于是出现了一种墙面玻璃框架、竖向钢管抗弯桁架和横向拉杆组成的空间网架。它具有整体性强、独立、稳定的特性，适宜作自由墙体。

6.5.3.2 翼架（桁架）玻璃幕墙

这是一种非常规骨架形式的幕墙结构。它采用数条宽翼桁架把玻璃固定于自由空间，见图6-46所示。翼架或桁架端部与建筑物结构结合一体构成框架，翼架必须具备相当的抗弯强度，以承受横向荷载，如风荷载，翼架通常采用伸出的轻巧悬臂与四片玻璃组成的"十字"中心结合成为"节点"。一种四触点固定爪将玻璃"抓住"。节点间由拉杆沿玻璃缝组成竖向（垂直方向）荷载传递，直至桁架（翼架）上部框架梁。这一设计通过水平的荷载和垂直荷载的双向传递保证幕墙的稳定。此种设计使玻璃幕墙从格网骨架形式中脱颖而出。并带来结构的艺术美。

6.5.3.3 张拉桁架玻璃幕墙

国外玻璃幕墙技术近10余年间出现了新的突破，这就是自由空间幕墙打破了以往由金属桁架组成的墙面网架体系作为支撑体，再将玻璃结合在骨架上的做法，推出一种无框玻璃幕墙结构体系，这种体系首先在欧洲发展起来，即张拉桁架玻璃幕墙，如图6-47所示。

图6-46 翼架玻璃幕墙

张拉桁架玻璃幕墙体系是基于幕墙结构整体处于吊拉状态由张力拉杆组成压—拉空间受力桁架的空间稳定结构。而在传统结构中，拉力和压力是由单一构件承重的。受拉构件只承受某一确定方向的拉力，而在压力状态下不起作用。张拉桁架玻璃幕墙上的侧压，如风力，可以由垂直于墙面结构的一对两端受压的构件支撑补偿，以一个抵抗向内侧压力，一个抵抗向外侧压力的同样方式传给拉杆。所

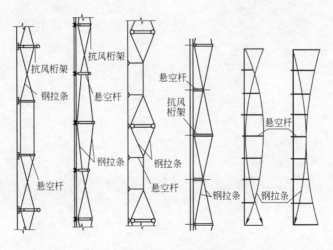

图6-47 双层索桁架结构图

有拉杆成为一整体网架的受力组合系统,这一系统所承受的荷载将转变为拉力施加于房屋结构上。

6.5.3.4 张力杆无框玻璃幕墙

将上一种幕墙垂直于墙面的两侧,一对补偿受力支撑杆件移至玻璃一侧,用作类似扶壁的作用(且维持着幕墙的整体性),竖向吊杆去掉、便形成为张拉杆(弦)无框幕墙。

在该系统中,玻璃荷重系由垂直安装的玻璃自身传递,而张力杆仅起着水平荷载的抵抗与稳定作用,该设计最先用于法国巴黎的拉维莱特公园科技博物馆,堪称为张力杆玻璃幕墙技术的最新发展。该设计以极纤细的单侧张拉结构网与玻璃和建筑物框架结构组成。

7 楼梯及其他垂直交通设施

7.1 概　述

7.1.1 垂直交通设施的类型

建筑空间的竖向组合联系是依靠楼梯、电梯、自动扶梯、台阶、坡道及爬梯等竖向交通设施的，其中使用最为广泛的是楼梯。垂直电梯主要用于高层建筑或使用要求较高的公共建筑和住宅建筑中，自动扶梯主要用于人流量大或使用要求高的公共建筑；坡道为无障碍流线，多用于有使用功能要求的建筑中，在其他建筑中，还设有为残疾人轮椅车使用的专用坡道设施。

在建筑物中，解决垂直交通和高差，一般采取以下措施：

（1）坡道：用于高差较小时的联系，常用坡度为 1/5～1/10，角度在 20°以下。

（2）疆道：锯齿形坡道，其锯齿尺寸宽度为 50mm，深为 7mm，坡度与坡道相同。

（3）楼梯：用于楼层之间和高差较大时的交通联系，角度在 20°～45°之间，舒适坡度高宽比为 1∶2。

（4）电梯：用于楼层之间联系的主要垂直联系设施。

（5）自动扶梯：又称"滚梯"，有水平运行、向上运行和向下运行三种方式，向上或向下的倾斜角度为 30°左右，亦可以互换使用。

（6）爬梯：多用于专用梯（工作梯、消防梯等），常用角度为 45°～90°，其中常用角度为 59°（高宽比 1∶0.6）和 73°（高宽比 1∶0.3）、90°三种。

7.1.2 楼梯的类型

楼梯是楼层间的主要垂直交通设施。在高层建筑中，虽然设置了电梯，但楼梯还是必不可少的。楼梯类型很多，按不同的划分标准有其相应不同类型的楼梯。各种楼梯的形式如图 7-1 所示。

7.1.2.1 按所用材料划分

按所用材料划分有钢筋混凝土楼梯、木楼梯、金属楼梯等。

7.1.2.2 按用途划分

按用途划分有主楼梯、辅助楼梯、安全楼梯、室外消防楼梯等。

7.1.2.3 按位置划分

按位置划分有室内楼梯、室外楼梯等。

7.1.2.4 按平面形式划分

按平面形式划分有单跑楼梯、双跑楼梯、三跑楼梯、四跑楼梯、双分、双合式楼梯、

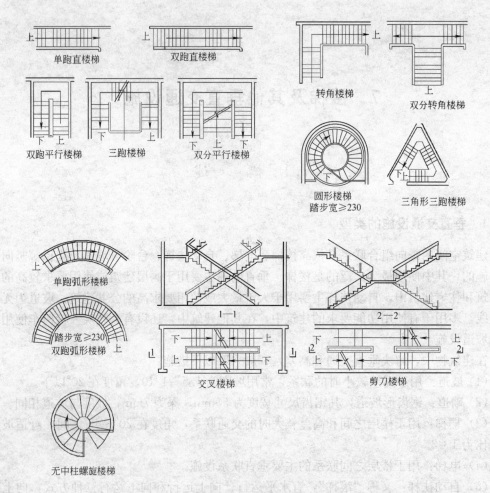

图 7-1 各种楼梯的类型

螺旋形楼梯、弧形楼梯等。

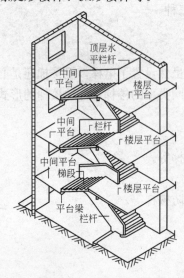

图 7-2 楼梯的组成

7.1.3 楼梯的组成与尺度

楼梯由三部分组成，有楼梯段、休息板（平台）和栏杆扶手（栏板）。如图 7-2 所示。在楼梯设计时，楼梯尺度方面，楼梯的宽度、坡度和踏步级数都应满足人们通行和搬运家具、设备的要求。楼梯的数量取决于建筑物的平面布置、用途、大小及人流的多少。楼梯应设置在明显易找和通行方便的地方，以便于紧急情况下能迅速安全地疏散到室外。

7.1.3.1 楼梯段

上部设有踏步供人们上下行走的通道称为梯段，踏步由踏面和踢面两部分组成，梯段的坡度由踏步决定。为了保证人们在行走梯段时安全和舒适，规范规定每一梯段的踏步数不得少于 3 步，并且不多于 18 步，梯段之间用不少于3个踏步宽的平台连接。

7.1.3.2 休息平台

为了减少人们上下楼时的过分疲劳,当一个梯段踏步数超过18步时常分为两个梯段,中间增设休息板,又称休息平台。

7.1.3.3 栏杆与扶手

为了保证楼梯上行人的安全,在楼梯段和平台悬空的一侧应设置安全防护措施,即栏杆,栏杆上部供行人依附用的连续部分称为扶手。当楼梯段的宽度较大时,在梯段中间也应设置栏杆和扶手。

7.2 楼梯设计

7.2.1 楼梯设计的要求

楼梯设计主要是确定楼梯在建筑物中的位置、数量、形式和细部尺寸。楼梯是建筑物中重要的上下联系构件,它涉及到建筑物中人流交通的组织是否畅通,建筑空间的利用是否经济,楼梯设计的要求如图7-3所示。

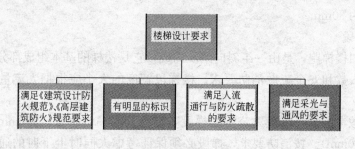

图7-3 楼梯设计要求

7.2.2 楼梯设计的尺寸要求

7.2.2.1 楼梯坡度

踏步是人们上下楼梯脚踏的地方。踏步的水平面叫踏面,垂直面叫踢面。踏步的尺寸应根据人体的尺度来决定其数值。不同类型的建筑物,其要求也不相同。一般踏步的高度常为150～180mm,踏步的宽度常为250～340mm,常用踏步尺寸如表7-1所示。经常使用的楼梯,坡度一般为20°～45°,从安全和舒适角度考虑,以26°～35°为宜。在人流活动较密集的公共建筑中,坡度应该缓一些。在人数不多的建筑中,坡度可以陡一些,以节省占地面积。

常用踏步尺寸　　　　　　　　　表7-1

名称	住宅	学校办公楼	剧院、会堂	医院(病人用)	幼儿园
踢面高/mm	156～175	140～160	120～150	150	120～150
踏面宽/mm	250～300	280～340	300～350	300	250～280

注：本表摘自《建筑设计资料集》。

327

由于踏步宽度受到楼梯间进深尺寸的限制，为了在不增加楼梯间进深的情况下，保证踏面的宽度尺寸，增加人们通行时的舒适度，可以将踏步做成倾斜的形式，或者设置踏步檐，如图7-4所示。

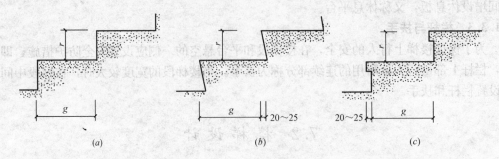

图7-4 踏步处理
(a)正常处理的踏步；(b)踢面倾斜；(c)设置踏步檐

7.2.2.2 梯井

两个楼梯段之间的空隙叫梯井。梯井的宽度必须满足施工的要求，楼梯梯井的宽度通常小于200mm。楼梯施工中预留梯井，主要是为了便于安装楼梯扶手。对于双跑楼梯梯井尺寸可选择为30mm。

7.2.2.3 楼梯段

楼梯段又叫楼梯跑，是由一组斜向踏步构成，它是楼梯的基本组成部分。楼梯段的宽度取决于通行人数和安全疏散消防要求。楼梯段宽度的大小应根据人流量的大小和要求决定。

按通行人数考虑时，每股人流所需梯段宽度为人的平均肩宽（550mm）再加少许提物尺寸（0~150mm）。按消防要求，梯段必须保证考虑人同时上下时的通行，即最小宽度为1100~1400mm。室外疏散楼梯其最小宽度为900mm。多层住宅楼梯段最小宽度为1000mm。

公共建筑的梯段宽度为1.4~2.4m，辅助楼梯的梯段宽度为0.8m左右，楼梯段宽度尺寸要求如图7-5所示。楼梯段的最小踏步数为3步，最多为18步。公共建筑中的装饰性弧形楼梯可略超过18步。

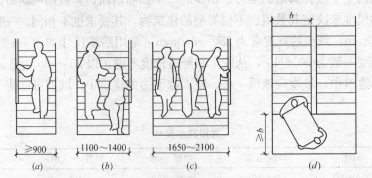

图7-5 楼梯段宽度尺寸的确定
(a)单人通过；(b)双人通过；(c)多人通过；(d)特殊情况的需要

7.2.2.4 楼梯栏杆和扶手

为了保证安全，楼梯段临空一侧须设置栏杆或栏板，在栏杆或栏板的上面设置扶手。扶手表面的高度与楼梯坡度有关，其计算点应从踏步前沿起算，一般为900mm，儿童使用的楼梯应在500～600mm左右再设置一道扶手。水平的护身栏杆应不小于1050mm。楼梯段的宽度大于1650mm时，应增设靠墙扶手，楼梯段的宽度超过2200mm时，还应增设中间扶手。栏杆扶手的尺寸设置要求如图7-6所示。

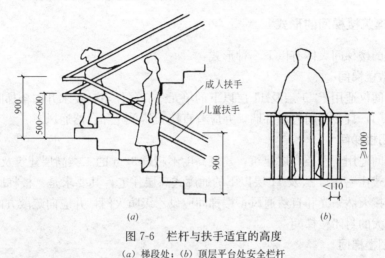

图 7-6 栏杆与扶手适宜的高度
(a) 梯段处；(b) 顶层平台处安全栏杆

7.2.2.5 休息平台

休息平台的宽度必须大于或等于梯段的宽度，以保证人流通过平台时，不致拥挤或堵塞。当楼梯的踏步数为单数时，休息平台的计算点应在楼梯段较长的一边。楼梯间房间的门距踏步距离应取门扇宽再加400～600mm的通行距离。

为方便扶手转弯，栏杆常伸入休息平台1/2踏步宽，因此休息平台宽度应取计算宽度再加1/2踏步宽。

7.2.2.6 楼梯净高尺寸

楼梯的净空是指上下楼梯段之间的净高和平台下部空间的净高，有平台梁时应算至平台梁底部。一般情况下净高应大于2m，公共建筑中应大于2.2m，个别次要处不应小于1.9m，楼梯段之间的净高尺寸不应小于2200mm。楼梯净高要求如图7-7所示。

7.2.3 楼梯数量及位置的确定

对于楼梯数量的确定，应该满足疏散和通行的要求，公共建筑和走廊式住宅一般应设置两部楼梯，单元式住宅可以一个单元仅设置一部楼梯即可；2～3层的建筑（医院、疗养院、托儿所、幼儿园除外）符合下列要求时，可设一部疏散楼梯，如表7-2所示。9层和9层以

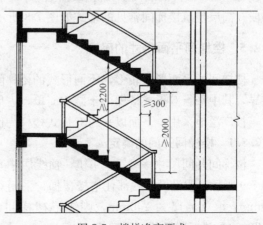

图 7-7 楼梯净高要求

下，每层建筑面积不超 300m² 时，且人数不超过 30 人的单元式住宅可设一部楼梯。

设置一部楼梯的条件　　　　表 7-2

耐火等级	层数	每层最大建筑面积(m²)	人　　数
一、二级	2、3 层	500	第 2 层与第 3 层人数之和不超过 100 人
三级	2、3 层	200	第 2 层与第 3 层人数之和不超过 50 人
四级	2 层	200	第 2 层人数之和不超过 30 人

7.2.4　高层建筑楼梯间的形式

高层建筑的楼梯间大体有以下 3 种形式：

7.2.4.1　开敞楼梯间

这种楼梯间仅适用于 11 层及 11 层以下的单元式高层住宅，要求开向楼梯间的分户门应为乙级防火门，且楼梯间应靠外墙，并应有直接天然采光和自然通风。

7.2.4.2　封闭楼梯间

这种楼梯间适用于一类高层建筑，建筑高度不超过 32m 的二类高层建筑及 12 层及 12 层以上的单元式住宅，11 层及 11 层以下的通廊式高层住宅，其要求是：楼梯间应靠近外墙，并应有直接天然采光和自然通风；楼梯间应设乙级防火门，并应向疏散方向开启；底层可以做成扩大的封闭楼梯间。

7.2.4.3　防烟楼梯间

这种楼梯间适用于一类高层建筑，建筑高度超过 32m 的二类高层建筑以及塔式住宅，19 层及 19 层以上的单元式住宅，超过 11 层的通廊式高层住宅，其特点是：楼梯间入口处应设前室、阳台或凹廊；前室的面积要求，公共建筑不应小于 6m²，居住建筑不应小于 4.5m²；前室和楼梯间的门均应为乙级防火门，并应向疏散方向开启。

高层建筑通向屋面的楼梯不宜少于两个，且不应穿越其他房间。通向屋面的门应向屋面方向开启。室外楼梯可作辅助防烟楼梯，并可计入疏散总宽度内。高层建筑的室外楼梯净宽度不应小于 900mm，倾斜度不应大于 45°。不作为辅助防烟楼梯的其他多层建筑的室外梯净宽可不小于 800mm，倾斜度可不大于 60°。栏杆扶手高度均不应小于 1.1m。

室外楼梯和每层出口处平台应采用非燃烧材料制作，平台的耐火极限不应小于 1h，在楼梯周围 2m 内的墙面上，除设疏散门外，不应开设其他门窗洞口，疏散门不应正对楼梯段。高层建筑楼梯间常见的形式如图 7-8 所示。

7.2.5　楼梯间平面尺寸的确定

楼梯间的平面形式较多，不同形式的楼梯间在进行设计时，平面尺寸的确定方法有所差异，其中平行双折式楼梯由于结构简单，占用空间较小，能够满足一般建筑物的使用要求，被广泛地采用，下面以平行双折式楼梯为例，说明楼梯间平面尺寸的确定。

7.2.5.1　楼梯间开间的确定

楼梯间开间尺寸 $=2\times 1/2$ 墙厚（轴线居中）$+2\times$ 梯段宽度（B）$+$ 梯井宽度（B_1），见图 7-9 所示。假设设计一部住宅楼楼梯，采用双折式，梯段宽度为 1200mm，梯井尺寸为 30mm，承重墙厚为 240mm，则矩形楼梯间的开间为：开间 $=2\times 1200+240+30=2670$mm，进行模数修正，确定为 2700mm，模数修正后重新调整梯段宽度。

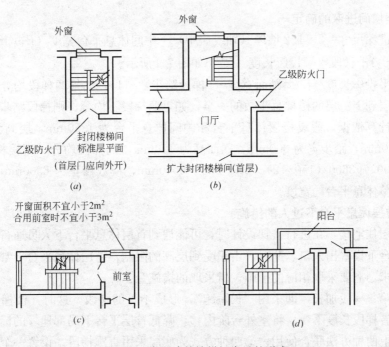

图 7-8 高层建筑楼梯间常见的形式

(a) 封闭楼梯间；(b) 扩大封闭楼梯间；(c) 防烟楼梯间（前室）；(d) 防烟楼梯间（阳台）

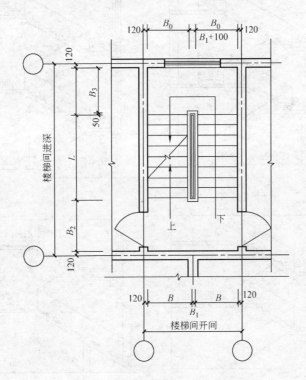

图 7-9 楼梯间开间与进深尺寸的确定

B—梯段宽度；B_0—梯段净宽；B_1—梯井宽度；B_2—楼层平台宽度；

B_3—休息平台宽度；L—梯段长度

7.2.5.2 楼梯间进深的确定

楼梯间进深尺寸＝2×1/2墙厚（轴线居中）＋中间休息平台宽度（B_3）＋楼层处休息平台宽度（B_2）＋梯段水平投影长度（L），如图7-9所示。

梯段水平投影长度（L）＝踏面宽度×(梯段踏步数－1)，如果两梯段均分，则梯段踏步数为从本层到上一层的楼梯总步数的一半，如果两梯段不均分，则梯段踏步数以较长梯段步数作为计算依据。假设楼层休息平台和中间休息平台为1250mm，层高为3600mm，承重墙厚240mm，踏步宽为300mm，踢面高为150mm，两梯段均分，则楼梯间进深为：$2×1250＋300×[3600/(150×2)－1]＋240＝6040$mm，模数修正为6300mm，模数修正后，重新调整休息平台的宽度。

7.2.5.3 首层休息平台下过人的措施

对于多层住宅楼，在进行楼梯设计时，可能遇到首层休息平台下人员通行的问题。即首层休息平台下设置出入口。此时，由于受到层高的限制，首层休息平台下常常不能满足通行净高要求，需要采取相应的措施，所采取的措施为：

将首层第一梯段加长，即采用"长短跑"，形成不等的梯段，这时，楼梯间的进深需要增加；或者梯段长度不变，将室外台阶内移，降低首层平台下局部地坪的标高；第三种方式为将以上两种方法联合使用；第四种方式为底层采用直跑梯段，设置一个梯段直接由一层通往二层，详见图7-10。

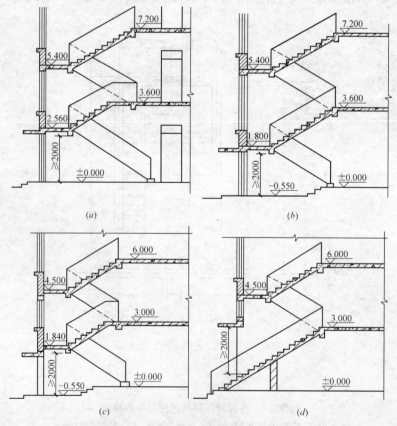

图7-10 首层休息平台下过人的调整方案
(a) 将第一梯段加长；(b) 室外台阶内移；(c) 以上两种方法联合使用；(d) 底层采用直跑梯段

7.3 钢筋混凝土楼梯构造

钢筋混凝土楼梯根据施工方法不同,可以分为现浇式和预制装配式两种类型。

7.3.1 现浇钢筋混凝土楼梯

现浇钢筋混凝土楼梯是在施工现场支模,绑扎钢筋和浇注混凝土而形成的。这种楼梯的整体性强,刚度大,对抗震较有利,但施工工序多,工期较长。现浇钢筋混凝土楼梯根据梯段的传力特点的不同,分为两种类型,一种是板式楼梯,另一种是梁板式楼梯。如图7-11 所示。

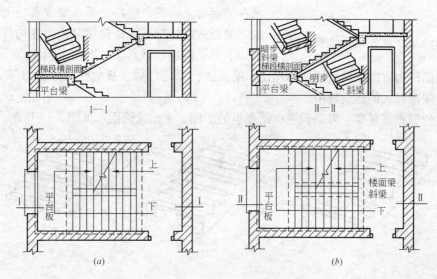

图 7-11 楼梯根据传力特点进行划分
(a) 板式楼梯;(b) 梁板式楼梯

7.3.1.1 板式楼梯

板式楼梯有两种方式。其一是将梯段作为一块板考虑,板的两端支承在休息平台的边梁上;其二是将梯段和休息平台作为同一块板考虑,又称为折板式楼梯,这样处理主要是

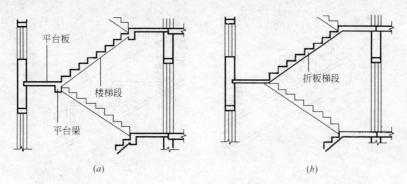

图 7-12 现浇板式楼梯
(a) 板式;(b) 折板式

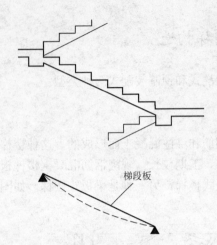

图 7-13 板式楼梯受力时挠度方向

为了增加平台下的净空高度,可以不设平台梁,平台板和梯段作为一个整体支撑在墙上或者梁上,折板式楼梯的跨度应为梯段水平投影长度和平台宽度之和,由于跨度加大,板厚和材料用量比第一种要大。板式楼梯的结构简单,板底平整,施工方便。板式楼梯的水平投影长度在 3m 以内时比较经济。板式楼梯的构造示意如图 7-12 所示,板式楼梯受力时的挠度方向如图 7-13 所示。

7.3.1.2 梁板式楼梯

梁板式楼梯是将踏步板支承在斜梁上,斜梁支承在平台梁上,平台梁再支承在墙或者柱上而形成的。梁板式楼梯与板式楼梯相对比,在构件设置上增加了一类构件,即斜梁,增加了斜梁以后,改变了梯段板的传力方向。与板式楼梯相比,梁板式楼梯可以减少板的跨度,板的厚度较薄,可以用于层高较大的建筑物中。

斜梁位置根据需要,可以设置在踏步板的下面、上面或侧面,如图 7-14 所示。

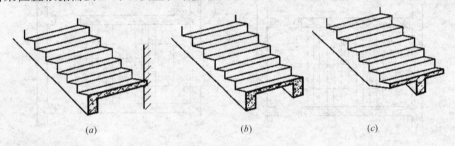

图 7-14 梁板式楼梯斜梁的设置位置示意
(a) 斜梁在梯段的一侧;(b) 斜梁在梯段的两侧;(c) 斜梁在梯段的中间

斜梁布置在侧面时,有正梁式(明步)、反梁式(暗步)和高梁式(暗步)三种做法。明步做法是指斜梁在踏步板的下面露出一部分,而踏步在侧面外露,这种形式应用较多。

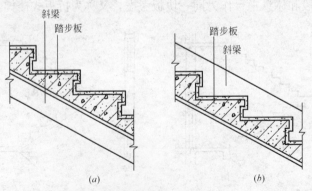

图 7-15 梁板式楼梯明步梯段与暗步梯段示意图
(a) 明步梯段;(b) 暗步梯段

暗步做法是指斜梁上翻包住踏步板，梯段底面平整，并且可以防止污水污染梯段底部，但是凸出的斜梁占据梯段的宽度尺寸，如图 7-15 所示。高梁式做法是将斜梁上翻改成截面宽度较小而高度较大的栏板形式，使承重构件与防护构件联合设置，如图 7-16 所示，图 7-17 为梁板式楼梯受力时的挠度方向示意图。

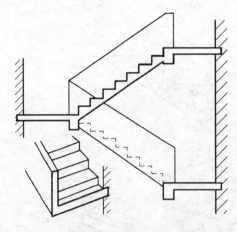
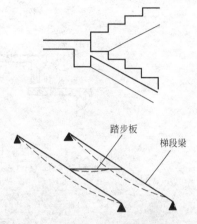

图 7-16　梁板式楼梯高梁暗步梯段　　　　图 7-17　梁板式楼梯受力时的挠度方向

除了常见的板式楼梯和梁板式楼梯以外，在建筑设计中，为了满足观瞻的需要，可能采用悬挑楼梯。悬挑楼梯一般为空间受力构件，梯段板与平台板一块向外悬挑，如图 7-18 所示。

7.3.2　预制装配式钢筋混凝土楼梯

预制装配式钢筋混凝土楼梯根据构件尺度的差异，通常分为小型构件装配式和大、中型构件装配式两大类。

7.3.2.1　小型构件预制装配式楼梯

小型构件预制装配式楼梯的特点是构件较小，重量轻，制作容易，但是施工速度慢，湿作业多，适用于施工条件较差的地区。小型构件预制装配式楼梯的预制构件主要有钢筋混凝土预制踏步板、平台板、斜梁和平台梁等。

预制踏步板根据断面形式不同，可以分为一字形、L 形和三角形三种，如图 7-19 所示。

图 7-18　空间悬挑楼梯实例

斜梁有矩形、L 形和锯齿形等几种形式，锯齿形斜梁与一字形和 L 形斜梁相配套使用，三角形踏步与矩形、L 形斜梁配套使用。斜梁的形式如图 7-20 所示。

平台梁可以采用 L 形断面，以便与斜梁、平台梁的连接；平台板可以采用预制的楼板，如预应力空心板、实心平板等。平台板可以放置在平台梁上，也可以放置在承重墙上，预制平台板与平台梁的形式如图 7-21 所示。

预制踏步的支撑方式主要是梁承式，此外还有墙承式、悬臂式和悬挂式等几种形式。

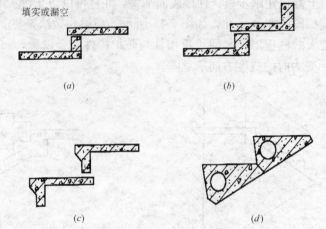

图 7-19　预制踏步板的形式
(a) 一字形；(b) L 形（正放）；(c) L 形（反放）；(d) 三角形

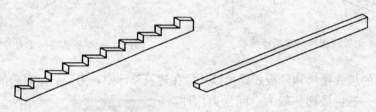

图 7-20　楼梯斜梁的形式

梁承式是将预制的踏步板两端搁置在斜梁上形成梯段，梯段斜梁放置在平台梁上，而平台梁支撑在柱上或者墙上而形成。墙承式是把预制踏步搁置在墙上，对于一般的双跑楼梯，为了支撑踏步，通常在两个梯段之间设置承重墙，而中间承重墙的设置，割断了上下行人员的视线交流，在使用过程中不方便，因此，墙承式一般适用于单跑式楼梯或者中间设置电梯间的三跑式楼梯，墙承式楼梯如图 7-22 所示。悬臂式是将预制的踏步一端砌筑在承重墙中，踏步板另一侧悬挑，悬臂式楼梯踏步悬挑尺寸不宜过大，一般在 1500mm 为宜，这种形式一般适用于没有冲击荷载的建筑物中，在 7 度以上的地震区一般不宜采用，悬臂

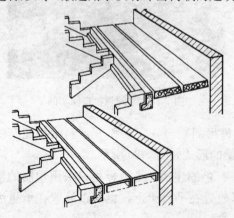

图 7-21　常见预制平台板与平台梁的形式

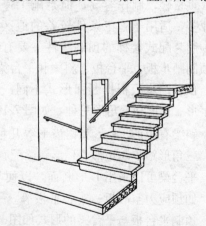

图 7-22　墙承式预制钢筋混凝土楼梯示意图

式楼梯如图 7-23 所示。悬挂式是将预制的钢筋混凝土、金属材质板一端支撑在墙上，另一端悬挂在上部承重构件上，如梁上或者板上，这种形式的楼梯观瞻效果较理想，一般适用于小型建筑或者非公共建筑的楼梯。

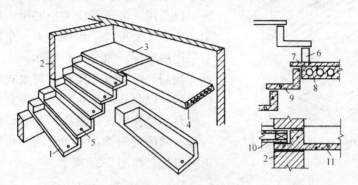

图 7-23 预制悬臂式楼梯
1—预制悬臂踏步；2—承重墙；3—混凝土现浇板带；4—休息平台板；
5—安装栏杆预留孔；6—垫砖；7—细石混凝土；8—预应力空心板；
9—悬臂踏步板；10—预应力空心板；11—异型板

预制钢筋混凝土踏步板在斜梁上的安装方式通常有三种形式，即坐浆连接、栏杆连接与套接，具体连接做法如图 7-24 所示。

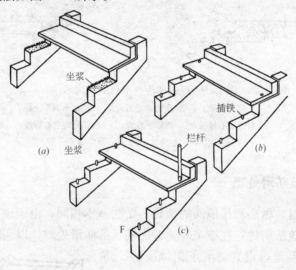

图 7-24 预制钢筋混凝土板与斜梁的连接处理
(a) 坐浆连接；(b) 套接；(c) 通过栏杆连接

7.3.2.2 大、中型构件预制装配式楼梯

大、中型构件预制装配式楼梯可以减少预制构件的数量，利用大型吊装工具进行安装，有利于建筑工业化的进程，提高施工速度，降低劳动强度。

大型构件预制装配式楼梯是指将平台与梯段板加工成一个构件，可以采用预置的实心大型构件也可以采用空心构件，这种形式主要适用于专用体系的大型装配式建筑中，如工业厂房等。

中型构件预制装配式楼梯通常将梯段板与休息平台板分开制作，然后通过安装而形成。平台板可以采用一般的预应力空心板，单独设置平台梁，或者平台板与平台梁合为一个构件，这时通常采用槽形板，如图 7-25 所示。

预制梯段板也有梁板式与梁式两种形式，板式梯段可以为实心板也可以为空心板，板式梯段与平台的结构形式如图 7-26 所示；梁板式梯段板一般在两侧设斜梁，中间采用三角形踏步形成槽形梯段板，如图 7-27 所示。

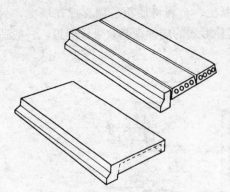

图 7-25 常见预制踏步板的类型

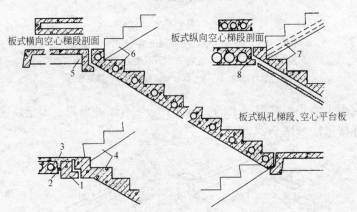

图 7-26 板式梯段与平台的结构形式
1—L形平台梁；2—预应力空心板；3—现浇细石混凝土层；
4—板式实心梯段；5—槽形平台板；6—板式横向空心梯段；
7—板式纵向空心梯段；8—空心预应力平台板

7.3.3 楼梯面层及防滑处理

楼梯面层的选材、做法和楼地面的选材、做法基本相同，由于楼梯是多层建筑物内部重要的垂直交通与疏散构件，在施工时要考虑楼梯的防滑处理，以保障人们在行走时的安全。楼梯防滑通常是通过设置防滑条来解决的。防滑条的材料选择通常与楼梯面层装饰材料有关，常用的有金属防滑条、贴防滑面砖、面层设置防滑凹槽等，如图 7-28 所示。

7.3.4 楼梯栏杆与扶手

楼梯的栏杆与扶手通常需要设置在悬空的一侧，是重要的安全与防护措施，同时楼梯的栏杆与扶手也是较强的装饰部分。为了满足安全防护的要求，栏杆与扶手应该具有一定的强度，能够经受一定冲

图 7-27 预制槽形梯段板

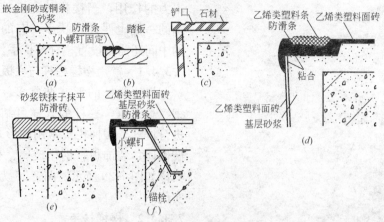

图 7-28 楼梯踏步防滑构造处理
(a) 嵌金刚砂或者铜条；(b) 金属防滑条；(c) 块材面层设置凹槽；
(d) 粘复合材料防滑条；(e) 贴防滑面砖；(f) 金属防滑条的锚固

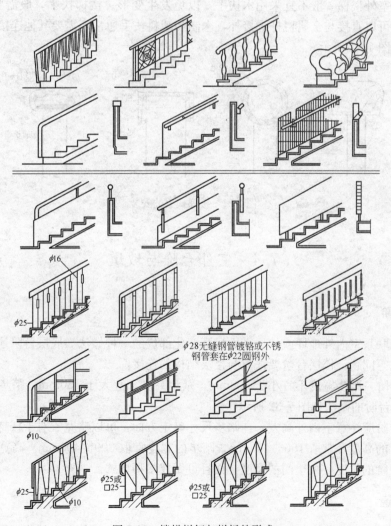

图 7-29 楼梯栏杆与栏板的形式

图 7-30 楼梯不锈钢栏杆示意

击力的作用,当楼梯的宽度较大时,在靠墙的一侧也要设置扶手,有的楼梯在梯段的中间还需要设置栏杆与扶手。

7.3.4.1 常用楼梯栏杆与栏板的形式

楼梯栏杆的形式非常多,有钢管、方钢、扁钢等,栏杆的式样可结合观瞻要求进行设计。楼梯栏板常用的形式有混凝土、砖砌体、装饰板、钢化玻璃、有机玻璃等。具体如图 7-29 所示。图 7-30 为不锈钢栏杆实例。

7.3.4.2 楼梯扶手

楼梯扶手的种类比较多,室内楼梯通常采用木扶手,有的也采用不锈钢或者铝合金扶手;室外楼梯一般不宜采用木扶手,以免发生变形。楼梯扶手一般需要连续设置,除金属扶手可以直接与金属栏杆焊接外,木制和塑料扶手通常还需要其他连接件,楼梯扶手的安装如图 7-31 所示。

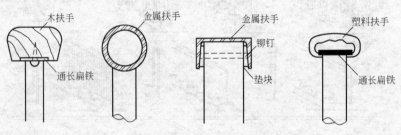

图 7-31 楼梯扶手的安装

7.4 室外台阶与坡道

7.4.1 台阶

台阶是联系室内外地坪或楼层平面标高变化部位的一种做法。底层台阶还要综合考虑防水、防冻等问题。楼层台阶要注意与楼层结构的连接。

室内台阶,踏步宽度不宜小于 300mm,踏步高度不宜大于 150mm,踏步数不宜少于 2 级。常见台阶的做法如图 7-32 所示。

室外台阶应注意室内外高差,在踏步尺寸确定方面,可以略宽于对于楼梯踏步尺寸的要求。踏步的高度经常取 100~150mm,踏步的宽度常取 300~400mm。高宽比不宜大于 1:2.5。台阶的长度应大于门的宽度,而且可做成多种形式。

7.4.2 坡道

在车辆经常出入或不适宜做台阶的部位,可采用坡道来进行室内外或楼层平面标高变

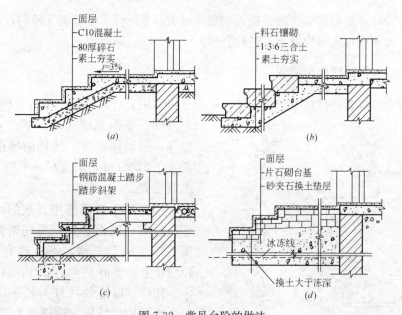

图 7-32 常见台阶的做法

(a) 混凝土台阶；(b) 石砌台阶；(c) 钢筋混凝土架空台阶；(d) 换土地基台阶

化部位的联系。例如一般安全疏散口（如剧场太平门）的外部必须做坡道，而不允许做台阶。室内坡道的坡度不宜大于 1∶8，室外坡道坡度不宜大于 1∶10，无障碍坡道坡度为 1∶12。为了防滑，坡道面层可以做成锯齿形。在人员和车辆同时出入的地方，可以同时设置台阶与坡道，使人员和车辆各行其道。坡道常见的做法如图 7-33 所示。

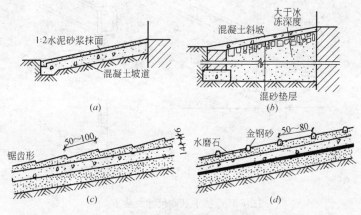

图 7-33 常见坡道的做法

(a) 混凝土坡道；(b) 换土地基坡道；(c) 锯齿形坡道；(d) 防滑条坡道

7.5 有高差处的无障碍设计

建筑物不同地面有高差时，通常需要设置垂直交通设施，如楼梯、台阶和坡道等。以上设施，对于特殊群体，特别是残疾人，在使用时会带来一定的不便。特别是下肢残疾人和视觉残疾人，下肢残疾人通常需要以轮椅代步，视觉残疾人必须借助于导盲棍来协助行走。无障碍设计,是指能够协助残疾人顺利通过的高差设计,本节就无障碍设计中关于楼梯、台阶、坡道等特殊的构造要求进行介绍。

7.5.1 楼梯的形式与尺度要求

对于视力残疾者和柱杖者使用的楼梯,应尽量采用直行楼梯,如平行双跑式楼梯、L形楼梯、单跑式楼梯等,不宜采用圆弧形楼梯、圆形楼梯等。楼梯的梯段宽度一般要大于1200mm,坡度尽量平缓,踢面高度不宜过大。

楼梯踏步应该选用合理的构造形式和饰面材料,踏面必须设置防滑措施,踏步形式应该线形光滑,不应该有直角突沿,以防止意外事情发生。如图7-34所示。

楼梯、坡道的栏杆与扶手应该在两侧都设置,公共楼梯应该设置上下两层扶手,在楼梯的梯段或者坡道的坡段起始处及结束处,扶手应向前延伸300mm以上,扶手末端应向下或者伸向墙面结束,扶手基本要求如图7-35所示。

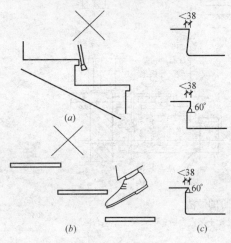

图 7-34 踏步构造形式
(a) 有直角突缘不适宜;(b) 踏步踢面不适宜;
(c) 流线光滑可用

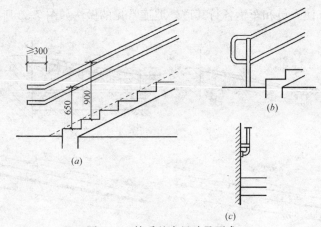

图 7-35 扶手基本尺寸及要求
(a) 扶手高度及起始、终结步处入伸尺寸;(b) 扶手末端向下;(c) 扶手末端伸向墙面

7.5.2 坡道的宽度与坡度

坡道坡度较缓,比较适合残疾人轮椅通过,也适合于挂拐杖和借助导盲棍者通过。为了满足通行的要求,坡道的宽度和坡度必须合适。

7.5.2.1 坡道的坡度

我国对便于残疾人通行的坡道坡度标准规定为不大于1/12,同时还规定与之相匹配的每段坡道的最大高度为750mm,最大坡段水平长度为9000mm。

7.5.2.2 坡道的宽度及平台宽

为便于残疾人使用的轮椅顺利通过，室内坡道的最小宽度应不小于 900mm，室外坡道的最小宽度应不小于 1500mm。在图 7-36 中，表示相关的坡道平台所应具有的最小宽度。

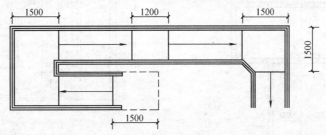

图 7-36 坡道的宽度和平台的深度

7.5.3 导盲块的设置

导盲块也称为地面提示块，是利用块材表面上的特殊构造形式向视力残疾者提供信息，提示应该停步或者改变行进方向等，通常设置在有障碍物、需要转折或者存在高差等特殊部位。常用导盲块的形式如图 7-37 所示。

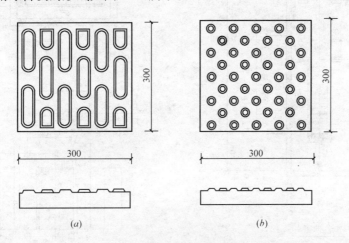

图 7-37 地面提示块的形式及提示内容
(a) 地面提示行进块；(b) 地面提示停止块

7.6 电梯与自动扶梯

在多层和高层建筑以及大量的公共建筑中，为了上下建筑物运行的方便，除了必须设置楼梯以外，通常还需要设置电梯和自动扶梯，电梯有客梯和货梯两大类，除了一般使用的电梯，在特殊建筑物中可能还设置专用电梯，如医院类建筑中的专用梯。不同的电梯供应厂家所生产的电梯规格型号有所差异，它们对构造设计都有特定的要求，因此，在进行设计时应根据电梯产品供应商提供的要求进行。图 7-38 为根据某生产厂家提供的电梯资料而进行的设计实例。

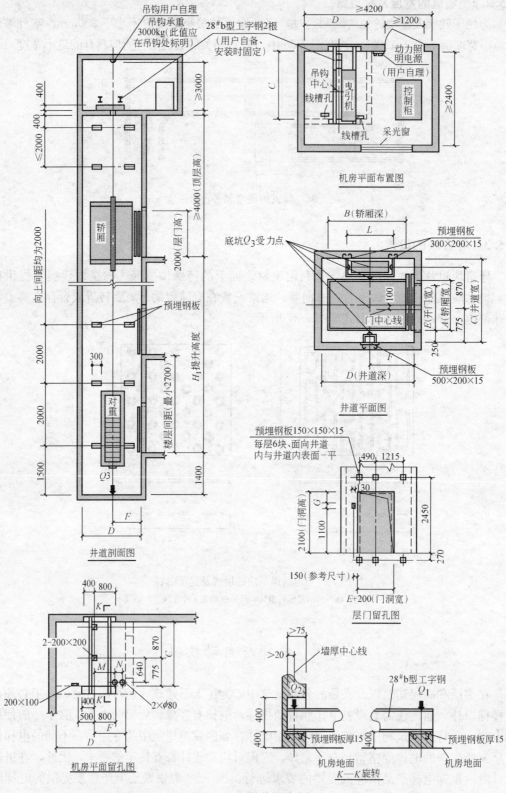

图 7-38 电梯井设计实例

7.6.1 电梯

7.6.1.1 电梯井

电梯井是电梯在运行过程中的通道，电梯井必须设置出入口、电梯以外，还必须安装导轨、平衡重和缓冲器等设施。

电梯井道是高层建筑穿通各层的垂直通道，电梯井道必须具有一定的防火性能，应根据建筑防火规范的要求进行设计，经常采用钢筋混凝土墙。电梯在运行过程中，会产生振动和噪声，为了提供舒适的室内环境，电梯应采取适当的隔声及隔振措施。一般情况下，在机房机座下设置弹性垫层来达到隔声和隔振的目的。当电梯运行速度较快时，还应当在机房与井道之间设置隔声层，高度为1.5~1.8m。如图7-39所示。

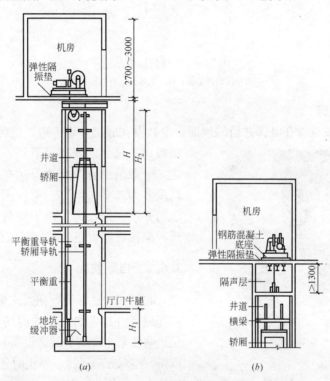

图 7-39 电梯机房隔振、隔声处理
(a) 无隔声层（通过电梯门剖面）；(b) 有隔声层（平行电梯门剖面）

电梯井道的通风问题，井道除了设置排烟通风口外，还要考虑电梯运行中井道内空气流动问题。通常在运行速度比较快的乘客电梯，在井道的顶部和底坑内应设置通风孔。

7.6.1.2 电梯门

电梯门通常为双扇推拉门，宽度为800~1500mm，推拉门的滑槽通常安置在门套下楼板边梁如牛腿状挑出部分，对于在不同楼层有不同交通流线组织要求的电梯，还可以按照需要在两面开门。门边通常需要预留安装层间按钮、指示装置等孔洞，具体如图7-40所示。

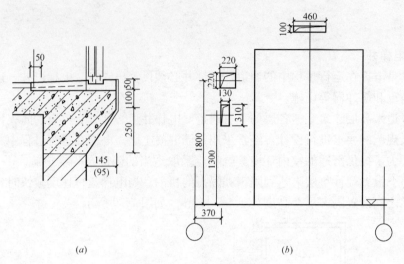

图 7-40 电梯门构造示意
(a) 电梯门洞设牛腿；(b) 电梯门洞附近留孔示意

7.6.1.3 电梯机房

电梯机房一般设置在电梯井道的顶部，少数设在底层井道旁边。机房平面尺寸需根据机械设备尺寸的安排及管理、维修等需要来决定，一般至少有两个面每边扩出600mm以上，高度多为2.5~3.5m。机房围护构件的防火要求与井道一样，为了便于安装和修理，机房的楼板应按机器设备要求的部位预留孔洞。

7.6.2 自动扶梯

自动扶梯通常设置在人流量特别大的建筑物内部或者外部，如大型的商场、车站、码头等，是运输效率非常高的载客设备，一般自动扶梯可以正、逆双方向运行，停止时还可以作为临时楼梯行走，使用非常方便。自动扶梯如图7-41所示。

图 7-41 自动扶梯

8 屋 顶

8.1 概 述

8.1.1 屋顶的作用与要求

屋顶是建筑物最上层起覆盖作用的围护构件，其作用是抵抗雨雪、避免日晒等自然因素的影响。屋顶由面层和承重结构两部分组成。根据需要，还可能包括各种功能层和顶棚层等部分。它应该满足以下几点要求：

8.1.1.1 承重要求

屋顶应能够承受积雪、积灰和上人所产生的荷载，并顺利地传递给墙或柱。

屋面防水等级及设防要求　　　　　　表 8-1

项　　目	屋面防水等级			
	Ⅰ	Ⅱ	Ⅲ	Ⅳ
建筑物类别	特别重要的民用建筑和对防水有特别要求的工业建筑	重要的工业与民用建筑、高层建筑	一般的工业与民用建筑	非永久性建筑
防水耐用年限(年)	25	15	10	5
防水层选用材料	宜选用合成高分子防水卷材、高聚物改性沥青防水卷材、合成高分子防水涂料、细石混凝土等材料	宜选用高聚物改性沥青防水卷材、合成高分子防水层、高聚物改性沥青涂料、细石混凝土、平瓦等材料	应选用三毡四油沥青防水卷材、高聚物改性沥青防水卷材、合成高分子防水涂料、沥青基防水涂料、刚性防水层、平瓦、油毡等材料	选用二油沥青防水卷材、高聚物改性沥青防水涂料、沥青基防水涂料、波形瓦等材料
设防要求	三道或者三道以上防水设防，其中应有一道合成高分子防水卷材，且只能有一道厚度不小于 2mm 的合成高分子防水涂膜	二道防水设防，其中应有一道卷材，也可以采用压型钢板进行一道设防	一道防水设防或者两种防水材料复合使用	一道防水设防

8.1.1.2 保温隔热要求

屋面应具有一定的热阻能力和隔热能力,以防止热量从屋面过分散失和外部热量传入室内。

8.1.1.3 防水排水要求

屋顶应能很快地排除积水（积雪）,以防渗漏。屋面在处理防水问题时,应兼顾"导"和"堵"两个方面。所谓"导",指的是排除屋面积水,因而应该有足够的排水坡度及相应的排水设施。所谓"堵",指的是防止屋面积水渗漏,应该使用适当的防水材料,采取妥善的构造做法。屋面防水等级分为 4 级,屋面防水等级及设防要求如表 8-1 所示。

8.1.1.4 美观要求

屋顶是建筑装修的重要内容之一。屋顶采取什么形式,选用什么材料,使用什么颜色,均与建筑的形象和建筑的环境景观有关。所以在决定屋顶构造做法时,应兼顾技术和艺术两个方面。

8.1.2 屋顶的类型

屋顶的类型很多,可以分为平屋顶,坡屋顶和其他形式的屋顶。各种形式的屋顶,其主要区别在于屋顶坡度的大小。而屋顶坡度又与屋面材料、屋顶形式、地理气候条件、结构选型、构造方法、经济条件等多种因素有关。

屋顶坡度的表示方法有以下几种：

8.1.2.1 坡度

高度尺寸与水平尺寸的比值,常用"i"作标记,如 $i=25\%$ 等。

8.1.2.2 角度

坡面斜线与水平尺寸之间的夹角,常用"α"作标记,如 $\alpha=45°$ 等。

8.1.2.3 高跨比

高度尺寸与跨度的比值。如高跨比为 1:4 等。

屋顶坡度只选择一种方式进行表示即可,常用的坡度值如图 8-1 所示。

屋顶是房屋最上层起覆盖作用的围护和承重结构,又称屋盖。它主要由屋面防水层和支承结构组成。由于使用要求不同,还可设顶棚、保温、隔热、隔声、防火等各种层次。屋顶根据排水坡度不同。可分为平屋顶和坡屋顶两大类。

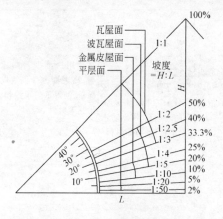

图 8-1 常见屋面坡度值

平屋顶是指屋面坡度小于或等于 10% 的屋顶。最常用的坡度为 2% 或 3%。坡屋顶是指屋面坡度大于 10% 的屋顶。坡屋顶在建筑中广泛使用,它的形式和坡度主要取决于建筑平面、结构形式、屋面材料、气候环境、风俗习惯和建筑造型等因素。图 8-2 是各种屋顶的外形示意。

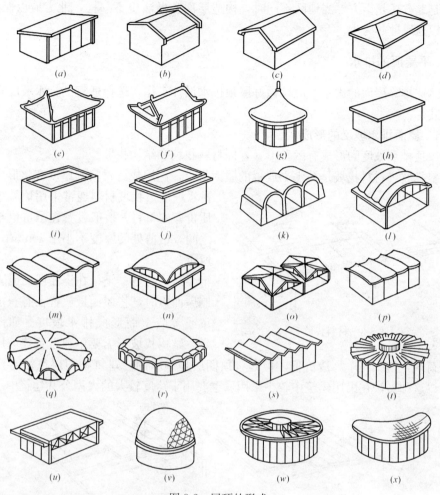

图 8-2 屋顶的形式

(a) 单坡顶；(b) 硬山顶；(c) 悬山顶；(d) 四坡顶；(e) 庑殿；(f) 歇山；(g) 攒尖；
(h) 平屋顶；(i) 平屋顶；(j) 平屋顶；(k) 拱顶；(l) 双曲拱顶；(m) 筒壳；
(n) 扁壳；(o) 扭壳；(p) 鞍形壳；(q) 抛物面壳；(r) 球壳；(s) 折板；
(t) 辐射折板；(u) 平板网架；(v) 曲面网架；(w) 轮辐式悬索；(x) 鞍形悬索

8.2 平屋顶构造

平屋顶造价低、施工方便、构造简单，适用于各种形状和大小的建筑平面。由于它的坡度小，可以在它上面做屋顶花园、露天舞厅，或进行体育活动、晾晒衣服等。缺点是屋面排水慢，容易产生渗漏，要做好防水，平屋顶通常用钢筋混凝土做承重结构。

8.2.1 平屋顶应考虑的主要因素

在确定平屋顶的构造层次及做法时，应考虑以下几个因素：屋顶为上人屋面还是非上人屋面；屋顶的找坡方式是材料找坡还是结构找坡；屋顶所处房间湿度是否正常，考虑是否加设隔蒸汽层；屋面板是采用钢筋混凝土板承重，还是采用加气混凝土板承重；屋顶所处地区是北方还是南方，当地区不同时，构造层次和做法也不一样，北方应以保温为主，南方应以通风散热为主。

8.2.2 平屋顶的排水

为迅速排除屋面的雨水，应该做好屋顶排水设计工作，选择适宜的排水坡度和恰当的排水方式。

8.2.2.1 屋面排水坡度的形成

平屋顶排水坡度的形成有两种形式，即材料找坡和结构找坡。

材料找坡：材料找坡是在水平放置的屋面板上，利用找坡材料的厚度变化形成一定的排水坡度。找坡材料通常采用炉渣等一些轻质价廉的材料。一般设置在承重层与保温层之间，最薄处的厚度不小于30mm，如图8-3所示。

结构找坡：是指在浇注屋面或者采用预制屋面板时，将屋面板放置在有一定斜度的梁或者墙上而形成排水坡度。如图8-4所示。结构找坡不需要单独设置找坡层，减少

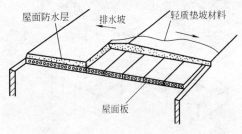

图8-3 材料找坡

了屋面荷载，施工简单，造价低。但是，顶棚层是倾斜的，建筑物顶层往往需要设置吊顶，所以这种做法在民用建筑中较少采用，主要用于跨度较大的大型公共建筑中。

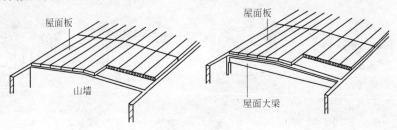

图8-4 结构找坡

8.2.2.2 屋面排水方式的选择

为了防止屋面雨水渗漏，除做好严密的防水层外，还应将屋面雨水迅速地排除。屋面的排水方式有两种，一种是雨水从屋面排至檐口，自由落下，叫无组织排水；这种做法虽然简单，但檐口排下的雨水容易淋湿墙面和污染门窗，一般只用于檐部高度在5m以下的建筑物中。另一种是将屋面雨水通过排水口、集水斗、雨水管排除。雨水管安装在建筑物外墙上的是有组织外排水；雨水管从建筑物内部穿过的是有组织内排水。常见的屋面排水方式见图8-5所示。

屋面排水宜优先采用外排水，雨水管的位置和颜色，应与建筑的立面协调。高层建筑、多跨及积水面积较大的屋面应采用内排水。每一屋面或天沟，一般应不少于两个排水口。当内排水只有一个排水口时，可在山墙（或女儿墙）外增设溢水口。排水组织包括确定排水坡度、划分排水分区、确定雨水管数量、绘制屋顶平面图等工作。

关于排水坡度的确定，平屋顶上的横向排水坡度为2%，纵向排水坡度为1%；天沟

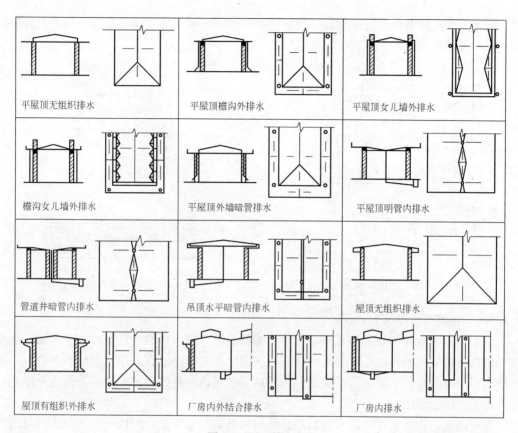

图 8-5 屋顶排水方式

的纵向坡度一般不宜小于0.5%（外排水），不小于0.8%（内排水）。关于排水分区的划分，屋面排水分区一般按每个雨水管能排除200m²的面积来划分。

屋面落水管的设置间距，一般不宜大于表8-2中规定的标准，并且雨水管应尽量均匀布置，充分发挥其排水能力。

排水口距女儿墙端部（山墙）不宜小于0.5m，且以排水口为中心，半径0.5m范围内的屋面坡度不应小于5%。排水口加防护罩防堵，加罩后的流水进口高度不应高过檐沟底面。外装雨水管采用硬质塑料制作，最小内径为75mm，经常采用100mm。管外侧距墙面距离为30mm，下口距散水坡的高度不应大于200mm。暗装雨水管应采用铸铁管或钢管，管壁内外浸涂防腐涂料，立管宜每1~2层高，或每隔6m左右设一清扫口（掏堵口），一般中心距楼地面1m。图8-6为雨水斗的构造示意。

两个排水管之间适宜的间距 表8-2

外 排 水		内 排 水	
有外檐天沟	无外檐天沟	明装雨水管	暗装雨水管
24m	15m	15m	15m

8.2.3 平屋顶的构造

8.2.3.1 平屋顶的组成

平屋顶可以分为基本构造层和辅助构造层。基本构造层主要包括顶棚、承重层、找平层、防水层等；辅助构造层主要包括找坡层、保温层、隔汽层、隔热层等。图8-7为卷材防水屋面的构造组成。

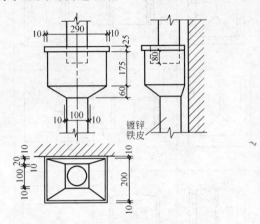

图8-6 雨水斗的构造示意　　　　　图8-7 卷材防水屋顶构造组成

8.2.3.2 卷材防水屋面

由平屋顶的组成可知，为了满足使用功能的要求，平屋顶的构造层次较多，除了防水层的做法有较大的差异以外，其他的构造层次变化不大，因此在介绍平屋顶的构造时，根据防水层选择的材料不同，将平屋顶分为卷材防水屋面和刚性防水屋面，下面先介绍卷材防水屋面的构造做法。

卷材防水是指将柔性的防水卷材用胶结材料粘贴在屋面上，形成一个大面积的封闭防水覆盖层。这种防水具有一定的延伸性，能够适应由温度变化而引起的屋面变形。过去常用的柔性防水材料主要是沥青油毡，这种材料防水性能好，造价低，但是需要热施工，对环境产生污染，并且使用寿命较短，随着建材工业的不断发展，一些新型的防水卷材，如三元乙丙橡胶、氯化聚乙烯、改性沥青卷材、三元丁橡胶等防水卷材不断出现。卷材防水屋面的构造层次如图8-7所示。一般在防水层前需要做找平层、结合层、保温层，最后设置防水层。

结构层：也称为承重层，主要是指钢筋混凝土屋面板，可以是现浇，也可以是预制板。

找平层：防水卷材必须铺设在表面平整的找平层上，以防止卷材被异物破坏，找平层通常附设在保温层的上方，通常用1∶3的水泥砂浆进行找平，找平层厚度通常在20～30mm之间。

结合层：结合层是在基层与卷材防水层之间设置的构造层次，其主要作用是使卷材和基层结合牢固。沥青类卷材通常采用冷底子油作为结合层。高分子卷材通常采用配套基层处理剂。

隔汽层：隔汽层的作用是隔除水蒸气，避免保温层吸收水蒸气而产生膨胀变形，一般仅在湿度较大的房间设置。纬度在40°以北地区，且室内空气湿度大于75%或其他地区空气湿度常年大于80%时，应在保温层下面做隔汽层。

隔汽层的常用材料有以下几种：1.5mm厚聚合物水泥基复合防水涂料；2mm厚氯丁橡胶改性沥青防水涂料；2mm厚SBS改性沥青防水涂料；1.2mm厚聚氨酯防水涂料等。

保温层：为了提供适宜的室内环境，在屋顶内部设置保温层。屋面保温层按其位置可分为单一保温屋面、外保温屋面、内保温屋面等，按照保温层所采用的材料差异，又可以划分不同的类型。

防水层：卷材防水层卷材的层数和建筑物的性质和屋面坡度有关系。例如，油毡防水层，简易建筑可以采用二毡三油，一般建筑可以采用三毡四油。卷材在铺设时，为了防止在交接处出现漏水漏雨，应该注意侧边的搭接，不同的材料都有相应的搭接尺寸要求。

油毡防水层是由沥青胶和油毡层交替粘合而成，其主要做法为：首先在找平层上刷冷底子油一道，将调好的沥青胶均匀涂刷在找平层上，然后再铺设油毡。铺好后，再刷沥青胶，然后再铺油毡，交替进行。油毡防水层的构造层次如图8-8所示。

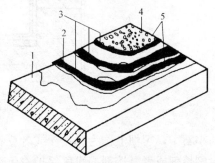

图8-8 油毡防水层构造层次
1—基层；2—冷底子油；3—沥青胶；
4—绿豆沙；5—油毡

合成高分子防水卷材包括合成橡胶类，如三元乙丙橡胶防水卷材（EPDM）、氯丁橡胶防水卷材（CR）、合成树脂类有聚氯乙烯防水卷材（PVC）、氯化聚乙烯防水卷材（CPE）和橡塑共混类等，如氯化聚乙烯橡胶共混卷材。合成高分子防水卷材的厚度，用于Ⅰ级防水屋面时应≥1.5mm厚；用于Ⅱ、Ⅲ级防水屋面时，应≥1.2mm厚；用于Ⅲ级屋面复合使用时，应≥1.0mm厚。图8-9为合成高分子卷材防水屋面及在檐口处的做法示意图，图8-10为高分子卷材防水屋面及在女儿墙处的做法。

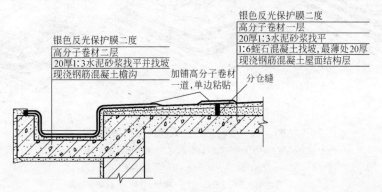

图8-9 合成高分子卷材防水屋面及在檐口处的做法

高聚物改性沥青防水卷材包括SBS弹性体防水卷材、APP塑性体防水卷材和优质氧化沥青防水卷材等。高聚物改性沥青防水卷材，用于Ⅰ、Ⅱ级防水屋面复合使用时，应≥3mm厚；用于Ⅲ级防水屋面单独使用时，应≥4mm厚；用于Ⅲ级防水屋面复合使用时，应≥2mm厚。

保护层：设置保护层主要是为了对防水层产生保护作用。为了防止防水层老化、沥青过热流淌或者降雨对防水层产生的冲刷，在防水层的上部最好要设置保护层，保护层的做法分为上人屋面和非上人屋面两种类型。

非上人屋面保护层的做法是在防水层的上部撒粒径为3～6mm的粗沙或者15～25mm

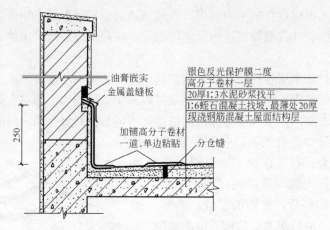

图 8-10 高分子卷材防水屋面及在女儿墙处的做法

的小石子，习惯上称为绿豆沙或者豆石保护层，高分子卷材防水屋面通常是在卷材面层上涂刷熔剂或者是熔剂型浅色保护着色剂，如氯丁银粉等。

上人屋面保护层通常是用沥青砂浆铺设缸砖、大阶砖、混凝土板块材等。或者在防水层上浇注 30~40mm 的细石混凝土面层，每 2m 左右设置分仓缝等。上人屋面保护层的做法如图 8-11 所示。

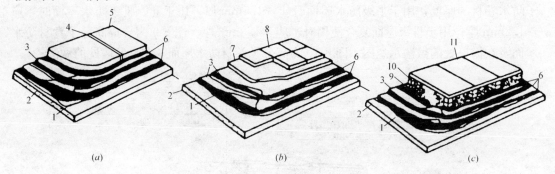

图 8-11 卷材防水上人屋面保护层做法

(a) 现浇混凝土面层；(b) 块材面层；(c) 预制板或者大阶砖架空面层

1—找平层；2—基层；3—油毡；4—分仓缝；5—现浇混凝土；6—沥青胶；7—结合层；
8—铺块地面；9—绿豆沙；10—填块；11—板材架空地面

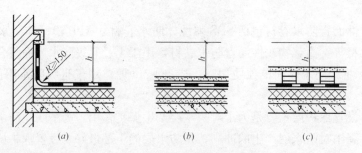

图 8-12 泛水高度的起止点

(a) 不上人屋面；(b) 上人屋面；(c) 架空屋面

卷材防水屋面的节点构造：为了防止雨水从屋面防水层的收头处渗入屋面或者防止风力把防水层掀起，必须在屋面防水层和垂直墙面交接处做防水构造处理，即泛水。泛水通常设置在女儿墙、山墙、烟道、高低屋面之间墙与屋面的交接处。泛水要有一定的高度，以防止雨水渗漏进入室内，泛水高度 h 从保护层算起，一般不小于250mm，图8-12为泛水高度起止点示意。图8-13为卷材防水屋面泛水构造示意。

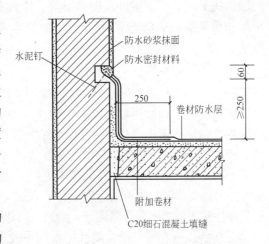

图8-13 卷材防水屋面泛水构造

挑檐檐口的构造：挑檐檐口防水构造的要点是做好防水卷材的收头，使屋顶四周的卷材封闭，避免雨水渗入。卷材收头处理通常是在檐沟边缘用压条将卷材压住，再用油膏或者砂浆收口。另外，檐沟内转角处水泥砂浆应抹成圆弧形，沟内应加铺一层卷材以增强防水能力，以防卷材断裂，檐沟外侧应做好滴水。挑檐檐口的构造做法如图8-14所示。

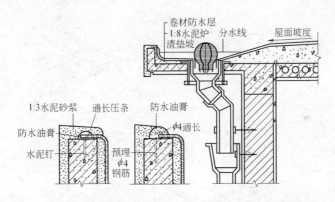

图8-14 卷材屋面檐口构造

8.2.3.3 刚性防水屋面

刚性防水屋面是指用细石混凝土或者防水砂浆作为防水层的屋面。刚性防水屋面的优点是构造简单，施工方便，但是容易开裂，对气温变化和屋面基层变形的适应性较差，因此，刚性防水屋面适应于温差较小的地区或者防水等级Ⅲ级的屋面防水，也可以作为防水等级为Ⅰ级、Ⅱ级的屋面多道设防中的一道防水层。

刚性防水屋面一般适应于无保温层的建筑物，因为保温层多采用轻质材料，其上部不宜进行湿作业，并且刚性细石混凝土浇注在保温层上时，容易裂缝。同时，刚性防水屋面不适应于有振动、高温以及基础有较大沉降的建筑物中。

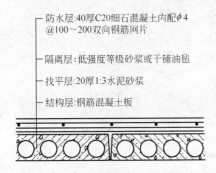

图8-15 刚性防水屋面的构造层次

刚性防水屋面的构造层次一般有：防水层、隔离层、找平层、承重层以及顶棚层等，刚性防水屋面的构造层次如图 8-15 所示。其中找平层和承重层的做法与柔性防水屋面基本相同。下面主要介绍刚性防水层和隔离层的做法。

防水层：防水层应采用不低于 C20 的细石混凝土浇注而成，厚度不小于 40mm，为了防止细石混凝土产生裂缝，在细石混凝土的上部设置直径为 4mm、间距 100～200mm 的双向钢筋网片，钢筋保护层厚度不小于 10mm。为了提高细石混凝土的抗裂与抗渗性能，可以加入适量的添加剂。

隔离层：隔离层位于结构层与刚性防水层之间，其主要作用是减少结构变形对防水层产生的不利影响。结构层在荷载的作用下产生挠曲变形、在温度变化下产生胀缩变形。当结构层发生上述变形时，很容易导致刚性防水层的开裂，为了防止刚性防水层发生裂缝，在结构层与刚性防水层之间设置隔离层。隔离层可以采用干铺油毡或者采用低强度等级的砂浆。

分仓缝：分仓缝是设在刚性防水层中的变形缝，主要作用是防止因温度变化或者结构变形造成防水层的开裂。分仓缝应该设置在屋面变形敏感的部位，如图 8-16 所示。分仓缝的服务面积控制在 15～25m² 左右，分仓缝的间距以 3～5m 为宜，分仓缝缝宽 20mm，如图 8-17 所示。为了满足伸缩变形的需要，缝内一般用弹性材料、沥青麻丝填实，再用油膏嵌缝，如图 8-18 所示。

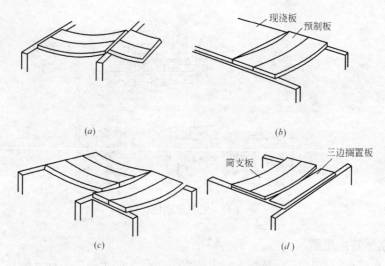

图 8-16　预制屋面板结构变形敏感部位
(a) 屋面板支撑端；(b) 现浇板与预制板接缝处；
(c) 屋面板搁置方向变化处；(d) 简支板与三边搁置板交接处

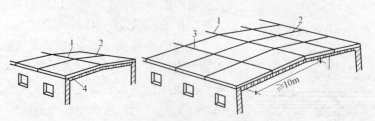

图 8-17　刚性防水屋面分仓缝的划分
1—屋脊分仓缝；2—屋面板支座处分仓缝；3—横向分仓缝；4—屋面板

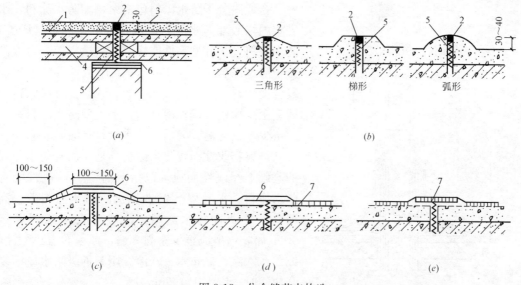

图 8-18 分仓缝节点构造
(a) 平缝油膏嵌缝；(b) 凸形缝油膏嵌缝；(c) 凸缝油毡盖缝；(d) 平缝油毡盖缝；(e) 贴油毡错误做法
1—隔离层；2—油膏；3—刚性屋面；4—空心板；5—沥青麻丝；6—干铺油毡；7—沥青粘结油毡

刚性防水屋面的女儿墙泛水、变形缝泛水以及管道出屋面泛水的做法及节点构造要求如图 8-19、图 8-20 所示。

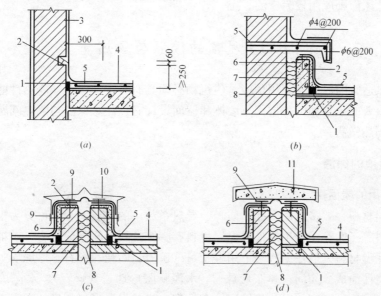

图 8-19 刚性防水屋面泛水构造
(a) 女儿墙泛水；(b) 高低屋面变形缝防水；(c) 横向变形防水之一；(d) 横向变形防水之二
1—防水油膏嵌缝；2—水泥钉；3—女儿墙；4—刚性防水层；5—防水卷材；6—砖砌矮墙；
7—沥青麻丝嵌缝；8—镀锌铁皮；9—压条；10—镀锌铁皮盖；11—混凝土板

8.2.3.4 防水涂料

防水涂料包括合成高分子防水涂料、高聚物改性沥青防水涂料、沥青基防水涂料等，其构造要求为：

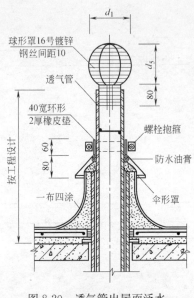

图 8-20 透气管出屋面泛水

合成高分子防水涂料包括聚氨酯防水涂料、水乳型丙烯酸酯防水涂料、水乳型聚氯乙烯（PVC）防水涂料、水乳型高性能橡胶防水涂料等。合成高分子防水涂料一般为 2mm 厚，用于Ⅲ级防水屋面复合使用时，应大于 1mm 厚；反应型防水涂料一般应至少涂刷 3 遍；溶剂型、水乳型防水涂料一般应至少涂刷 5 遍；薄质型防水涂料宜涂刷 8 遍。

高聚物改性沥青防水涂料，是在沥青防水涂料的基础上经改性而成，包括溶剂型 SBS 改性沥青防水涂料、水乳型 SBS 改性沥青防水涂料等。高聚物改性沥青防水涂料，一般应大于或者等于 3mm 厚，一般应至少涂刷 5 遍，或一布五、六涂，或二布六涂，二布六～八涂。用于Ⅲ级防水屋面复合使用时，应大于 1.5mm 厚。

沥青基防水涂料，目前主要包括水性石棉沥青防水涂料，膨润土沥青厚质涂料。沥青基防水涂料的厚度，一般应大于等于 4mm，用于Ⅲ级防水屋面，单独使用时应大于等于 8mm。上述材料属于柔性防水材料。在南方多雨地区，由于气温高，柔性卷材容易产生流淌，故采用较少，而刚性屋面则应用较为广泛。

8.3 屋顶的保温与隔热

为了提供适宜的居住和使用环境，建筑物必须具有一定的保温与隔热性能。其中，墙体和屋面是重要的承重和围护构件，墙体和屋面设计必须注意保温与隔热问题。下面介绍屋面的保温隔热做法。

8.3.1 平屋顶的保温

8.3.1.1 常用的屋面保温材料

屋面保温材料一般多选用多孔、质轻、导热系数小的材料。一般可分为松散、整体和板状保温材料等三大类。常用的松散保温材料有膨胀蛭石、膨胀珍珠岩、矿棉、岩棉、炉渣等。整体保温材料一般在结构层上用轻骨料（矿渣、陶粒、蛭石、珍珠岩等）与沥青或水泥拌和、浇注而成。如沥青膨胀珍珠岩，水泥膨胀珍珠岩（蛭石），水泥炉渣等。这种保温层可浇注成不同厚度，可与找坡层结合处理。板状保温材料常见的有水泥、沥青、水玻璃等胶结的预制膨胀珍珠岩（蛭石）板、加气混凝土板、泡沫塑料等块材或板材。

8.3.1.2 保温层的位置

平屋顶坡度较缓，保温层宜设在屋顶结构层上部，通常其位置有两种，正置式保温和倒置式保温。

正置式保温屋面：保温层位于结构层之上、防水层之下，形成封闭的形式，称为正置式（亦称内置式）保温屋面。一般保温材料吸湿性较大时用此种形式，正置式保温屋面的做法如图 8-21 所示。

倒置式保温屋面：保温层位于防水层之上，暴露在外的形式称为倒置式（亦称外置式）保温屋面。一般保温材料吸湿性小时，采用这种形式。倒置式保温屋面的做法如图 8-22 所示。

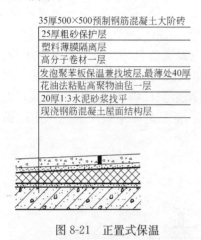

图 8-21　正置式保温　　　　　　　　图 8-22　倒置式保温

8.3.1.3　平屋顶保温构造

正置式保温屋面构造如图 8-21 所示。在屋顶中设置保温层后，因材料吸湿后导热系数急剧增大，保温性能降低，所以在湿度较大的房间屋顶中应增设隔汽层。隔汽层除可以防止冬季室内蒸汽随热气流从屋面板孔隙渗透进保温层降低性能外，还可防止水分在夏季高温时转化为蒸汽而体积膨胀，引起卷材防水层起鼓。隔汽层一般位于保温层下，其做法是在屋面板（或找坡层）上设 1∶3 水泥砂浆找平层，一道冷底子油结合层，再做一毡二油隔汽层。

倒置式保温屋面构造如图 8-22 所示。倒置式保温屋面是将密度小，抗压强度较高且吸湿性小的憎水性保温材料（如聚苯乙烯泡沫板等）做在防水层之上的保温屋面。这种构造不仅解决防水层铺在松软基层上易开裂的问题，而且对防水层（无论是卷材还是刚性防水层）起到屏蔽和防护作用，使之受阳光和气候变化的影响减弱而温度变形较小，提高了防水层的耐久性，是一种值得推广的保温屋面。倒置式保温屋面的保护层应选择具有一定重量的材料，以防止下雨时保温层漂浮或者被风力吹走，一般用大粒径石子或者预制混凝土板即可。

8.3.2　平屋顶的隔热

夏季在太阳辐射热和室外空气温度的综合作用下，从屋顶传入室内的热量要比从墙体传入室内的热量多得多。在我国南方地区，屋顶的隔热问题尤为突出，必须从构造上采取隔热措施。

屋顶隔热的基本原理是减少太阳辐射热直接作用于屋顶表面。隔热的构造做法主要有通风隔热、蓄水隔热、植被隔热、反射隔热等。

8.3.2.1　屋顶通风隔热

屋顶通风隔热是在屋顶中设置通风间层，使上层表面遮挡太阳辐射热，利用风压和热压作用使间层中的热空气被不断带走，从而下层板面传至室内的热量大为减少，以达到隔热目的的屋顶形式。通风间层通常有两种设置方式，一种是在屋面上设架空通风隔热层，这种形式主要用于平屋顶，另一种是利用顶棚内的空间通风隔热，这种形式主要用于坡屋顶。

架空通风隔热间层：架空通风隔热间层，设于防水层上，架空层内的空气可以流动，其隔热原理是利用架空层的面层遮挡直射的阳光，同时架空层内的空气与室外冷空气产生对流，将层内的热量源源不断地排走，从而达到降低室内温度的目的。架空层通常用砖、瓦、混凝土等材料及制品制作。架空层的净空高度随着屋面坡度和宽度的大小而变化，屋面坡度和宽度越大，净空越高，但不宜超过 360mm，否则架空层内的风速反而降低，影响降温效果。架空层的净高度一般在 180～240mm 为宜。常见的架空通风隔热屋面的做法如图 8-23 所示。

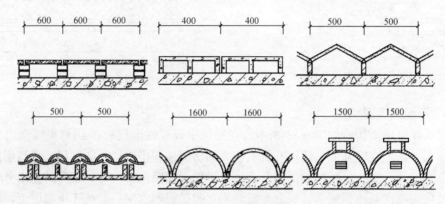

图 8-23 架空通风隔热

顶棚通风隔热：利用顶棚与屋面间的空间作通风隔热层可以起到架空通风层同样的作用。图 8-24 为常见的顶棚通风隔热的构造做法。这种隔热做法在设计时应该注意的是必须设置一定数量的通风孔，使顶棚内的空气能够迅速对流，顶棚通风层应该具有足够的净空高度，净空高度应根据各综合因素所需的高度确定。

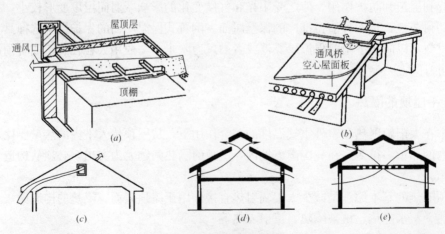

图 8-24 顶棚通风隔热

(a) 在外墙上设通风孔；(b) 空心板孔通风；(c) 檐口及山墙通风孔；(d) 外墙及天窗通风孔；(e) 顶棚及天窗通风孔

8.3.2.2 蓄水隔热屋面

蓄水隔热屋面利用平屋顶所蓄积的水层来吸收阳光传来的热量，在太阳辐射和室外气温的综合作用下，水分能够吸收大量的热量由液体变为气体，从而将热量散发到空中，减少了屋顶吸收太阳能，达到了降温隔热的目的。此外，水层对屋面还会起到保护作用，如混凝土防水层在水的养护下，可以减轻因温度变化而产生的裂缝和延缓混凝土炭化；沥青和嵌缝等防水屋面，在水的养护下，可以推迟老化的过程，延长了使用寿命。因此，蓄水屋面既可隔热，又可以减轻防水层出现裂缝，所以在我国南方地区应用较多，蓄水屋面的构造做法如图8-25所示。图8-26为蓄水屋面的实例。

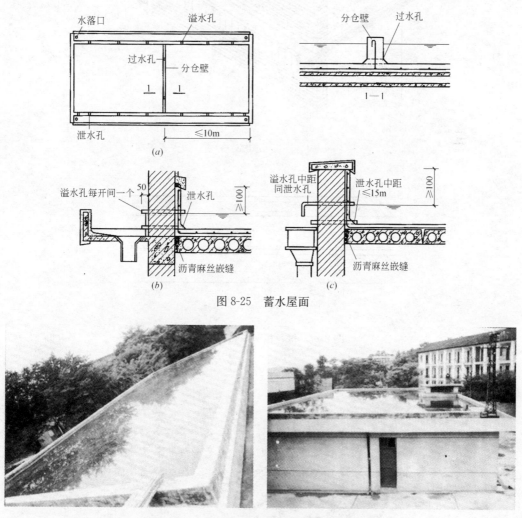

图 8-25 蓄水屋面

图 8-26 蓄水屋面实例

8.3.2.3 种植隔热屋面

种植隔热是在平屋顶上种植植物，借助于栽培介质隔热及吸收阳光进行光合作用和遮挡阳光的双重作用来达到降温隔热的目的。同时屋面覆土对室外综合温度有数小时的延迟作用，这种隔热措施具有较好的使用效果，绿色植被隔热的构造做法如图8-27所示。图8-28为种植隔热屋面实例。

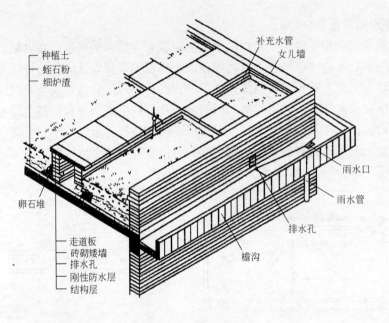

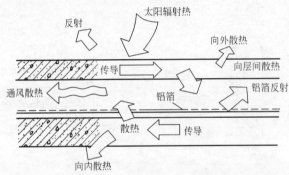

图 8-27 绿色植被隔热构造做法

图 8-28 种植隔热屋面实例

8.3.2.4 反射隔热屋顶

这种隔热屋面利用材料对辐射热的反射作用,减少屋面吸收的辐射热,从而达到隔热的目的，反射材料均具有一定的反射能力，其中表面光滑、颜色浅的表面反射率大。因此，充分利用材料这一特性，可取得一定的隔热效果。如在屋面上铺浅色砂砾或涂刷白色涂料以及在通风间层屋顶基层上增设一层铝箔等。构造做法如图8-29所示，图8-30为反射隔热屋顶的实例。

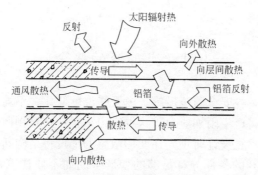

图 8-29　反射隔热屋顶构造做法

图 8-30　反射隔热屋顶实例

9 变形缝

9.1 变形缝的概念

变形缝是建筑中的一种安全防范措施。由于受温度变化、不均匀沉降以及地震等因素的影响，建筑结构内部将产生附加应力，这种应力常常使建筑物产生裂缝甚至破坏。为减少应力对建筑物的影响，在设计时预先在变形敏感的部位将结构断开，预留缝隙，即变形缝，以保证建筑物被断开的各部分有足够的变形空间而不使建筑物破损或产生裂缝。图9-1 为某建筑物变形缝的设置实例。

(a) (b)

图 9-1 变形缝设置实例
(a) 地面变形缝；(b) 墙面变形缝

按照不同的设计要求，对应不同的情况，变形缝分为伸缩缝、沉降缝、防震缝三种类型。

伸缩缝：伸缩缝解决由于建筑物超长而产生的伸缩变形，是在长度或宽度较大的建筑物中，为避免由于温度变化引起材料的热胀冷缩导致构件开裂，而沿建筑物的竖向将基础以上部分全部断开的预留人工缝。

沉降缝：沉降缝是指在工程结构中，由于建筑物高度、重量不同及平面转折部位等产生的不均匀沉降变形。为避免因地基沉降不均导致结构沉降裂缝而设置的永久性的变形缝。沉降缝主要控制剪切裂缝的产生和发展，通过设置沉降缝消除因地基承载力不均而导致结构产生的附加内力，自由释放结构变形。

防震缝：解决由于地震时建筑物不同部分相互撞击产生的变形。防震缝是为了防止建筑物的各部分在地震时相互撞击造成变形和破坏而设置的垂直预留缝。防震缝应将建筑物分成若干体型简单、结构刚度均匀的独立单元。

9.2 变形缝的设置要求

在工程实践中,常会遇到不同大小、不同体型、不同层高,建造在不同地质条件上的建筑物,对某些建筑物,如果不考虑温度伸缩、沉降和地震的影响,就会产生裂缝,甚至破坏。下面将结构缝的种类和设置要求分别进行介绍。

9.2.1 伸缩缝(温度变形缝)的设置要求

伸缩缝的主要作用是避免由于温差和混凝土收缩而使房屋结构产生严重的变形和裂缝。为了防止房屋在正常使用条件下,由于温差和墙体干缩引起的墙体竖向裂缝,伸缩缝应设在因温度和收缩变形可能引起的应力集中、砌体产生裂缝可能性最大的地方。温度伸缩缝的间距可通过计算确定,亦可按砌体结构设计规范(GB 2003—2001)的规定采用。在有关结构规范中,明确规定了砌体结构和钢筋混凝土结构伸缩缝的最大间距,如表9-1、表9-2所示。

砌体房屋温度伸缩缝的最大间距/m   表 9-1

屋盖和楼盖类别		间距
装配式或装配整体式钢筋混凝土结构	有保温层或隔热层的屋盖、楼盖	50
	无保温层或隔热层的屋盖、楼盖	40
装配式无檩体系钢筋混凝土结构	有保温层或隔热层的屋盖、楼盖	60
	无保温层或隔热层的屋盖、楼盖	50
装配式有檩体系钢筋混凝土结构	有保温层或隔热层的屋盖、楼盖	75
	无保温层或隔热层的屋盖、楼盖	60
瓦材屋盖、木屋盖或楼盖、轻钢屋盖		100

钢筋混凝土结构伸缩缝的最大间距/m   表 9-2

结构类型		室内或土中	露天
排架类型	装配式	100	70
框架类型	装配式	75	50
	现浇式	55	35
剪力墙类型	装配式	65	40
	现浇式	45	30
挡土墙及地下室墙壁等类结构	装配式	40	30
	现浇式	30	20

9.2.2 沉降缝的设置要求

当建筑物有下列情况时,均应设沉降缝。
(1) 当建筑物建造在不同的地基土壤上时;
(2) 当同一建筑物相邻部分高度相差在两层以上或部分高度差超过10m以上时;

(3) 当建筑物不同部分的基础底部压力值有很大差别时;
(4) 在原有建筑物和扩建建筑物之间;
(5) 当相邻的基础宽度和埋置深度相差悬殊时;
(6) 在平面形状较复杂的建筑中,为了避免不均匀下沉,应将建筑物平面划分成几个单元,在各个部分之间设置沉降缝。

沉降缝的设置位置如图 9-2 所示。

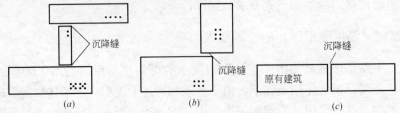

图 9-2 沉降缝的设置位置示意图
(a) 相邻部分层数相差两层以上;(b) 平面组合较复杂;(c) 在原有建筑与新建建筑之间

沉降缝的宽度可按表 9-3 采用。

沉降缝宽度 表 9-3

地基情况	建筑物高度	沉降缝宽度(mm)
一般地基	$H<5m$	30
	$H=5m\sim10m$	50
	$H=10m\sim15m$	70
软弱地基	2~3 层	50~80
	4~5 层	80~120
	6 层以上	>120
湿陷性黄土地基		≥30~70

9.2.3 防震缝的设置要求

在《建筑抗震设计规范》(GB 50011—2001) 中规定,多层砌体房屋结构有下列情况之一时,应设置防震缝:

(1) 建筑平面体型复杂,有较长突出部分,应用防震缝将其分开,使其成为简单规整的独立单元;
(2) 建筑物立面高差超过 6m,在高差变化处须设防震缝;
(3) 建筑物毗连部分结构的刚度、重量相差悬殊处,须用防震缝分开;
(4) 建筑物有错层且楼板高差较大时,须在高度变化处设防震缝。

9.3 变形缝的构造

变形缝的构造形式和材料,应根据工程特点、地基或结构变形情况以及水压、水质和防水等级确定。变形缝构造设计的基本要求归纳为以下几方面:满足变形缝力学方面的要求,满足空间使用的基本功能需要,满足缝的防火方面的要求。缝的构造处理应根据所处位置相应构件的防火要求,进行合理处理,避免由于缝的设置导致防火失效,如在楼面上设置了变形缝后,是否破坏了防火分区的隔火要求,在设计中应给予充分重视;满足缝的防水要求。不论是墙面、屋面或楼面,缝的防水构造都直接影响建筑物空间使用的舒适、卫生以及其他基本要求等。

9.3.1 伸缩缝的构造

伸缩缝的做法是从基础顶面开始将两个区段的上部结构完全分开,并预留一定的缝隙,以保证伸缩缝两侧的建筑构件能够在水平方向自由伸缩,伸缩缝的缝宽一般为20~40mm为宜。

伸缩缝的结构处理方案为:

砖混结构:在砖混结构中设置温度伸缩缝时,墙体、楼板和屋面板等一般采用双墙或者单墙承重方案,其中双墙承重方案房间的保温效果比较理想。砖混结构建筑物的处理方案如图9-3所示。

框架结构:框架结构的伸缩缝构造一般采用悬臂梁方案,也可以采用双梁双柱方案。如图9-4、图9-5所示。

9.3.2 沉降缝的构造

沉降缝主要应该满足建筑物不同的部分在垂直方向能够自由沉降变形,所以沉降缝必须从基础到屋顶全部断开。同时沉降缝也可以兼顾伸缩缝的作用,在构造设计时,应该满足伸缩和沉降两方面的要求。

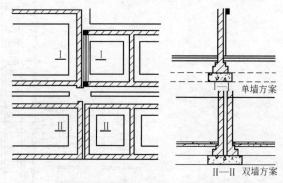

图9-3 砖混结构建筑物的结构处理方案

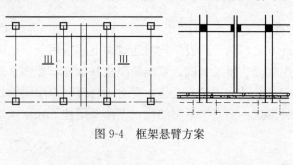

图9-4 框架悬臂方案

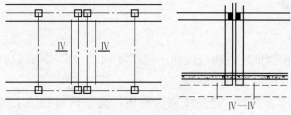

图9-5 双梁双柱方案

9.3.2.1 上部结构处理方案

沉降缝两侧设置双墙或者双柱承重,或者沉降缝两侧竖向承重结构单侧或者双侧悬

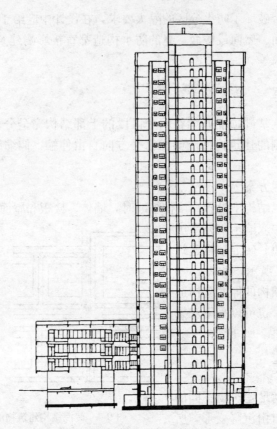

图 9-6 沉降缝两侧竖向承重结构悬挑方案

挑。如图 9-6 所示。

9.3.2.2 基础处理方案

沉降缝基础的处理方案，对于砖混结构的建筑物下部采用条形基础时，采用的基础处理方案为双墙偏心受压基础、挑梁基础、双墙间隔式基础等，如图 9-7 所示；双墙偏心受压基础整体刚度大，但是基础属于偏心受压，受力不合理；双墙间隔式基础受力合理，是实际中经常采用的一种形式。而对于框架结构，下部采用柱下独立基础时，可以采用悬挑方案。

9.3.3 防震缝的构造

9.3.3.1 缝宽要求

防震缝的宽度应根据地震设防烈度和房屋高度确定。多层砌体房屋和底层框架房屋、内框架房屋的防震缝宽度为 50～100mm。

为了提高房屋的抗震能力，避免或减轻破坏，高层钢筋混凝土房屋需要设置防震缝时，防震缝最小宽度应符合下列规定：框架结构房屋的防震缝宽度，当高度不超过 15m 时，可采用 70mm；超过 15m 时，6 度、7 度、8 度和 9 度相应每增加高度 5m、4m、3m 和 2m，宜加宽 20mm；框架-抗震墙结构房屋的防震缝宽度可采用上述规定数值的 70%，抗震墙结构房屋的防震缝宽度可采用上述规定数值的 50%；且均不小于 70mm；防震缝两

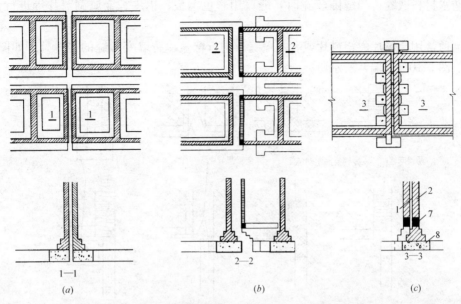

图 9-7 沉降缝基础处理方案
(a) 双墙偏心基础方案；(b) 挑梁基础方案；(c) 间隔式基础方案

侧结构类型不同时，宜按需要较宽防震缝的结构类型和较低房屋高度确定缝宽。

9.3.3.2 结构处理

防震缝应该将建筑物划分成若干形体简单、结构刚度均匀的独立单元，应沿着建筑物的全高设置，基础可不设置防震缝，缝的两侧应布置双墙或者双柱。

9.4 变形缝的盖缝处理

建筑物设置变形缝时，应该进行盖缝处理，主要是为了满足使用要求。例如，屋面处变形缝进行盖缝处理，可有效地防止屋面积水沿变形缝下落；墙面盖缝处理可以提高其保温效果等。

9.4.1 墙体

在变形缝处，墙体可砌筑成平缝、错口缝、凹凸缝等不同的截面形式。具体如图9-8所示。

变形缝外墙一侧经常用浸沥青的麻丝或者木丝板以及泡沫塑料条、橡胶条、油膏等有

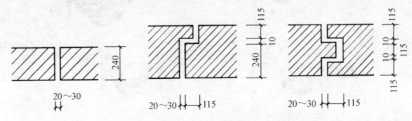

图 9-8 伸缩缝处墙体的处理方案

弹性的防水材料嵌缝；当缝隙较宽时，缝口用彩色钢板、铝皮、金属调节片等进行盖缝处理。

内墙通常用金属片、塑料片或者木盖缝条进行覆盖。砖墙变形缝的盖缝处理如图9-9（外墙）、图9-10（内墙）所示。

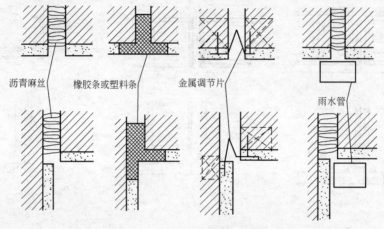

图9-9　外墙变形缝盖缝处理

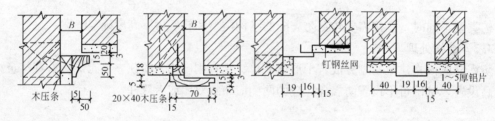

图9-10　内墙变形缝盖缝处理

9.4.2　楼面与地面变形缝盖缝处理

楼地面变形缝处，缝内经常采用可压缩变形的材料进行填缝，如油膏、沥青麻丝、橡胶等，上部通常采用活动式钢板进行盖缝处理，图9-11、图9-12为常见的盖板的形式。

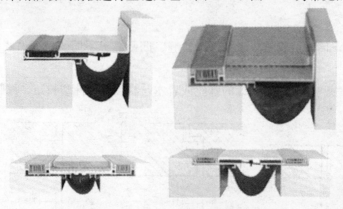

图9-11　常见楼地面盖板形式

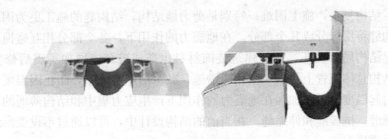

图 9-12 抗震型楼地面盖板形式

9.4.3 屋顶盖缝处理

屋顶变形缝的处理分为上人屋面和非上人屋面两种情况。不上人屋面,通常在变形缝两侧加砌矮墙并处理好防水和泛水,缝内填充材料与楼地面填充料基本相同,顶部用薄钢板、铝皮等进行盖缝处理。屋顶变形缝处理如图 9-13 所示,图 9-14 为新型防震缝盖板示意。

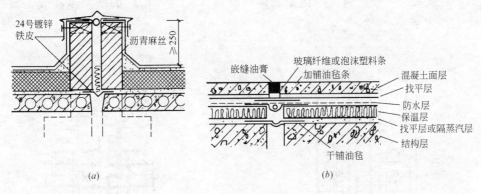

图 9-13 屋顶变形缝构造
(a) 非上人屋面;(b) 上人屋面

图 9-14 屋面变形缝定型盖板

9.5 不设变形缝对抗变形的措施

现代建筑中,由于建筑使用和立面要求,在尽管平面形状复杂、立面体型不均衡的情况下,也要求不设沉降缝、抗震缝和伸缩缝,况且设置这种结构缝,防水处理较困难,材料用量较多，结构复杂，施工困难；特别是剪力墙结构，结构缝的施工更为困难。在地震区，由于结构缝将房屋分成几个部分，在地震力的作用下，各个部分相互碰撞，会造成震害，不但引起结构局部破坏，还使建筑装饰材料也造成破坏，增加了震后修复工作。目前，一般在结构总体布置上采取一些相应措施，减少房屋沉降差，防止因温度变化使结构产生伸缩而引起温度应力，加强在地震力的作用下产生应力集中和结构薄弱的部位，以减少或不设沉降缝、抗震缝和伸缩缝。在当前的结构设计中，可以通过不设变形缝而采取对抗变形的其他措施有：

9.5.1 后浇板带施工法

后浇板带应设在对结构无严重影响的部位，即结构构件内力相对较小的位置，通常每隔30～40m一道，缝宽700～1000mm，在施工时暂时不浇筑混凝土，缝中钢筋可采用搭接接头，板带两侧结构可以同时开始施工，但是应该预先计算好两部分之间的沉降量之差，以其差值作为两边应在同一平面上的水平构件的标高差值。等结构封顶两周后，沉降量基本完成，这时两边在同一平面上的构件基本在同一标高处，再将后浇板带浇注成形。后浇板带混凝土通常用比原结构强度高 5～10N/mm^2 的微膨水泥或无收缩水泥混凝土。

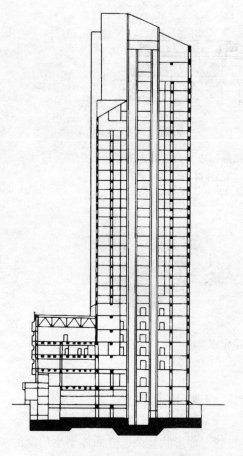

图 9-15 加强建筑物基础刚度

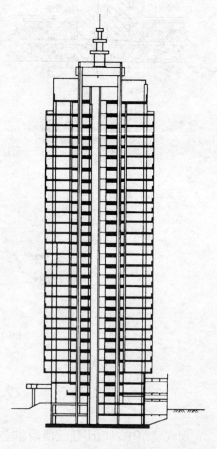

图 9-16 附属部分不单独设置基础

9.5.2 加强建筑物的整体刚度

有些建筑物可以通过提高建筑物的整体刚度来抵抗变形，如图 9-15 所示，加强建筑物基础部分，使得裙房部分和高层部分能够均匀沉降；但是，这种措施会增加混凝土和钢材的用量，提高了建筑的总造价。

9.5.3 附属部分不设基础，通过悬挑来解决

这种措施，附属部分不单独设置基础，由高层主体部分基础通过悬挑梁来解决，以获得相同的沉降，如图 9-16 所示。

10 门 和 窗

10.1 概 述

门和窗是房屋建筑中的二个围护部件。门的主要功能是供交通出入、分隔联系建筑空间，有时也兼起通风和采光作用。窗的主要功能是采光、通风、观察和递物。在不同使用条件要求下，门窗还应具有保温、隔热、隔声、防水、防火、防尘及防盗等功能。此外，门窗的大小、比例尺度、位置、数量、材料、造型、排列组合方式对建筑物的造型和装修效果都有很大的影响。因此，对门窗总的要求应是：坚固、耐用、开启方便、关闭紧密、便于擦洗、符合模数、功能合理、便于维修等。实际工程中，门窗的制作生产已具有标准化、规格化和商品化的特点，各地都有标准图供设计者选用。

10.1.1 门窗的类型

10.1.1.1 按开启方式分类

门：门按其开启方式的不同，常见的有以下几种，如图 10-1 所示。

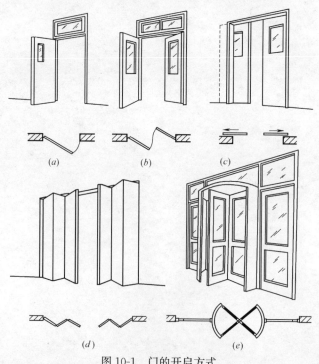

图 10-1 门的开启方式
(a) 平开门；(b) 弹簧门；(c) 推拉门；(d) 折叠门；(e) 转门

(1) 平开门

将门扇用铰链固定在门樘侧边，可水平开启的门，有单扇、双扇，外开、内开之分。平开门构造简单，制作、安装和维修均较方便，在一般建筑中使用最为广泛。

(2) 弹簧门

弹簧门的形式同平开门，区别在于侧边用弹簧铰链或下边用地弹簧代替普通铰链，开启后能自动关闭。单向弹簧门常用于有自关要求的房间。如卫生间的门、纱门等。双向弹簧门多用于人流出入频繁或有自动关闭要求的公共场所，如公共建筑门厅的门等。双向弹簧门扇上一般要安装玻璃，供出入的人相互观察，以免碰撞。

(3) 推拉门

门扇沿上下设置的轨道左右滑行，有单扇和双扇两种。推拉门占用面积小，受力合理，不易变形，但构造复杂。

(4) 折叠门

门扇可拼合，折叠推移到洞口的一侧或两侧，少占房间的使用面积。简单的折叠门，可以只在侧边安装铰链，复杂的还要在门的上边或下边装导轨及转动五金配件。

(5) 转门

转门是三扇或四扇用同一竖轴组合成夹角相等、在弧形门套内水平旋转的门，对防止内外空气对流有一定的作用。它可以作为人员进出频繁，且有采暖或空调设备的公共建筑的外门。在转门的两旁还应设平开门或弹簧门，以作为不需要空气调节的季节或大量人流疏散之用。转门构造复杂，造价较高，一般情况下不宜采用。

此外，还有上翻门、升降门、卷帘门等形式，一般适用于门洞口较大，有特殊要求的房间，如车库的门等。

窗：依据开启方式的不同，常见的窗有以下几种，如图 10-2 所示。

(1) 平开窗

将窗扇用铰链固定在窗樘侧边，可水平开启的窗，有外开、内开之分。平开窗构造简单，制作、安装和维修均较方便，在一般建筑中使用广泛。

(2) 悬窗

按旋转轴的位置不同，分为上悬窗、中悬窗和下悬窗三种。上悬窗铰链安装在窗扇的上边，一般向外开，防雨好，多采用作外门和窗上的亮子；下悬窗铰链安在窗扇的下边，一般向内开，通风较好，不防雨，不能用作外窗，中悬窗是在窗扇两边中部装水平转轴，开启时窗扇绕水平轴旋转，开启时窗扇上部向内，下部向外，对挡雨、通风有利，并且开启易于机械化，故常用作大空间建筑的高侧窗。

(3) 立转窗

立转窗为窗扇可以沿竖轴转动的窗。竖轴可设在窗扇中心，也可以略偏于窗扇一侧。立转窗的通风效果好。

(4) 推拉窗

推拉窗分水平推拉和垂直推拉两种。水平推拉窗需要在窗扇上下设轨槽，垂直推拉窗要有滑轮及平衡措施。推拉窗开启时不占据室内外空间，窗扇和玻璃的尺寸可以较大，但它不能全部开启，通风效果受到影响。推拉窗对铝合金窗和塑料窗比较适用。

(5) 固定窗

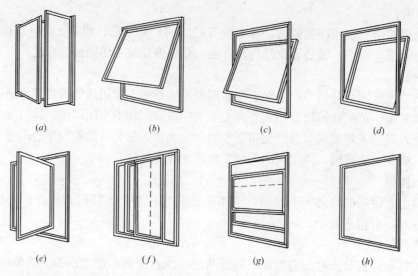

图 10-2 窗的开启方式

(a) 平开窗；(b) 上悬窗；(c) 中悬窗；(d) 下悬窗；(e) 立转窗；
(f) 水平推拉窗；(g) 垂直推拉窗；(h) 固定窗

固定窗为不能开启的窗，仅作采光，玻璃尺寸可以较大。

10.1.1.2 按门窗的材料分类

依生产门窗用的材料不同，常见的门窗有木门窗、钢门窗、铝合金门窗及塑料门窗等类型。

10.1.2 门窗的组成及尺度

10.1.2.1 门窗的构造组成

门的构造组成：一般门的构造主要由门樘和门扇两部分组成。门樘又称门框，由上槛、中横框和边框等组成，多扇门还有中竖框。门扇由上冒头、中冒头、下冒头和边梃等组成。为了通风采光，可在门的上部设亮子，有固定、平开及上、中、下悬等形式，其构造同窗扇。门框与墙间的缝隙常用木条盖缝，称门头线，俗称贴脸，如图 10-3 所示。门

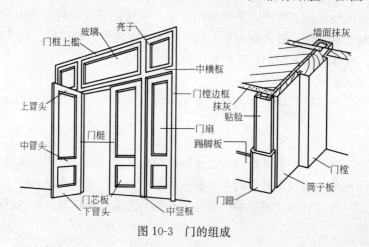

图 10-3 门的组成

上还有五金零件,常见的有铰链、门锁、插销、拉手、停门器、风钩等。

窗的构造组成:窗主要由窗樘和窗扇两部分组成。窗樘又称窗框,一般由上框、下框、中横框、中竖框及边框等组成。窗扇由上冒头、中冒头(窗芯)、下冒头及边梃组成。依镶嵌材料的不同,有玻璃窗扇、纱窗扇和百叶窗扇等。窗扇与窗框用五金零件连接,常用的五金零件有铰链、风钩、插销、拉手及导轨、滑轮等。窗框与墙的连接处,为满足不同的要求,有时加贴脸、窗台板、窗帘盒等,如图10-4 所示。

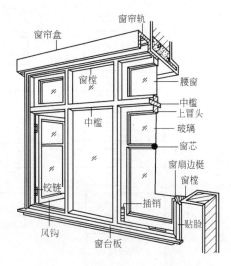

图 10-4 窗的组成

10.1.2.2 门窗的尺度

门的尺度:门的尺度须根据交通运输和安全疏散要求设计。一般民用建筑门的高度不宜小于 2100mm;如门设有亮子时,亮子高度一般为 300~600mm,则门洞高度为门扇高加亮子高,再加门框及门框与墙间的缝隙尺寸,即门洞高度一般为 2400~3000mm。公共建筑大门高度可视需要适当提高。门的宽度:单扇门为 700~1000mm,辅助房间如浴厕、贮藏室的门为 700~800mm,双扇门为 1200~1800mm;宽度在 2100mm 以上时,则多做成三扇、四扇门或双扇带固定扇的门。

窗的尺度:窗的尺度主要取决于房间的采光通风、构造做法和建筑造型等要求,并要符合现行《建筑模数协调统一标准》的规定。为使窗坚固耐久,一般平开木窗的窗扇高度为 800~1200mm,宽度 400~600mm,上下悬窗的窗扇高度为 300~600mm,中悬窗窗扇高度不宜大于 1200mm,宽度不宜大于 1000mm;推拉窗高宽均不宜大于 1500mm。对一般民用建筑用窗,各地均有通用图,各类窗的高度与宽度尺寸通常采用扩大模数 3M 数列作为洞口的标志尺寸,需要时只要按所需类型及尺度大小直接选用。

10.2 木 门 窗

10.2.1 木门构造

10.2.1.1 平开门构造

门框:门框的断面尺寸主要按材料的强度和接榫的需要确定,还要考虑制作时抛光损耗,毛断面尺寸应比净断面尺寸大些,一般单面刨光加 3mm,双面刨光则加 5mm 计算,如图 10-5 所示。门框的安装方式有立口和塞口两种,如图 10-6 所示。

施工时先将门框立好,后砌墙,称为立口。为加强门框与墙的联系,在门框上下档各伸出约半砖长的木段(俗称羊角或走头),同时在边框外侧每 500~700mm 设一木拉砖(俗称木鞠)或铁脚砌入墙身。立口的优点是门框与墙体结合紧密、牢固;缺点是施工中安门和砌墙相互影响,若施工组织不当,影响施工进度。

塞口则是在砌墙时先留出洞口,以后再安装门框,为便于安装,预留洞口应比门框外

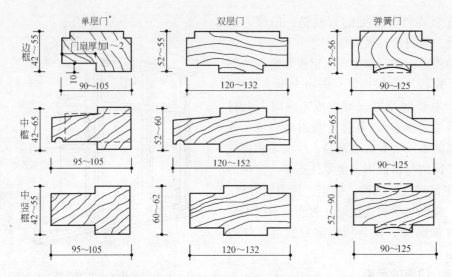

图 10-5 平开门门框的断面形状及尺寸

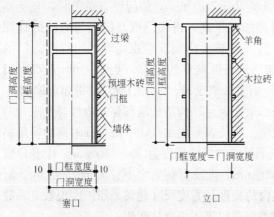

图 10-6 门框的安装方式

缘尺寸多出 20~30mm。塞口法施工方便，但框与墙间的缝隙较大，为加强门框与墙的联系，砌墙时需在洞口两侧 500~700mm 砌入一块半砖大小的防腐木砖；安装时应用长钉将门框固定于砌墙时预埋的木砖上，为了方便也可用铁脚或膨胀螺栓将门框直接固定到墙上，每边的固定点不少于 3 个，其间距不应大于 1.2m。工厂化生产的成品门，其安装多采用塞口法施工。

门框在墙洞中的位置有门框内平、门框居中和门框外平三种情况，一般情况下多做在开门方向一边，与抹灰面平齐，使门的开启角度较大。对较大尺寸的门，为牢固地安装，多居中设置，如图 10-7a、图 10-7b 所示。框与墙间的缝隙应填塞密实，以

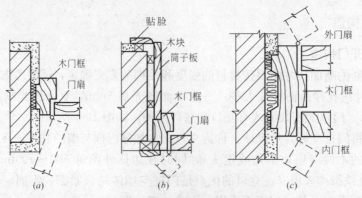

图 10-7 木门框在墙洞中的位置
(a) 居中；(b) 内平；(c) 背槽及填缝处理

满足防风、挡雨、保温、隔声等要求。门框靠墙一边应开防止因受潮而变形的背槽，并做防潮处理，门框外侧的内外角做灰口，缝内填弹性密封材料，如图10-7c所示。

门扇：按门扇的构造不同，民用建筑中常见的门有镶板门、夹板门、弹簧门等几种形式。

（1）夹板门

夹板门门扇由骨架和面板组成，骨架通常用（32～35）mm×（33～60）mm的木料做框子，内部用（10～25）mm×（33～60）mm的小木料做成格形纵横肋条，肋距视木料尺寸而定，一般为200～400mm，装锁处需另外附加锁木，如图10-8所示。为了使夹板内的湿气易于排出，减少面板变形，骨架内的空气应贯通，并在上部设小通气孔。面板可用胶合板，硬质纤维板或塑料板等，用胶结材料双面胶结在骨架上。另外，门的四周可用15～20mm厚的木条镶边，以取得整齐美观的效果，如图10-9所示。

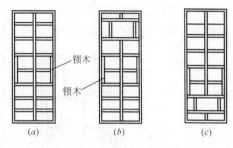

图10-8 夹板门骨架

(a) 门扇骨架；(b) 带玻璃窗骨架；(c) 带百叶骨架

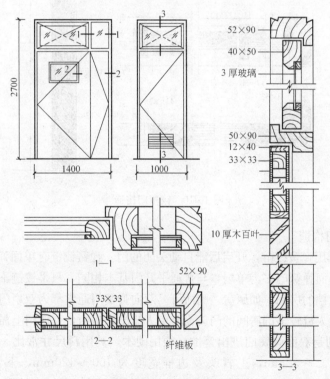

图10-9 夹板门构造

根据功能的需要，夹板门上也可以局部加玻璃或百叶，一般在装玻璃或百叶处，做一个木框，用压条镶嵌。

夹板门由于骨架和面板共同受力，所以用料少，自重轻，外型简洁美观，常用于建筑物的内门，若用于外门，面板应做防水处理，并提高面板与骨架的胶结质量。

(2) 镶板门

镶板门门扇是由骨架和门芯板组成。骨架一般由上冒头、下冒头及边梃组成，有时中间还有一道或几道横冒头或一条竖向中梃，镶板门门扇骨架的厚度一般为40~45mm。门芯板一般用10~15mm厚的木板拼装成整块，镶入边梃和冒头中，门芯板也可采用木板、胶合板、硬质纤维板及塑料板等，如图10-10所示。有时门芯板可部分或全部采用玻璃，则称为半玻璃（镶板）门或全玻璃（镶板）门。构造上与镶板门基本相同的还有纱门、百叶门等。

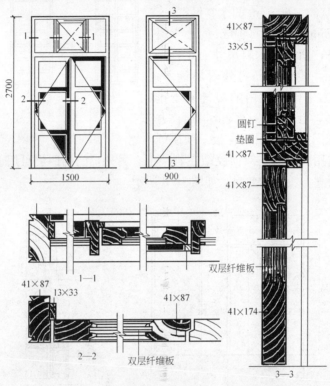

图 10-10 镶板门构造

10.2.1.2 弹簧门构造

弹簧门是指利用弹簧铰链，开启后能自动关闭的门。弹簧铰链有单面弹簧、双面弹簧和地弹簧等形式。单面弹簧门多为单扇，与普通平开门基本相同，只是铰链不同，常用于需要温度调节及气味遮挡的房间，如厨房、厕所等。双向弹簧门通常都为双扇门，适用于公共建筑的过厅、走廊及人流较多的房间的门。为避免人流出入碰撞，一般门上需装设玻璃。

弹簧门中特别是双面弹簧门进出繁忙，须用硬木，其用料尺寸常比一般镶板门稍大一些；门扇厚度为42~50mm，上冒头及边框宽度为100~120mm，下冒头宽为200~300mm，中冒头看需要而定，为了避免两扇门的碰撞又不使有过大缝隙，通常上下冒头做平缝，边框做弧形断面，其弧面半径约为门厚的1~1.2倍左右，如图10-11所示。

10.2.2 平开木窗构造

10.2.2.1 窗框

窗框的断面形状与尺寸：窗框的断面形状与门框类似。窗框的断面尺寸主要按材料的

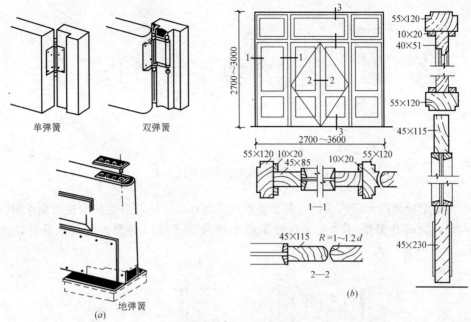

图 10-11 弹簧门构造
(a) 弹簧形式；(b) 弹簧门构造

强度和接榫的需要确定，一般多为经验尺寸，如图 10-12 所示。中横框若加披水，其宽度还需增加 20mm 左右。

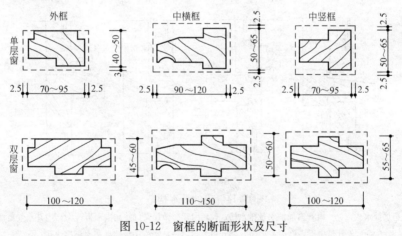

图 10-12 窗框的断面形状及尺寸

窗框的安装：窗框的安装与门框相同，分立口和塞口两种施工方法。

窗框与墙的关系：窗框在墙洞中的位置同门框一样，有窗框内平、窗框居中和窗框外平三种情况。窗框的墙缝处理与门框相似。

窗框与窗扇的关系：一般窗扇都用铰链、转轴或滑轨固定在窗框上，为了关闭紧密，通常在窗框上做铲口，深约 10～12mm，也可钉小木条形成铲口，以减少对窗框木料的削弱，如图 10-13a、图 10-13b 所示。为了提高防风能力，可适当提高铲口深度（约 15mm）或在铲口处镶密封条，如图 10-13e 所示，或在窗框留槽，开成空腔的回风槽，如图 10-13c、d 所示。

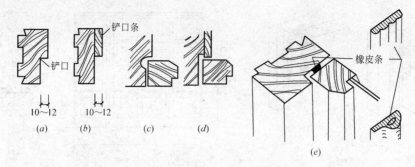

图 10-13　窗框与窗扇间铲口处理方式

外开窗的上口和内开窗的下口，都是防水的薄弱环节，一般需做披水板及滴水槽以防止雨水内渗，同时在窗框内槽及窗盘处做积水槽及排水孔，将渗入的雨水排除，如图 10-14 所示。

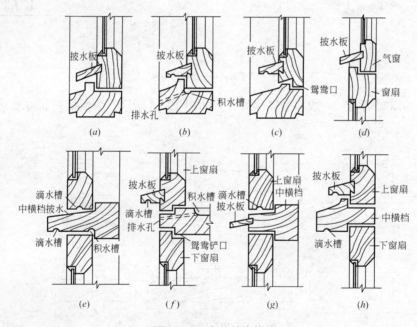

图 10-14　窗的披水构造

(a) 内开窗扇加披水板；(b) 内开窗加披水及排水槽；(c) 内开窗做鸳鸯口并加披水板；(d) 内开小气窗加披水板；
(e) 外开窗中横档做披水；(f) 外开窗上窗扇做披水板中横档做积水槽排水孔；
(g) 外开窗中横档加披水板；(h) 内开窗上窗扇做披水、横档做滴水槽

10.2.2.2　窗扇

窗扇的断面形状和尺寸：窗扇的厚度约为 35~42mm，一般为 40mm；上下冒头及边挺的宽度视木料材质和窗扇大小而定，一般为 50~60mm。下冒头加做滴水槽或披水板，可较上冒头适当加宽 10~25mm；窗芯的宽度约 27~40mm。为镶嵌玻璃，在冒头、边挺和窗芯上，做 8~12mm 宽的铲口，铲口深度视玻璃厚度而定，一般为 12~15mm，不超过窗扇厚度的 1/3，为减少木料的挡光和美观要求，尚可做线脚，如图 10-15 所示。

玻璃的选择与镶装：玻璃厚薄的选用，与窗扇分格的大小有关，窗的分格大小与使用

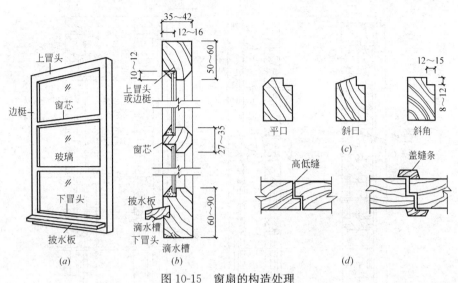

图 10-15 窗扇的构造处理
(a) 窗扇立面；(b) 窗扇剖面；(c) 线角示例；(d) 盖缝处

要求有关，一般常用窗玻璃的厚度为 3mm。如考虑较大面积可采用 5mm 或 6mm 厚的玻璃，为了隔声保温等需要可采用双层中空玻璃。需遮挡或模糊视线的，可选用磨砂玻璃或压花玻璃；为了安全还可采用夹丝玻璃、钢化玻璃以及有机玻璃等；为了防晒可采用有色、吸热和涂层、变色等种类的玻璃。

玻璃的安装，一般先用小铁钉固定在窗扇上，然后用油灰（桐油石灰）镶嵌成斜角形，必要时也可采用小木条镶钉。

10.2.2.3 双层窗

房间为了保温、恒温及隔声等方面的要求，常需设置双层窗，双层窗依其窗扇和窗框的构造以及开启方向不同，可分以下几种。

子母扇窗：子母扇窗是单框双层窗扇的一种形式，如图 10-16a 所示。子扇略小于母扇，但玻璃尺寸相同，窗扇以铰链与窗框相连，子扇与母扇相连，为便于擦玻璃，两扇一般都内开。这种窗较其他双层窗省料，透光面积大，有一定的密闭保温效果。

内外开窗：它是在一个窗框上内外双裁口，一扇外开，一扇内开，也是单框双层窗扇的一种，如图 10-16b 所示。这种窗内外扇的形式、尺寸基本相同，构造简单。

分框双层窗：这种窗的窗扇可以内外开，但为了便于擦玻璃，内外扇通常都内开。寒冷地区的墙体较厚，宜采用这种双层窗，内外窗扇净距一般在 100mm 左右，而不宜过大，以免形成空气对流，影响保温，如图 10-16c 所示。

由于寒冷地区的通风要求不如炎热地区高，较大面积的窗子可设置一些固定扇，既能满足通风要求，又能利用固定扇而省去一些中横框或中竖框。另外，在冬季为了通风换气，又不致散热过多，常在窗扇上加小气窗。

双层玻璃窗和中空玻璃窗：双层玻璃窗即在一个窗扇上安装两层玻璃。增加玻璃的层数主要是利用玻璃间的空气间层来提高保温和隔声能力。其间层宜控制在 10～15mm 之间，一般不宜封闭，在窗扇的上下冒头须做透气孔，如图 10-17a 所示。

中空玻璃是由两层或三层平板玻璃四周用夹条粘接密封而成，中间抽换干燥空气或惰

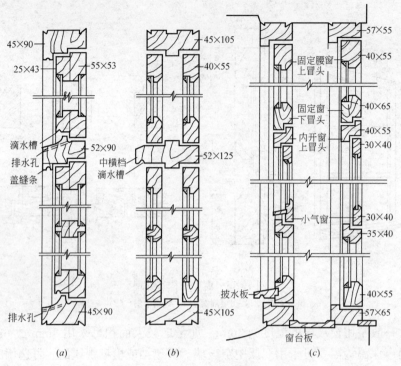

图 10-16 双层窗断面形式
(a) 内开子母窗扇；(b) 内外开窗扇；(c) 双层内开窗

性气体，并在边缘夹干燥剂，以保证在低温下不产生凝聚水。中空玻璃所用平板玻璃的厚度一般为 3~5mm，其间层多为 5~15mm，如图 10-17b 所示。它是保温窗的发展方向之一，但生产工艺复杂，成本较高。

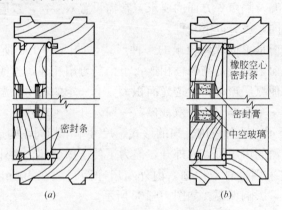

图 10-17 双层玻璃窗和中空玻璃窗
(a) 双层玻璃窗；(b) 中空密封玻璃

10.3 金属和塑钢门窗

随着现代建筑技术的不断发展，建筑对门窗的要求也越来越高。木门窗已远远不能适应大面积、高质量的保温、隔声、隔热、防火、防尘、防盗等要求。金属门窗和塑钢门窗因其轻质高强、节约木材、耐腐蚀及密闭性能好、外观美、长期维修费用低等优点，已得到了广泛的应用。金属门窗主要包括普通钢门窗、涂色镀锌钢板门窗和铝合金门窗。

10.3.1　普通钢门窗

钢门窗具有透光系数大，质地坚固、耐久、防火、防水、风雪不易侵入，外观整洁、美观等特点。但钢门窗的气密性较差，并且由于钢材的导热系数大，钢门窗的热损耗也较多。因而钢门窗只能用在一般的建筑物，而很少用于较高级的建筑物上。

10.3.1.1　钢门窗料

钢门窗通常分为实腹和空腹两类。

实腹钢门窗：实腹钢门窗料主要采用热轧门窗框和少量的冷轧或热轧型钢。框料高度分 25mm、32mm、40mm 三类，如图 10-18a 所示。

空腹钢门窗：空腹钢门窗料是用低碳钢经冷轧、焊接而成的异形管状薄壁钢材，壁厚 1.2～1.5mm，如图 10-18b 所示。当前在我国分京式和沪式两种类型。

空腹钢门窗料壁薄，重量轻，节约钢材，但不耐锈蚀。一般在成型后，内外表面需作防锈处理，以提高防锈蚀的能力。

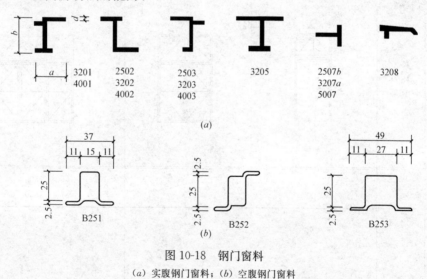

图 10-18　钢门窗料
(a) 实腹钢门窗料；(b) 空腹钢门窗料

10.3.1.2　钢门窗的基本单元

为了使用上的灵活性及组合和制作运输的方便，通常由工厂将钢门窗制作成标准化的基本门窗单元，大面积钢门窗可用基本门窗单元进行组合。表 10-1 是实腹式钢门窗基本单元。

10.3.1.3　钢门窗构造

钢门窗的安装采用塞口法，如图 10-19、图 10-20 所示。钢门窗框与墙的连接是通过框四周固定的铁脚与预埋铁件焊接或埋入预留洞口的方法来固定的。铁脚每隔 500～700mm 一个。铁脚与预埋铁件焊接应牢固可靠。铁脚埋入预留洞口内，需用 1：2 水泥砂浆（或细石混凝土）填塞严实，如图 10-21 所示。

实腹式钢门窗基本单元　　　　　表 10-1

高(mm) \ 宽(mm)	600	900 1200	1500 1800
平开窗 600		☐	
平开窗 900 1200 1500	☐	☐	☐
平开窗 1500 1800 2100	☐	☐	☐

高(mm) \ 宽(mm)	900	1200	1500 1800
门 2100 2400	☐	☐	☐

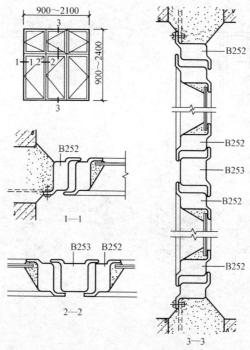

图 10-19　空腹式钢窗构造实例

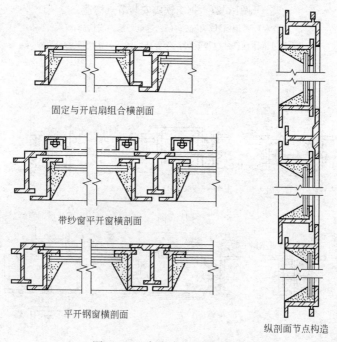

图 10-20　实腹式钢窗构造实例

大面积钢门窗可用基本门窗单元进行组合。组合时，须插入 T 形钢、管钢、角钢或槽钢等支承、联系构件，这些支承构件须与墙、柱、梁牢固连接，然后各门窗基本单元再和它们用螺栓拧紧，缝隙用油灰嵌实，如图 10-22 所示。

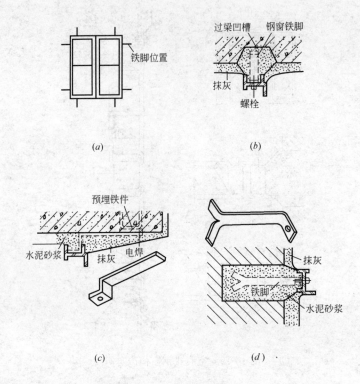

图 10-21　钢窗铁脚安装节点构造
(a) 钢窗铁脚位置；(b) 过梁凹槽内安铁脚；
(c) 过梁预埋铁件电焊铁脚；(d) 砖墙留洞，水泥砂浆安铁脚

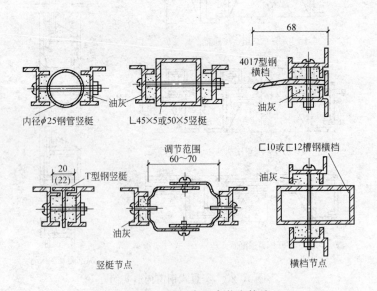

图 10-22　钢门窗组合节点构造

钢门窗玻璃的安装方法，一般先用油灰打底，然后用弹簧夹子或钢皮夹子将玻璃嵌固在钢门窗上，然后再用油灰封闭。

10.3.2 涂色镀锌钢板门窗

涂色镀锌钢板门窗，又称彩板组合钢门窗，是用涂色镀锌钢板制作的一种彩色金属门窗。由于门窗重量轻、强度高，又有防尘、隔声、保温、耐腐蚀、优异的与基材粘接能力等性能，且色彩鲜艳，使用过程中不需保养，国外已广泛使用。

彩板门窗断面型式复杂、种类繁多。在设计时，可根据标准图选用或提供立面组合方式委托工厂加工。彩板门窗在出厂前，大多已将玻璃以及五金件全部安装就绪，在施工现场仅需进行成品安装。

涂色镀锌钢板门窗的安装采用塞口法。涂色镀锌钢板门窗尺寸精度高，而墙体洞口尺寸精度低，较难达到门窗的精度。为此门窗框与洞口之间可设过渡门窗框，称为副框，以调整精度误差。所以门窗的安装分为带副框和不带副框两种安装方法。带副框涂色镀锌钢板门窗，适用于外墙面为大理石、玻璃马赛克、瓷砖、各种面砖等材料，或门窗与内墙面需要平齐的建筑，先装副框后装门窗。不带副框涂色镀锌钢板门窗，适用于室外为一般粉刷的建筑，门窗与墙体直接联结，但洞口粉刷成型尺寸必须准确，涂色镀锌钢板门窗安装节点如图 10-23 所示。

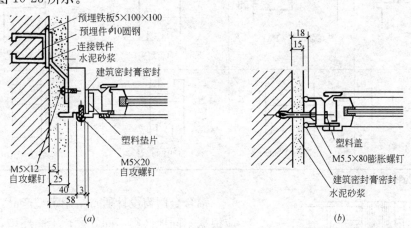

图 10-23 涂色镀锌钢板门窗安装节点图
(a) 带副框涂色镀锌钢板门窗节点；(b) 不带副框涂色镀锌钢板门窗节点

10.3.3 铝合金门窗

铝合金门窗轻质高强，具有良好的气密性和水密性，隔声、隔热、耐腐蚀性能都较普通钢、木门窗有显著的提高，对有隔声、保温、隔热、防尘等特殊要求的建筑以及多风沙、多暴雨、多腐蚀性气体环境地区的建筑尤为适用。铝合金门窗系由经过表面加工的铝合金型材在工厂或工地加工而成。铝合金通过表面处理，提高耐蚀性并获得某种颜色，不同的处理方法，可以获得不同的颜色。主要有：浅茶、青铜、黑、浇黄、金黄、褐、银白、银灰、灰白、深灰、橙黄、琥珀色、灰褐、黄绿、蓝绿、橄榄绿、粉红、红褐、紫色、木纹色。铝合金门窗不需要涂漆、不褪色、不需要经常维修保护，还可以通过表面着色和涂膜处理获得多种不同色彩和花纹，具有良好的装饰效果，从而在世界范围内得到了广泛的应用。

常用各种铝合金门窗都用不同断面型号的铝合金型材和配套零件及密封件加工制成。在制作加工时应根据门窗的尺度、用途、开启方式和环境条件选择不同形式和系列的铝合金型材及配件精密加工，并经过严格的检验，达到规定的性能指标后才能安装使用。在铝合金门窗的强度、气密性、水密性、隔声性、防水性等诸项标准中，对型材影响最大的是强度标准，我国幅员辽阔，自然环境差异很大，应根据各地的基本风载和建筑物的体型、高度、开启方式及使用要求制定相应的标准进行设计与加工。目前，我国各大城市，铝合金门窗的加工和使用已较普及，各地铝合金门窗加工厂都有系列标准产品供选用，需特殊制作时一般也只需提供立面图纸和使用要求，委托加工即可。

10.3.3.1 铝合金门窗分类

常用铝合金门窗按开启方式有推拉门窗、平开门窗、固定门窗、滑撑窗、悬挂窗、百叶窗、弹簧门、卷帘门等等。按截面高度分38系列、55系列、60系列、70系列、100系列等。表10-2为常用铝合金门窗举例。

铝合金门窗断面形式　　　　　　　　　表10-2

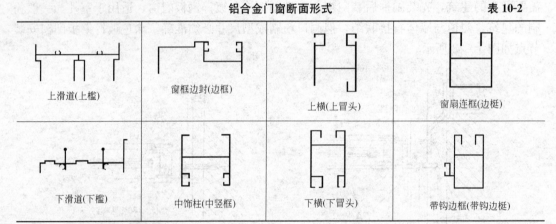

注：括号内为相当于木窗名称。

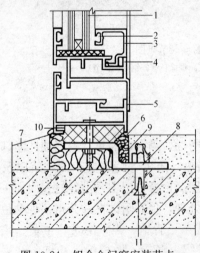

图10-24　铝合金门窗安装节点
1—玻璃；2—橡胶条；3—压条；4—内扇；
5—外框；6—密封膏；7—砂浆；8—地脚；
9—软填料；10—塑料垫；11—膨胀螺栓

铝合金门窗设计通常采用定型产品，选用时应根据不同地区，不同气候，不同环境，不同建筑物的不同使用要求，选用不同的门窗框系列。

10.3.3.2 铝合金门窗框的安装

铝合金门窗框的安装也应采用塞口法，窗框外侧与洞口应弹性连接牢固，一般用螺钉固定着钢质锚固件，安装时与墙柱中的预埋钢件焊接或铆固。门窗框与墙体等的连接固定点，每边不得少于两点，且间距不得大于0.7m。门窗框与洞口四周缝隙，一般采用软质保温材料填塞，如矿棉毡条、泡沫塑料条等分层填实，外表留5～8mm深的槽口用密封膏密封，如图10-24所示。这种做法主要是为了防止门、窗框四周形成冷热交换区产生结露，影响防寒、防风的正常功能和墙体的寿命，也影响了建筑物的隔声、保温等功能。同时，避免了门窗框直接与混凝土、水泥砂浆接触，消除了碱对门、窗框的腐蚀。图10-25 为 70 系列推拉窗实例。

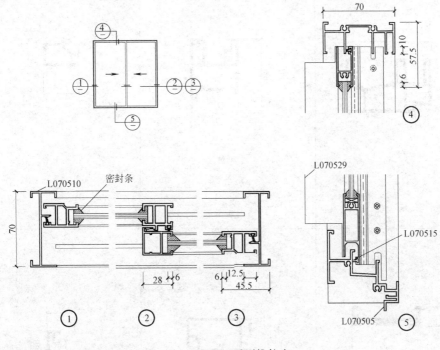

图 10-25　70 系列推拉窗

铝合金门窗玻璃视玻璃面积大小和抗风等强度要求及隔声、遮光、热工等要求可选用 3~8mm 厚度的平板玻璃、镀膜玻璃、钢化玻璃或中空玻璃。玻璃的安装要求各边加弹性垫块，不允许玻璃侧边直接与铝合金门窗接触。玻璃安上后，要用橡胶密封条或密封胶将四周压牢或填满。

10.3.4　塑钢门窗

塑钢门窗是以聚氯乙烯、改性硬质聚氯乙烯或其他树脂为主要原料，经挤压机挤出成型为各种断面的中空异型材，经切割后，在其内腔衬以型钢加强筋，用热熔焊接机焊接成型，即为门窗框。

塑钢门窗线条清晰、挺拔、造型美观，表面光洁细腻，不但具有良好的装饰性，而且有良好的防火、阻燃、耐候性，密封性好，抗老化、防腐、防潮、隔热（导热系数低于金属门窗 7~11 倍）、隔声、耐低温（30~50℃的环境下不变色，不降低原有性能）、抗风压能力强、色泽优美等特性，以及由于其生产过程省能耗、少污染而被公认为节能型产品。

10.3.4.1　塑钢门窗分类

常用塑钢门窗按开启方式有推拉门窗、平开门窗、固定门窗等等。塑钢门窗按其型材的截面高度分 45 系列、53 系列、60 系列、85 系列等。表 10-3 为常用塑钢门窗举例。

表 10-3 塑钢门窗断面形式

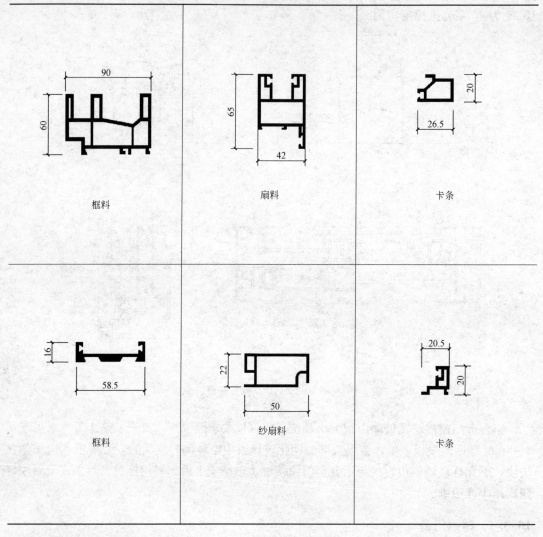

10.3.4.2 塑钢门窗的安装

塑钢门窗为塞口法安装，绝不允许与洞口同砌。安装前先核准洞口尺寸、预埋木砖位置和数量。安装时，用金属铁卡或膨胀螺钉把窗框固定到预留洞口上，每边固定点不应少于三点，安装固定检查无误后，在窗框与墙体间的缝隙处填入防寒毛毡卷或泡沫塑料，再用1:2水泥砂浆填实，抹平，如图10-26所示。

塑钢门窗玻璃的安装同铝合金门窗相似，先在窗扇异型材一侧凹槽内嵌入密封条，并在玻璃四周安放橡塑垫块或底座，待玻璃安装到位后，再将已镶好密封条的塑料压玻璃条嵌装固定压紧。图10-27为塑钢推拉窗实例。

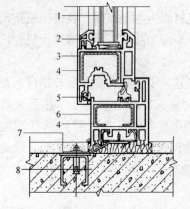

图 10-26 塑钢门窗安装节点
1—玻璃；2—玻璃压条；3—内扇；4—内钢衬；5—密封条；6—外框；7—地脚；8—膨胀螺栓

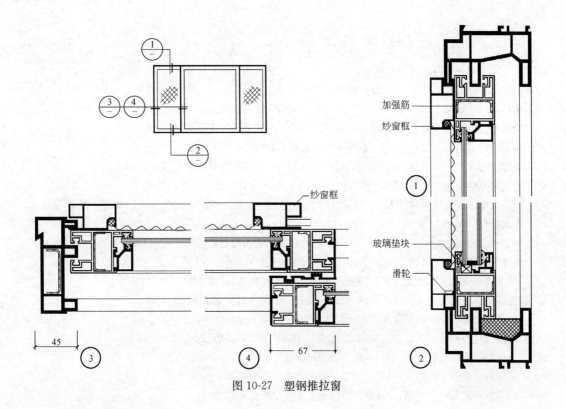

图 10-27 塑钢推拉窗

参 考 文 献

[1] 卢经扬. 建筑材料 [M]. 北京：清华大学出版社，2006.
[2] 吴科如，张雄. 土木工程材料 [M]. 上海：同济大学出版社，2005.
[3] 张冠伦. 混凝土外加剂原理与应用 [M]. 北京：中国建筑工业出版社，1996.
[4] 符芳. 建筑材料 [M]. 南京：东南大学出版社，1998.
[5] 汪绯，杨东贤. 建筑材料应用技术 [M]. 哈尔滨：黑龙江科学技术出版社，2001.
[6] 建筑材料应用技术规范（2003 修订版）. 北京：中国建筑工业出版社，2003.
[7] 同济大学、西安建筑科技大学、东南大学、重庆大学合编. 房屋建筑学 [M]. 北京：中国建筑工业出版社，2005.
[8] 房志勇. 房屋建筑构造学 [M]. 北京：中国建材工业出版社，2003.
[9] 商如斌. 建筑工程概论 [M]. 天津：天津大学出版社，2004.
[10] 罗福周. 建筑工程概论 [M]. 北京：中国建材工业出版社，2002.
[11] 白丽华，王俊安. 土木工程概论 [M]. 北京：中国建材工业出版社，2002.
[12] 姜忆南，李世芬. 房屋建筑教程 [M]. 北京：化学工业出版社，2004.
[13] 建筑设计资料集（第二版）1～10. 北京：中国建筑工业出版社，1994～1998.
[14] 张建荣. 建筑结构选型 [M]. 北京：中国建筑工业出版社，1999.
[15] 韩建新. 建筑装饰构造 [M]. 北京：中国建筑工业出版社，2004.
[16] 田学哲. 建筑初步 [M]. 北京：中国建筑工业出版社，1999.
[17] 江亿，林波荣. 住宅节能 [M]. 北京：中国建筑工业出版社，2006.